大数据背后的核心技术

张桂刚　李　超　邢春晓　编著

電子工業出版社
Publishing House of Electronics Industry
北京 • BEIJING

内 容 简 介

本书分为三大部分，分别为大数据基础理论分析、基于海量语意规则的大数据流处理技术及大数据应用。

第一部分介绍大数据领域的主要基础理论，包括大数据基本概念、可编程数据中心、云文件系统、云数据库系统、大数据并行编程与分析模型、大数据智能计算算法、基于大数据的数据仓库技术、大数据安全与隐私保护，以及基于大数据的语意软件工程方法等。

第二部分介绍基于海量语意规则的大数据流处理技术，包括基于规则的大数据流处理介绍、语意规则描述模型、海量语意规则网及优化、海量语意规则处理算法及海量语意规则并行处理等。

第三部分主要介绍大数据的一些典型应用，包括：文化大数据、医疗健康大数据、互联网金融大数据、教育大数据、电子商务大数据、互联网大数据、能源大数据、交通大数据、宏观经济大数据、进出口食品安全监管大数据、基于大数据的语意计算及典型应用（含语意搜索引擎、语意金融、语意旅游规划、基于海量语意规则的语意电子商务）。最后探讨了大数据未来的研究方向。

本书可供希望较全面、深入地了解大数据及其应用的读者学习参考。

图书在版编目（CIP）数据

大数据背后的核心技术 / 张桂刚，李超，邢春晓编著. —北京：电子工业出版社，2017.1
ISBN 978-7-121-30296-1

Ⅰ. ①大… Ⅱ. ①张… ②李… ③邢… Ⅲ. ①数据处理 Ⅳ. ①TP274

中国版本图书馆 CIP 数据核字（2016）第 269600 号

策划编辑：陈韦凯
责任编辑：陈韦凯　　文字编辑：毕军志
印　　刷：涿州市京南印刷厂
装　　订：涿州市京南印刷厂
出版发行：电子工业出版社
　　　　　北京市海淀区万寿路 173 信箱　邮编 100036
开　　本：787×1 092　1/16　印张：21.25　字数：544 千字
版　　次：2017 年 1 月第 1 版
印　　次：2023 年 3 月第 3 次印刷
定　　价：85.00 元

凡所购买电子工业出版社图书有缺损问题，请向购买书店调换。若书店售缺，请与本社发行部联系，联系及邮购电话：（010）88254888，88258888。

质量投诉请发邮件至 zlts@phei.com.cn，盗版侵权举报请发邮件至 dbqq@phei.com.cn。

本书咨询联系方式：chenwk@phei.com.cn，（010）88254441。

前　言

随着 Web 2.0 技术的发展，尤其是移动互联网的飞速发展，每个人、每台手机、每个 iPad 及每台血压计、血糖测量仪等各种智能移动设备无时无刻不在产生数据。大数据（Big Data）正在不断地渗透到人们生活中的每个角落，也在不断地改变人们的生活方式，并引导新兴的产业革命，在给传统行业带来巨大冲击的同时也带来了巨大的新机遇和挑战。一个企业甚至一个国家拥有的数据规模和质量，以及处理和分析数据的能力，已经成为判断一个企业或者一个国家竞争力的最为重要的标志之一，拥有多少大数据资源及如何管理并使用这些大数据资源，已经成为是否具有核心竞争力的关键因素。为了迎接大数据带来的各种挑战和机遇，全球各个国家和企业对大数据的重视程度均达到了一个前所未有的高度。从全球角度来看，很多国家已经把大数据作为一项国家科技意志。例如，美国政府已经制订了大数据研究和发展计划，日本为了增强经济活力提出了大数据战略计划等。不仅如此，一些知名公司如 Google、IBM 及 EMC 等也成立了专门的大数据研究机构，以应对在大数据研究和应用中的各项关键技术挑战及应用实现所面临的问题。

2008 年，在 Google 成立 10 周年之际，《自然》（Nature）杂志出版了一期专刊，专门讨论了未来大数据处理相关的一系列技术问题和挑战。2011 年 2 月 11 日美国出版的《科学》（Science）期刊专门出版了一期数据处理（Dealing with Data）专辑，围绕目前科学研究的海量数据处理问题展开讨论，并阐述了大数据对科学研究的重要性。在随后的 2011 年 9 月 4 日，《自然》再次就大数据研究问题设立了一个大数据方面的专题，讨论分析了现代科学研究面临的一个巨大挑战，即如何处理已有的大数据。目前，我国对大数据的认识也越来越深刻，各行各业均利用大数据进行各种研究及应用。

如上所述，大数据正在各行各业扮演着十分重要的角色，例如：①天文学领域。如通过对大数据的分析，掌握宇宙形成机理、宇宙黑洞形成及演化机理、星球消亡与再生原理等。②物理学领域。如大家所熟知的希格斯“上帝粒子”的大数据计算分析，核弹爆炸及氢弹爆炸的大数据计算模拟。③生物学领域。如基因排序的大数据计算，生命演化过程的大数据计算模拟及生物制药的化学反应大数据计算模拟等。④地理学领域。如地震预警中的大数据计算，海啸预警和防范的大数据计算，以及全球变暖预测的大数据计算等。⑤社会计算媒体领域。主要有以 Facebook、Google 和人人网为代表的社交交友网站的大数据计算，以 Twitter、新浪微博及腾讯微博为代表的社交信息传播网站的大数据计算（美国总统奥巴马在总统选举中采用了对 Twitter 大数据的分析，这是帮助他实现连任总统的关键所在），以天涯论坛为代表的论坛大数据的分析计算等。⑥电子商务领域。主要有以 eBay、阿里巴巴、淘宝网为代表的电子商务大数据计算分析。⑦金融领域。主要有银行及股票交易系统的大数据实时分析，新兴的互联网金融或者大数据金融形态主要有余额宝、百度百发及微信支付等。⑧能源、交通领域。主要有电网的大数据实时分析监控，能源调度大数据分析，城市公交线路规划优化及交通道路路线选择的大数据实时分析等。⑨通信领域。如 PB 级的电信、移动、联通等通话记录及短消息记录的大数据计算分析。⑩其他领域。如人工智能的大数据分析、反恐领域的大数据分析、影视领域的大数据分析、文化领域的大数据分析、食品安全检查领域的大数据分析、航空领域的大数据分析、电子商务领域的大数据分析、在线教育领域的大数据分析、健康医疗领域的大数据分析等。

大数据已经成为全球及全社会各行各业最为重要的战略资源。如何管理好大数据，并从大数据中挖掘出它的潜在价值将是大数据未来的主要发展方向。大数据将普遍应用于国民生产中的各个领域，包括政府、医疗、经济、社会、教育、航空航天、军事及互联网和物联网等各个领域。本书后面几章将给出一些具体的案例进行初步分析，以期更深入地从应用的角度理解大数据及其在各种应用中的价值所在。

如何处理这些密集型应用所需的大数据显得越来越重要。与其他学科不同，大数据作为一门崭新的学科，尚未形成一套理论体系，依然存在许多关键的问题没有解决，甚至在大数据这门学科中到底有哪些基础理论、关键问题、核心技术等都没有一个完整的概念。鉴于此，本书研究大数据背后的核心技术并对一些具体的应用领域进行了分析。下图展示了本书的总体架构和研究内容。

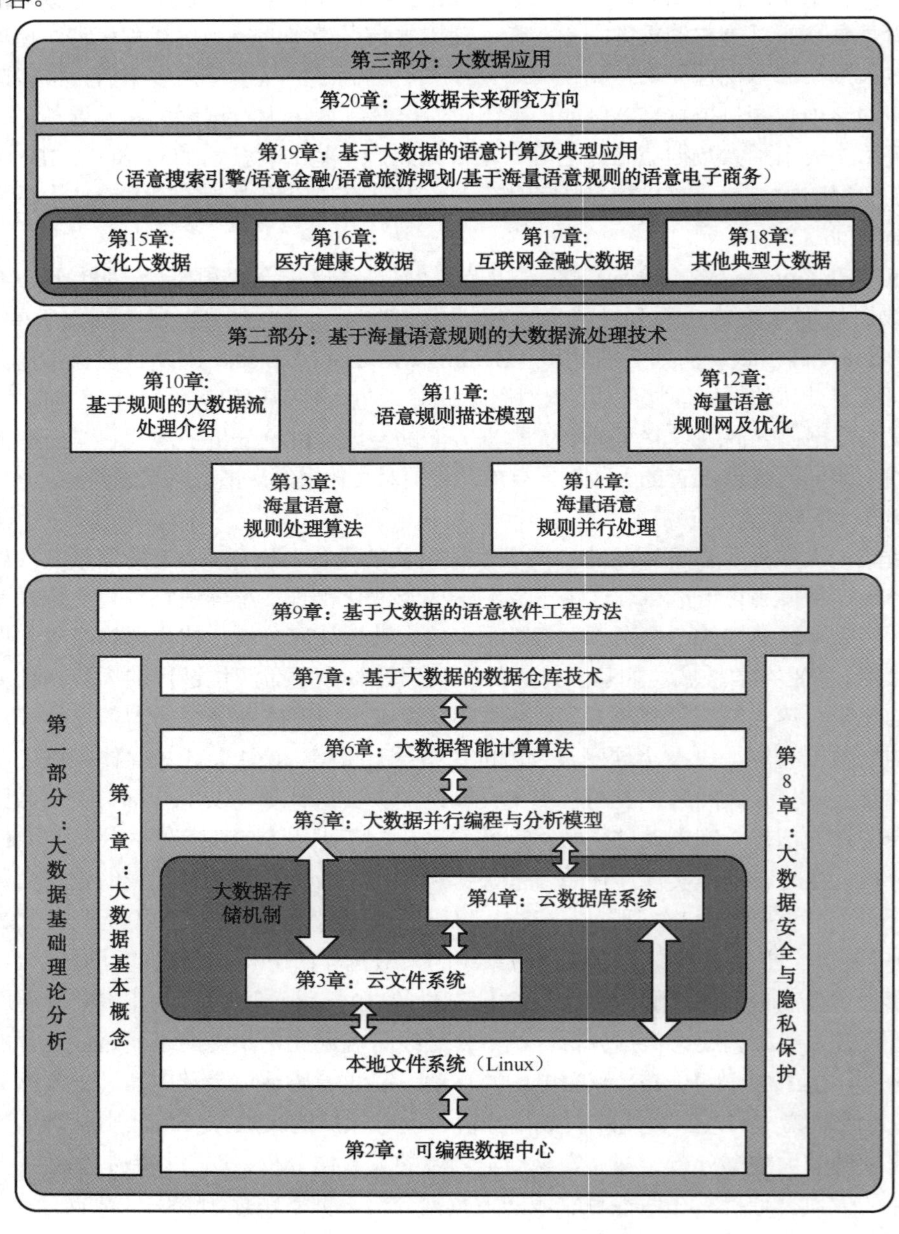

本书章节关系图

第 1 章：大数据基本概念。本章主要分析大数据的一些基本概念，包括大数据定义、大数据度量、大数据表示、大数据的语意理解及大数据和云计算的关系等。

第 2 章：可编程数据中心。本章设计了一种可编程数据中心模型，该可编程数据中心模型将充分考虑能源消耗、基于各种智能调度的大数据放置方法等。

第 3 章：云文件系统。本章主要分析了现有的常用云文件系统，如谷歌 GFS，Hadoop HDFS 等，并分析了现有云文件系统的缺陷，最后提出了一种新的语意云文件系统的简要设计思路 SCFS。

第 4 章：云数据库系统。本章主要分析了现有的常用云数据库系统，如谷歌 BigTable、Hadoop HBase 等，并分析了现有云数据库系统的缺陷，最后提出了一种新的语意云数据库系统的简要设计思路。

第 5 章：大数据并行编程与分析模型。本章主要分析了现有的常用大数据并行编程与分析模型，如谷歌 MapReduce、Hadoop MapReduce、Hadoop++、Twister 等，并分析了现有大数据并行编程与分析模型的缺陷，最后提出了一种新的大数据并行编程与分析模型的简要设计思路 SemanMR。另外，为了提高大数据实时处理效率，本章设计了一种初步的大数据实时处理方法。

第 6 章：大数据智能计算算法。本章主要总结了当前大数据智能计算常用的一些智能算法，并做了相应的分析。

第 7 章：基于大数据的数据仓库技术。本章分析了现有的常用大数据仓库技术，如 Hive、Pig 等，并提出一种新的基于大数据的数据仓库技术的简要设计思路。

第 8 章：大数据安全与隐私保护。本章介绍了在云环境下的大数据安全与隐私保护机制及相应的各种方法和算法。

第 9 章：基于大数据的语意软件工程方法。本章根据大数据这门新学科的特点，提出了一种基于大数据的语意软件工程的方法，为基于大数据的软件系统的开发提供了一种新的软件工程的研究、设计和开发思路。

第 10 章：基于规则的大数据流处理介绍。本章介绍了基于规则的大数据流处理所涉及的一些基本概念及基础知识。

第 11 章：语意规则描述模型。本章介绍了一种可以表示各种粒度（大粒度、中粒度及小粒度）规则的语意规则描述模型。主要包括语意规则节点表示方法、语意规则节点流量及语意规则节点可计算代价等。

第 12 章：海量语意规则网及优化。本章介绍了基于规则合并及基于规则模块等价替换的海量语意规则网优化方法。本章通过研究语意规则，将不同语意规则中有重复语意规则的节点进行合并，达到语意规则完全合并或部分合并的目的；同时，本章通过分析那些计算功能等价的语意规则模块，用计算代价小的语意规则模块替换计算代价大的语意规则模块。

第 13 章：海量语意规则处理算法。本章在分析现有的各种规则模式匹配处理算法的基础上，针对现有规则模式匹配处理算法的缺陷，介绍了一种适合于海量语意规则的海量语意规则模式匹配处理模型及运行时的处理算法。

第 14 章：海量语意规则并行处理。本章提出并研究了一种海量语意规则并行处理机制 GAPCM。介绍了将海量语意规则生成互相独立的规则子网的方法；任务预分配方法；语意规则子网的合理划分方法；语意规则子网内部通信及处理机之间的外部通信；将任务具体映射到所对应处理机的方法。

第 15 章：文化大数据。本章从大数据在文化领域的应用角度分析了大数据在公共文化、图书馆、博物馆、艺术馆、科技馆、艺术馆及美术馆这种文化领域的数据采集、存储、计算分析及应用方法和典型应用。

第 16 章：医疗健康大数据。本章从大数据在医疗健康领域的应用角度分析了医疗健康领域如何利用大数据进行数据的组织、存储、计算分析及应用方法和典型应用。

第 17 章：互联网金融大数据。本章从大数据在金融领域的应用角度分析了互联网金融领域如何利用大数据进行数据的组织、存储、计算分析及其应用的方法和典型应用。

第 18 章：其他典型大数据。我们在第 15、16 及 17 章中分别介绍了文化大数据、医疗健康大数据及互联网金融大数据。大数据的应用现在已经遍布各个领域，本章对教育大数据、电子商务大数据、互联网大数据、能源大数据、交通大数据、宏观经济大数据、食品安全监管大数据等进行了一个简要的阐述。

第 19 章：基于大数据的语意计算及典型应用。由于大数据的产生，语意计算（Semantic++ Computing）也应运而生。语意计算（Semantic++ Computing）是在语义计算（Semantic Computing）和语意计算（Semantic+ Computing）基础上加上大数据技术的应用而产生的一种新的计算模式。本章分析了基于大数据的各种语意计算的应用，如在社交网络方面的应用、政府方面的应用等，最后又具体介绍了基于大数据的语意计算应用，包括语意搜索引擎、语意金融、语意旅游规划及基于海量语意规则的语意电子商务。

第 20 章：大数据未来研究方向。本章简要描述了大数据未来的发展方向及主要应用方向等。

作　者

目　　录

第一部分　大数据基础理论分析

本部分主要介绍了大数据领域的主要基础理论，包括大数据基本概念、可编程数据中心、云文件系统、云数据库系统、大数据并行编程与分析模型、大数据智能计算算法、基于大数据的数据仓库技术、大数据安全与隐私保护及基于大数据的语意软件工程方法等9章。

本部分主要分析了大数据在存储、管理、处理与分析等方面面临的一些基础的理论问题，例如，如何确保大数据存储中心能够实现智能调度，最优地节省能源；如何确保大数据有一个比较好的放置方法，为大数据的计算提升效率；如何有效实现大数据的存储，从而提升大数据的智能读写效率；如何有效地实现大数据的语意处理，增强其计算能力；如何确保大数据存储过程中文件的安全可靠性，尤其是重要数据的内容安全；如何确保大数据中重要文件的数量方面的安全；为了实现大数据在大规模范围内的共享，如何确保在云环境下的各种大数据的隐私能够得到有效保护；基于大数据的各种应用密集型的大型软件系统如何开发，其软件工程开发方法如何，等等。

第 1 章　大数据基本概念

大数据已经在社会政治、经济、文化、教育、能源、交通、军事、互联网及科技等各个方面产生了巨大的推动作用，一个企业甚至一个国家拥有大数据资源的规模和存储、管理并使用这些大数据进行各种应用分析并解决问题的能力，已经成为检验一个企业或者国家竞争力的一个重要标志，也是它们是否具有核心竞争力的关键所在。目前，全球很多国家已经将大数据作为一项国家意志进行了确定。首先，本章分析了大数据的一些基本概念，其次，介绍了语意计算（Semantic++ Computing）与大数据的关系，在大数据技术的背景下，语义计算（Semantic Computing）提升到语意计算（Semantic++ Computing）层次已经成为可能，最后，概述了大数据和云计算之间的关系。

1.1　大数据定义

当前，关于大数据的定义已出现多个说法，并没有形成统一的定论，因此，不同的人、公司、机构等可以从不同的角度对大数据进行定义。其中，IBM 公司的观点在一定程度上具有代表性。

IBM 公司关于大数据的表述为 3V 理论，即容量（Volume）、类型（Variety）和速度（Velocity）。其中，容量是指数据的数量和所占用的存储空间十分庞大，需要处理来自服务器、手机、移动设备、传感器、社会媒体等的数据量达到 PB（Petabyte）级别、EB（Exabyte）级别甚至 ZB（Zettabyte）级别。类型是指数据类型各种各样，有结构化的数据、半结构化的数据、非结构化的数据、多媒体数据、文本数据、数据库数据，等等，所有类型的数据都是构成大数据的来源，它们结构各异，都是异构型的数据。速度是指对大数据处理速度的要求越来越高，尤其是对于一些需要实时计算的应用，快速处理数量如此庞大的数据已显得十分困难。对大数据的处理不仅仅是对静态数据进行处理，也需要处理源源不断到达的动态数据，例如，物联网数据流、各种社交媒体产生的信息流等。同时，对大数据的处理需要在瞬间得到结果，对速度的要求达到了实时性的层次。

然而，随着对大数据的理解越来越深入，对大数据计算的需求越来越高，研究越来越广泛，现有的 3V 理论已经很难概括大数据的本质。因此，IBM 在 3V 理论基础上又增加一个新的 V，这个 V 被称为准确度（Veracity），即形成了 IBM 所说的 4V 理论，也就是现在 IBM 对大数据的基本理解[1]。从本质上来说，准确度其实是指大数据的可信性或者其价值所在。可信的大数据才能够真正创造价值，如果大数据不安全或者不可靠，那么无论用什么方式计算得出的大数据决策方案都没有任何价值。因此，准确度（Veracity）在大数据的地位日渐提升，基于此，确保大数据的安全和实施大数据隐私保护就显得十分重要。

1.2 大数据度量

大数据已经在社会政治、经济、文化、教育及科技等各个方面产生了巨大的推动作用，各行各业都在研究、分析大数据。如何看待大数据，大数据到底有什么能力，对如何度量其本身能力和价值的研究分析少之又少，本节就大数据的度量做简要介绍。

大数据能够带来巨大的效益，但是到目前为止，对于大数据的度量，业界并没有形成任何有效的度量体系和架构。本节试图从五方面对大数据的度量建立一个初步的度量体系指标，如图 1-1 所示。

大数据的度量指标包含五部分：大数据能耗度量、大数据计算能力度量、大数据的数据中心服务能力度量、大数据商业与社会价值度量及大数据冷热度度量。

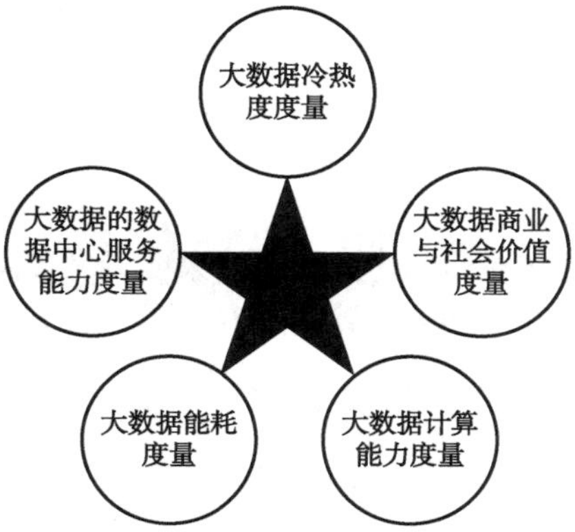

大数据冷热度度量
大数据的数据中心服务能力度量
大数据商业与社会价值度量
大数据能耗度量
大数据计算能力度量

图 1-1 大数据度量指标

1.2.1 大数据能耗度量

大数据的飞速发展带来的一个直接影响就是需要建立能耗量极大的数据中心，数据中心的服务器基本处于连续运行状态，对能源的消耗巨大。众多的数据密集型应用公司需要建立自己的发电站才能满足本公司的数据中心正常运转。以 Google 公司为例，其分布在全球各地的上百万台服务器，如果一直不停机地运转，消耗的能量与一座中等规模城市的用电量相当。因此，美国很多的大型互联网公司将数据中心建在沙漠、河边或者电站旁边，以利用良好的冷却系统和电站对数据中心进行供电。

与大数据与生俱来的最直接的一个需求就是用来存储和计算大数据的数据中心的建设。数据中心的一个很大的度量指标是能耗问题。大数据的存储利用率、大数据的计算利用率，大数据存储副本数量及大数据中死数据率均是影响能耗的关键因素。以下是一种能源消耗的度量指标。

$$\mathrm{Energy}_{\mathrm{consumptionRate}}=\frac{1}{4}*\left(\frac{\mathrm{Storage}_{\mathrm{used}}}{\mathrm{Storage}_{\mathrm{all}}}\cdot\mathrm{Storage}_{\mathrm{security}}+\frac{\mathrm{Computing}_{\mathrm{used}}}{\mathrm{Computing}_{\mathrm{all}}}\cdot\mathrm{Computing}_{\mathrm{security}}+\frac{\mathrm{Re\ plias}_{\mathrm{rational}}}{\mathrm{Re\ plias}_{\mathrm{reality}}}+\mathrm{Data}_{\mathrm{wholeVolume}}-\frac{\mathrm{Data}_{\mathrm{dead}}}{\mathrm{Data}_{\mathrm{wholeVolume}}}\right)$$

式中 $\mathrm{Energy}_{\mathrm{consumptionRate}}$ ——数据中心的能耗比率；

$\frac{\mathrm{Storage}_{\mathrm{used}}}{\mathrm{Storage}_{\mathrm{all}}}$ ——实际使用的存储容量和存储总容量的比率；

$\mathrm{Storage}_{\mathrm{security}}$ ——存储预留的安全系数。例如，安全系数为 1.2，则表明至少要多预留 20% 的安全存储空间；

$\frac{\mathrm{Computing}_{\mathrm{used}}}{\mathrm{Computing}_{\mathrm{all}}}$ ——实际计算所需资源（CPU、内存等）和总共计算资源（CPU、内存等）的比率；

$Computing_{security}$——计算预留的安全系数。例如，安全系数为1.2，则表明至少要多预留20%的安全计算资源（CPU、内存等）；

$\frac{Re\ plias_{rational}}{Re\ plias_{reality}}$——合理的副本数量和实际采用的副本数量的比率；

$\frac{Data_{wholeVolume}-Data_{dead}}{Data_{wholeVolume}}$——实际应该带电存储的大数据（需要除去死数据）和实际带电存储的大数据的比率。

1.2.2　大数据计算能力度量

很难有一个计算标准来度量大数据的计算能力，因此大数据计算能力的度量指标非常复杂。关于大数据的计算能力度量，有如下两个度量指标：大数据的可计算性度量、可降维性度量。

1．大数据的可计算性度量

可计算性是大数据计算能力度量中一个最为重要的技术指标，主要包括大数据的时间计算复杂度与大数据的空间计算复杂度。由于大数据的类型众多、结构各异及数据容量极大，它是否具有可计算性、可计算性有多大是决定该大数据是否具有价值的一个重要衡量指标。

2．大数据的可降维性度量

如何实现降维是大数据计算的一个重要方面。大数据结构复杂并且维度众多，如果不进行一定程度的降维，将很难甚至无法实现计算。如何实现大数据计算的降维、对其可降维性如何进行度量也是一个重要指标。现在众多的聚类算法等在实施计算之前，均需要降低维度。

1.2.3　大数据的数据中心服务能力度量

服务能力的可度量性是从商业大数据计算平台服务能力的角度进行度量的，主要是数据中心对外提供服务能力的可度量性，如亚马逊提供EC2和S3的计算和存储服务的能力等。数据中心，尤其是以公有云设计为目的的数据中心，如何对数据中心的各种资源（计算资源及存储资源）进行分配，并收取资源租用费用是大数据的数据中心服务能力度量的重要指标。

1.2.4　大数据商业与社会价值度量

这主要指大数据本身能带来的商业价值和社会价值的度量。例如，通过对大数据进行数据挖掘后，进行有针对性的广告投放等能够带来的商业价值。同样，大数据的社会度量指标也非常重要，例如，奥巴马参与第二任总统竞选时利用了Twitter的社交大数据进行分析，而这种大数据的分析能够具有多少的社会价值也是度量的一个非常重要的指标。虽然大家已经认可大数据具有巨大的商业和社会价值，但是如何在一定程度上度量它们的价值，并设计出一个有效的度量计算模型或公式，依然是大数据研究中所面临的一个极具挑战性的问题。

1.2.5 大数据冷热度度量

大数据的冷热度度量，无论是对大数据的存储还是对大数据的计算均有非常重要的参考作用。对于热数据可能需要存储在如内存、SSD等服务能力高的存储设备中，而对于冷数据或者死数据只需要存储在普通的存储设备中。因此设计一种大数据的冷热度度量指标显得尤其重要。

1.3 语意计算的发展过程

语意计算的发展大致经历了三个阶段：语义计算（Semantic Computing）、语意计算（Semantic+ Computing）和语意计算（Semantic++ Computing）。

1.3.1 语义计算（Semantic Computing）

传统的计算方式是基于结构化数据并且由符号语言（各种程序设计编程语言，如C语言、C++语言及Java等）驱动的，然而，语义计算是基于内容且通过类自然语言（SQL语言等）或其他多媒体用户接口驱动的。因此，语义计算是更接近人类语言的计算方式，是对传统计算方式的进一步扩展。常用的语义计算技术或者工具主要包括：本体（Ontology）、标签（Label）、知识库（Knowledge Base）等。通过这些技术或者工具可赋予信息更为丰富的含义。例如，与基于关键词的搜索相比，语义搜索引擎包含更多的语义，它可以将那些具有语义关联的信息作为结果搜索出来。以搜索“西红柿”为例，基于语义的搜索引擎能够将“番茄”也搜索出来，当然，这需要利用本体技术对西红柿和番茄建立一个语义关联关系。

1.3.2 语意计算（Semantic+ Computing）

随着技术的不断发展，基于传统的语义计算逐渐地不能满足人们的需求，人们更加希望能够按照自己的“意念”得到想要的东西或结果。假设某人即将结婚，他（她）想找一些电视剧中的结婚片段观看，从而脑海里形成一个意念：从YouTube视频网站（大数据云存储中心）中找出包含有西式结婚场景的电视视频片段。这对于传统的语义计算很难完成。因此，出现了一种新的计算模式，即语意计算（Semantic+ Computing）。加州大学欧文分校Phillip Sheu与EMC公司等基于SemanticObjectsTM[1,2]（美国发明专利）给出了一种语意计算[3~7]的定义，可以简单地描述为语意计算（Semantic+ Computing）=语义计算（Semantic Computing）+接近人类思维的人机界面。在传统的语义计算基础上，由于增加了一个接近人类思维的人机界面，因此能够更好地将人的思维想法变成计算机能够理解的内容，从而可以比较好地将人的意念转变成计算机能够理解的内容。该层次下的语意计算如图1-2所示。

我们总是期待能够将一些看似无关的学科整合起来为计算提供服务，包括计算语言学、人工智能、多媒体、数据库、服务计算乃至嵌入式计算等。这种期待源于人们在现实中遇到的问题，例如，如何充分发挥手机提供的计算功能为我们服务，软件如何包装起来成为服务与他人共享，如何从传统的应用转到面向领域的应用（生物学、医学、社会学、GIS 等），再如，现在企业中有超过 80% 的信息都是非结构化信息，这些“人性化”的信息对于计算机而言非常难理解和使用。语意计算（Semantic+ Computing）就是为解决这些问题和满足人们的需求而提出的，它涵盖了一系列相对独立的学科知识，使计算机能够理解各段信息之间的联系，进而执行复杂的分析操作，而这一切都是自动且实时进行的。语意计算（Semantic+ Computing）不仅需要分析信号（图像、文字等）并将其转化为可以统一处理的信息，而且还关注如何整合这些不同种类看似无关的信息，以及如何通过自然语言接口或其他多媒体接口访问这些信息。语意计算（Semantic+ Computing）是一种崭新的计算方式，既适用于结构化的数据管理，也适用于非结构化的数据管理。语意计算（Semantic+ Computing）是将人的意念与内容结合起来，继而发现意念在内容上的意义，将无结构的意念变成一个有结构的内容信息的过程。总之，语意计算（Semantic+ Computing）包含传统的计算技术及一些基于传统计算技术的交叉学科（见图 1-2），它的最终目的是从文本、语音、视频等多媒体资源或者服务（Web 服务）、结构化、半结构化甚至无结构化数据中提取或者处理内容和语义[8]。因此，语意计算（Semantic+ Computing）是基于内容且通过自然语言或其他多媒体用户接口驱动的[9]，是更接近于人类语言的计算方式，是对传统语义计算方式的进一步扩展。

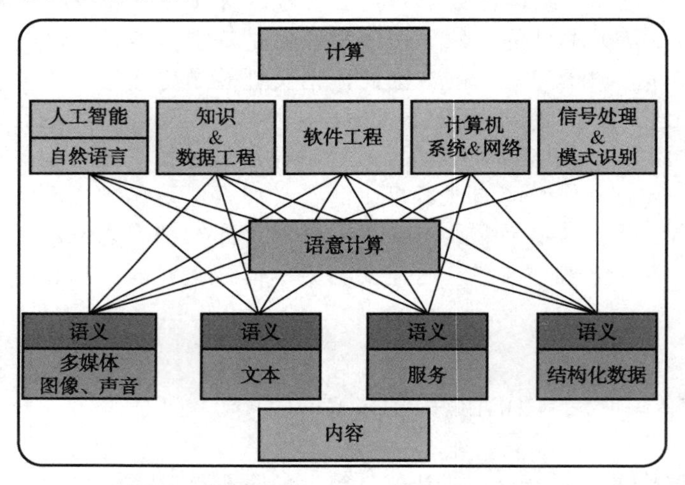

图 1-2　语意计算（Semantic+ Computing）

另外，从语意计算（Semantic+ Computing）的定义及功能可以看出，语意（Semantic+）比语义（Semantic）更重视人类本身的思维。

1.3.3　语意计算（Semantic++ Computing）

无论传统的语义计算，还是后来的语意计算（Semantic+ Computing），它们仍然有局限性，前者只关注某个内容本身的语义（Semantic），后者强调“意念”能够被计算机所理解的语意（Semantic+）的转化。然而人们的“意念”远比上面提到的复杂，例如，我们希望了解北京人和广东人分别最喜欢在百度中搜索什么商品，怎么判断动物园里的狮子有可能生病了，全球哪些国家最关心中国的经济增长率，中国不同年龄段的人各自最喜欢看什么类型的电视剧，雾霾天气形成与地区石油及燃煤销售量有什么关系，等等。这些“意念”具有更加高层次的语意

（Semantic++），均需要进行大数据计算，而在大数据没有出现之前，计算机无法得到这些复杂“意念”问题的答案。以判断狮子是否生病为例，大数据未出现之前，我们只能通过饲养员或者兽医专家自身的经验来进行判断，因为狮子本身不会说话。而随着大数据技术的发展，可以给狮子的生活圈安装很多的传感器，传感器会时刻监控狮子的各种行为、状态等，从而经过长期的积累得到有关该狮子的生活习性的全样本（以前的计算基本上是基于小样本）的大数据，通过对这些大数据进行分析，可以让狮子 “说话”，告诉我们它（们）的健康状态如何。再如，分析中国不同年龄段的人各自最喜欢看什么类型的电视剧，这需要搜集全国所有人群观看影视的行为记录，只有对这些行为记录所形成的大数据进行计算分析后，才能得出这个问题的结论。

我们将这种新型的语意计算（Semantic++ Computing）定义为语意计算（Semantic++ Computing）=语义计算（Semantic Computing）+接近人类思维的人机界面+大数据。

1.3.4　语意计算和大数据

语意计算若要真正实现，离不开大数据的支持。大数据促使语义计算（Semantic Computing）朝着语意计算（Semantic++ Computing）的方向发展。通过对比无大数据的生态图和有大数据的生态图，我们可以看出大数据在语意计算（Semantic++ Computing）中的重要作用。

1. 无大数据的生态图

图 1-3 展示了无大数据的生态图。由于没有大数据，人类很难理解很多东西，无法理解任何其他人、动物、植物、物体甚至现象的真正“意念”或者“需求”。如果没有大数据的支撑，语意计算将面临 “语意鸿沟”，很难实现真正意义上的语意计算。

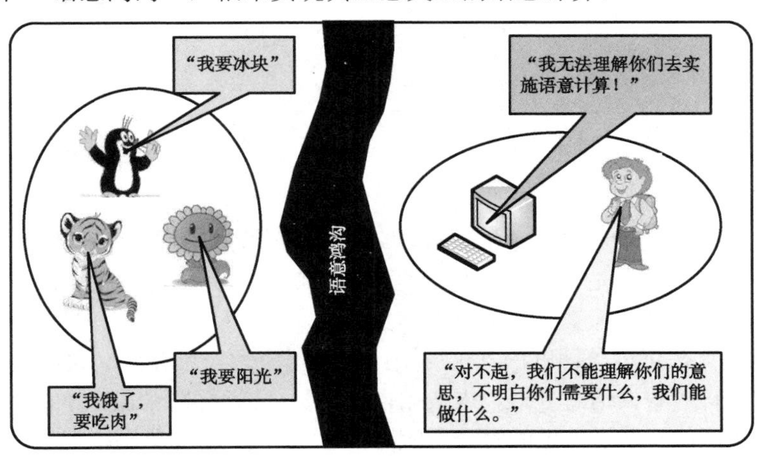

图 1-3　无大数据的生态图

2. 有大数据的生态图

图 1-4 展示了有大数据的生态图。通过搜集人、动物、植物、物体甚至现象所产生的所有大数据，并执行大数据的计算，就能在一定程度上找出规律，从语意上理解人、动物、植物、

物体甚至现象。从而真正实现人与人、动物、植物、物体甚至现象的语意上的交流，实现整个自然界所有生物、物体或者现象之间的自由交流和沟通，达到互相之间能够实现心意相通的最终目标。

对比图 1-3 和图 1-4 可知，大数据是理解整个自然现象、理解各种心理现象、实现不同物种、甚至现象之间进行“意念”交流的唯一“桥梁”。

大数据和语意计算（Semantic++ Computing）的关系可以简要总结为没有大数据就无法实现真正意义上的语意计算，同时语意计算也将推动大数据的数据价值体现和大数据的数据价值的纵深发展！

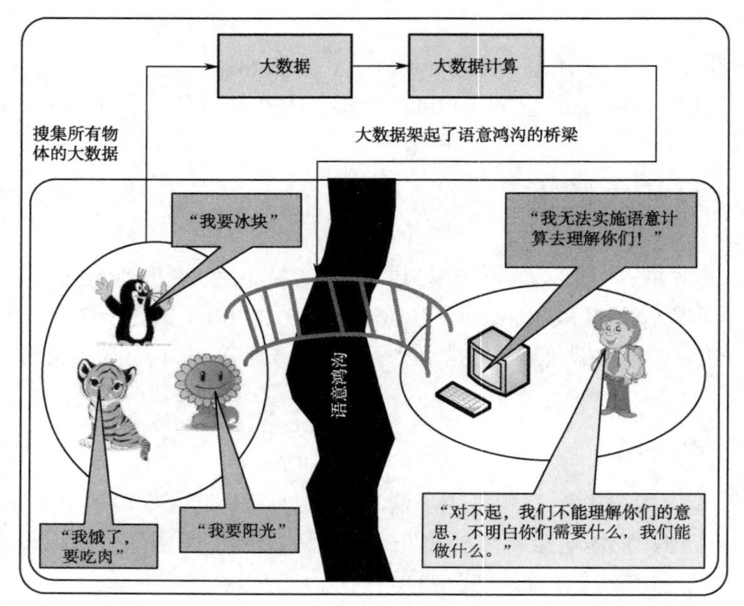

图 1-4　有大数据的生态图

1.4　大数据的语意理解

大数据作为近几年出现的一个新的现象，要想成为一门独立的学科，仍然有许多问题需要解决。如何有效理解大数据是大数据研究能否取得成功的关键。为了提升大数据的商业或者社会价值，从语意的角度理解大数据将显得非常重要。

图 1-5 展示了大数据语意理解的几个层次：大数据资源语意存储、大数据资源语意信息获取、语意信息管理、大数据语意处理、大数据语意服务（语意分析/语意合成等）、大数据语意安全与隐私、语意接口及基于语意的大数据应用（互联网/金融/健康医疗等）。在大数据语意理解的每个层次，均有智能化的意志体现，主要通过语意计算（Semantic++ Computing）技术来实现。

因此，我们将从如下几个角度分析大数据的语意理解。

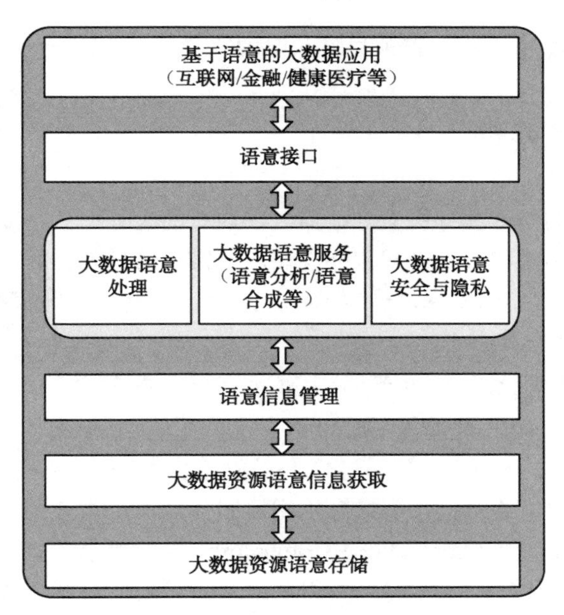

图 1-5　大数据语意理解的层次关系图

1.4.1　大数据资源语意存储

大数据的存储是大数据理解的基础。如何有效地存储好大数据，让大数据的分布更加合理将直接影响到大数据后期的计算、分析等的处理效率。故从大数据存储这一层次上来理解其语意性主要包括两方面。

（1）大数据资源元数据语意索引组织机制。这是一种能够满足快速有效元数据查询的语意索引组织机制，通过该机制，用户可以快速定位资源位置并以最快的速度获取所需资源。

（2）大数据资源语意放置策略。为了提高大数据的能源利用效率并提高大数据的计算效率（尤其是大数据的 Join 连接查询计算），如何对大数据资源实现有效放置变得尤其重要，它将直接影响到整个数据中心的能耗及大数据的计算速度等。

1.4.2　大数据资源语意信息获取

大数据虽然已经成为一个企业甚至一个国家的重要战略资源，但是大数据中又掺杂着很多无用的信息。因此要想运用好大数据，最关键的、也是最困难的是如何从大数据中获取有用的语意信息。这就需要建立各种语意模型，以实现有用语意信息的抽取。

1.4.3　语意资源管理

在获取了大数据的海量语意信息后，需要对这些有用的语意信息进行有效管理，以便实现这些从大数据抽取的海量语意信息能够有效地支持大数据语意处理、大数据语意服务（语意分析/语意合成等）及大数据语意安全管理与隐私保护等。

1.4.4 大数据语意处理

为了实现基于语意的处理和分析服务，需要在现有的大数据处理编程模型基础上，设计一种新的编程模型。尤其那些对实时性和智能性要求非常高的处理计算，需要大量用到语意计算（Semantic++ Computing）技术，以提升大数据的处理速度和处理智能水平。

1.4.5 大数据语意服务（语意分析/语意合成等）

语意服务是基于SOA（Service-Oriented Architecture）的网络服务理论基础，实现各种基于大数据的语意网络服务，主要包括：语意分析网络服务及语意合成网络服务等。在语意分析网络服务中，需要通过语意计算（Semantic++ Computing）实现复杂语意功能的服务分析。在语意合成网络服务中，需要通过语意计算（Semantic++ Computing）技术将各种原子网络服务进行有效合成，形成更大的复杂网络服务。

1.4.6 大数据语意安全与隐私

随着数据爆炸时代的到来，越来越多的大数据积聚起来，因而，必须采用云存储的方式对大数据进行存储，并进一步实现这些大数据的共享。如何确保大数据在云中的存储安全及确保大数据中的隐私信息在云中能够得到有效保护日益重要，这也直接影响到各行各业的公司、研究机构、医院等能否放心、自愿地将它们的数据存入云环境以实现共享。为了确保大数据的各种安全与隐私信息得到保护，需要确保各种语意理解层次的大数据在安全及其隐私方面均能得到有效保护。

1.4.7 语意接口

语意接口是语意计算（Semantic++ Computing）区别于语义计算（Semantic Computing）的一个重要分界点。语义计算采用了多种语义技术，在不同对象之间建立了各种类型的语义关联。但是语义计算没有一个良好的界面，人类本身依然很难将自己的“意念”的东西直接依靠语义技术来实现。因此，有必要在现有语义技术的基础上增加一个能够在技术鸿沟和人类“意念”之间建立关联关系的语意接口。通过该语意接口，人们可以以一种接近人类思维的方式表达自己的计算需求，而不是通过十分复杂的、必须由专业的程序设计人员编程才能够实现计算需求的表达。

1.4.8 基于语意的大数据应用

随着物联网和云计算技术的飞速发展，各种基于大数据的应用日益增多。典型的应用有传统的搜索引擎（Google Search、Yahoo! Search、百度搜索、即刻搜索、搜狗搜索和必应搜索等）、金融领域的各种交易系统（证券交易系统、银行存取款流水记录、基于大数据的保险分析等）、社会媒体计算系统（Facebook、Twitter、Google+、人人网、新浪微博、腾讯微博等）、各种物联网监测系统（大气污染监控系统、湖泊污染监控系统、交通监测系统、PM2.5 实时监测系统、病人血压实时监测系统及地震预测监控系统等）、航空大数据分析系统（全球飞机状态监测分析、故障预测分析及故障维修决策等）、各种电子商务系统（淘宝、天猫、eBay 等）及基于大数据的工业 4.0 等。

1.5　大数据和云计算

1.5.1　云计算

云计算（Cloud Computing）是一种基于互联网的计算方式，通过这种方式，共享的软硬件资源和信息可以按需求提供给计算机和其他设备。云计算是分布式计算、并行计算及网格计算发展到一定阶段后的产物。

云计算的发展经历了分布式计算、网格计算再到云计算等几个主要的发展阶段。分布式计算的基本特征是，研究如何把一个需要非常巨大的计算能力才能解决的问题分成许多小的部分，然后把这些部分分配给许多计算机进行处理，最后把这些计算结果综合起来得到最终的结果。网格计算通过利用大量异构计算机（通常为桌面）的未用资源（CPU 周期和磁盘存储），将其作为嵌入在分布式基础设施中的一个虚拟的计算机集群，为解决大规模的计算问题提供了一个模型。网格计算的焦点放在支持跨管理域计算的能力，这使它与传统的计算机集群或传统的分布式计算相区别。

云计算和分布式计算及网格计算既有共同点，也有很多不同点。它们的共同点是将计算能力交由更多的计算机来处理，不同点是云计算具有很强的弹性，它可以随意配置计算资源，实现了即插即用式的并行计算模式，从而为真正实现可租用服务提供了基础。

1.5.2　大数据和云计算的关系

大数据的概念在很多情况下总是和云计算的概念同时出现，这也导致很多人总是简单地认为大数据就是云计算。实际上，大数据和云计算是两个不同的概念，它们有着必然的联系，更有着本质的不同，二者关系可以简要描述如下。

（1）大数据是数据，是资源，是一切计算、分析和预测的基石。而云计算是一种计算理念、计算模型、计算工具和一种计算方法。大数据可以采用传统计算方式，也可以采用云计算的方式来进行，但传统的计算方法无法完成大数据的有效计算。

（2）大数据可以形成一门关于大数据计算的科学体系。大数据有可能像数学、物理学一样，发展出自己的一套理论，形成一套自己的基本价值，并形成一门崭新的大数据学科。而云计算不可能形成一套理论体系，它只是一种计算模式，仅仅为各种数据（不管是大数据还是小数据）

提供一种新的计算理念和方式。

（3）大数据的范围远远超出计算本身。既然大数据具备构成一门新的学科的条件，它的范围将十分广泛，例如，大数据的概念、大数据的基本语意理解、大数据的模型（预测模型、商业模型、数据的语意相关性模型等各种模型）、大数据的安全体系、大数据的计算体系、大数据的隐私保护体系、大数据的时空迁移体系（包括空间迁移和时间迁移。空间迁移是指大数据从一个物理位置迁移到另外一个物理位置，而时间迁移是指大数据在长期保存的过程中从一个时间点迁移到另外一个时间点）、大数据的价值分析等。而云计算只是一种计算，它可以为大数据科学提供一种有效的计算模型、方法或者算法等。

（4）云计算是为大数据提供计算服务的一种最有效的方式。大数据的基本特点就是取用数据的全集而不是样本（小数据）。因此，针对大数据的计算将面临巨大的数据量、多样的数据类型等挑战。而面对浩瀚的各种类型的大数据，采用云计算将是大数据计算的最有效的计算方式之一。

本 章 小 结

本章简要阐述了大数据的一些基本概念，提出了基于以大数据为基础的语意计算（Semantic++ Computing）的概念。同时对大数据和云计算的概念做了区分，为更好地理解什么是大数据提供了一种有效的思路。

第 2 章　可编程数据中心

数据中心是指用于安置计算机系统及相关部件的设施（如电信和储存系统）。一般它包含冗余备用电源，冗余数据通信连接设备，环境控制设备（如空调、灭火器）和安全设备。

随着数据中心的数量越来越多，规模越来越大，数据中心的能耗已经成为全球能源消耗的主力军。如何降低数据中心的能耗已经成为一个亟待解决的问题。绿色数据中心指一种节能的数据中心，即通过各种技术使得数据中心的能耗下降，从而减少能源消耗，保护环境等。

数据中心作为大数据存储、计算和分析的承载地，对它的管理显得尤其重要。现有的数据中心大都是硬数据中心，很多的企业、单位因为需要存储大量的数据，购买大量的存储设备、高性能服务器及其他网络设备等物理设备。而在实际使用中，大部分数据中心的资源利用率不到 50%，不仅带来巨大的投资浪费，更带来了巨大的能源浪费，很多本来可以关闭的数据节点也一直在带电运转，消耗着巨大的电能。

软件定义数据中心是近年来提出的一个新概念，类似于软件定义网络，是指通过软件来定义数据中心的运转状况等。例如，通过软件定义数据中心的节能措施、维修检修措施，等等。软件定义数据中心最直接的应用就是通过软件控制数据中心的云状态，例如，在数据交换冷时期（晚上 9 点到第二天凌晨 7 点），让服务器自动运行在节能状态，从而实现节省能耗的目标。

可编程数据中心属于软件定义数据中心一种。它是软件定义数据中心的最高级阶段，即数据中心管理员可以通过编程的方式来控制数据中心的运转，包括：数据备份策略、数据节能策略等。可编程数据中心将是云计算发展的终态，同时也是云计算发展的必然需要。可编程数据中心将大大提升数据中心弹性资源的分配能力，大大节省能耗，同时为大数据的后期计算和分析的智能化提供基础。

本章设计了一种可编程数据中心模型，该模型的建立充分考虑了能源消耗等问题，重点关注基于大数据的有效放置的大数据智能放置方法等。

2.1　可编程数据中心体系架构

图 2-1 展示了可编程数据中心的体系架构。云数据中心的管理人员可以编写数据中心资源管理程序，该程序主要包含：数据分配管理、异构数据节点分配管理及规则管理。通过这三个模块可以实现数据中心的各种软硬件资源的管理和分配，同时对它们进行监控。

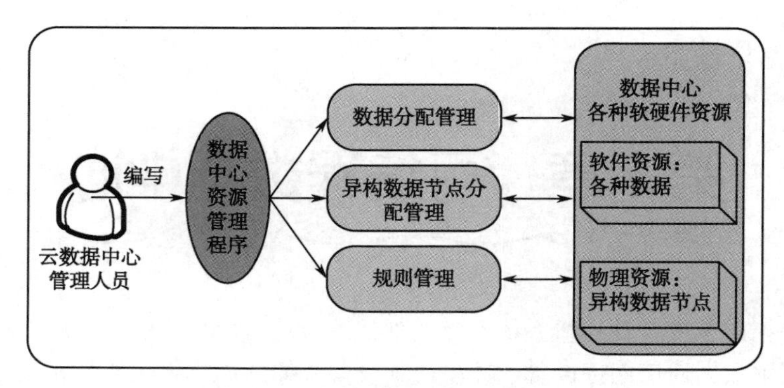

图 2-1　可编程数据中心的体系架构

【案例 2-1】 可编程数据中心案例

若某个数据中心有 100 台普通机器，其中 60 台是新购机器，每台机器的存储容量是 2TB。另外 40 台是利旧机器，每台机器的存储容量是 500GB。现有 30TB 的数据资源需要放入该数据中心，其中 22TB 数据资源访问频繁，3TB 的数据资源较少访问，另外有 5TB 的数据资源从来不会访问，仅作为数据资源备份使用。

若为可编程数据中心，则会充分利用该 100 台机器，让资源能够有效存储在合适的机器上。

首先，计算资源总容量为 60 台新机器总共有 120TB 的存储容量。40 台利旧机器有 20TB 的存储容量。假设每台机器的存储上限为 90%，则 60 台新机器最多的存储容量为 108TB，40 台利旧机器最多可用存储容量为 18TB。

其次，计算现有数据资源需要的数据存储容量。22TB 频繁访问的数据资源按照存储因子为 3（HDFS 与 GFS 等默认的存储因子均为 3）的策略实施，所需存储的实际容量为 66TB。按照 90%的存储上限，至少需要 66TB/0.9=73.34TB 存储容量。3TB 较少访问的数据资源也按照存储因子为 3 的策略实施，所需存储的实际容量为 9TB。同样按照 90%的存储上限，至少需要 9TB/0.9=10TB 存储容量。5TB 从来不被访问的数据资源将按照存储因子为 2 的策略实施，所需存储的实际容量为 10TB。同样按照 90%的存储上限，至少需要 10TB/0.9=11.12TB 存储容量。

可编程数据中心，需要能够编写程序来管理上述的硬件资源和软件资源。具体策略如下：

（1）37 台新机器用来存储频繁访问的数据资源，机器处于正常运转状态；

（2）5 台新机器用来存储较少访问的数据资源，机器处于节能运行状态（节省能源）；

（3）23 台利旧机器用来存储从不访问的数据资源，机器关机（节省能源）；

（4）18 台新机器关机不存放任何东西，待后面有新数据再利用（主要存放访问数据）；

（5）17 台利旧机器关机不存放任何东西，待后面有新数据再利用（主要存放从不访问数据）。

2.2　数据分配管理

2.2.1　数据分配管理原理

当前，对数据放置策略的研究还主要集中在对数据中心某一方面的分析研究，而非针对整个数据中心，也没有形成一套完善的基于数据中心的云环境下大数据的放置模型。对单方面的研究主要集中在以下五方面：副本策略、基于异构数据节点的数据放置策略、基于数据访问热点的数据放置策略、基于 MapReduce 的 Join 连接查询计算的数据放置策略及基于节能的数据放置策略。有关副本数量的问题，现有方法的一般思路是对于那些访问次数十分频繁的数据复制多个数据副本（大于 hadoop 默认的 3 个），对于那些访问次数很少的数据只存储 2 个副本。有关副本存放位置的问题，现有研究一般都围绕当一个副本失效时，如何较快地取得另一个副本的问题展开。

大数据的放置策略直接影响到大数据的 Join 连接查询。针对 Join 连接查询的研究主要有以下几种。①Hadoop[7]默认的 Join 连接查询数据放置策略。开源的 Hadoop DFS 在设计上为了实现较好的负载均衡，数据放置以负载平衡为主，数据在分布的时候比较零散，一旦需要执行 MapReduce，经常需要跨机器甚至跨机架进行大量的数据远程传输，在 Shuffle 阶段浪费很多的 I/O 时间。②针对静态数据硬编码的数据放置策略下的大数据的 Join 连接查询。为了提高数据 Join 连接查询效率，对数据进行处理，增加一些索引信息，如 VLDB2010 年的论文 Hadoop++[8]。③数据本地化及数据聚合的数据放置策略下的大数据的 Join 连接查询。这类研究主要有 VLDB2011 年 IBM 的论文 CoHadoop[9]所提到的数据相关块聚合放置方法，中科院和腾迅公司合作的论文[10]里提及的数据 hash 聚合机制及基于此的 CHMJ 连接（Join）计算方法。

图 2-2 展示了数据中心的云数据分配方法，基本实现原理：根据数据集的历史处理记录或者根据预先的定义得到数据关系网，利用数据集关系网，可以得到数据集无计算关系子网、数据集孤立计算子网及其数据集有关联计算子网三种。通过数据集无计算关系子网得到相应的无计算关系数据集，对于无计算关系数据集，需要先判断，如果该数据集属于静态数据集（数据不会再改变），则对它们采用数据放置策略 1，按照数据放置策略 1 的方法将它们放置到数据放置集群 1 中；如果该数据集属于动态数据集（数据会不断增加），则对它们采用数据放置策略 2，按照数据放置策略 2 的方法将它们放置到数据放置集群 2 中。通过数据集孤立计算子网（该数据集只发生针对自身单个数据集的计算）得到的孤立计算数据集，按照数据放置策略 3 的方法将它们放置到数据放置集群 3 中。对于数据集有关联计算子网，需要进行相应的优化修正得到数据集修正关系网。根据数据集修正关系网，可以得到数据集无计算关系子网（修正后）、数据集孤立计算子网（修正后）及数据集有关联计算子网（修正后）三种。通过数据集无计算关系子网（修正后）得到相应的无计算关系数据集（修正后），对于无计算关系数据集（修正后），采用数据放置策略 2，按照数据放置策略 2 的方法将它们放置到数据放置集群 2 中。通过数据集孤立计算子网（修正后）得到的孤立计算（修正后）数据集，按照数据放置策略 3 的方法将它们放置到数据放置集群 3 中。通过数据集有关联计算子网（修正后）得到的有关联计算（修正后）数据集，按照数据放置策略 4 的方法将它们放置到数据放置集群 3 中。其中数据节点分配方法将决定数据放置集群 1、数据放置集群 2 及其数据放置集群 3 的具体分配实施。

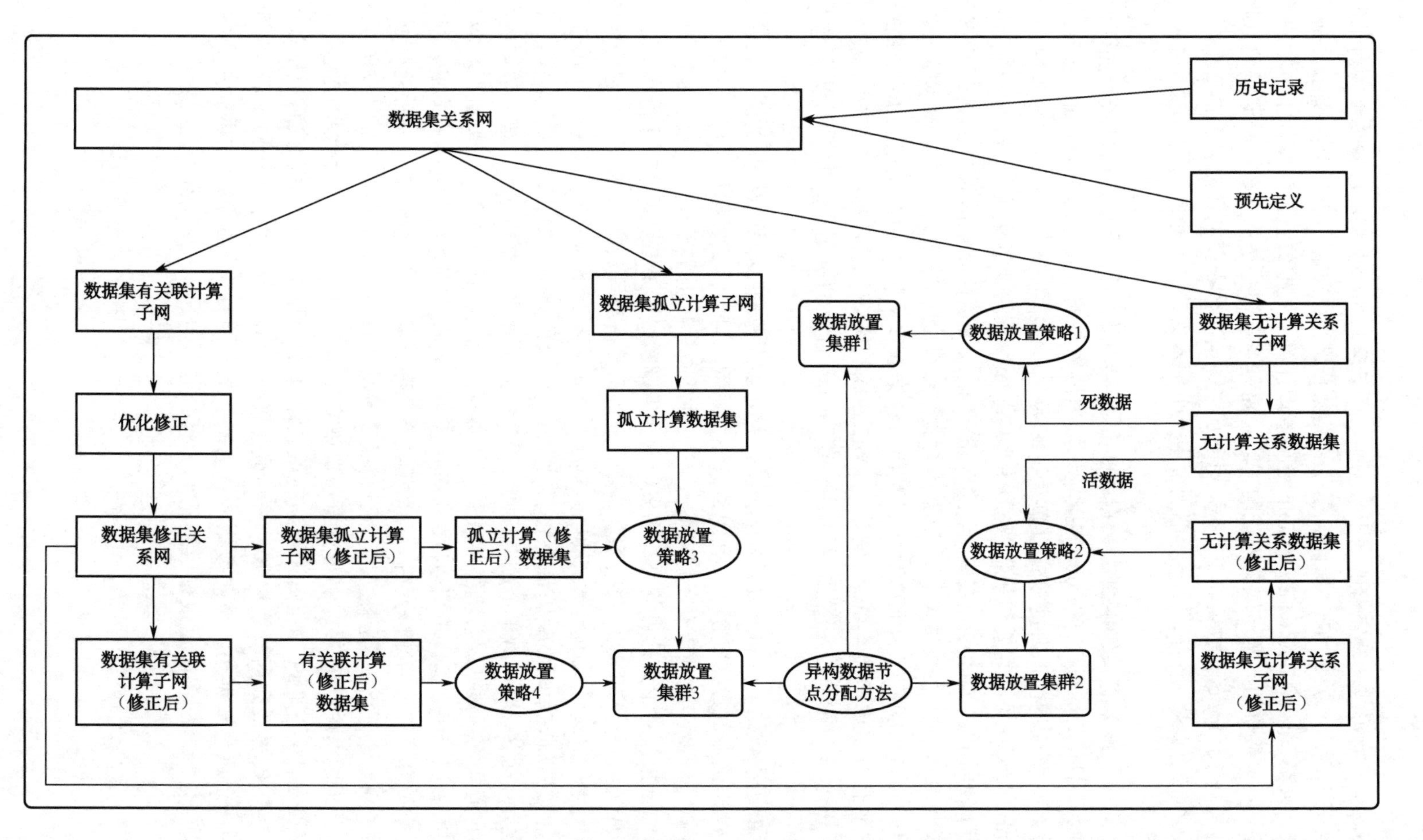

图2-2　数据中心云数据分配方法

2.2.2 数据分配管理案例

【案例 2-2】 数据中心云数据分配方法实施例

步骤一：形成数据集关系网。

根据数据集的历史处理记录或者根据预先的定义得到数据关系网。图 2-3 为一个具有 *n* 个数据集的数据集关系网。

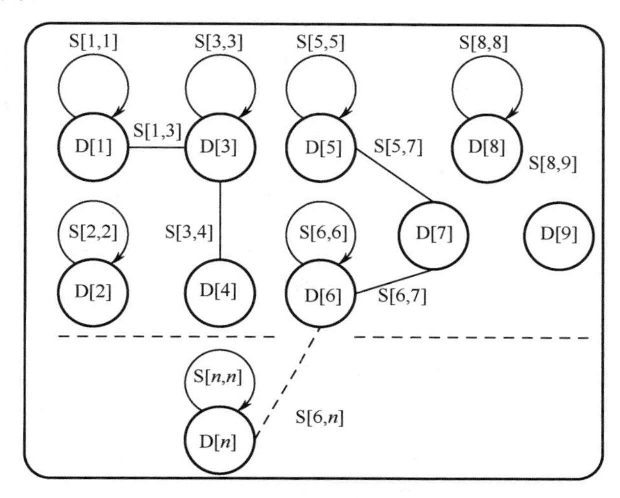

图 2-3 数据集关系图

图 2-3 的主要说明：

（1）其中在云计算中共使用了 *n* 个数据集合：D[1]，D[2]，D[3]，D[4]，D[5]，D[6]，D[7]，D[8]，D[9]，…，D[*n*]。

（2）S[*i*,*j*]表示数据集 D[*i*]与 D[*j*]之间的计算关联度，主要分为如下几种情况：

① 如果 *i*=*j* ，并且 S[*i*,*j*]=0。*i*=*j*，表明为同一个数据集。如果 S[*i*,*j*]=0，表明了针对该数据集自身没有任何计算操作（如查询等）。

② 如果 *i*=*j* ，并且 S[*i*,*j*]>0。*i*=*j*，表明为同一个数据集。如果 S[*i*,*j*]>0，表明了针对该数据集自身有计算操作（如针对该单个数据集的查询等）。

③ 如果 *i*≠*j* ，并且 S[*i*,*j*]=0。*i*≠*j*，表明涉及两个不同的数据集。如果 S[*i*,*j*]=0，表明这两个不同的数据集之间没有任何计算操作（如 Join、Union 及其笛卡儿积等）；

④ 如果 *i*≠*j* ，并且 S[*i*,*j*]>0。*i*≠*j*，表明涉及两个不同的数据集。如果 S[*i*,*j*]>0，表明这两个不同的数据集之间有计算操作（如 Join，Union 及笛卡儿积等）。

（3）根据（2），及历史计算关系或者预先定义，得到相应的含数值的数据集历史计算关系图，如图 2-4 所示。其中：

S[1,1]=200；S[1,3]=200；S[2,2]=3；S[3,3]=50；S[3,4]=2；S[5,5]=100；S[6,6]=80；S[5,7]=78；S[6,7]=88；S[8,8]=60；S[9,9]=0；S[6,*n*]=1；S[*n*,*n*]=120。

① 从图 2-4 可以得到图 2-2 中所提及的三个子网：数据集有关联计算子网、数据集孤立计算子网及其数据集无计算关系子网。

② 从图 2-4 可以得到图 2-2 中所提及的两个子网分别所对应的数据集：孤立计算数据集{D[8]}及其无计算关系数据集{D[9]}。

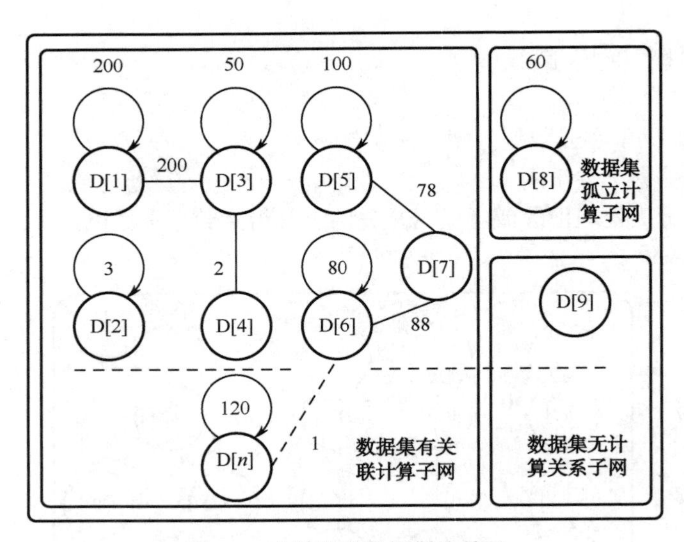

图 2-4　含数值的数据集关系网

步骤二：形成数据集修正关系网。

Hadoop 自身的数据放置策略的最大优势是通过分区函数让所有的数据块能够实现自由流动，从而达到一种较好的负载均衡。该步骤对来自步骤一的数据集有关联计算子网进行相应的修正，让一部分数据集的数据放置遵循 Hadoop 本身的数据放置策略，从而实现较好的负载均衡。其中最关键的是需要设定相应的修正因子（该修正因子可以由云数据中心管理人员自行编程设定），然后对数据集有关联计算子网进行相应的修正得到一个数据集修正关系网。具体子步骤如下：

（1）获取来自步骤一的数据集有关联计算子网，如图 2-5 所示。

（2）优化修正。进行优化修正的一个重要因素，是需要设置一个优化修正因子。优化修正因子的设置可以由数据中心管理人员设定（编程实现）。假设数据中心管理人员设定的修正因子为 5，则计算关系小于或等于 5 的计算因子全部去掉，而保留那些计算关系大于 5 的计算因子。经过修正因子的修正之后得到的数据集修正关系网如图 2-6 所示。

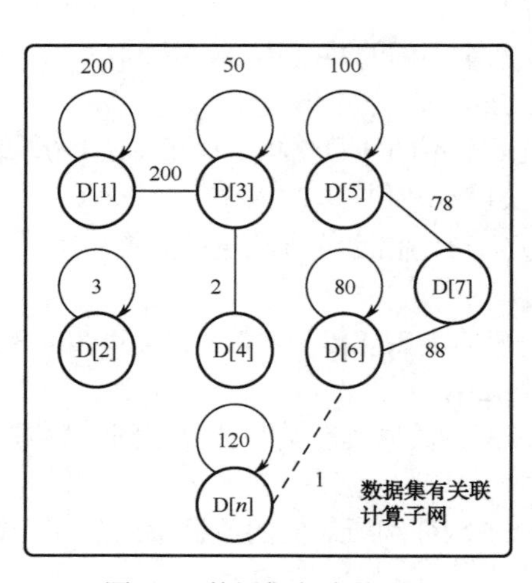

图 2-5　数据集有关联子网

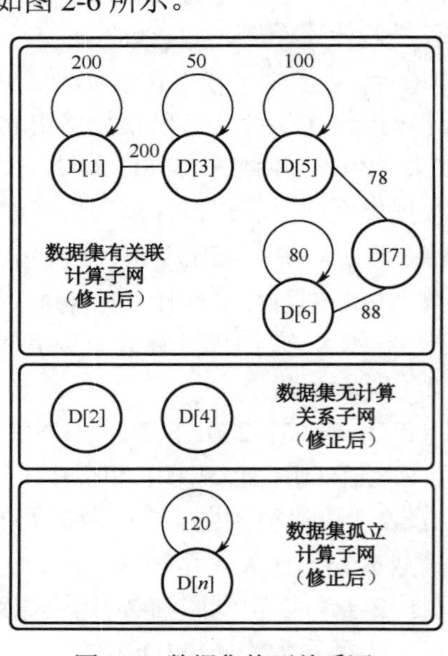

图 2-6　数据集修正关系网

（3）从图 2-6 可以得到图 2-2 中所提及的三个子网：数据集有关联计算子网（修正后）、数据集孤立计算子网（修正后）及其数据集无计算关系子网（修正后）。

（4）从图 2-6 可以得到图 2-2 中所提及的三个子网分别所对应的数据集：有关联计算（修正后）数据集{D[1]，D[3]，D[5]，D[6]，D[7]}、孤立计算（修正后）数据集{D[*n*]}及其无计算关系数据集（修正后）{D[2]，D[4]}。

步骤三：实施数据集放置。

根据步骤一和步骤二的结果，实施具体的数据集的放置，主要包含以下几个小步骤。

（1）对于步骤一得到的无计算关系数据集的数据放置。对于该部分数据集需要先判断：

① 如果无计算关系数据集属于死数据（永远不会再被使用的数据，仅仅作为档案存储），则将该部分数据按照数据放置策略 1 进行数据放置，将它们放入数据放置集群 1 中。（其中，数据放置策略 1 的具体实现方法见 2.5 数据放置策略一节的描述；数据放置集群 1 的具体实现方法见 2.3 异构数据节点分配管理一节的描述。）

② 如果无计算关系数据集属于活数据（该部分数据会继续增加，如来自云数据库表的数据，会不断有新数据增加），则将该部分数据按照数据放置策略 2 进行数据放置，将它们放入数据放置集群 2 中。（其中，数据放置策略 2 的具体实现方法见 2.5 数据放置策略一节的描述；数据放置集群 2 的具体实现方法见 2.3 异构数据节点分配管理一节的描述。）

（2）对于步骤一得到的孤立计算数据集的数据放置。将该部分数据按照数据放置策略 3 进行数据放置，将它们放入数据放置集群 3 中。（其中，数据放置策略 3 的具体实现方法见 2.5 数据放置策略一节的描述；数据放置集群 3 的具体实现方法见 2.3 异构数据节点管理一节的描述。）

（3）对于步骤二得到的无计算关系数据集（修正后）的数据放置。将该部分数据按照数据放置策略 2 进行数据放置，将它们放入数据放置集群 2 中。（其中，数据放置策略 2 的具体实现方法见 2.5 数据放置策略一节的描述；数据放置集群 2 的具体实现方法见 2.3 异构数据节点分配管理一节的描述。）

（4）对于步骤二得到的孤立计算（修正后）数据集的数据放置。将该部分数据按照数据放置策略 3 进行数据放置，将它们放入数据放置集群 3 中。（其中，数据放置策略 3 的具体实现方法见 2.5 数据放置策略一节的描述；数据放置集群 3 的具体实现方法见 2.3 异构数据节点分配管理一节的描述。）

（5）对于步骤二得到的有关联计算（修正后）数据集的数据放置。将该部分数据按照数据放置策略 4 进行数据放置，将它们放入数据放置集群 3 中。（其中，数据放置策略 4 的具体实现方法见 2.5 数据放置策略一节的描述；数据放置集群 3 的具体实现方法见 2.3 异构数据节点分配管理一节的描述。）

2.3　异构数据节点分配管理

数据中心中的数据节点主要来源有两种：利旧的数据节点和新购置的数据节点。利旧的数据节点是指将各种已有的数据节点硬件资源搜集到一起放到数据中心，成为集群中的一部分。新购置的数据节点是指重新购买一些新的数据节点补充到数据中心中。不管来自利旧的数据节点还是新购置的数据节点，这些数据节点大都是异构的数据节点，也就是说每个数据节点的服务能力（包括实际计算能力、计算能力、存储能力、使用年限等情况）都是不一样的。例如，内存不同、CPU 不同，则单核/多核的数据节点的服务能力就不同：内存大、CPU 多、多核的数据节点的服务能力要强于那些内存小、CPU 小、单核的数据节点的服务能力。同样，同等配置的数据节点，使用年限不一样，其服务能力也不一样。服务年限长的数据节点明显要弱于服务年限短的数据节点的服务能力，这不仅体现在计算效率上，还体现在能源消耗上。新购置的数据节点的计算能力和能耗明显要比同等配置的使用了多年的数据节点计算能力强，能耗低。

2.3.1 异构数据节点分配管理方法

原始的 Hadoop 数据放置策略并没有考虑数据节点服务能力的不同，所以在进行数据放置的时候也不会考虑异构数据节点的服务能力问题。但是在实际应用中，如果数据放置不恰当，会对数据计算的效率产生很大的影响。例如，Node[1]和 Node[2]两个节点的服务能力分别为 Service[N1]和 Service[N2]，假设 Service[N1]=5*Service[N2]。此时如果按照传统 Hadoop 的机制，分配同样的数据给它们计算，显然，Service[N1]很快就会完成计算，而 Service[N2]很慢。此时按照 Hadoop 的调度机制，将数据节点 Node[2]的数据传输到计算速度快的数据节点 Node[1]中去执行计算。这里就涉及大量数据从数据节点 Node[2]到数据节点 Node[1]的迁移（可能是普通的非 MapReduce 的原始数据的迁移，也可能是 MapReduce 的中间数据 Shuffle 阶段的迁移），进而会大大影响集群的执行效率。如果我们在进行数据放置的时候能够考虑到数据的服务能力，将大大提高集群的整体服务能力。基于此理念，本节设计了可编程数据中心云数据放置方法的异构数据节点分配模块，如图 2-7 所示。

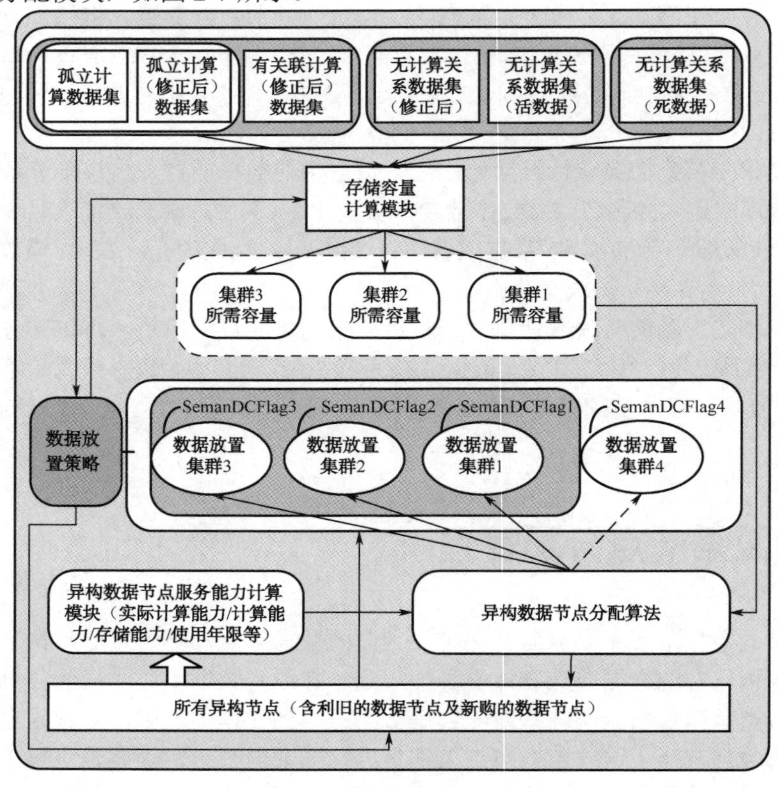

图 2-7 异构数据节点分配方法

从图 2-7 可以看出，异构数据节点分配方法的基本原理：对于所有的异构节点（含利旧的数据节点及新购的数据节点）需要通过异构数据节点服务能力计算模块进行计算。数据节点服务能力的计算包括：数据节点实际计算能力、计算能力、存储能力及使用年限等。当得到了所有异构数据节点服务能力后，使用异构数据节点分配算法将所有异构数据节点逻辑划分为四个数据放置集群：数据放置集群 1、数据放置集群 2、数据放置集群 3 及数据放置集群 4。其中，数据放置集群 1 用于存储无计算关系数据集（死数据）；数据放置集群 2 用于存储无计算关系数据集（活数据）及无计算关系数据集（修正后）；数据放置集群 3 用于存储孤立计算数据集、孤立计算（修正后）数据集及有关联计算（修正后）数据集；数据放置集群 4 是那些备用异构数据节点所组成的一个数据放置逻辑集群。

这里的数据放置集群都是逻辑上的数据放置集群，也就是说数据放置集群 1、数据放置集群 2 和数据放置集群 3 属于同一个物理数据节点集群。如图 2-7 所示，凡是带有语意标记 SemanDCFlag1（Semantic Data Node Flag 1）的所有异构数据节点属于数据放置集群 1；凡是带有语意标记 SemanDCFlag2 的所有异构数据节点属于数据放置集群 2；凡是带有语意标记 SemanDCFlag1 的所有异构数据节点属于数据放置集群 3；凡是带有语意标记 SemanDCFlag4 的所有异构数据节点属于数据放置集群 4。但与其他三个数据放置集群不同的是，数据放置集群 4 是那些备用的异构数据节点所组成的一个逻辑集群。该集群并没有连接到实际的物理的数据中心。只有当数据中心的数据节点不够时，才从它们中间选择合适的数据节点补充到其他的三个逻辑数据放置集群中去。

异构数据节点分配算法是异构数据节点分配方法中最核心的部分，主要包含以下几个步骤。

步骤一：通过异构数据节点服务能力计算模块获得每台数据机构节点的服务能力。

步骤二：通过存储容量计算模块获取集群 1 所需容量、集群 2 所需容量及集群 3 所需容量。集群 1 所需容量、集群 2 所需容量及其集群 3 所需容量由以下公式决定：

（1）集群 1 所需容量=无计算关系数据集（死数据）实际大小*数据放置策略 1 采用的副本因子*（1+数据放置集群 1 的容量冗余阈值设置因子 f(1)）。（其中数据放置策略 1 的副本因子，见 2.5 数据放置策略一节的描述；数据放置集群 1 的容量冗余阈值设置因子 f(1)的大小由数据中心管理员设定）

（2）集群 2 所需容量=(无计算关系数据集（活数据）实际大小＋无计算关系数据集（修正后）)*数据放置策略 2 采用的副本因子*(1+数据放置集群 2 的容量冗余阈值设置因子 f(2))。（其中数据放置策略 2 的副本因子，见 2.5 数据放置策略一节的描述；数据放置集群 2 的容量冗余阈值设置因子 f(2)的大小由数据中心管理员设定）

（3）集群 3 所需容量=(孤立计算数据集实际大小+孤立计算（修正后）数据集实际大小)*数据放置策略 3 采用的副本因子*(1+数据放置集群 3 的容量冗余阈值设置因子 f(3))+有关联计算（修正后）数据集实际大小*数据放置策略 4 采用的副本因子*(1+数据放置集群 3 的容量冗余阈值设置因子 f(3))。（其中数据放置策略 3 的副本因子及其数据放置策略 4 的副本因子，见 2.5 数据放置策略一节的描述；数据放置集群 3 的容量冗余阈值设置因子 f(3)的大小由数据中心管理员设定）

步骤三：获取不同类型数据的数据放置策略，包括：数据放置策略 1、数据放置策略 2、数据放置策略 3 及数据放置策略 4。

步骤四：将步骤一至步骤三的计算结果作为异构数据节点分配算法的输入，通过异构数据节点分配算法的基本原则实施对所有异构节点进行分配。对凡是即将分配到数据放置集群 1 的所有异构数据节点打上语意标记号 SemanDCFlag1；对凡是即将分配到数据放置集群 2 的所有异构数据节点打上语意标记号 SemanDCFlag2；对凡是即将分配到数据放置集群 3 的所有异构数据节点打上语意标记号 SemanDCFlag3；对凡是即将分配到数据放置集群 4 的所有异构数据节点打上语意标记号 SemanDCFlag4。具体实现思路包含以下几个步骤。

（1）对于数据放置集群 1 的分配策略。在满足存储容量需求的前提下，将所有异构节点中服务能力最差的数据节点分配给数据放置集群 1。理由是，数据放置集群 1 仅仅用来存储那些死数据，不需要进行任何计算。

（2）对于数据放置集群 2 的分配策略。在满足存储容量需求的前提下，将所有异构节点中除去分配给数据放置集群 1 后，从剩下的所有异构节点中将服务能力最差的数据节点分配给数据放置集群 2。理由是，数据放置集群 2 中存储的数据集需要很少的计算。

（3）对于数据放置集群 3 的分配策略。在满足存储容量需求的前提下，将所有异构节点中服务能力最好的数据节点分配给数据放置集群 3。理由是，数据放置集群 3 需要大量的计算，对异构节点的服务能力要求最高。

（4）对于数据放置集群 4 的分配策略。数据放置集群 1、数据放置集群 2 及其数据放置集群 3 分配完成后，剩下的所有数据节点均为数据集群 4 中的数据节点。

步骤五：将所有带有 SemanDCFlag1 标记的异构数据节点逻辑上划分成数据放置集群 1。

步骤六：将所有带有 SemanDCFlag2 标记的异构数据节点逻辑上划分成数据放置集群 2。

步骤七：将所有带有 SemanDCFlag3 标记的异构数据节点逻辑上划分成数据放置集群 3。

步骤八：将所有带有 SemanDCFlag4 标记的异构数据节点逻辑上划分成数据放置集群 4。

步骤九：将所有的无计算关系数据集（死数据），按照数据放置策略 1 的方法存储到数据放置集群 1 中；将所有的无计算关系数据集（活数据）及无计算关系数据集（修正后），按照数据放置策略 2 的方法存储到数据放置集群 2 中；将所有的孤立计算数据集及其孤立计算（修正后）数据集，按照数据放置策略 3 的方法存储到数据放置集群 3 中；将所有的有关联计算（修正后）数据集，按照数据放置策略 4 的方法存储到数据放置集群 3 中。（其中数据放置策略 1、数据放置策略 2、数据放置策略 3 及数据放置策略 4，见 2.5 数据放置策略一节的描述。）

2.3.2 异构数据节点服务能力计算方法

通过对异构节点的 CPU、内存、外存、I/O、使用年限等进行分析建立一个异构节点的能力计算模型。通过该模型可计算出数据中心异构节点的服务能力。

本书建立以下的计算公式来实现异构节点服务能力的计算：

SERVICECAPABILITY[I] = CPU.CAPABILITY[I] * WEIGHTS[CPU] +
MEMORY.CAPABILITY[I] * WEIGHTS[MEMORY] +
STORAGE.CAPABILITY[I] * WEIGHTS[STORAGE] +
I/O.CAPABILITY[I] * WEIGHTS[I/O] +
USINgYEAR.CAPABILITY[I] * WEIGHTS[USINgYEAR] + OTHERS

式中 SERVICECAPABILITY[I]——节点的整个服务能力；
CPU.CAPABILITY[I]——CPU 的服务能力；
WEIGHTS[CPU]——CPU 部分所占的权重；

MEMORY.CAPABILITY[I] ——MEMORY 的服务能力；
WEIGHTS[MEMORY] ——MEMORY 部分所占的权重；
STORAGE.CAPABILITY[I] ——STORAGE 的服务能力；
WEIGHTS[STORAGE] ——STORAGE 部分所占的权重；
I/O.CAPABILITY[I] ——I/O 的服务能力；
WEIGHTS[I/O] ——I/O 部分所占的权重；
USINgYEAR.CAPABILITY[I] ——USINGYEAR 的服务能力；

WEIGHTS[U SIN GYEAR]——USINGYEAR 部分所占的权重（一般来说节点使用年限越久，服务能力越差，同时能耗也会越多；

OTHERS ——今后我们在不断研究中研究出的其他可能影响节点服务能力的因素。

另外，计算公式中的所有各项因素的权重的大小，需通过大量的实验得出一个合理的权重值。

2.4 规则管理

2.4.1 规则

为了更好地分析规则模型，首先介绍几个基本概念。

（1）事件：数据库中关系表的数据发生变化这种特定类型事件，即数据从无到有、数据的数值发生更新、数据被删除三种情况，不考虑外部事件、时钟事件及其他各种事件。

（2）小粒度事件：关系表里的一个特定记录的某个属性值的改变而激发的事件，称为小粒度事件，如某数据中心的温度发生变化。

（3）大粒度事件：关系表里的一组记录（关系表子集）的某个属性值的改变而激发的事件，称为大粒度事件，如饮料类商品生产日期发生变化。

（4）动作：这里的动作只有通知一种。通知就是向用户或者系统管理员发送某些信息。在通知中，只需要对数据库进行查询，将从数据库中某些查询得到的数据通知给用户或者系统管理员。这里不涉及因为规则触发后，引起数据库中的各种数据变化的问题。故本节中的海量语意规则一旦被触发后，并不会影响数据库中的数据的完整性和一致性，不会对其他规则的执行产生任何影响，不需要对规则进行事务处理。

任何规则系统都需要规则语言来进行描述。本节中的一个规则能够以结构化自然语言形式描述，其表达方式为

```
如果
        条件一旦满足
那么
        执行动作
```

它可以转换为

```
When [event in SNL]
If [condition in SNL] AND [condition in SNL] …
```

```
Then [action in SNL], [action in SNL] …
```

【案例 2-3】 如果某数据中心的硬盘存储容量小于 1TB，已经达到了存储容量报警阈值，则立即通知数据中心管理员增加新的存储设备。

上述案例可以用以下的结构化自然语言形式描述：

```
When Update cloud_storage_table //当数据中心的云存储中心中数据发生更新
If leftStorage<=1TB;
Then notify data-center-manager to add the storage devices.
```

2.4.2 语意规则

语意规则是指用户或者管理员设置的各种粒度的规则。它与传统的规则最大的区别在于赋予了更多的语意，主要体现在以下几方面。

（1）具有更多的主动性。传统的规则一般都是由数据库管理员来进行设置，而语意规则不仅可以由管理员来设置，也可以由用户来设置。

（2）具有更大的粒度性。传统的规则一般针对关系数据库的某个属性设置规则，而语意规则可以针对更大粒度的数据来设置规则。

（3）数据来源更加广泛。传统的规则设置主要针对关系数据库，数据来源主要是关系数据库，而语意规则的数据来源既可以是关系数据库，也可以是云数据库，甚至是大数据 MapReduce 计算的结果数据来触发规则的条件部分。

2.4.3 海量语意规则管理架构

可编程数据中心数据放置方法的一个重要的理念是需要实现一个规则处理模块，智能地管理四个数据放置集群，规则处理模块需要实现一种基于规则的数据中心规则处理方法。图 2-8 展示了基于规则的数据中心规则处理方法的基本实现思路，包含以下几个步骤。

步骤一：云数据中心管理人员通过规则设置模块设置各种规则，如设置数据放置集群阈值。随着数据的不断增加，超过了设定的阈值，则需要申请增加新的数据节点到相应的集群等。

步骤二：设置好的各种规则一旦进入规则库，立即在基于规则的监控模块执行监控。基于规则的监控模块需要对三方面进行处理或者实施监控：

（1）接收来自规则设置模块的新规则；

（2）监控数据放置集群 1、数据放置集群 2 及数据放置集群 3 的各项运行指标情况；

（3）获取数据放置集群 4 的有效元数据（数据放置集群 4 本身并不连入物理的数据集群，但是为了实施资源调动，需要将它的元数据存入集群）。

步骤三：一旦数据放置集群 1、数据放置集群 2 及数据放置集群 3 中的任何一个数据放置集群或者多个数据放置集群触发了规则，基于规则的监控模块需要根据数据放置集群 1、数据放置集群 2 及数据放置集群 3 的实际情况及数据放置集群 4 的有效元数据进行判断，生成一个基于规则的处理方案。

步骤四：生成基于规则的处理方案汇报给云数据中心管理人员。

步骤五：云数据中心管理人员对生成的基于规则的处理方案进行确认（一般只对一些特殊

情况进行确认，大部分情况云数据中心管理人员直接自动默认该方案）。

步骤六：基于规则的处理方案得到云数据中心管理人员的确认后（或者系统自动确认），立即实施基于规则的处理。实施了基于规则的处理后，将可能引起如下变化：

（1）数据放置集群 1、数据放置集群 2 及数据放置集群 3 发生变化。例如，数据放置集群 1 可能有新的数据节点加入等。

（2）数据放置集群 4 发生变化。例如，数据放置集群 4 可能有数据节点加入到数据放置集群 1、数据放置集群 2 及数据放置集群 3 等。

（3）数据放置集群 4 的有效元数据发生变化。例如，数据放置集群增加新数据节点或者减少数据节点都会引起数据放置集群 4 的有效元数据的变化。

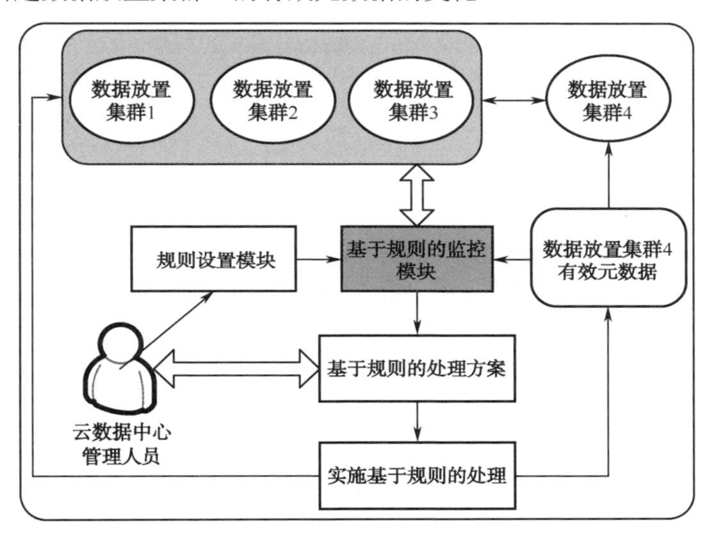

图 2-8　基于规则的数据中心规则处理方法

2.5　数据放置策略

2.5.1　谷歌的数据放置策略

谷歌研发 GFS（Google File System）的最初目标是因为谷歌的各种应用如搜索引擎等需要处理越来越多的数据，例如，BigTable 中存储的一个索引表可能达到 PB 级别。为了高效处理这些大数据，谷歌使用上百万台的服务器同时对所需处理的大数据进行并行计算。而并行计算实现的一个重要前提就是需要让数据分散在不同地方，同时对外提供服务。因此，谷歌的数据放置策略遵循如下原则。

（1）数据尽量均衡分散在不同的存储节点中，主要目标是尽量让每台服务器能够存储尽量相等的数据量，并进行计算，提高效率。避免出现部分存储节点和计算节点负载过大，而另外一些负载很小的情况。

（2）数据副本数目为 3 个。为了数据安全起见，默认的副本数量为 3 个。一旦其中一个副本出现问题，可以立即调用其他副本。

（3）尽量满足 2 个副本存储在一个机架上，而另外一个副本存储在另外一个机架上。大数据计算中面临的一个巨大问题就是数据迁移需要占用巨大的带宽，它将是制约大数据计算的一个巨大瓶颈所在。因此为了便于数据迁移和保证安全，谷歌的副本放置策略是尽量让两个副本放在同一个机架上，减少数据迁移。另外一个副本放入另外一个机架主要是为了安全起见，一旦存储两个副本的机架出现故障，另外一个机架的副本可以继续使用，提高可靠性。

2.5.2　Hadoop 的数据放置策略

Hadoop 的 HDFS（Hadoop Distribute File System）是 GFS 的开源产品，它的数据放置策略和 GFS 一样，遵循同样的原则。

2.5.3　其他常用的数据放置策略

GFS 和 HDFS 采用了同样的副本放置策略。另外，有人提出了一些不同的数据放置策略，基本来讲可以简单概括为根据不同的应用采用不同的副本放置策略。

（1）小型数据中心。有些公司数据规模不是很大，只有一个机架，因此，它们直接采用将三个副本放在同一个机架的方式来实现。

（2）根据数据重要性进行副本放置。

① 对于极其不重要的数据存储 2 个副本，按照自由的方式进行放置。

② 对于一般的数据存储 3 个副本，按照 HDFS 的方式进行放置。

③ 对于非常重要的数据存储 4 个副本，在按照 HDFS 的方式进行放置的基础上，再在第三个机架上存放一个副本，保障数据的可靠性。

（3）根据数据的冷热度进行副本放置。

① 对于访问频率较低的数据按照 HDFS 方式进行放置。

② 对于访问频率极其频繁的数据，在按照 HDFS 的方式进行放置的基础上，增加 1～2 个副本，从而实现更多的副本访问支持，提高并行度，从而实现提高访问效率的目标。

2.5.4　语意数据放置策略

1．放置策略

可编程数据中心采用了四种不同的数据放置策略：数据放置策略 1、数据放置策略 2、数据放置策略 3 及数据放置策略 4。

（1）数据放置策略 1。使用 Hadoop 默认的数据放置方案（副本数为 2），一旦数据分配完成，立即关机，达到节省能源的目标。数据策略 1 主要是针对那些死数据的数据放置，这种数据直接使用 2 个副本，可以确保安全，同时数据存储完成后，直接关机，节省能源。

（2）数据放置策略 2。使用 Hadoop 默认的数据放置方案（副本数为 3），让其处于节能运行状态。

（3）数据放置策略 3。使用 Hadoop 默认的数据放置方案（副本数为 3）。

（4）数据放置策略 4。基于 Hadoop 的一种改进的数据放置方案，其主要实现步骤描述如下。

步骤一：将所有有数据关联的数据集形成一个数据关联子集。

步骤二：对该数据关联子集进行数据划分。将每个数据集按照 Hadoop 的划分方式，划分成每块 64MB 的数据块。

步骤三：将具有关联计算关系的所有数据块打上不同的语意标记号，如 SemanDFlag[1]、SemanDFlag[2]及 SemanDFlag[3]等。

步骤四：将那些没有关联计算关系的所有数据块打上统一的语意标记号 SemanDFlag0。

步骤五：将那些具有相同语意标记号（语意标记号为 SemanDFlag0 的除外）的所有数据块按照数据放置策略 4 的机制放到数据放置集群 3 中的同一个数据节点。其放置原则可以描述如下：

① 将具有相同语意标记号的数据块形成一个语意表（语意标记号为 SemanDFlag0 的除外），如表 2-1 所示。

表 2-1 数据语意标记表

语意标记号	数 据 块	数据块数量
SemanDFlag[1]	D[*i*].*j*，……	Num[1]
SemanDFlag[2]	D[*k*].*j*，……	Num[2]
…………	…………	…………
SemanDFlag[*m*]	D[*p*].*k*，……	Num[*m*]

② 从表 2-1 中找出数据块数量最大的语意标记号。

③ 从数据放置集群 3 中找出服务能力最好的数据节点。

④ 将步骤二找到的语意标记号所对应的全部数据块放到步骤三所找到的服务能力最好的数据节点中。

⑤ 将步骤三找到的语意标记号在表 2-1 中对应的行删除，得到新的表。

⑥ 重复步骤二到步骤五，指导所有的语意标记号所对应的数据块全部分配到数据放置集群 3 中。

步骤六：将所有语意标记号为 SemanDFlag0 的所有数据块按照数据放置策略 3 的机制放置到数据放置集群 3 中。（这些语意标记号为 SemanDFlag0 的数据块其实不和任何其他数据块发生计算关系（如 Join，Union 及笛卡儿积等），这样我们可以按照 Hadoop 提供的数据放置机制进行放置）。

2．实施案例

案例 2-4 展示了一个具体的基于数据放置策略 4 的方法的实施案例。

【案例 2-4】 基于数据放置策略 4 方法的实施案例

步骤一：将所有有数据关联的数据集形成一个数据关联子集。如图 2-9 展示了两个数据关联子集：数据关联子集[1]和数据关联子集[2]。

步骤二：对该数据关联子集进行数据划分。将每个数据集按照 Hadoop 的划分方式，划分成每块 64MB 的数据块。

步骤三：将具有关联计算关系的所有数据块打上不同的语意标记号，如 SemanDFlag1 及 SemanDFlag2。

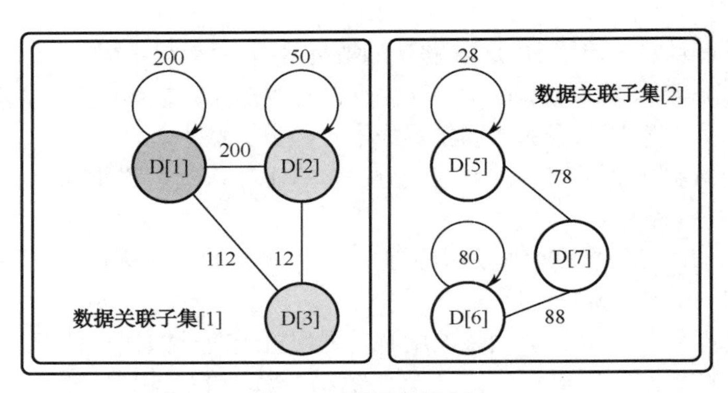

图 2-9　数据关联子集

步骤四：将那些没有关联计算关系的所有数据块打上统一的语意标记号 SemanDFlag0。

经过上述步骤二、步骤三及步骤四之后，得到图 2-10 所示的带语意标记的数据块示意图。

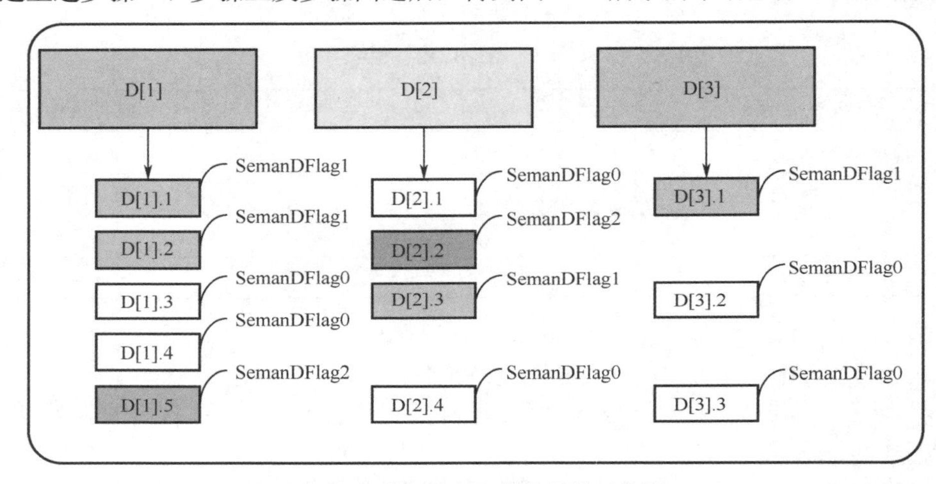

图 2-10　带语意标记的数据块示意图

步骤五：将那些具有相同语意标记号（语意标记号为 SemanDFlag0 的除外）的所有数据块按照数据放置策略 4 的机制放到数据放置集群 3 中的同一个数据节点。其放置原则可以描述如下：

（1）将具有相同语意标记号的数据块形成一个语意表（语意标记号为 SemanDFlag0 的除外），如表 2-2 所示。

表 2-2　数据语意标记表

语意标记号	数　据　块	数据块数量
SemanDFlag1	D[1].1，D[1].2，D[2].3，D[3].1	4
SemanDFlag2	D[1].5，D[2].2	2

（2）从表 2-2 中找出数据块数量最大的语意标记号。表 2-2 中数据块数量最大的语意标记号为 SemanDFlag1，它的数据块数量为 4，而语意标记号为 SemanDFlag2 的数据块数量为 2。

（3）从数据放置集群 3 中找出服务能力最好的数据节点。如图 2-11 所示为数据放置集群中有 5 个数据节点，分别标有相应的服务能力。其中 DataNode[2]的服务能力最好，为 8 个单位。

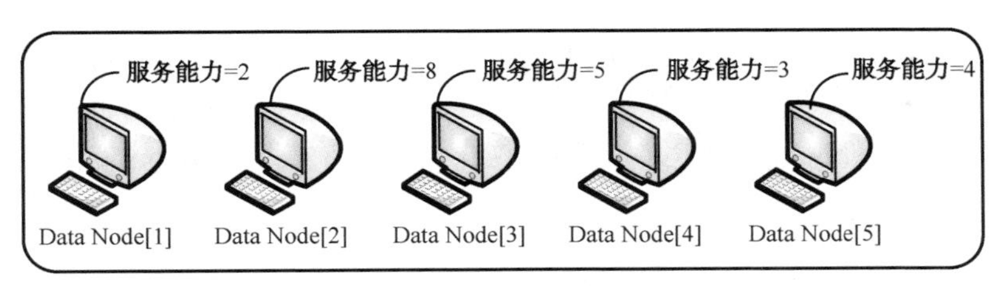

图 2-11　数据放置集群 3（带服务能力标记）

（4）将（2）找到的语意标记号所对应的全部数据块放到（3）所找到的服务能力最好的数据节点中，如图 2-12 所示。（假设数据节点存入一数据块，其服务能力减 1，故而 DataNode[2]在存储完语意标记号为 SemanDFlag1 的所有数据块后，其服务能力降低为 4。）

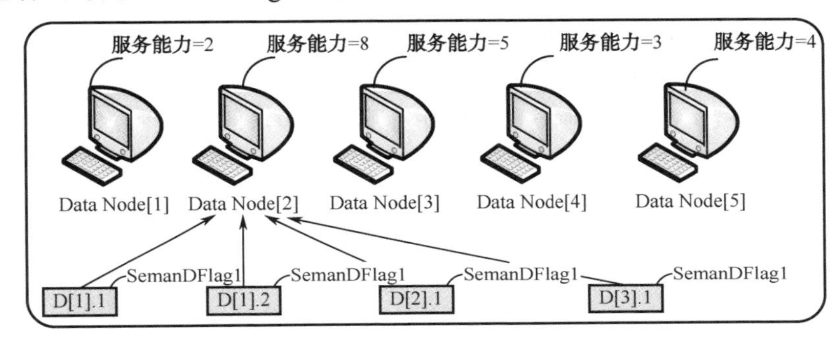

图 2-12　语意标记号为 SemanDFlag1 的所有数据块放入数据放置集群 3

（5）将（2）找到的语意标记号在表 2-1 中对应的行删除，得到新的表 2-3。

表 2-3　数据语意标记表（更新后）

语意标记号	数　据　块	数据块数量
SemanDFlag2	D[1].5，D[2].2	2

（6）重复（2）到（5），指导所有的语意标记号所对应的数据块全部分配到数据放置集群 3 中，如图 2-13 所示。

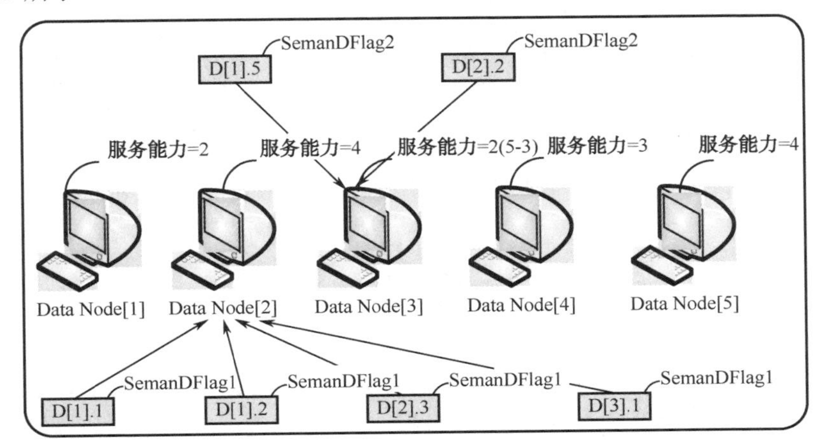

图 2-13　语意标记号为 SemanDFlag2 的所有数据块放入数据放置集群 3

步骤六：将所有语意标记号为 SemanDFlag0 的所有数据块按照数据放置策略 3 的机制放置到数据放置集群 3 中。（这些语意标记号为 SemanDFlag0 的数据块其实不和任何其他数据块发生计算关系（如 Join，Union 及笛卡儿积等），这样我们可以按照 Hadoop 提供的数据放置机制进行放置即可）

2.6 可编程数据中心机房架构

可编程数据中心机房架构主要包含三大部分。

（1）传统数据中心。主要包括：数据中心机房、网络设备、安全设备、计算设备、存储设备、虚拟化平台（VMware 等）及虚拟化管理系统。

（2）数据中心可编程管理软件。这是可编程数据中心区别于传统数据中心最大的地方。数据中心可编程管理软件包含语意规则设置、硬件资源管理、软件资源管理、应用资源管理、资源报警管理及统计报表管理等。

（3）各种数据中心管理参与者。主要包括：数据中心首席总工程师、数据中心负责人及数据中心管理员等。

可编程数据中心机房架构如图 2-14 所示。

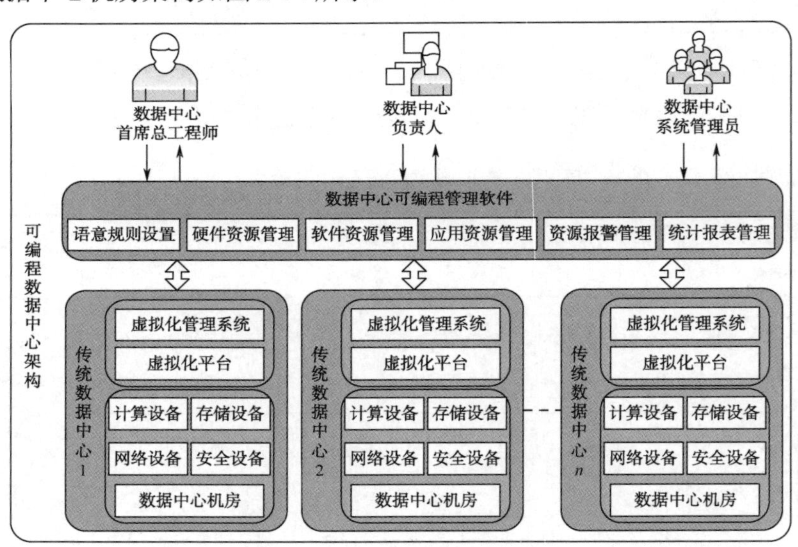

图 2-14　可编程数据中心机房架构

本 章 小 结

本章提出了一种可编程数据中心云环境下的大数据放置方法。通过该设计思想和方法，云数据中心管理人员可以通过编写数据中心云数据放置程序实现对数据中心的数据集的放置，实现了通过编程的方法实现数据中心云数据的有效放置问题。

由于实现了可编程数据中心云数据放置方法，本章可以有效解决数据中心的节能问题；为软件定义数据中心提供了数据放置的可编程管理的基础架构；为数据中心建设所需的数据节点的采购提供了理论依据，避免盲目投资，浪费经费。本章的异构数据节点分配模块，可根据不同的数据节点的服务能力进行相应的负载分配（存储负载与计算负载等），从而对整个数据中心进行了优化。本章的规则处理模块，数据中心管理人员通过设置规则，实现了对整个数据集群的数据放置的监控，并通过相应的规则处理模块，实现了数据集群的自动化管理。在本章中，当数据集有新的数据增加时，新增加的数据会自动按照数据中心管理人员编程设置好的数据放置策略对数据实现自行放置和管理。本章提出的一种具有关联关系的数据集的放置策略不像Hadoop++需要对文件进行静态加载木马索引和木马连接，也不像 Cohadoop 需要对原始的数据文件进行重新分割成相应的符合需求的文件。本书的设计方法不需要对 Hadoop 现有的机制做任何改变，真正实现无损植入。通过对数据集关系网的分析及对数据集的放置，不需要人为进行外来干预（CoHadoop 需要根据应用的需求进行人为干预，主要体现在对最原始的数据进行人为的数据分割等）。

第 3 章　云文件系统

随着云计算和物联网等技术的飞速发展，越来越多的应用需要 PB 甚至 ZB 级别的数据，而如何存储这些大数据，并能够比较好地为各种应用提供服务已经成为研究大数据的核心问题。本章详细分析了最常用的用于存储非结构化大数据的云文件系统，然后对它们进行了详细分析，并初步提出了一种更为有效的语意云文件系统 SCFS（Semantic++ Cloud File System）。

3.1　常用云文件系统综述

图 3-1 基本囊括了现有分布式文件系统，主要有以下几大类。

（1）通用分布式文件系统。主要是指符合 POSIX（Portable Operating System Interface）语义的分布式文件系统，如 Lustre、Panasas 及 Ceph 等分布式文件系统。

（2）非通用分布式文件系统。主要是指不符合 POSIX 语义接口的文件系统，通过自己独有的 API 接口与外界进行数据读取交换。这种类型的分布式文件系统又分为基于 MapReduce 计算框架的分布式文件系统和基于对象文件存储框架的分布式文件系统。

① 基于 MapReduce 计算框架的分布式文件系统，主要包括 GFS[11]、HDFS[12]、KFS[13]、TaobaoFS[14]、TecentFS[15]、Microsoft TidyFS[16]、MogileFS[17]、FastDFS[18]及国内的龙存分布式文件系统[19]；

② 基于对象文件存储框架的分布式文件系统，主要包括 OpenStack[20]的 Swift、Facebook 的 HayStack[21]、Google 的 Cloudeep[22]及 Amazon 的 S3[23]等分布式文件系统。

（3）操作系统级别的分布式文件系统。这种分布式文件系统其实就是操作系统。最著名的有 EMC Isilon 的单文件系统 OneFS[24]分布式文件系统。它可以支持单个文件大小达到 1.3PB 容量的大数据文件。

不可否认，以 Google 为代表的分布式文件系统 GFS，以及以 GFS 为基础产生的 HDFS、KFS 及其他各种分布式文件系统（Taobao FS、Tecent FS、TidyFS 等）均在特定的历史时期和发展阶段取得了巨大的成功。但是，随着数据密集型应用需求的不断提高，现有分布式文件系统均面临一些挑战，主要表现为以下几方面。

① 传统的符合 POSIX 语义的通用分布式文件系统难以满足单个大数据处理的需求。

② 以 GFS、HDFS 及 KFS 为代表的分布式文件系统在处理海量小文件、元数据的可扩展性、多进程同时访问的安全性及 Ad Hoc 实时处理等方面难以满足新的业务需求。

③ 以 Taobao FS、Tecent FS、TidyFS、MogileFS 及 FastDFS 等为代表的分布式文件系统在处理海量小文件上有较大优势，但是在处理大文件上不尽如人意；另外，这些分布式文件系统在处理小文件上的优势，有一部分依赖于业务层，如用 CDN 技术来解决读取海量小文件的效率问题，而没有在文件系统上设计层次以解决该问题。

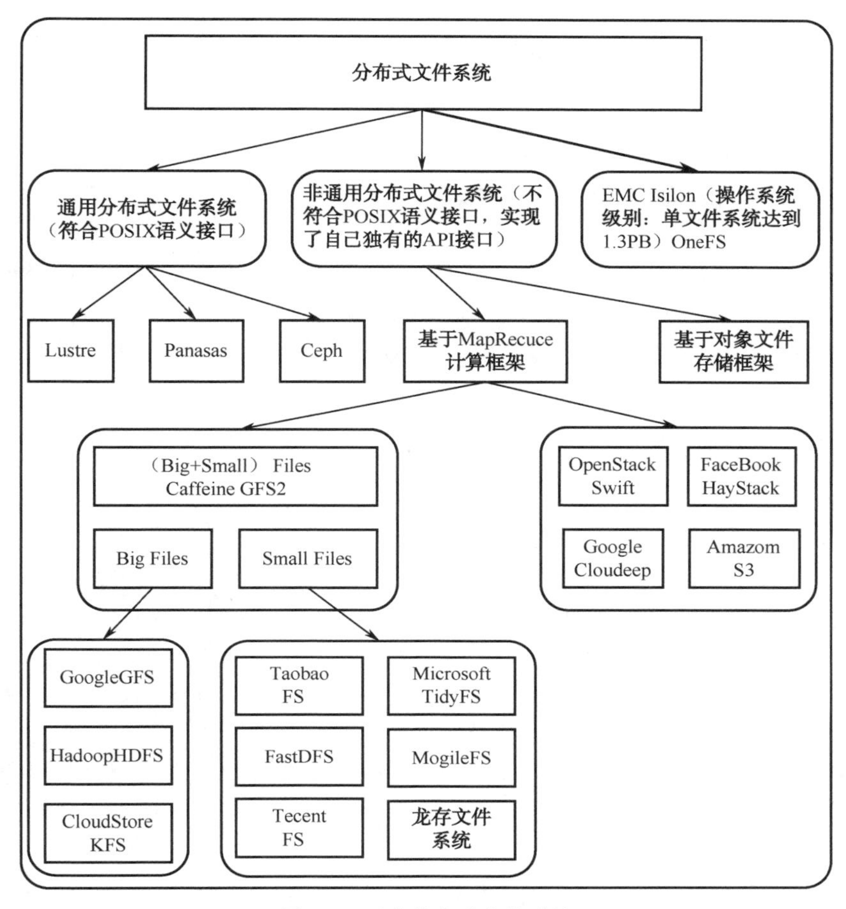

图 3-1　现有分布式文件系统

④ EMC 公司在收购了 Isilon 后，进军大数据处理，首次推出了单文件系统，该文件系统能够管理的单个文件大小可达到 1.3PB 容量。这种基于操作系统层次的文件管理系统被称为 OneFS。不得不说，EMC 此举的确在大数据处理的文件系统管理领域取得了巨大成就，但是如果遇到单个文件大于 1.3PB（以后的一张 BigTable 类似的表可能大于 1.3PB，电信的日志记录也可能大于 1.3PPB）这种极端情况时，OneFS 在处理上就会无能为力。另外，它不支持 MapReduce 的并行编程框架，在对大数据做分析时，不能充分利用成千上万处理器进行分布式并行处理的优势，因此面临瓶颈。

⑤ 以 OpenStack 的 Swift、FaceBook 的 HayStack 等为代表的以对象文件为基础的文件系统管理框架，在某些特定的领域中取得了巨大成功，如处理海量的图片文件等。但是在面对大数据时，它们同样面临着与 TaobaoFS、TecentFS 等分布式文件系统相同的问题。

针对现有分布式文件系统在处理大数据方面存在的缺陷，本章将研究一种能够满足云环境下新的分布式文件系统。

3.2 语意云文件系统 SCFS

3.2.1 SCFS 系统架构

以 HDFS 架构为基础，实现一个面向多数据中心管理的、面向大规模数据密集型应用的、可伸缩的语意云文件系统（Semantic++ Cloud File System）。SCFS 将具有同时处理海量大文件与小文件的能力，支持交互式查询及智能处理的能力，实现元数据集群管理和面向节能的数据副本调度机制。

1. SCFS 系统架构的具体目标

（1）目标 1：与 HDFS 一样，SCFS 系统由许多廉价的普通组件组成，系统持续监控自身的状态，将组件失效作为一种常态，迅速侦测冗余并恢复失效的组件。

（2）目标 2：SCFS 系统既能存储一定数量的大文件，也能较好地处理海量的小文件。借鉴 GFS 与 HDFS 在处理大文件上的优势，同时借鉴 Taobao FS 在处理小文件上的优势，对它们进行综合。

（3）目标 3：与 HDFS 一样，SCFS 系统的工作负载主要由两种读操作组成：大规模的流式读取和小规模的随机读取。大规模的流式读取通常一次读取数百 KB 的数据，更常见的是一次读取 1MB 甚至更多的数据，来自同一个客户机的连续操作通常是读取同一个文件中连续的一个区域。小规模的随机读取通常是在文件某个随机的位置读取几个 KB 数据。如果应用程序对性能非常关注，通常先把小规模的随机读取操作合并并排序，之后按顺序批量读取，这样就避免了在文件中前后来回移动读取位置。

（4）目标 4：SCFS 系统的工作负载还包括许多大规模的、顺序的、数据追加方式的写操作。一般情况下，每次写入的数据的大小和大规模读取/写类似。数据一旦被写入，文件就很少被修改。系统支持小规模的随机位置写入操作，但效率不高。

（5）目标 5：SCFS 系统必须高效、行为定义明确地实现多客户端并行追加数据到同一个文件里的语意。我们的文件通常被用于“生产者—消费者”队列，或者其他多路文件合并操作。通常会有数百个生产者，每个生产者进程运行在一台机器上，同时对一个文件进行追加操作。使用最小的同步开销来实现原子的多路追加数据操作是必不可少的。文件可以在稍后读取，或者是消费者在追加操作的同时读取文件。

（6）目标 6：高性能的稳定网络带宽远比低延迟重要。SCFS 的目标程序绝大部分要求能够高速率、大批量处理数据，极少有程序对单一的读写操作有严格的响应时间的要求。

（7）目标 7：支持多数据中心下的 SCFS 系统。首先，实现单数据中心分布式文件系统，其次，研究分布式数据中心分布式文件系统的关键技术，最后，实现分布式数据中心分布式文件系统。就目前的技术水平而言，多数大型应用，如谷歌地球、雅虎、人人网等都拥有多个地理分布上的数据中心；分布式文件系统用于管理单一数据中心。跨多个数据中心的统一分布式文件系统在数据同步、一致性方面由于地理位置的跨度、网络流量的制约，传输协议的设计方面目前还存在技术挑战。然而，由于数据量越来越大，开发设计 100PB 级别分布式文件系统已经变得越来越迫切，支持多数据中心下的分布式文件系统也越来越重要。

（8）目标 8：SCFS 能够支持 100PB 以上的数据存储与访问，支持结构化/半结构化/非结构化多种类型数据的整合与集成，支持不同粒度的数据/文件的高效索引和访问。

SCFS 是一种用来存储各种海量数据的分布式语意云文件系统，该语意云文件系统的核心特点是采用了元数据集群技术及一些语意技术，其基本体系结构如图 3-2 所示。

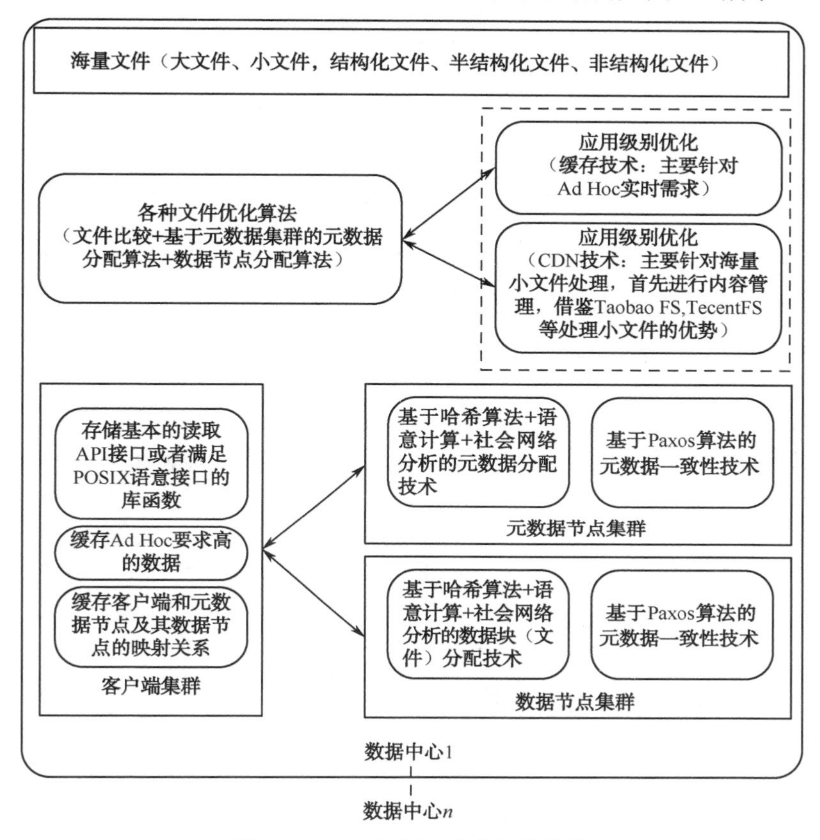

图 3-2　SCFS 语意云文件系统架构

2．技术支持

现有的分布式文件系统各有缺陷，很难满足未来大数据的管理需求，尤其难以满足 100PB 级别以上大数据的存取需求。为了实现 SCFS 的各项要求，需要借鉴现有云文件系统的各项技术，本方案融合了以下几种主要技术。

（1）GFS 与 HDFS 在存取大数据文件上具有优势，但是在存取小文件上存在很大的问题。SCFS 需要借鉴它们在存取大文件上的优势，处理大数据的分析和计算。

（2）TaobaoFS、TecentFS 等在存取小数据文件上有优势，但是在存取大文件上存在性能上的问题。SCFS 需要借鉴它们在存取小文件上的优势，处理海量小文件的分析和计算。

（3）GFS、HDFS、TaobaoFS 和 TecentFS 等都不支持完整的 POSIX 语义接口。SCFS 需要借鉴传统的分布式文件系统 Lustre 支持操作系统级的 POSIX 语义接口的优势，实现 SCFS 云文件系统的 POSIX 接口功能。

（4）针对一些无法用 MapReduce 编程框架来实现的大数据计算的需求，需要借鉴 HayStack 这种基于对象文件存储的优势，实现相应的存储及基于它们的计算需求。

（5）针对一些内容网计算的需求，需要借鉴 CDN 技术与缓存技术进行应用级别的设计。

（6）针对多数据中心及元数据集群，需要借鉴 Paxos 算法进行处理。SCFS 架构主要包括以下几方面。

① 文件块大小的选择。SCFS 在借鉴以存储大文件见长的 GFS 与 HDFS，及以存储海量小文件见长的 Taobao FS，HayStack 等的基础上，针对大文件与小文件分别做了不同的处理，以支持对大小文件均有较好的处理能力。SCFS 为了较好地实现对小文件的处理能力，可以考虑以 1MB（Google 第二代云文件系统也以 1MB 作为新的数据块大小标准）作为边界，大于 1MB 的按照大文件处理机制进行处理，小于 1MB 的按照小文件处理机制进行处理。

② 文件处理机制，包括文件比较、基于元数据集群的元数据分配算法和数据节点分配算法。其处理机制如　图 3-3 所示。

- ❖ 文件比较。为了较好地实现 SCFS，以 1MB 为边界，大于 1MB 的按照大文件处理机制进行处理，小于 1MB 的按照小文件处理机制进行处理，故首先需要进行文件比较。
- ❖ 基于元数据集群的元数据分配算法。对于单元数据服务器的集群，单元数据服务器会造成瓶颈，很多分布式文件系统通过采用元数据服务器集群的模式进行扩展，首先要解决的问题就是系统的元数据以什么方式分布在元数据服务器集群中。目前一些主流的分布式文件系统中使用的方案主要包括：Table-Based Mapping、Hashing-Based Mapping、Static Tree Partitioning、Dynamic Tree Partitioning 等。SCFS 将借鉴上述算法，并设计一个根据语意（社会网络聚类算法、语意本体算法等）进行元数据分配的算法。
- ❖ 数据节点分配算法。需要根据语意技术对数据进行语意（社会网络聚类算法、语意本体算法等）分配。

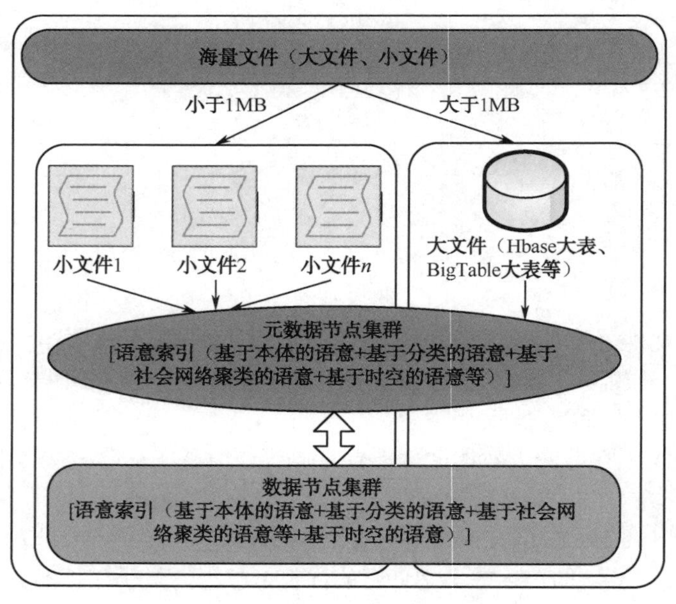

图 3-3　SCFS 文件处理机制

3.2.2　SCFS 大小文件处理机制

在 SCFS 中大小文件在处理机制上是一样的，只是针对的对象不同，在存储的时候大文件针对块操作，小文件针对文件操作，其他方面并无差异。大文件、小文件处理机制具体如图 3-4 所示。

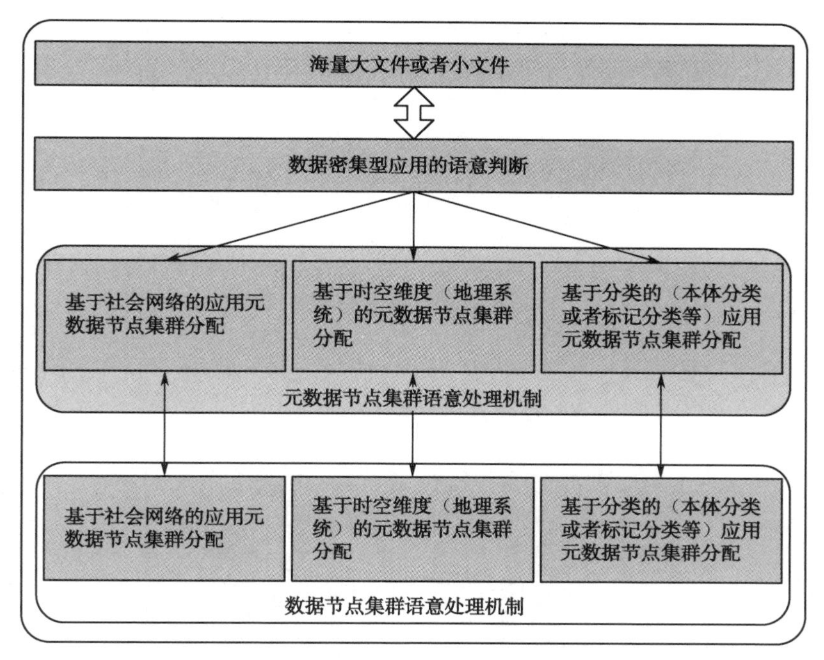

图 3-4 SCFS 的大文件、小文件处理机制

步骤一：首先使用数据密集型应用的语意判断方法对来自云环境的各种海量大、小文件进行判断，然后归类。

步骤二：对于那些社会网络的应用，如 Twitter、Facebook、人人网、腾讯微博及新浪微博等，按照基于社会网络应用的元数据节点集群分配进行元数据分配，同时进行其对应的按照基于社会网络应用的数据节点集群分配进行数据分配。

步骤三：对于那些基于时空的应用，如空间系统、测绘系统、地理文件系统，甚至包括微博等，则按照基于时空应用的元数据节点集群分配进行元数据分配，同时进行其对应的按照基于时空应用的数据节点集群分配进行数据分配。

步骤四：对于那些分类的应用，如本体关联比较大的应用等，则按照基于分类的应用的元数据节点集群分配进行元数据分配，同时进行其对应的按照基于分类的应用的数据节点集群分配进行数据分配。

云环境下数据密集型应用包括：存储密集型应用和计算密集型应用，本书总结了其中三种：基于社会网络的应用；基于时空维度（地理系统）的应用；基于分类的（本体分类或者标记分类）的数据密集型应用。

1. 基于社会网络的数据密集型应用大小文件语意处理机制

具体的基于社会网络的数据密集型应用大小文件语意处理机制，如图 3-5 所示。对于社会网络的各种应用系统（Twitter、Facebook、人人网、腾讯微博、新浪微博等），非常适合这种存储方法。

步骤一：首先使用目前所有的各种社会网络算法（如聚类算法），对各种来自社会网络应用的文件进行一个聚类，或者社会网络算法的其他操作。通过计算得到一个巨大的社区网络。

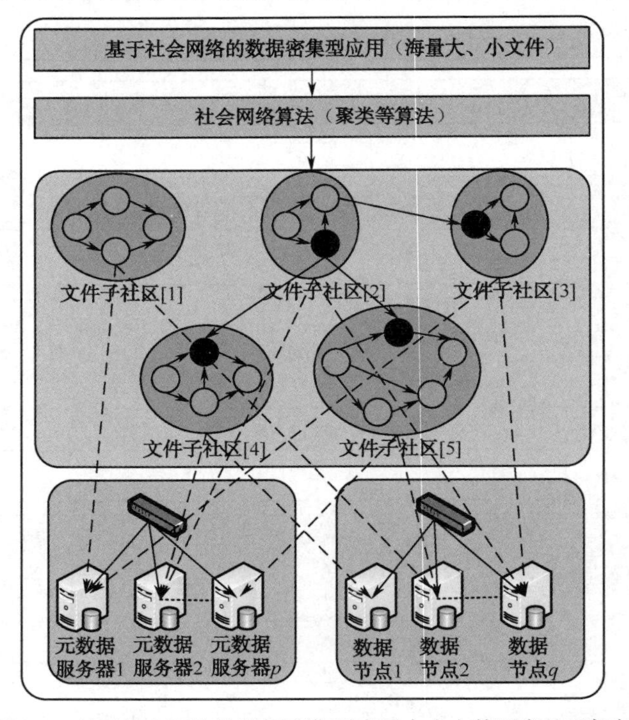

图 3-5 基于社会网络的数据密集型应用大小文件语意处理机制

步骤二：按照社会网络的算法，得到该巨大网络的分社区。图 3-5 显示了某个社会网络社区总共有 5 个子社区（圈子）。其中有些节点（图中的黑色节点）是非常关键的节点。又称为结构洞。

步骤三：按照子社区（圈子），将元数据分配到元数据集群中（一个社区或者圈子的元数据尽量分配在同一元数据节点中）。

步骤四：按照子社区（圈子），将数据分配到数据节点集群中（一个社区或者圈子的数据尽量分配在同一数据节点中）。

步骤五：具体的算法，可以根据自己的需要进行设计。

2．基于时空维度的数据密集型应用大小文件语意处理机制

对于一些基于时空维度的数据密集型应用（地理系统、测绘系统、空间系统及微博、社区等），我们设计了如下的一种处理机制，如图 3-6 所示。目前这种基于时空维度数据密集型企业，很多都是采用这种按照文件名直接判断的处理算法（例如，龙存公司及天涯公司在处理它们的海量数据文件时，就是采用这种处理机制）。该种处理机制证实已经取得了很好的效果。具体机制见图 3-6。

该种方法的具体指导思想是，直接按照一套固定的标准，对所有的文件在生成时就按照规范进行命名，然后按照时间维度或者空间维度对数据进行组织。具体方式见如下说明。

说明：

① 文件命名规则。

例：

20130328080805XXXXXX.pdf

年月日时间分钟秒 XXXXXX.pdf

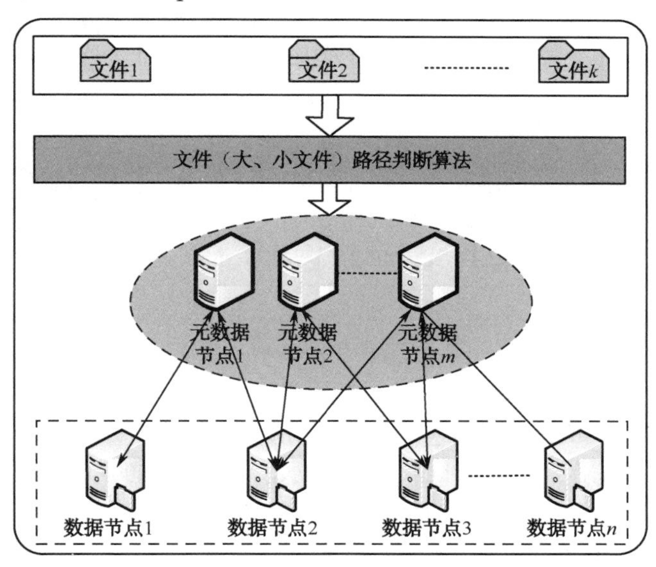

图 3-6　基于时空维度的数据密集型应用大小文件语意处理机制

② 文件路径判断算法。元数据节点存储满足某个时间信息或者地理信息维度的所有文件，从而根据文件名可以直接解析得到应该查找的文件所在的元数据节点的位置，再通过该元数据节点找到相应的文件在数据节点的存储位置。

3．基于分类的数据密集型应用的大小文件语意处理机制

对于一些基于分类的数据密集型应用（如语意搜索引擎等），我们设计了如图 3-7 所示的处理方法。

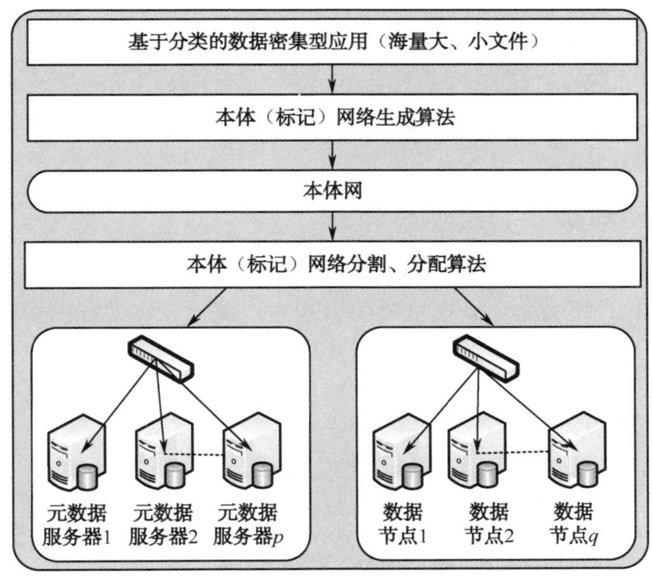

图 3-7　基于分类的数据密集型应用的大小文件语意处理机制

步骤一：首先使用目前所有的各种语意算法（如本体生成算法、标记网络），对各种来自分类的密集型应用的文件进行各种语意计算，得到一个本体网络或者标记网络等。

步骤二：对上述得到的本体网络或者标记网络进行分割，让有联系的元数据文件尽量集中在一起，同时对它们进行相应的聚合，分配给元数据节点集群。有关联的元数据尽量分配在同一个元数据节点。

步骤三：对上述得到的本体网络或者标记网络进行分割，让有联系的数据文件尽量集中在一起，同时对它们进行相应的聚合，分配给数据节点集群。有关联的数据尽量分配在同一个数据节点。

步骤四：具体的算法，可以根据自己的需要进行设计。

3.2.3　数据一致性保障

本节分别研究了如何保证分布式环境中文件系统元数据和数据文件的正确性和一致性。解决了由数据服务器的存储设备错误、网络错误或者软件 bug 造成的数据的不一致问题，本课题对于文件系统元数据所在的管理服务器/对象管理服务器拟采用专门的操作日志服务器和快照服务器来跟踪和恢复数据，对于数据文件采用类似 Hadoop HDFS 一次写入后多次读出的模式以保证一致性。文件系统的客户端软件将实现对文件内容的校验和检查（checksum）。当客户端创建一个新的文件时，会计算这个文件每个数据块的校验和，并将校验和作为一个单独的隐藏文件保存在同一个名字空间下。当客户端获取文件内容后，会检验从数据服务器获取的数据跟相应的校验和文件中的校验是否匹配，如果不匹配，客户端可以选择从其他数据服务器获取该数据块的副本。

3.2.4　元数据集群管理技术

对于单元数据服务器的集群，单元数据服务器会造成瓶颈，很多分布式文件系统通过采用元数据服务器集群的模式进行扩展，首先要解决的问题就是系统的元数据以什么方式分布在元数据服务器集群中。目前，一些主流的分布式文件系统中使用的方案主要包括：Table-Based Mapping、Hashing-Based Mapping、Static Tree Partitioning、Dynamic Tree Partitioning 等，下面对这几种方法进行分析与比较。

1．Table-Based Mapping（基于表的映射）

该方案将元数据的分布记录在一个全局的映射表中。应用在集群存储系统中，则是将每个文件与元数据服务器的对应关系记录在全局映射表中，将该表存储在所有的元数据服务器上即能快速定位文件请求的家元数据服务器，该方案的缺点在于其可扩展性太差，在大规模的存储系统中，所包含文件的数量都是千万级的，映射表需要占用的内存空间过大，同时查表的开销也会相当大以至于影响元数据服务器的性能。在一个包含 108 字节文件，使用 16 字节记录文件名，2 字节记录元数据服务器 ID 的系统中，映射表占用的空间为 1.8GB。xFS 提出了一种粗粒度的映射表方案，将一组具有某一特性的文件映射到相应的元数据服务器。

2．Hashing-Based Mapping （基于 hash 的映射）

基于余数的 hash 方案被很多系统采用，如 Lustre、Vesta、InterMezzo，该方案使用文件名

hash 出一个整数，并对元数据服务器的数量取余，根据余数将该文件分配到相应的服务器，这种方案能将文件均衡地分配到各个元数据服务器。该方案的不足之处在于，当文件被重命名时，其 hash 值需要重新计算，即应该分配到一个新的服务器，这就需要元数据在各个服务器之间迁移，即使文件的元数据很小，但当有大量的文件需要被迁移时，磁盘和网络的开销都是很大的，会影响系统的整体性能。

3. Static Tree Partitioning （静态树分区映射）

静态树分区方案是一种将元数据操作分布到一组元数据服务器的简单方式，通常需要管理员配置文件树的某些目录分布到某一个元数据服务器上，如 NFS、AFS、Coda 就使用这种方案。该方案在数据访问模式上比较统一、访问比较均衡的情况下，工作得很好，开销很小。但由于数据的访问通常会出现偏态分布，导致某个服务器出现热点的情形，从而不利于整个系统的扩展。

4. Dynamic Tree Partitioning （动态树分区映射）

动态树分区在静态树分区的基础上提高了扩展性，该方案对接近根的目录进行 hash 来选择元数据服务器，并且当某个元数据服务器负载较大时，该服务器会自动迁移一部分文件到负载较轻的服务器上。但该方案有以下三点不足：首先，该方案需要每个服务器上有一个精确的负载计算方案，并且各个服务器需要周期性地交换负载信息；其次，当某个元数据服务器加入或者离开时，所有的目录需要重新计算 hash 以分配到新的服务器中，在 PB 级别的存储系统中，会造成很大的开销；最后，当数据的访问热点不断变化时，会导致频繁的元数据迁移操作。

一个高效的元数据管理方案至少应该考虑以下几点：

（1）共享的单命名空间：所有的存储设备被虚拟成一个单独的存储卷，所有的客户共享相同的视图，这样简化了用户数据的管理。

（2）可扩展的元数据管理服务：当系统规模增大时，元数据管理的开销不会呈线性增长。

（3）零数据迁移：尽管元数据很小，但在大规模系统中，很多的文件元数据迁移也会引起很大的磁盘及网络开销，因此负载均衡尽量不需要通过数据迁移来完成。

（4）灵活的放置策略：使得某个文件被分布到任何一个元数据服务器均成为可能，这样便于实施负载均衡策略、元数据预取方案以提高系统的整体性能。

3.2.5　副本管理策略（负载均衡机制）

1. 元数据负载均衡机制

如图 3-8 所示为元数据的负载均衡机制。主要通过两步来实现，首次，采用 Hash 计算的方法实现对数据的一个初步的均衡分配，即通过初步分配实现静态负载均衡。其次，由于元数据服务器每台服务器的计算能力时刻在变，因此需要不断调整元数据服务器的任务，从而更好地实现元数据服务器的负载均衡。因此，在第 2 步实现动态分配时，主要通过判断元数据服务器与元数据服务器的平均响应时间来实现动态分配，实现动态的负载均衡的管理。

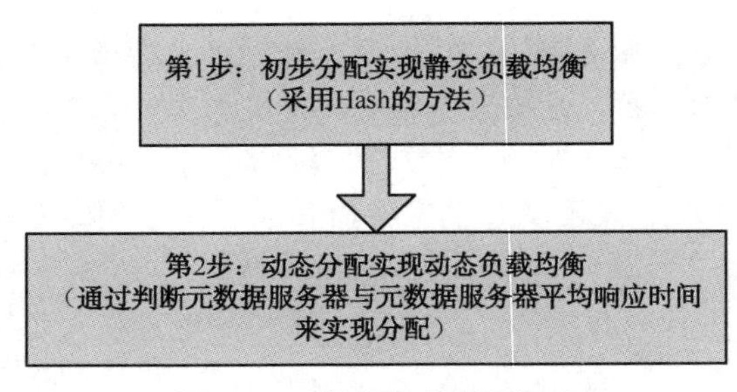

图 3-8　元数据负载均衡机制

2．数据检索（存储）负载均衡机制

（1）数据检索负载均衡的实现标准主要包括以下两点：

① 任务初始分配时尽可能合理分配；

② 事后时刻监督及时调整。

（2）负载均衡策略。根据数据检索负载均衡实现标准，及 SCFS 文件系统的特点（一次写入，多次读取）的设计理念，能否实现较好的负载均衡，主要取决于副本策略。本章设计的副本管理策略可以简要描述为：副本放置策略包括主副本默认副本的放置策略及其他副本的放置策略，这是一种主动调平的策略，它的本质就是在副本创建开始就充分考虑负载平衡的问题，主动将副本放置在最佳位置，最佳位置为负载最轻的位置，尽可能消除负载不平衡的潜在风险。该策略避免了创建的副本在整个存储系统内的任意放置，而是根据存储节点的计算能力及已经存储的数据块的多少来判断最佳位置。

① 基于系统规模的初步策略。

- 系统规模小，基于遗传算法的静态副本放置策略。根据文件的不同特性（如文件的大小、热点等）将文件分割为一个或多个对象存放在不同的数据节点上，该方法称为混合分布。
- 系统规模大，基于组的区分定位策略。基于系统规模的变化趋势，首先根据数据节点加入系统的不同时期，将每个数据节点划分到不同的存储子集群，采用分布式算法将对象映射到系统的某个子集群中，再在子集群内部根据不同类型的对象采用不同的映射方法，对新创建的大对象采用启发式方法来选择负载较轻的数据节点存放，对小对象采用改进 hash 算法来直接计算出其所在的数据节点，兼顾了对象分布的灵活性和系统的可扩展性。

② 主副本默认副本的放置策略。出于容错的考虑，每个 SCFS 中的数据块在文件被写入文件系统时，默认将会有 1 个主副本和 2 个默认副本。其中主副本和其中一个默认副本保存在本地机架（上传文件所在的同一个路由器下的集群）上，另一个默认副本放在除本地机架外的其他任意一个机架上。

③ 其他副本的放置策略。其他副本为动态副本管理模块根据用户对文件的历史访问记录，选择访问次数超过设定阈值的热点数据对其创建的副本。主副本和默认副本为系统自动创建，而其他副本具有动态创建的特性，它的放置策略和主副本、默认副本放置有所不同。由于对数据的访问具有延续性的特点，若某个集群内访问热点数据越密集，则它未来访问此热点数据的可能性更大，因此其他副本的放置首先找出用户访问最多的机架，然后在每个机架内选择一台最合适的机器，此策略称为最佳机架策略。最佳机架策略可以将数据文件复制到最需要的地方，但需要一张维护文件历史访问记录表。最佳机架策略：每个机器都保存着每个文件的历史访问

记录，记录中包括每个文件被请求的次数。每隔一定时间，检查历史访问记录查找是否有对某个文件的请求次数超过了事先指定的阈值，如果存在这样的文件，那么就计算总访问次数最多的那个机架，此机架就被称为最佳机架。系统在此机架上选择负载最轻的节点创建该文件的副本，并清除关于该文件的历史访问记录，重新进行统计。

④ 动态副本创建策略。动态副本管理的关键是副本创建策略。通常我们会根据用户的动态访问特征来判断某数据是否为热点数据。研究表明，用户对数据的访问具有很强的局部性，客户的访问集中在一小部分热门数据上。当数据量很大时，这种局部性表现得更加明显。有研究表明，当单位时间访问频度越大，则热门数据的访问概率将变得更大。在动态创建副本的过程中，热点副本的产生函数是关键因素之一。本书提出一种基于历史访问记录的副本创建策略。对于数据的访问统计不能由一次的访问来判断它是否为热点数据，应通过对某个数据前 N 次访问记录来判断它是否为热点数据，并对其创建副本，这显示了一种趋势性。将判断热点数据与 N 次历史记录相结合，能提高准确性，并且使副本的创建具有可预见性。

⑤ 动态副本删除策略。在 SCFS 下副本删除也是必须考虑的一个因素，由于副本的动态创建，会导致一个数据块存在多个其他副本，可能使得数据块存在副本“过多”。“过多”是指这些副本的存在并不能够提高系统性能，相反可能会长时间不用，浪费存储空间，甚至由于管理代价的提高而降低系统性能。因此，需要将过多的副本删除。这里采用简化的基于历史访问记录的动态副本删除策略，若一个文件除了主副本和默认副本外，还有其他副本，并且在 N 个周期内，文件的访问次数小于一个阈值，则删除掉它的一个其他副本。

3．SCFS 数据安全保障关键技术

数据安全本身需要一个独立的课题来支撑一个完整的数据安全技术体系。从文件系统的角度，访问控制和可靠性是支持数据安全的两个手段。

（1）用户访问控制：以用户为基本对象对数据进行逻辑的隔离，设置相应的数据访问权限。

（2）可靠性：基于大量普通硬件节点组建分布式文件系统、且单个节点故障是系统常态的条件下，保证系统的持续服务。拟构建的分布式文件系统集群包含多个管理服务器节点、多台数据服务器，并且同时被多个客户端访问。所有的这些机器通常都是普通的 Linux 机器，运行着用户级别（User-level）的服务进程，资源允许时可以把所有进程都放在一台机器里。由于管理服务器/对象管理服务器及元数据是系统得以运行的关键性核心数据，所以一方面将通过上述的操作日志、快照、影像服务器手段保证其持续服务及妥善恢复，另一方面，每个数据块会有至少 3 个副本，以保证单节点故障的情况下数据的持续服务。

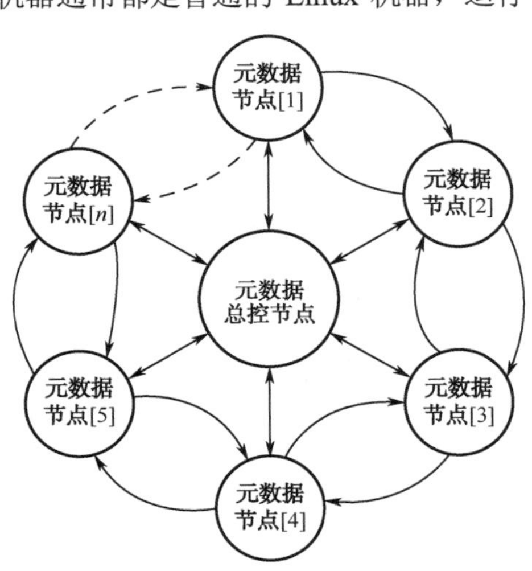

图 3-9 SCFS 系统的元数据分布模式

① 元数据高可靠。如图 3-9 所示，在集群存储系统中，把文件系统的整个名字空间按照元数据服务器的个数进行均分，分别存储在不同的元数据服务器上，并同时向客户端提供服务。在元数据集群中所有的元数据都是同时对外提供服务的，支持海量文件高速查询，能够轻松应对大量客户端并发进行查询操作。

为了防止元数据服务器的单点故障，我们把元数据

服务器进行两两配对。配对的元数据服务器互相备份对方的数据和服务，并实时同步元数据的更新，任何一台元数据宕机或者损毁，另一台元数据服务器都将自动接管其服务，而不会造成前端应用的中断。

② 数据高可靠。由于语意云文件系统（Semantic++ Cloud File System）是在 Hadoop 的基础上实现了元数据节点的集群化。因此，其数据的高可靠性和 Hadoop 生态系统无太大差距，通过设置副本数（默认为 3 个副本）的冗余来提高数据的可靠性。具体的副本数量可以通过可编程数据中心编程来自行实现。对于一些访问热点数据可能采用 3 个或者 3 个以上的副本，对于一些冷数据可能采用 2 个副本的方式等。

③ 网络链路高可靠。传统的做法是依靠绑定交换机和服务器上的网络端口来提供网络链路的高可靠性，但是这样的方法受服务器上网卡和交换机型号的限制，可靠性完全依赖网络设备的稳定运行。

因此，为集群存储系统设计了一套新的网络链路高可靠模式——多 IP 通路模式。在这种模式中，所有的存储服务器、元数据服务器及应用服务器都分别将两块或者两块以上网卡配上不同网段的 IP 地址，并分别接到多台以太网交换机上，正常工作时各套网络以负载均衡的方式工作，当一套网络发生故障时剩下的一套或者多套网络直接接管所有的网络通信，使得任何一台交换机故障都不会影响存储系统的正常工作。多 IP 通路模式不仅提高了可集群存储系统的链路可靠性，也提高了集群存储系统的聚合 IO 带宽，能够充分发挥所有网络设备的性能。

本 章 小 结

随着大数据的出现，尤其是海量非结构化数据的大量出现，存储管理大数据面临极大的挑战，设计 PB 级别甚至 ZB 级别存储系统迫在眉睫。语意云文件系统 SCFS 是实现大数据云存储的核心技术。

第 4 章　云数据库系统

与云文件系统相比，云数据库系统可以被多个用户、多个应用共享，减少了数据冗余。因此，对存储大数据而言，在数据库管理和应用方面，云数据库系统是必须的。本章详细分析了最常用的用于存储半结构化大数据的云数据库系统，并进行了比较，提出了一种更为有效的语意云数据库系统 SCloudDB（Semantic++ Cloud Database）。

4.1　常用云数据库系统综述

云计算技术发展迅速，要求数据库系统必须适应云环境下的数据存储等需求，云数据库系统应运而生。目前主流的数据库如图 4-1 所示，主要有大型互联网公司商用项目云数据库系统、开源项目云数据库系统及其他项目云数据库系统。

（1）大型互联网公司商用项目云数据库系统，例如，谷歌的云数据库 GoogleBase 及 BigTable，微软的 Azure，雅虎的 PNUTS，亚马逊的 SimpleDB 及 RDS。

（2）开源项目云数据库系统，主要包含 Facebook 的 Cassandra，Hadoop 的 Hbase，百度的 HyperTable 及淘宝的 OceanBase 云数据库系统，等等。

（3）其他项目云数据库系统，主要有 MongoDB、CounchDB 及新兴的 EnterpriseDB 等。

目前在云数据管理领域已经出现了许多优秀的云数据库系统，其中最具有代表性的有谷歌的 BigTable、Apachi 的 Hbase 及 Cassandra（最早由 Facebook 开发，随后被开源）。除上述三种云数据库系统外，还包括 Amazon 的 Dynamo、应用于百度的 HyperTable 及淘宝的 OceanBase 等很多优秀的云数据库系统。这些云数据库系统已经取得了非常成功的应用。相比关系数据库，上述的各种云数据库在可扩展性、支持海量的查询处理方面均具有非常明显的优越性，但是它们也存在以下缺点：

- 没有严格的语言。与关系数据库不同，现有云数据库系统没有严格意义上的定义语言 DDL 及查询语言 SQL 等。虽然云数据库也有像 Hive 及 Pig 这种类似的查询语言，但没有严格的语义约束。
- 没有引用完整性。由于云数据库没有引用完整性，因此也不存在 Join 连接，即在云数据库中部存在一个表数据的变化不能同步更新其他表中相同的数据。
- 无强语义的排序。所有云数据库的排序均按照“行健”的英文字母的顺序排列，均不支持类似关系数据库的 Order By 语句，从而不能实现功能强大的强语义的排序。
- 不支持 Join、Where 语句及其他复杂的查询。由于云数据库均缺乏引用完整性，从而不支持 Join 查询；同时也不支持诸如关系数据库的 Where 条件查询及其他所有的复杂条件查询。

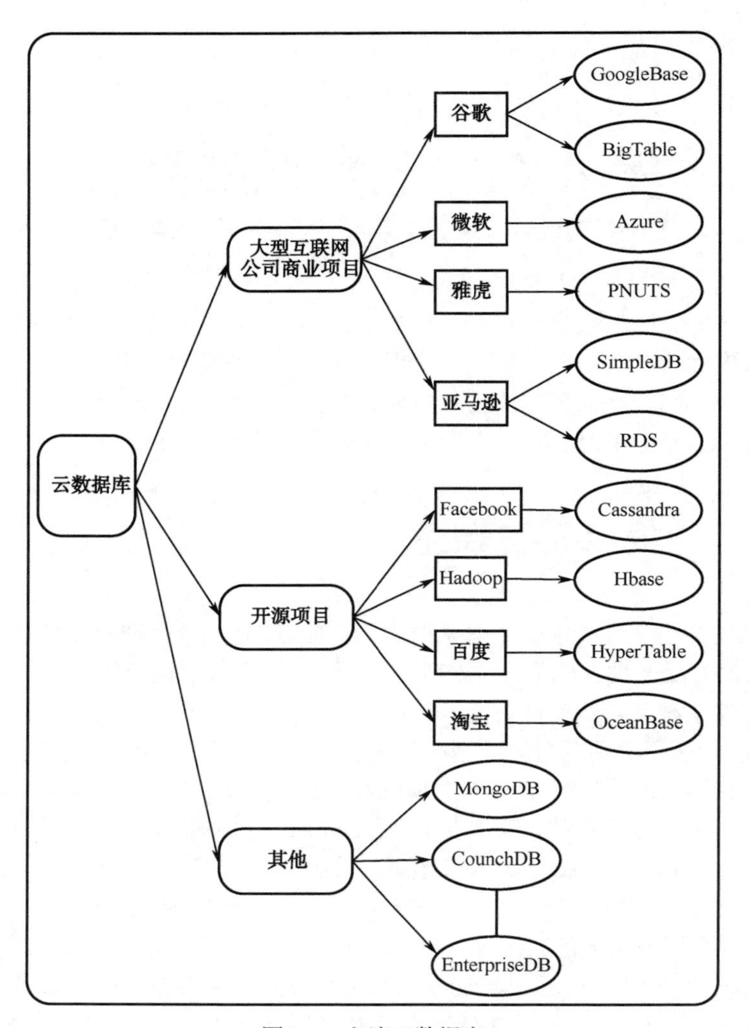

图 4-1　主流云数据库

- 不支持多维数据查询与分析。云数据库不像传统的关系数据库那样能够支持多维的数据查询［尤其在 OLAP（Online Analytical Processing）的应用中关系数据库的多维查询非常之多］。
- 难以支撑实时查询需求及交互式查询需求。云数据库的设计诸如 BigTable 及 Hbase 等最初主要用于谷歌搜索引擎等时效性不敏感的业务，以及用于大数据的批量查询。随着互联网应用需求的日益提高，对实时查询请求与随机查询需求的要求越来越高，现有的云数据库难以适应这些应用的查询需求。

基于上述考虑，本章将研究一种新的云环境下数据库系统的设计思路和关键技术。本章在 BigTable 及 Hbase 的技术基础上进行了改进，提供了一种能够支持多维查询及支持语义索引的语意云数据库系统 SCloudDB（Semantic++ Cloud Database）的设计思路。

4.2 语意云数据库系统 SCloudDB

4.2.1 SCloudDB 系统架构

图 4-2 展示了 SCloudDB 的体系架构。

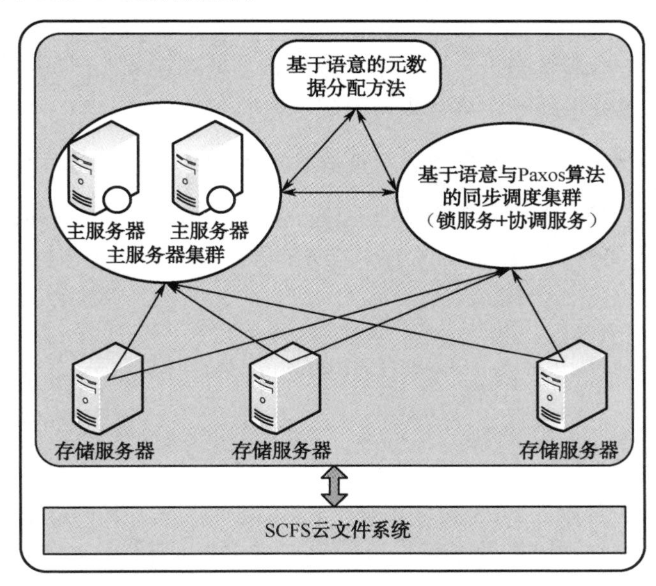

图 4-2 SCloudDB 体系架构

SCloudDB 主要由以下几部分组成。

1. 主服务器集群

与 BigTable 和 Hbase 最大的不同就是 SCloudDB 设计了一个主服务器集群，而 BigTable 和 Hbase 均由一个单一的服务器组成。

（1）设计主服务器集群的一个目的是为了满足 Ad Hoc 这种随机的、即时的查询需求。有了主服务器集群的支持，可以大大降低单台服务器的负载，尽快处理用户的各种即时查询处理，从而大幅度提高处理效率。

（2）设计主服务器集群的另外一个目的是为了提高主服务的安全性。因为 Hbase 与 BigTable 只有一台服务器，一旦该台服务器宕机，将严重影响继续提供服务的能力。而 SCloudDB 由于由一个服务器组成的集群提供服务，同时由基于 Paxos 算法提供的通信同步，一旦某一台服务器出现宕机，其他服务器马上可以代替它继续工作，从而提高云数据库提供服务的能力。

（3）除了上述两个优点，由于 SCloudDB 使用了服务器集群的机制，这对数据同步提出了更高的要求。不再像 Hbase 与 BigTable 那样只有一个入口，因而定位简单。

2. 基于语意的元数据分配方法

与 Hbase 和 BigTable 不同，由于采用了主服务器集群的形式，故云数据库 SCloudDB 的元数据将分布在该主服务器集群上。这时，为了提高效率，设计采用一个基于语意元数据的分配方法。

（1）采用基于语意的元数据分配方法主要是考虑到 Ad Hoc 查询的需求，采用语意分配算法可以将那些具有语意关联的元数据建立一种有效的关联，查询时提高查询效率，从而节省时间，满足 Ad Hoc 查询需求。

（2）另外，由于元数据可能被分散在多个不同的主服务器中，元数据之间的同步显得至关重要，我们使用 Paxos 算法提供基本的同步。

（3）同样，在查询过程中如何保证查询的"完整性"也显得非常重要。单机时，由于所有的元数据的索引均在一台服务器上，基本不会出现查询遗漏现象，而现在在多台服务器上，如何确保查询过程中的遗漏也是一个至关重要的问题。

3．基于语意与 Paxos 算法的同步调度集群 SemanPax（锁服务+协调服务）

基于语意与 Paxos 算法的同步调度集群 SemanPax 类似于 BigTable 中的 Chubby 与 Hbase 中的 Zookeeper，其主要目的是用来协调各个服务，并提供查询"原子性"的锁服务机制等。

4．存储服务器

存储服务器 SRegionServer 与 Hbase 的 HRegionServe 一样，都是用来存储云数据库大表中的数据的。

5．SCFS 云文件系统

与 BigTable 存储在谷歌的 GFS 文件系统上、Hbase 存储在 Hadoop 的 HDFS 分布式文件系统上一样(注意:Hbase 比较特殊,除了可以运行在 HDFS 上,还可以运行在 Linux 上),SCloudDB 云数据库将运行在 SCFS 云文件系统上。

4.2.2 SCloudDB 设计思路

图 4-3 完整地展示了云数据库系统 SCloudDB 的设计思路。

云数据库系统 SCloudDB 主要由以下几部分组成。

（1）客户端，包含访问 SCloudDB 的接口，客户端维护着一些 cache 来加快对 SCloudDB 的访问，如 SRegion 的位置信息。

（2）SemanPax，类似于 BigTable 的 Chubby 与 Hbase 的 Zookeeper。主要用来实现锁机制和协调服务所用。除了实现上述基本的服务之外，与 Chubby 和 Zookeeper 的最大不同是，SemanPax 还要协调主服务器集群中存储的元数据分配的同步和容错服务。所以本书强调需要将 Paxos 算法引入到 SemanPax 的设计中来。它的主要作用可以描述为以下几点。

① 保证任何时候，集群中的所有主服务器能够实现同步协调工作，尤其要由语意技术实现元数据的快速定位，同时，保证元数据查询的"完整性"，避免出现查询遗漏的出现；

② 存储所有 SRegion 的寻址入口；

③ 实时监控 SRegionServer 的状态，将 SRegionserver 的上线和下线信息实时通知给主服务器集群及 SemanPax；

④ 存储 SCloudDB 的 schema，包括有哪些表，每个表有哪些列族。

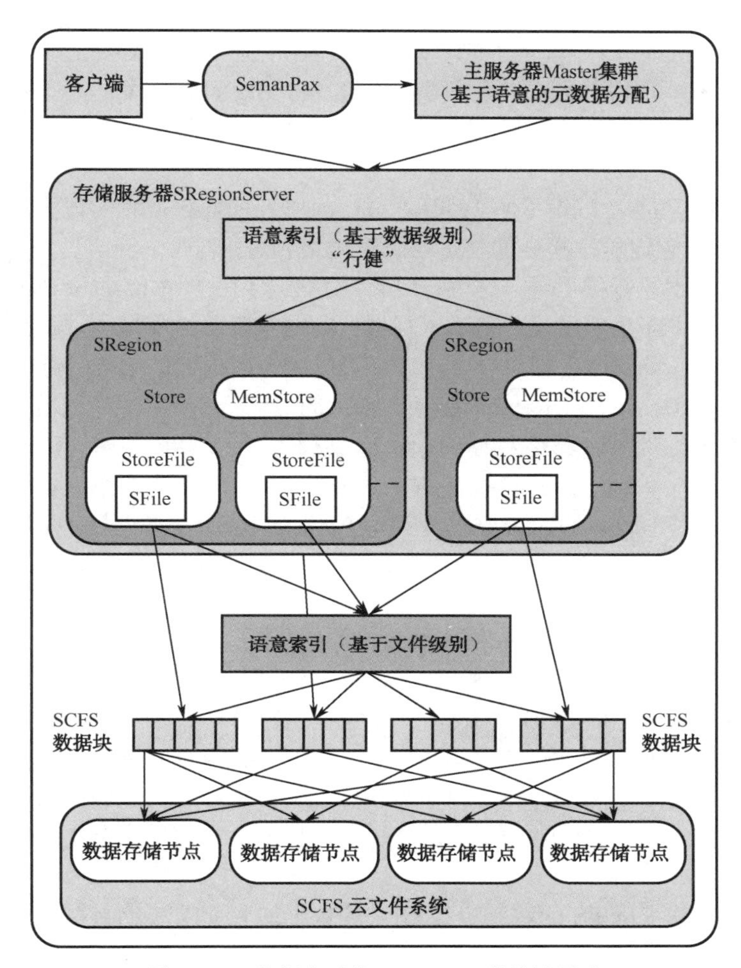

图 4-3 云数据库系统 SCloudDB 的设计思路

（3）主服务器 Master 集群（基于语意的元数据分配）。云数据库的所有元数据均存储在该集群中。主服务器 Master 集群的主要功能包含：

① 为 SRegionserver 分配 SRegion；

② 负责 SRegionserver 的负载均衡；

③ 发现失效的 SRegionserver 并重新分配其上的 SRegion；

④ 云文件系统 SCFS 上的垃圾文件回收；

⑤ 处理 schema 更新请求；

⑥ 基于语意的元数据分配。该部分与 BigTable 和 Hbase 有很大的不同。基于语意的元数据分配主要用于提高 Ad Hoc 查询处理的效率，将那些具有语意关联的数据建立一种有效的语意关联，从而达到提高查询效率及语意精度的功效。

（4）存储服务器 SRegionServer。它的主要功能有：

① SRegionserver 维护主服务器集群分配给它的 SRegion，处理对这些 SRegion 的 IO 请求；

② SRegionserver 负责切分在运行过程中变得过大的 SRegion。客户端访问 SCloudDB 上数据的过程并不需要主服务器集群的参与（寻址访问使用 SemanPax 和 SRegionserver 来实现；数据读写访问使用 SRegionserver 来实现），主服务器集群仅仅维护 SCloudDB 的表和 SRegion 的

元数据信息，负载很低。

（5）语意索引（基于数据级别）“行健”。与 Hbase、BigTable 及 Cassandra 一样，SCloudDB 也是一种在逻辑上采用列存储的机制。我们这里采用的主要是基于“行健”进行语意优化的索引机制。

① 不同于 Hbase 与 BigTable 的排序机制，Hbase 与 BigTable 没有实现类似于 SQL 的 Order By 的排序实现机制。它们的排序全部都是按照引文字母进行排序。

② SCloudDB 在对“行健”进行排序时候，将不再采用类似 Hbase 与 BigTable 的那种按照英文字母排序的机制。而是使用一种基于“行健”的语意索引排序机制，将那些有语意关联的应用的可能“行健”尽量安排在相邻位置，这样可以大大减少数据在访问时的读取效率。

（6）SRegion。与 Hbase 的 HRegion 及 BigTable 的 SSTable 一样，都是用于管理存储服务器中的表。一旦存储服务器中的表变大到一定阈值，它将分割出新的表来。SRegion 表的分裂会随着内容的逐步增多，不断分裂出很多的 HRegion 表，且这种分裂由系统自动完成。

（7）MemStore。与 Hbase 的 Memstore 及 BigTable 的 Memstore 一样，是用来暂时存储尚未写入到磁盘的数据的。一旦 MemStore 中的数据达到一定的阈值，SCloudDB 将通过 flush 函数将其压入到 StoreFile 中。

（8）StoreFile。StoreFile 是 SCloudDB 的数据存储格式，与 Hbase 一样，Hbase 也有相应的 StoreFile 文件。也就是在 SFile 文件的基础上做了一个轻量级的包装。

（9）SFile。SFile 即 SCloudDB 中 KeyValue 数据的存储格式，与 Hbase 一样是二进制格式文件，即 StoreFile 底层就是 SFile。它是 SCloudDB 的最小的存储单元，将直接存储在语意云文件系统 SCFS 中。SFile 不能像 Hbase 一样可以直接存储在 Linux 本地操作系统之上。

（10）语意索引（基于文件级别）。通过各种语意技术，在文件级上实现高效的语意索引机制。

（11）SCFS 数据块。SCFS 的数据块与 GFS 的数据块和 HDFS 的数据块一样，可以默认设定为 64MB 的容量。因为 SCloudDB 云数据库中存储的将是上亿条的记录，上百万列的数据，它的大小可以达到 PB 级别甚至 TB 级别，故将默认值 64MB 作为基本数据块是比较合理的。

（12）数据存储节点。所有 SCloudDB 的数据文件最后都会存储在数据存储结点上。与 BigTable 和 Hbase 一样，可以存储多个副本（一般默认为 3 个副本）。

（13）SCFS 文件系统。在第三章已经做了阐述。

（14）SCloudDB 的日志分析。SCloudDB 与 Hbase 和 BigTable 的最大不同：SCloudDB 在设计时不再考虑日志功能。SCloudDB 的设计思路图中没有 Log 这一项。主要原因在于：

① 由于 SCloudDB 设计目标是为了处理海量的数据，去掉写日志和读日志的部分可以大大减少处理时间；

② 去掉日志，对 SCloudDB 的分析功能的影响不大。

4.2.3 SCloudDB 的 SRegion 定位机制

主服务器节点（Master 节点）和存储服务器节点（表节点）之间采用了主服务器节点集群模式的分布式存储系统设计。在实际读取数据时，客户端直接和存储服务节点进行通信，是不需要和主服务器节点集群进行直接通信的。与 BigTable 和 Hbase 一样，一个 SCloudDB 需要存储很多表，每个表都可以被认为是一个 SRegion 的集合，而且每个 SRegion 属于某个语意范围内的行的所有相关数据。在初始状态下，一个表只有一个 SRegion，但是随着表中数据的增长，它会自动分割成多个 SRegion。一般来说，每个 SRegion 的大小大概在 128MB 左右。

与 BigTable 和 Hbase 各自的定位只有三层不同，由于 SCloudDB 采用了主服务器节点集群的机制，多了一个元数据节点定位层次，故而总共有四层，类似于 B+树的结构，如图 4-4 所示。

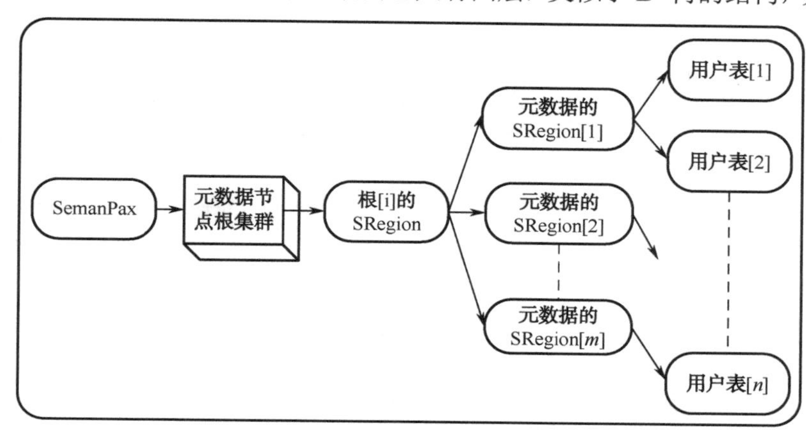

图 4-4　SRegion 层次图

最前面是一个存储在 SemanPax 中的文件，它包含了元数据节点根集群及各个根节点的 SRegion 的位置信息。每个根 SRegion[i]上包含了一个特殊的元数据表，其中包含了所有 SRegion 的位置信息。元数据表的每个 SRegion 包含一个用户表的集合。根 SRegion[i]实际上是元数据表的第一个 SRegion，只不过对它的处理比较特殊，比如根 SRegion[i]永远不会被分割，这样保证 SRegion 的结构最多就只有四层（注：增加的一层是从 SemanPax 到根 SRegion[i]的定位层）。在元数据表里面，每个 SRegion 的位置信息都存储在一个行关键字下面，该行关键词与 HBase 和 BigTable 不太一样，HBase 和 BigTable 的行关键词由 Tablet 或者 HRegion 所在表的标识符和它们对应的最后一行的编码组成。元数据的每一行都存储了大约 1KB 的内存数据。在客户端使用的 SCloudDB 的库中会缓存 SRegion 的位置信息。如果客户端没有缓存某个 SRegion 的位置信息，或者发现它缓存的位置信息不正确，就必须到图 4-4 所示的树中去查找 SRegion 相应的位置信息，在支持容量方面，假设有 K 台主服务器集群，且每个表的容量为 128MB，　如果采用这种四层的存储模式，可以标识 $K \cdot 2^{34}$ 个 SRegion 的地址，每个表容量为 128MB 的容量，这样一共可以存储达到 $K \cdot 2^{61}$B 的数据量。

4.2.4　多维及海量随机查询机制

支持海量 Ad Hoc 查询的云数据库系统的关键主要是基于语义的元数据分配机制的实现。如图 4-5 展示了支持多维及海量 Ad Hoc 查询的云数据库系统语义分配的机制。

与 3.2.2 节类似，根据云环境下数据密集型应用（包括存储密集型应用和计算密集型应用），我们总结了三种数据密集型应用：①基于社会网络的应用；②基于时空维度（地理系统）的应用；③基于分类的（本体分类或者标记分类）的数据密集型应用。

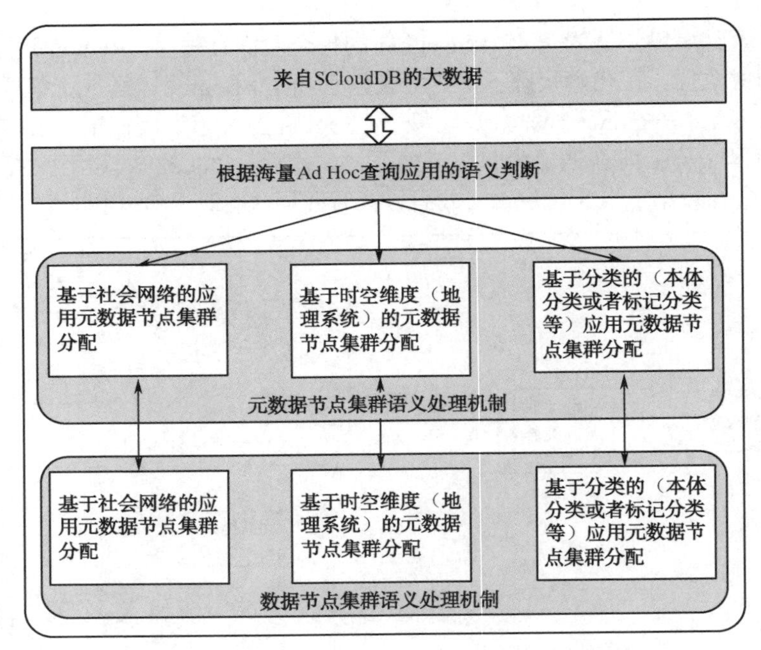

图 4-5　支持多维及海量 Ad Hoc 查询的云数据库系统语义机制

① 根据多维及 Ad Hoc 查询应用的语义判断方法对来自云环境的 SCloudDB 的大文件进行判断，然后将它们归类。

② 对于那些社会网络的应用，如 Twitter、Facebook、人人网、腾讯微博及新浪微博等，则按照基于社会网络应用的元数据节点集群分配进行元数据分配，同时按照基于社会网络应用的数据节点集群分配进行对应的数据分配。具体使用各种社会网络算法具体实现即可。

③ 对于那些基于时空的应用，如空间系统、测绘系统、地理文件系统，甚至包括微博等，则按照基于时空应用的元数据节点集群分配进行元数据分配，同时按照基于时空应用的数据节点集群分配进行相应的数据分配。具体使用各种基于时空应用的有效算法具体实现即可（诸如按照时间维度的或者位置等空间维度的实现）。

④ 对于那些分类的应用，如本体关联比较大的应用等，则按照基于分类的应用的元数据节点集群分配进行元数据分配，同时按照基于分类的应用的数据节点集群分配进行相应的数据分配。具体使用各种基于不同分类的（可以使用基于语义的本体或者其他语义分类算法）的有效算法具体实现即可。

4.2.5　支持多维及海量随机查询的语意搜索机制

如图 4-6 展示了一种支持多维及其海量 Ad Hoc 查询的云数据库系统语意搜索机制和算法。

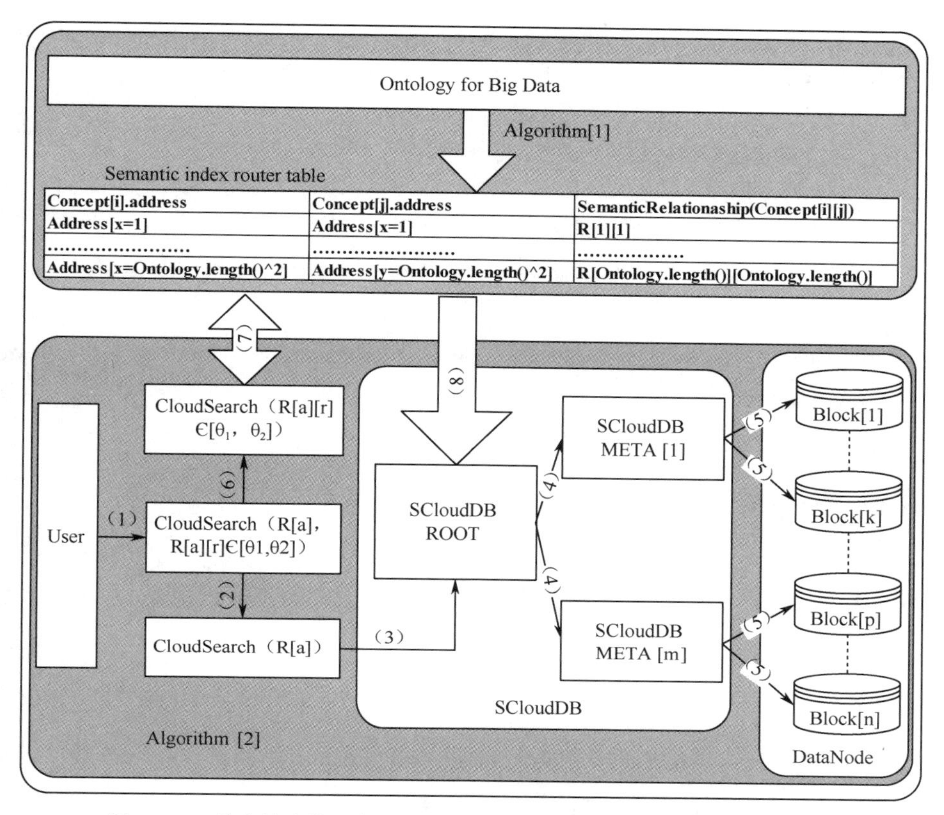

图 4-6　一种支持多维及海量 Ad Hoc 查询的云数据库系统语意搜索机制

【算法 1】 本体转换算法

输入：本体库（应用）

输出：语意索引路由表

```
[1]For (i=0; i<Ontology.Length(); i++){
[2]      For(j=0; j<Ontology.Length(); j++){
[3]      Computing(SemanticRelationship(Concept[i][j]);
[4]      R[i][j]= Computing(SemanticRelationship(Concept[i][j]);
[5]      Find   the address of Concept[i];
[6]      Insert Concept[i]'s address into the semantic index route table;
[7]      Find   the address of Concept[i];
[8]      Insert Concept[i]'s address into the semantic index route table;
[9]      Insert R[i][j]'s value into the semantic index route table;
[10]     }
[11]}
[12]END
```

该算法的目的是将一个本体库转换成一个语意索引路由表。本体库中描述了我们的海量数据应用中的各种语意关系。

【算法 2】 语意查询算法

输入：用户的需求形式化描述为CloudSearch(R[a][r]∈[θ1,θ2])，语意索引路由表

输出：用户的多维、Ad Hoc 查询结果

```
[1]Input user's cloud search requirements's formalized representation  CloudSearch(R[a][r]∈[θ1,θ2]) ;
[2]If ( CloudSearch(R[a]) ){
[3]      Find the basic data's address that satisfied:  CloudSearch(R[a]) ;
[4]      Find their ROOT addresses in SCloudDB;
[5]      Find their META addresses in SCloudDB;
[6]      Find their data block in the data nodes;
[7]}
[8]Else If( CloudSearch(R[a][r]∈[θ1,θ2]) )
[9]{
[10]      Find the semantic relationship data's address that satisfied:  CloudSearch(R[a][r]∈[θ1,θ2])  from
the semantic index Router table;
[11]      Find their ROOT addresses in SCloudDB;
[12]      Find their META addresses in SCloudDB;
[13]      Find their data block in the data nodes;
[14]}
[15]END
```

本算法的目的是用于处理一个支持多维的、Ad Hoc 查询的具体机制。

4.2.6 大表划分方法

数据库表的划分方法主要有四种：基于行的划分、基于列的划分、基于行列混合的划分及基于范围的划分，其中前三种划分一般用于关系数据库的划分，最后一种划分一般用于 NoSQL 的数据库的划分。最为典型的是 BigTable、Hbase 及 Cassandra 等这些云数据库的划分。

1. 基于行的划分

表 4-1 所示为基于行的划分，其中 1～3 行划分为一个域，4～6 行划分为另一个域。

表 4-1　基于行的划分

编　号	属性 1	属性 2	属性 3	属性 4
1				
2				
3				
4				
5				
6				

2. 基于列的划分

表 4-2 所示为基于列的划分，其中 1～3 列划分为一个域，4～5 列划分为另一个域。

表 4-2　基于列的划分

编　号	属性 1	属性 2	属性 3	属性 4
1				
2				
3				
4				
5				
6				

3. 基于行列混合的划分

表 4-3 所示为基于行列混合的划分，其中 1～3 行划分为一个域，4～6 行的 1～3 列划分为一个域，4～6 行的 4～5 列划分为一个域。

表 4-3　基于行列混合的划分

编　号	属性 1	属性 2	属性 3	属性 4
1				
2				
3				
4				
5				
6				

4. 基于范围的划分

表 4-4 所示为基于范围的划分，其中第 1 行的范围划分为一个域，第 2 行的范围划分为一个域，3～4 行的范围划分为一个域，第 5 行的范围划分为一个域。似乎基于范围的划分和基于行的划分，看似一模一样，其实并非如此。因为表 4-4 中的属性 3 为一个列族（其实还应该包括时间戳）。列族里有很多表格，但很多列族中的列值为空，在实际的物理存储中并不占用任何存储空间。

表 4-4　基于范围的划分

范 围 编 号	属性 1	属性 2	属性 3（列族）	
			属性 4	属性 5
1				
2				
3				
4				
5				

4.2.7 基于列族存储及语意的大表划分机制

基于语意的云数据库系统 SCloudDB 的大表划分机制与 BigTable 和 Hbase 有很大的不同，BigTable 和 Hbase 仅采用了前述的基于“行键”的、按照范围为基础的大表划分机制。而基于列族存储的语意的云数据系统大表划分机制主要体现在两方面，分别如图 4-7 和图 4-8 所示。

1．基于语意的云数据库系统大表“行键”逻辑组合划分机制

图 4-7 为基于语意的云数据库系统大表“行键”逻辑组合划分机制，按照如下三种类型的子应用来划分语意：①基于社会网络的应用；②基于时空维度（地理系统）的应用；③基于分类的（本体分类或者标记分类）的数据密集型应用。

（1）根据大表子应用的语意判断方法对来自云环境的 SCloudDB 的大表的行进行判断，然后进行归类。

（2）对于那些社会网络的应用，如 Twitter、FaceBook、人人网、腾讯微博及新浪微博等，尽量实现相邻存储。

（3）对于那些基于时空的应用，如空间系统、测绘系统、地理文件系统，甚至包括微博等，尽量实现相邻存储。

（4）对于那些分类的应用，如本体关联比较大的应用等，尽量实现相邻存储。

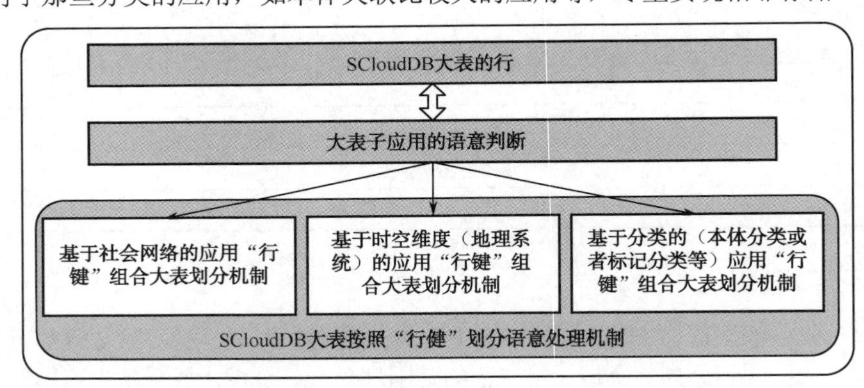

图 4-7　基于语意的云数据库系统大表“行键”逻辑组合划分机制

2．基于语意的云数据库系统 SCloudDB 大表“列族”物理组合划分机制

图 4-8 为基于语意的云数据库系统大表“列族”物理组合划分机制，其划分语意也同样按照如下三种类型的子应用来处理：①基于社会网络的应用；②基于时空维度（地理系统）的应用；③基于分类的（本体分类或者标记分类）的数据密集型应用。

（1）根据基于“列族”的 OLAP 应用的语意判断方法对来自云环境的 SCloudDB 的大表的行中的“列族”进行判断，然后进行归类。

（2）对于那些社会网络的应用，如 Twitter、Facebook、人人网、腾讯微博及新浪微博等，尽量实现相邻存储。

（3）对于那些基于时空的应用，如空间系统、测绘系统、地理文件系统，甚至包括微博等，尽量实现相邻存储。

（4）对于那些分类的应用，如本体关联比较大的应用等，尽量实现相邻存储。

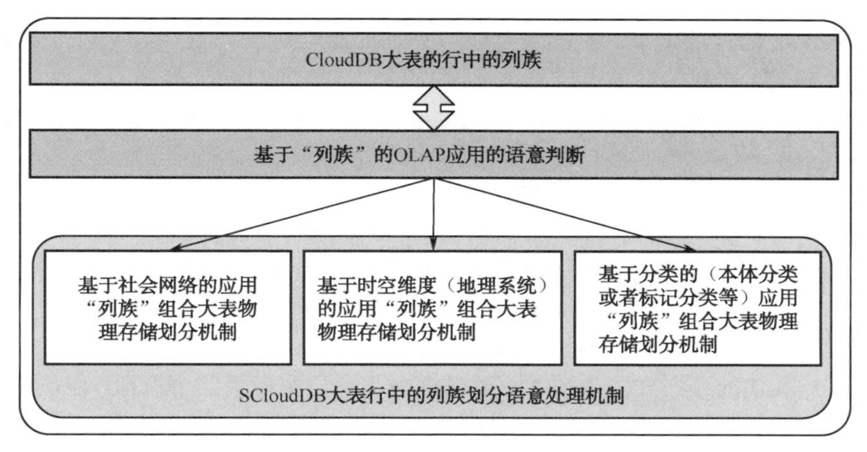

图 4-8　基于语意的云数据库系统大表“列族”物理组合划分机制

4.2.8　分布式同步关键技术

云数据库系统中最著名的分布式同步产品主要有 ZooKeeper 与 Chubby。Chubby 系统提供粗粒度的锁服务，并且基于松耦合分布式系统设计可靠的存储。软件开发者不需要使用复杂的同步协议，而是直接在程序中调用 Chubby 的锁服务，来保证数据操作的一致性。这种锁是建议性的，而不是强制性的，具有更大的灵活性。客户端缓存数据可减少对主服务器的访问量。主服务器通过通报机制，定期向客户端发送更新消息。Chubby 系统具有广泛的应用场景，在分布式环境的开发中发挥重要作用。Chubby 系统让客户端进行同步并且协调配置环境，方便程序员进行分布式系统中一致性服务的开发。例如，Google 的 GFS 系统直接使用 Chubby 选取主服务器；Google 的 BigTable 中使用 Chubby 完成主服务选取、用户发现、表格锁服务等；软件开发者使用 Chubby 粗粒度的分配任务；在编写并发程序时，使用 Chubby 提供的共享锁或者独占锁，保证数据的一致性。Chubby 系统本质上是一个分布式的文件系统，存储大量的小文件。每一个文件代表了一个锁，并且保存一些应用层面的小规模数据。用户通过打开、关闭和读取文件，获取共享锁或者独占锁；并且通过通信机制，向用户发送更新信息。例如，当一群机器选举 master 时，这些机器同时申请打开某个文件，并请求锁住这个文件。成功获取锁的服务器当选主服务器，并且在文件中写入自己的地址。其他服务器通过读取文件中的数据，获得主服务器的地址信息。ZooKeeper 是一个为分布式应用所设计的分布的、开源的协调服务。分布式的应用可以建立在同步、配置管理、分组和命名等服务的更高级别的实现基础之上。ZooKeeper 意欲设计一个易于编程的环境，它的文件系统使用我们所熟悉的目录树结构。ZooKeeper 使用 Java 所编写，支持 Java 和 C 两种编程语言。众所周知，协调服务非常容易出错，且很难恢复正常，例如，协调服务很容易处于竞态以至于出现死锁。设计 ZooKeeper 的目的是为了减轻分布式应用程序所承担的协调任务。

1．SemanPax 目标

SemanPax 类似 BigTable 的 Chubby 与 Hbase 的 Zookeeper，主要用来实现锁机制及协调服务。但是 SemanPax 除了实现上述基本的服务之外，与 Chubby 和 Zookeeper 的最大不同是，它还要协调主服务器集群中存储的元数据分配的同步和容错服务。所以我们强调需要将 Paxos 算法引入到 SemanPax 的设计中来。它的主要作用有以下几点：

① 存储所有 SRegion 的寻址入口。

② 实时监控 SRegionServer 的状态，将 SRegionserver 的上线和下线信息实时通知给主服务器集群及 SemanPax。

③ 存储 SCloudDB 的 schema，包括有哪些表，每个表有哪些列族。

④ 保证在任何时候，集群中的所有主服务器能够实现同步协调工作。尤其要由语意技术实现元数据的快速定位，同时保证元数据查询的"完整性"，避免出现查询遗漏。

2. SemanPax 实现机制

SemanPax 与其他的分布式同步技术不同的地方是它要实现第四个目标：保证任何时候，集群中的所有主服务器能够实现同步协调工作。尤其要由语意技术实现元数据的快速定位，同时保证元数据查询的"完整性"，避免出现查询遗漏。

图 4-9 为 SemanPax 的基本架构图。SemanPax 服务启动后将从配置文件中所设置的元数据主服务器集群和存储服务器集群中各自选择其中一台作为"领导者"，其余成为"跟随者"，当且仅当一半或者一半以上的"跟随者"和"领导者"的状态同步后，才代表"领导者"的选举过程完成了。此过程正确无误地结束后，SemanPax 的服务也就开启了。在整个 SemanPax 运行的过程中，如果"领导者"出现故障失去了响应，那么元数据主服务器集群和存储服务器集群中的各自的"追随者"将重新选举出各自的"领导者"来完成整个系统的协调和锁服务机制。

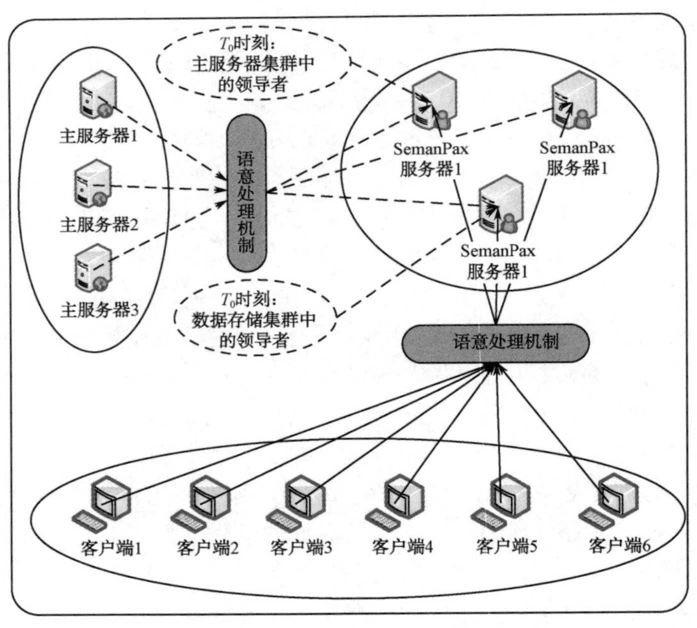

图 4-9 SemanPax 体系架构

从图 4-9 可以看出，SemanPax 关键技术在于：需要设计一个语意处理机制。该语意处理机制包括对于元数据主服务器集群的锁与协调服务实现及存储服务器集群的锁与协调服务实现。

本章小结

本章给出了一种能够支持多维查询及支持语意索引的云数据库系统 SCloudDB 的设计思路，其中关键技术包括：支持云数据库系统的海量 Ad Hoc 查询的关键技术、云数据大表划分技术、云数据的分布式同步技术。

第 5 章　大数据并行编程与分析模型

随着集群规模和负载的指数级增加，传统的海量数据计算框架在模型、扩展性、可靠性及性能方面均暴露出了缺点。另外，其他的计算框架，如 Twister、Haloop、HadoopDB 等也只是针对某些特定的应用做了一定程度的优化，没有从根本性上做出比较彻底的改变。尤其是随着“1 秒定律”的计算速度需求，越来越多的应用对大数据的编程和分析模型提出了更高的挑战。本章介绍了现有的大数据编程与分析模型，并分析了它们各自的特点，提出了一种在模型、扩展性、可靠性及性能方面更为高效的大数据并行编程与分析模型 SemanMR。

5.1　大数据并行编程与分析模型综述

目前的大数据处理平台以谷歌的大数据处理平台（谷歌最核心技术的旧三驾马车为 GFS+BigTable+MapReduce，谷歌最核心技术的新三驾马车为 Caffeine＋Pregel＋Dremel）和开源的 Hadoop 生态系统的大数据处理平台作为主流。目前，这两个平台的一个最大的共同特点就是非常适合批量大数据的处理，但是在交互式实时分析方面并没有优势。未来的大数据管理最重要的发展趋势就是能够适应大数据的实时和交互式应用的处理。为了能够实现对大数据的实时处理与分析，许多公司已经为此做了探索，最具代表性的是谷歌的 Dremel 及 HStreaming 公司准备打造的实时 Hadoop 系统 HStreaming。另外，Cloudera 推出的 Impala，不仅继承了 Hadoop，还关注提供所有应用程序的时间响应需求的服务，以及流量、流速、种类在数据价值分析等方面的服务。

目前，国外针对大数据处理的 MapReduce 编程框架主要包括：Google MapReduce、Hadoop MapReduce、Haloop、Twister、Microsoft Dryad、Hadoop++、Spark、HadoopD 及 Azure MapReduce。Google MapReduce 最早被 Google 公司提出，并用于分布式计算环境下的大规模数据处理，它是海量数据并行计算的先行者。Apache Hadoop MapReduce 与其他几个常用的 MapReduce 运行框架如 Disco、Merge 与 Sector/Sphere 均采用了 Google MapReduce 的基本原理和实现方法，是 Google MapReduce 的变种。虽然 MapReduce 计算模型已经大大简化了许多并行编程应用的实现，但依然很难有效地支持迭代型的应用。Twister 在 MapReduce 的基础上进行了相应的优化，并扩展了一些并行编程能力，支持迭代型应用的并行编程。Twister 使用了一种 Publish/Subscribe 消息机制用来处理通信和数据传输，支持长期运行 map/reduce 任务，并实现了“配置一次，使用多次”的方法。另外，它将“broadcaster”与“Scatter”类型的数据传输机制融入进来，从而极大地提高了 Twister 的编程能力。与其他的 MapReduce 计算模型相比，这些优化改进使得 Twister 能够高效率地支持迭代型的计算模式。但总体上说，Twister 还是一个研究性项目，它的一些优化设计策略决定了它不太可能在实际中应用，其计算模型抽象程度不够，支持的应用类型仍然不够多。Haloop 与 Twister 一样，也是对 MapReduce 的进一步优化。其特点主要体现在两方面：①增加了对迭代编程的支持；②通过增加各种不同的缓存机制，使得任务在各种循环调度中的效率大大提高。总体上说，Haloop 比 Twister 抽象度更高，支持更多的计算。iHadoop 是一个在支持异步迭代方面做了一些优化的新的计算框架，它的最大特点是可以支持异步迭代，同时它可以将一个迭代的输出作为另外一个迭代的输入，从而使得两个迭代或者多个迭代也可以同时进行工作。Spark 是加州大学伯克利分校的研究小组在 MapReduce 的基础上进行优化后的一个新的框架。Spark 包含了一个弹性分布式数据集（RDD）的抽象。RDD 是一个跨多台计算机的只读分区对象集合，它的一个显著特点是其中的分区数据一旦丢失，可以进行重建。为了让 MapReduce 能够具有类似并行数据库系统的查询等功能，耶鲁大学综合了 MapReduce 与并行数据库系统（PDBMS）各自的优势，优化设计了一个新的框架 HadoopDB。HadoopDB 是一种介于 MapReduce 与 PDBMS 之间的一种数据处理框架，它兼顾了 MapReduce 处理海量数据的能力及关系数据库的能够具有较强语义查询等的计算能力的优势。HadoopDB 在处理单一数据集时具有较好的能力，但是当处理多个数据集之间的 Join 操作时，仍然需要编写 MapReduce 程序，它也基本停留在实验室阶段。Hadoop++是 VLDB2010 年国际会议上由德国 Saarlandes 大学提出的一种具有一定索引处理能力的新的计算框架。它在 Hadoop MapReduce 的基础上做了两方面的改进：①增加了木马索引；②实现了木马索引的连接（Join）操作。除了基于 MapReduce 在框架上的优化工作，在 MapReduce 的性能上的优化也取得了不少成果。基于 MapReduce 的调度，尤其是动态调度方面的研究，在国外取得了较好的进展，在基于 FIFO 的调度，Map 阶段的调度和 Reduce 阶段的调度都做了一些优化，其中异步的调度优化是其中一种。

尽管对于大数据处理的研究在最近几年的时间里国内外均取得了很多研究成果，但仍有一些重要的理论问题与关键技术有待研究和突破。例如，如何实现大数据的实时处理与分析仍然没有比较好的解决方法。制约大数据的实时处理与分析的原因主要表现在以下四方面：①大数据放置没有得到有效的优化，成为制约大数据计算效率提高的瓶颈；②没有有效利用大数据历史计算结果，成为现有大数据处理模型的缺陷；③没有形成有效的大数据 Join 连接查询策略，制约大数据计算速度的提高；④没有形成有效的大数据流实时处理及分析模型，制约未来大数据流的应用（如物联网源源不断的大数据流，社会计算媒体 Facebook，Twitter，新浪微博，天涯论坛等）。

随着集群规模和负载的指数级增加，传统的 Google 和 Hadoop MapReduce 海量数据计算框架中的 JobTracker 调度机制、线程模型、扩展性、可靠性及性能方面均暴露出了缺点。另外，其他的计算框架如 Twister、Haloop、HadoopDB 等也只是在针对某些特定的应用如迭代型计算、图计算等，做了一定程度的优化，但是没有从根本性上做出比较彻底的改变。正是基于此背景，我们必须对现有的海量数据计算框架进行改进，设计出一种性能更好、功能更为强大的、适用于新的云环境下的互联网大数据计算新框架。

通过对现有的互联网海量数据计算框架，如 Google MapReduce、Hadoop MapReduce、Haloop、Hadoop++、Twister 等的分析，一个比较完善的新的互联网海量数据计算框架应比较好地满足如下七大需求。

（1）新的大数据编程模型需要增强可靠性。如 Hadoop MapReduce 的 JobTracker 只有一个，一旦 JobTracker 出现问题或者运行 JobTracker 的机器出现故障，那么所有的任务将全部和 JobTracker 失去联系，出现失控现象，从而让整个计算框架不可靠。

（2）新的大数据编程模型需要增强可用性。虽然现有框架已经取得了巨大的成功，其基于 MapReduce 或者 MapReduce 变种的各种框架在可用性方面比较好，已经具备了处理 TB 级别甚至 PB 级别的大数据的能力，但是它的可用性仍然面临一个瓶颈，如 Hadoop MapReduce 的 JobTracker 由于 Hadoop MapReduce 本身设计上的问题，随着数据量的急剧增加，运行在一个集群中的 Map 任务或者 Reduce 任务将线性增长，而单一 JobTracker 很难支撑如此大规模的 Map 和 Reduce 的管理和协调，从而很难有效地响应计算需求，在可用性上大打折扣。

（3）新的大数据编程模型需要增强可扩展性。如 Hadoop 目前的支撑节点基本在 3000 个以下，一旦需要支持超过 10000 个以上或者 200000 个以上的时候，现有的 MapReduce 计算框架由于单一 Master 的设计缺陷，将很难实现线性扩展。

（4）现有框架的等待延迟很难预测，尤其对于小作业的响应很难达到实时计算的需求。由于现有的 MapReduce 计算框架主要采用的是队列方式对各种作业和任务进行排序，这样不管大小作业和任务都严格按照时间排列顺序进行排队，这样会带来一个问题：如果在一个很小的作业前面有一个非常大的作业在处理，这样这个大作业可能需要很长时间才能得到结果，从而小的作业需要经过长时间的等待才能开始执行。这样对于执行小作业的应用将带来巨大的延迟，尤其对于实时性比较高的作业应用将很难实现。另外，现有的 MapReduce 计算框架中使用基于 TaskTracker->JobTracker ping（heartbeat）的通信方式代价和延迟都很大，大量的 ping 发生在成千上万的 TaskTracker 和一个 JobTracker 之间的通信请求中。

（5）新框架需要考虑集群资源利用率。 现有的 Hadoop MapReduce 计算框架的 Map 槽和 reduce 槽不能共享，且 reduce 依赖于 map 的计算结果，这样势必造成 reduce 阶段的任务在 shuffle 阶段资源利用率很低，出现“Shuffle 瓶颈”现象。

（6）新的大数据编程模型必须融合更多的计算模型，从而能够更好地处理各种其他应用。现有的框架主要还是基于 MapReduce 的 Google MapReduce 计算框架和 Hadoop MapReduce 计算框架。由于基于 MapReduce 的框架存在各种应用上的缺陷，如支持迭代能力较差，出现了其他的一些框架如 Haloop、Twister、微软的 DAG 及 Spark 等。所以新的框架必须能够在 Hadoop MapReduce 的基础上支持除 MapReduce 之外的其他计算框架模型，从而能够更好地处理各种类型的应用，如基于 DAG，迭代计算等的各种应用能力。

（7）新的大数据编程模型需要更多考虑大数据的 Join 计算能力。基于 MapReduce 计算框架的数据的计算能力一直是相对并行数据库系统 PDBMS 来说最大的一个缺陷，这也是一直以来 MapReduce 和并行数据库之间孰优孰劣的争论焦点。当然后来的 HadoopDB 企图融合两者之间的各自优点，但是它依然很难支持两个或者两个以上表格在不同的节点上的复杂计算。MapReduce 本身在对一些复杂计算也有自身的一些解决方案如 Join，它主要分为小数据集和大数据集之间的 Join 计算及两个大数据集之间的 Join 计算。对于大数据集合小数据集的 Join 连接，直接使用一个 MapReduce 在 Mapper 或者 Reducer 使用小数据集和大数据集合的连接即可。而对于大数据集之间的 Join 连接，则需要将各大数据分发到不同的节点，然后执行 Map 端 Join 连接和 Reduce 端 Join 连接。虽然 MapReduce 能够支持一定程度上的复杂计算如 Join。但是在执行大数据和大数据之间的计算时，计算速度仍然面临很大的瓶颈，同时很难支持更为复杂的计算。因此，新的框架应该在对这种数据库记录或者类数据库记录的 Join 计算能力上不断改进。

因此，我们应当尽量考虑在当前的云环境下的海量数据计算框架，如 Google MapReduce、Hadoop MapReduce、Twister、Haloop、Haloop++、Spark 和 HadoopDB 等的各自优势，在 Hadoop MapReduce 的基础上，提出一种能够在 map、reduce 及 shuffle 阶段均支持语意调度策略的新的云环境下海量数据计算框架的设计思路和方案。我们将这种新框架命名为 SemanMR，它具有语意 MapReduce 的意思，即：Semantic++ MapReduce。

5.2　大数据并行编程与分析模型 SemanMR

5.2.1　SemanMR 体系架构

SemanMR 架构如图 5-1 所示（实线代表工作流，虚线代表控制流）。

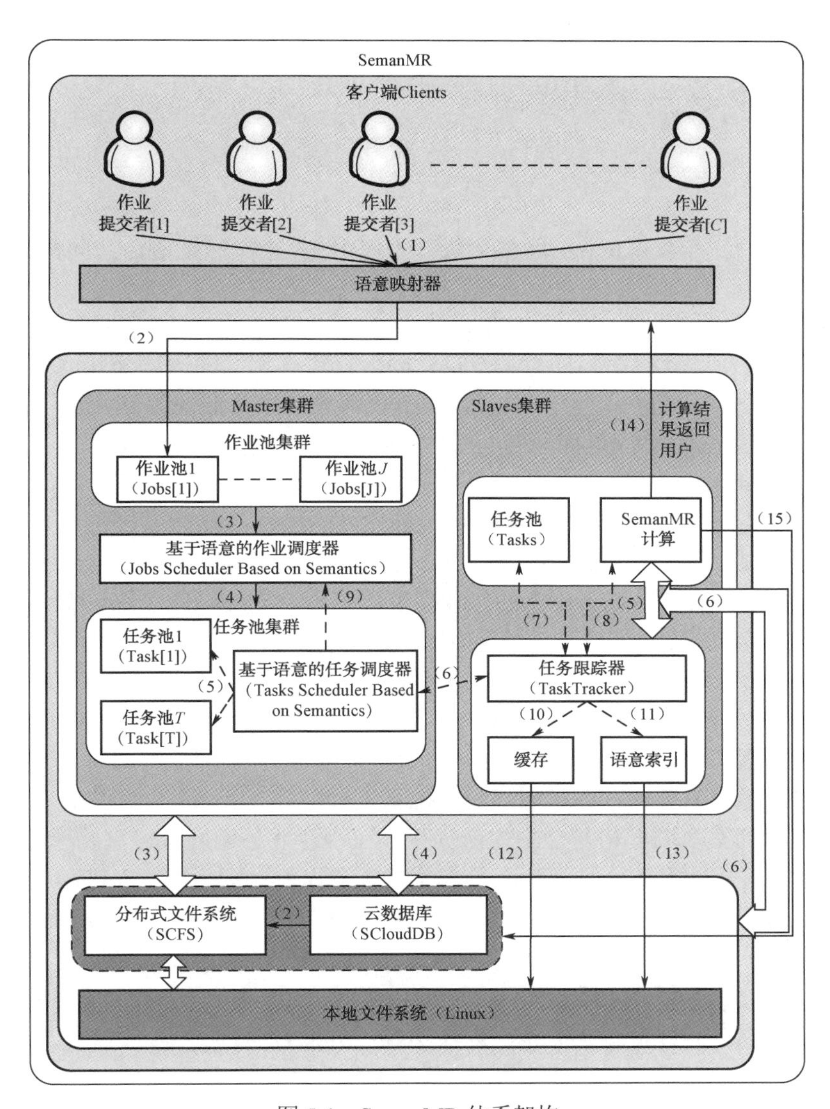

图 5-1　SemanMR 体系架构

该体系架构主要由四大部分组成，分别如下：

（1）客户端 Clients。该部分主要是用户完成提交各种类型的 SemanMR 作业。

（2）Master 集群。该部分主要完成作业的语意分发、基于语意的作业调度及基于语意的任务调度等工作。由于 SemanMR 架构在 SCFS 分布式文件系统（见第 3 章介绍）之上，而 SCFS 是一种多 Master 节点的集群结构，因此 SemanMR 相对于 Hadoop MapReduce 来说，将不再是一个 JobTracker 调度器，而会有多个 JobTracker 来完成所有作业的调度作用。

（3）Slaves 集群。该部分从 Master 集群中的基于语意的任务调度器中获取各种任务之后，执行具体的任务，主要包括：执行任务跟踪，实现任务的容错管理；具体的任务池的管理；执行 SemanMR 计算；及完成其他的各项中间处理，如将中间结果存储到本地文件系统的管理等。

（4）存储/文件系统。该部分是 SemanMR 的基石。主要包括本地文件系统、分布式语意云文件系统 SCFS 及用于存储结构化数据的语意云数据库系统 SCloudDB。

5.2.2 SemanMR 技术思路

1. 执行流程

从图 5-1 可以看出，SemanMR 的整个执行流程由 15 个步骤组成，共同构成了 SemanMR 的技术思路。

（1）用户通过客户端，提交各种 SemanMR 的作业。假设有 C 个用户提交各自的作业，这些提交的 SemanMR 作业首先需要经过一个语意映射器进行相应的语意处理。

（2）分配作业到不同的作业池（假设 Master 集群有 J 个作业池）。语意映射器的目的就是将用户提交的各种 SemanMR 作业，通过语意映射分配给不同的作业池，从而达到哪些作业池管理哪些作业（Jobs）的目的。

（3）将每个作业池所分配得到的各种 SemanMR 作业输入到基于语意的作业调度器中进行语意调度。第 2 步后，每个作业池会有很多的具体的作业，而这些具体的作业应该怎么分配才能达到理论上的配置最优，是基于语意的作业调度器应该完成的具体工作。特别需要注意的是，在保证整个调度相对公平的前提下，进行作业调度时，需要通过算法保证那些实时性比较高的作业（尤其是小作业）要能够优先得到及时的调度。

（4）将调度好的作业输入到基于语意的任务调度器进行语意调度。第 3 步后，作业已经得到了具体的调度，在本步骤主要需要对任务（语意 Map 任务及语意 Reduce 任务）进行调度，其调度的最终目的是使具体的任务按照理论上的最优分配进行配置。与步骤（3）一样，特别需要注意的是，在保证整个调度相对公平的前提下，在进行任务调度时，需要通过算法保证那些实时性比较高的任务（尤其是小任务）要能够优先得到及时的调度。

（5）实施了基于语意的任务调度后，形成不同的任务池。（注意：每个 Slaver 节点包含一个任务池，如果 Slaves 集群有 T 个节点，则总共有 T 个任务池。图 5-1 表示有 T 个任务池）

（6）在基于语意的任务调度器与任务跟踪器之间实现控制管理。基于语意的任务调度器需要随时和任务跟踪器之间保持动态联系，从而实现任务的管理。

（7）任务跟踪器跟踪任务池的各种状态。任务跟踪器需要定时跟踪每个任务池的各种状态，并主动通过步骤（6）报告给基于语意的任务调度器。

（8）任务跟踪器跟踪各种 SemanMR 计算。任务跟踪器需要定时跟踪每个 SemanMR 计算的各种状态（语意 Map 任务、语意 Shuffle 任务及语意 Reduce 任务的失败、长时间停滞或者失败等）并主动通过步骤（6）报告给基于语意的任务调度器。

（9）语意任务调度器对语意作业调度器的定时汇报。基于语意的任务调度器需要定时向基于语意的作业调度器汇报自己所管辖的任务池的任务调度情况，从而为基于语意的作业调度器的后期语意作业调度提供支持。例如，汇报本任务池中的任务执行速度很慢，这样基于语意的作业调度器会在处理到来的新的作业时，考虑将作业分配给其他的作业池，从而缓解本作业池下所有任务的计算压力。

（10）任务跟踪器跟踪 SemanMR 计算中间结果的缓存存储状况。一般来说为了节省 I/O 操作的时间，中间结果在进行存储时不会马上存储到文件系统中去，因为如果有一点中间结果后立即进行存储操作，磁盘 I/O 会非常频繁，从而浪费大量的时间。为了防止这种情况的产生，SemanMR 在设计时采取了和 Hadoop MapReduce 同样的处理机制，使用缓存技术，设定一个阈值（假设为 64MB），一旦缓存的值达到设定的阈值，则将其一次性写入到本地系统，从而空出新的缓存空间，用来存储新的中间计算结果（SemanMR 倾向于将中间结果在缓存部分做排序，主要因为缓存的处理速度要远远高于磁盘排序效率）。

（11）任务跟踪器跟踪 SemanMR 计算中所生成的或者提取的（从 SCFS 或者 SCloudDB 提取）的各种语意索引。主要是因为任务在进行 SemanMR 计算时需要使用各种语意索引来满足各种基于语意的 SemanMR 的智能计算。

（12）将缓存中间结果存入本地文件系统（Linux）。一旦保存 SemanMR 计算的各种中间结果的缓存到达缓存设置阈值，则将这些结果从缓存中 Flush 到本地磁盘（存储在本地文件系统 Linux）。针对中间结果的处理机制，我们采用和 Hadoop MapReduce 一样的处理机制，一旦缓存超过了设定的阈值，直接将这些存储 SemanMR 计算中间结果的缓存数据 flush 并存储到本地文件系统中。

（13）各种语意索引存储到本地磁盘（存储在本地文件系统 Linux）。将各种 SemanMR 计算中用到的语意索引存储到本地磁盘（语意索引的写入时间，SemanMR 将根据任务的完成情况进行存储，一旦某个作业的任务全部完成，即语意 Reduce 操作已经全部完成，则将其写入到本地磁盘，否则存放在内存中）。

（14）将 SemanMR 最后计算的结果返回给作业提交者。用户提交的 SemanMR 作业经过 SemanMR 海量数据计算框架计算后得出的结果返回给用户。

（15）将 SemanMR 最后计算的数据存入到最终的分布式云文件系统 THCFS 中。与中间结果的存储方式不同，对于 SemanMR 计算后的最后数据，我们也采用和 Hadoop MapReduce 一样的机制，将其直接存入到分布式语意文件系统 SCFS 中。这些最终结果可能将会成为一个新的 SemanMR 作业的数据输入。

2. 辅助支持

除了前面 15 个基本的工作流之外，在 SemanMR 的运行过程中需要的其他辅助的支持主要有以下六个：

（1）分布式语意文件系统 SCFS 运行在本地文件系统 Linux 之上。

（2）语意云数据库 SCloudDB 运行在分布式语意云文件系统 SCFS 之上。

（3）分布式语意文件系统 SCFS 对 SemanMR 的各项支持。SemanMR 计算框架采用的是多 Master 集群的模式，而 Hadoop 是属于单一 Master 结构的框架，因而 SemanMR 运行在分布式语意文件系统 SCFS 之上。SCFS 是一种支持多 Master 集群的分布式文件系统，它可以支持 SemanMR 的作业调度池集群的运行方式。同时，分布式语意文件系统 SCFS 在设计时已经用到了语意技术，这将为我们提取 SCFS 上的语意索引，建立 SemanMR 的基于语意的各种调度提供了语意支持。

（4）语意云数据库 SCloudDB 对 SemanMR 的各项支持。SemanMR 计算框架采用的是多 Master 集群的模式，而 HBase 是属于单一 Master 结构的框架，因而 SemanMR 运行在 SCloudDB 语意云数据库系统之上，SClouDB 是一种支持多 Master 集群的云数据库系统，它可以支持 SemanMR 的作业调度池集群的运行方式。同时，SClouDB 云数据库系统在设计时已经用到了语意技术，这将为我们提取 SClouDB 上的语意索引，建立 SemanMR 的基于语意的各种调度提供语意支持。另外，与 Hadoop MapReduce 一样，海量数据计算框架除了能够处理大量的文本文件（如证券交易系统的日志文件、海量的气象数据的记录文件、海量传感器接收到的各种传感数据、Twitter 上的上亿条的信息、微博上的各种转发信息和被转发信息、电信系统的电话通信记录等）外，这些计算框架有时候需要对一些存储在数据库中的结构化数据或者半结构化数据进行一些复杂的计算，最复杂的莫过于 Join 连接操作。（当然，对于这些复杂的计算，无论 Hadoop MapReduce、Twister、Haloop，还是 HadoopDB，都不可能具有并行数据库系统对于这些复杂计算的处理能力，当然我们的框架 SemanMR 也不可能具有和并行数据库系统在执行复杂计算上的强大能力。）Hadoop MapReduce 已经在一定程度上支持小数据集和大数据集的连接及大数据集和大数据集的连接。SemanMR 由于有了更多的语意支持，其支持的复杂操作将会有更好的效率及会支持更多的基于语意的复杂计算。

（5）SemanMR 计算与任务跟踪器之间的协调支持。SemanMR 的计算需要与任务跟踪器之间进行协调，从而保持计算和控制之间的联系。

（6）SemanMR 计算与分布式语意文件系统 SCFS 和语意云数据库 SCloudDB 之间的协调支持。SemanMR 在计算初期需要从 SCFS 中获取数据块（类似于 Hadoop 中的 Splits），最后的计算结果页需要存储到 SCFS 上。针对语意云数据库 SCloudDB 的 SemanMR 计算也是一样，需要从 SCloudDB 中取出数据（或者经过一定的变换，如将 SCloudDB 中的数据导出为文本方式）进行各种语意 Map 计算和语意 Reduce 计算（当然还包括语意 Combiner 计算，它其实就是语意 Map 端的语意 Reduce），等等。从而需要与 SCloudDB 进行协调和各种交互。

5.3 SemanMR 关键技术

从图 5-1 可以看出，SemanMR 计算框架的关键技术有以下六个。

5.3.1 基于语意的调度器关键技术

1. 基于语意的调度器和带优先级的调度器比较

MapReduce 存在以下两大问题：①Reduce 数据不均衡，可能导致严重的倾斜；②并行调度能力弱，这是因为每个 Task（主要是 ReduceTask）的时间粒度不可控制。

（1）带优先级的 MapReduce 调度器。随着 MapReduce 的流行，其开源实现 Hadoop 也变得越来越受推崇。在 Hadoop 系统中，有一个组件非常重要，那就是调度器，它的作用是将系统中空闲的资源按一定策略分配给作业。在 Hadoop 中，调度器是一个可插拔的模块，用户可以根据自己的实际应用要求设计调度器。其基本的设计思想是使用带优先级的调度，在此基础上

Hadoop 中常见的调度器有三种。

① 默认的调度器 FIFO。Hadoop 中默认的调度器，先按照作业的优先级高低，再按照到达时间的先后选择被执行的作业。

② 计算能力调度器 Computing Capacity Scheduler。这种调度器支持多个队列。其特点是首先要为每个队列配置一定的资源量，每个队列采用 FIFO 调度策略，为了防止同一个用户的作业独占队列中的资源，这种调度机制会对同一用户提交的作业所占资源量进行一定的限定。

③ 公平调度器 Fair Scheduler。与计算能力调度器类似，公平调度器也支持多队列多用户，每个队列中的资源量可以配置，同一队列中的作业公平共享队列中的所有资源。

（2）基于语意的调度器。基于语意的调度器，其总体构架如图 5-2 表示。

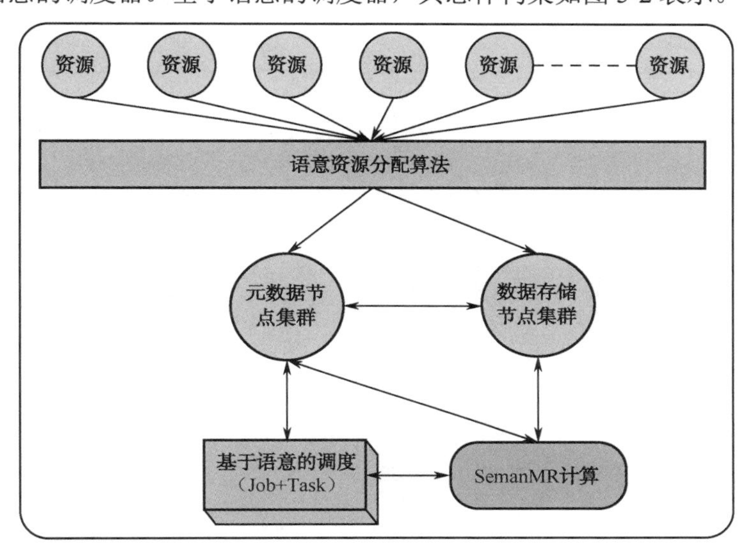

图 5-2 基于语意的调度器总体架构

2．基于语意的调度器与基于优先级的调度器的比较

（1）基于语意的资源分配使得基于语意的调度器比传统的基于优先级的调度器能获取更好的效率。从图 5-2 可以看出，基于语意的调度器在对资源进行存储分配时，考虑到了按照语意的方式将具有语意关系的数据尽量存储在同一个机架甚至同一台机器上。这样使得一个作业的各种 Map 与 Reduce 任务的计算尽量集中在一台机器或者一个机架内，从而大大减少了 shuffle 阶段的大量数据迁移的时间。

（2）基于语意的调度规则使得其调度器比传统的基于优先级的调度器具有更智能的调度能力。传统的基于优先级的调度器，通过人为给作业或者任务设定优先级，然后通过计算各种队列、作业或者任务的优先级安排各种计算资源。而基于语意的调度器，会设置多种基于语意的调度规则（作业池作业优先级排序语意规则、作业级故障调度语意规则、作业级负载均衡语意规则、基于语意的任务调度器/作业调度器交互规则、任务池任务优先级排序语意规则、任务级故障调度语意规则、任务级负载均衡语意规则、基于语意的任务调度器/作业调度器交互规则，及其任务跟踪语意控制规则）。这些规则的最大优势是可以由用户或者作业的提供者自己灵活设置。具体这些规则，后面将做相关介绍。这样的调度器不再是单纯地根据人为的需求来设置一些优先级，再通过计算权重等来确定资源分配。基于语意的这些规则可以由用户灵活设置，同时具有更加智能的调度能力等。

5.3.2 SemanMR 的作业/任务状态交互新规则

1．传统的交互方法

Hadoop MapReduce 采用的交互规则为 Task Tracker→JobTracker Ping，通过 Heartbeat 心跳这种方式来实现交互。这种交互方式的效率极其低下，因为 Task Tracker 要定时地对 JobTracker 发布心跳信息命令。这样势必会导致 JobTracker 疲于应付这些心跳信息命令，浪费大量的时间。其基本实现原理如图 5-3 所示。

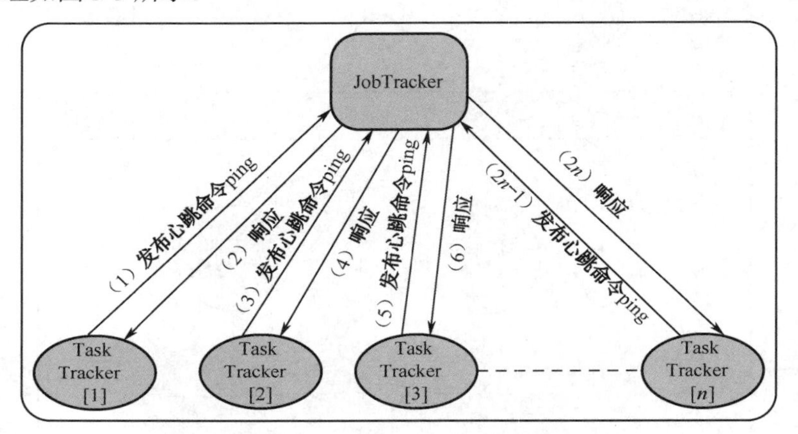

图 5-3　传统的交互方法

从上图 5-3 可以看出，如果该 JobTracker 下面管理了 n 个 Task Tracker，那么 JobTracker 每次定期地要处理 n 个来自 TaskTracker 的心跳命令处理需求。

2．SemanMR 的交互方法

SemanMR 将采用一种与 Hadoop MapReduce 相反的作业/任务状态交互规则。由作业池机器主动发布状态监控指令，那些正常的任务将能够以正常的方式接收指令，而不能正常接收指令的则认为其心跳已经停止，任务运行出现故障。SemanMR 这种处理机制使得作业池机器只需要定时发布一条指令即可，可以大大减少交互时间的浪费。其基本原理如图 5-4 所示。

从图 5-4 可以看出，SemanMR 的交互方法是由 JobTracker 发出心跳命令 ping。如果所有的 TaskTracker 均工作正常，则不需返回信息。如果 TaskTracker 工作不正常，才返回命令给 JobTracker。从这里可以看出其交互相对传统的方式大大减少。如果所有的 TaskTracker 均工作正常，则 JobTracker 则只需要定时发布一条心跳命令 ping 即可，如果有部分 TaskTracker 工作不正常，则也只需要反馈这些不正常工作的 TaskTracker 的响应即可，远远小于 Hadoop MapReduce 的 $2n$ 条处理指令。

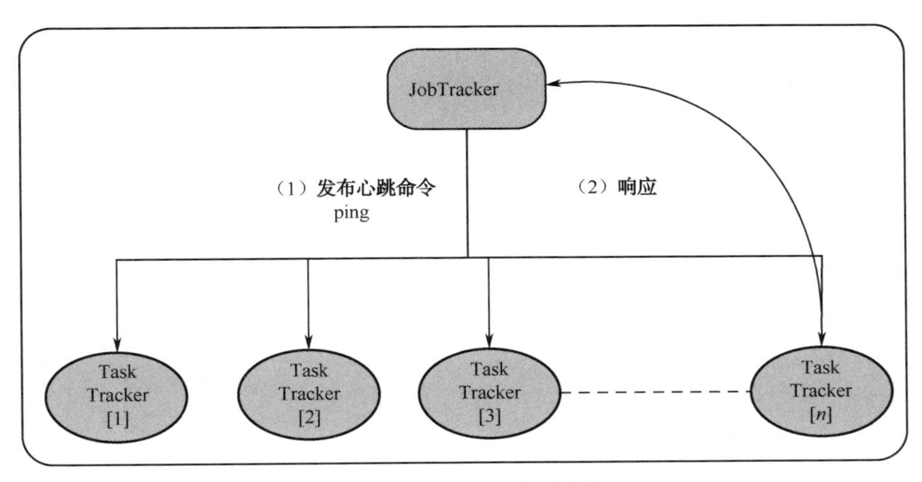

图 5-4 SemanMR 交互方法

5.3.3 语意映射器关键技术

语意映射器的目的是将用户提交的各种 SemanMR 作业，通过语意映射分配给不同的作业池，从而达到哪些作业池管理哪些作业（Jobs）的目的，其具体工作方式如图 5-5 所示。

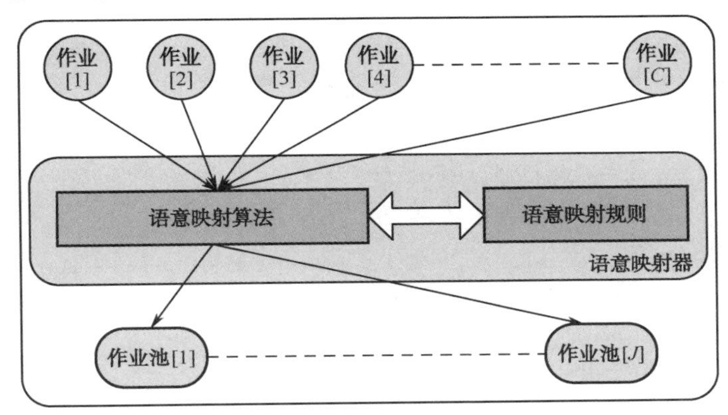

图 5-5 语意映射器

与 Hadoop MapReduce 采用单一 Master 节点结构不一样，SemanMR 采用的是多 Master 节点（Master 集群结构）的结构。当成千上万的用户提交大量的作业时，需要按照一定的规则将这些作业进行一个语意分类，分别分配到不同的作业池中。如果在数据中心有 M 个 Master 节点，那么作业池的个数等于 M，也就是说 $J=M$。

1．语意映射规则

语意规则是语意映射器中最重要的部分，它决定了作业分配的基本原则。SemanMR 采取完全开放式的设计方法，用户可以根据自己的需求对这些规则进行配置。语意映射规则包括以下几方面，具体的配置用户自行设置配置文件即可。

（1）负载均衡的需求。作业分配的时候，要尽量让每个作业池的工作负载基本均衡，不能出现有些作业池非常忙碌，有些作业池非常清闲的状态。

（2）响应速度的需求。需要分析不同作业池的响应时效的历史 QoS。尽量让不同的作业池在分配作业时考虑到不同作业池本身的 QoS 的情况。

（3）基于具体应用的需求。例如，将同一地理位置的作业请求放入同一个作业池进行处理。将有语意关联的作业尽量放入到同一个作业池进行处理等。将有空间关联关系的 GIS 作业尽量按照临近的位置进行作业处理等。总之，用户可以根据自己的需求，按照自己的语意进行配置。

2．语意映射算法

下面是语意映射算法的基本思路。

【算法 5-1】 语意映射算法

输入：作业序列，语意映射规则

输出：作业分配结果，即：作业被分配到哪个作业池

```
[1]Start//程序开始
[2]For(i=0; i<C; C++)//i 代表作业编号，作业用 Job[i]表示
[3]For(j=0; j<J;j++)//j 代表作业池编号，作业池用 Jobs[j]表示，作业池的个数等于数据中心 Master 节点集群中的 Master 节点个数
[4]{
[5]{
[6]If(SemanMap(Job[i],SemanMapRules))//将作业和规则库进行语意匹配
[7]{
[8]Assign Job[i]—>Jobs[j];//若匹配成功则将该作业分配给比较匹配的作业池
[9]System.out.Println("The"+ Job[i] +"has been assigned to"+Jobs[j]); //输出相应的匹配结果
[10]}
[11]Else//若匹配不成功
[12]j++;//则找下一个作业池进行匹配比较
[13]}
[14]}
[15]END//程序结束
```

5.3.4 基于语意的作业调度器关键技术

每个作业池会有很多具体的作业，而这些具体的作业应该怎么分配才能达到理论上的配置最优，是基于语意的作业调度器应该完成的工作。特别需要注意的是，在保证整个调度相对公平的前提下，进行作业调度时，需要通过算法保证那些实时性比较高的作业，尤其是小作业能够优先得到及时的调度。其具体工作方式如图 5-6 所示。

在数据中心中的 Master 集群总共有 M 台 Master 节点（注意：$J=M$），有 J 个作业池。每个作业池都各自拥有很多具体的作业，并且它们必须满足四个语意规则（作业池作业优先级排序语意规则、作业级故障调度语意规则、作业级负载均衡语意规则及基于语意的任务调度器/作业调度器交互规则），满足规则后，在某一平衡时刻的作业分配如下所示：

- 作业池 1 拥有 a 个作业，分别为：{J[1][1]，J[1][2]，…，J[1][a]}。
- 作业池 2 拥有 b 个作业，分别为：{J[2][1]，J[2][2]，…，J[2][b]}。

……………………………………………………………………

● 作业池 J 拥有 x 个作业，分别为：{J[J][1]，J[J][2]，…，J[J][x]}。

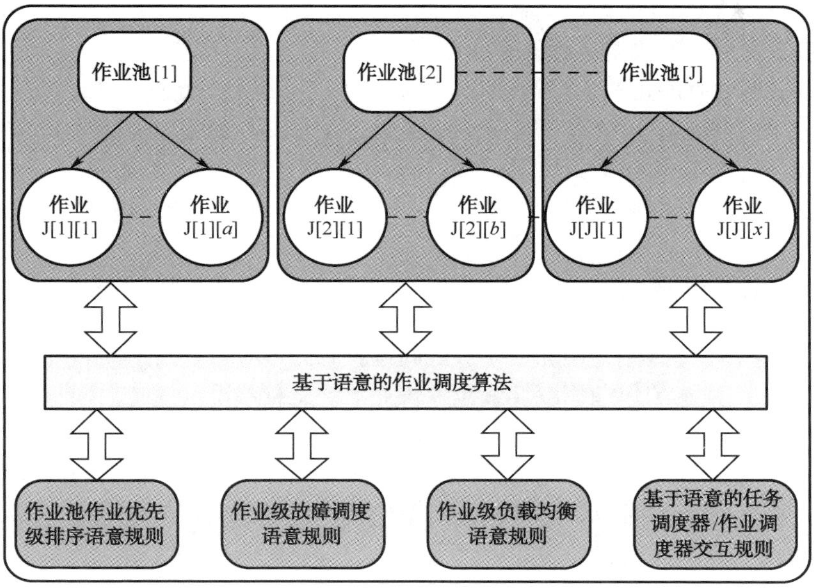

图 5-6　基于语意的作业调度器

1．作业池作业优先级排序语意规则

作业池作业优先级排序语意规则采用完全开放式的设置方式，用户可以根据自己的需求进行设置。需要注意的是，为了克服 FIFO 先进先出，这种作业排序机制可能会引起小作业很难得到及时响应的问题，在进行排序语意规则设置时，可以考虑提高小作业的优先级，尽量让小作业能够得到及时的处理，等等。

2．作业级故障调度语意规则

作业级故障调度语意规则采用完全开放式的设置方式，用户可以根据自己的需求进行设置。作业级的故障只可能发生在出现机器故障的情况下，具体有以下两种情况。

（1）机器可恢复故障。这种故障是指机器可能出现暂时性的死机，可能在较快时间重新恢复正常，或者经过重新启动后机器才恢复正常。这种故障的作业级的调度可以做下面的设置。

① 否决新的作业分配。在故障出现后，总控作业分配器不再为出现故障的机器分配任何作业。

② 现有作业各项情况不变，当机器故障恢复后，重新按照原来的调度策略进行调度。这里存在两种情况：第一种情况是机器只是暂时性死机，但是并没有硬启动（重新启动），这种情况下一旦故障恢复马上可以按照原来的调度策略执行各项作业。另外一种情况是需要硬启动，这种情况下，当机器恢复后，需要重新从本地磁盘获取机器故障前存储的作业状态，重新开始执行作业。（需要注意：SemanMR 作业调度策略需要定时进行存盘。该策略将存在本地磁盘，而非分布式语意云文件系统 SCFS 中。）

③ 当机器故障恢复后，才可以接受新的作业分配。在故障机器恢复正常后，总控作业分配器将重新为出现故障的机器按照总控调度规则分配作业。

（2）机器不可恢复故障。指机器已经损坏不能使用，或者机器已经出现故障，在一定时间内不可能修复好。这种情况的处理机制，按照如下方法处理。

① 杀死该机器所有的尚未运行的作业。

② 杀死该机器所有的正在运行的作业，并杀死所有这些正在运行的作业的任务。若这些任务已经产生了中间结果（中间结果存储在本地磁盘上），则执行指令，删除所有这些存储的中间结果。

③ 作业总调度算法重新将这些杀死的作业分配到其他正常工作的机器上，重新执行新的作业调度。

3．作业级负载均衡语意规则

作业级负载均衡语意规则采用完全开放式的设置方式，用户可以根据自己的需求进行设置。负载均衡主要由基于语意的作业调度算法监控作业池的运行状况，避免出现一些作业池非常忙碌，而另外一些作业池则十分清闲的情况。其调度规则大致如下：

（1）若某个作业池比较忙碌，则优先将其部分作业调往与其同一机架的清闲的作业池；

（2）若某个作业池比较忙碌，且与其同机架的其他作业池也都超过平均负载，则将其调往与该机架最邻近的、最清闲的作业池。

4．基于语意的任务调度器/作业调度器交互规则

基于语意的任务调度器/作业调度器交互规则采用完全开放式的设置方式，用户可以根据自己的需求进行设置。基本规则包括：

（1）作业/任务命令交互规则。作业池机器给相应的任务池机器下达调度命令，即哪些作业池执行作业的哪些任务（主要有语意 Map 任务和语意 Reduce 任务）。

（2）作业/任务状态交互规则。Hadoop MapReduce 采用的交互规则为 Task Tracker→JobTracker Ping 这种通过 Heartbeat 心跳方式来实现的交互。这种交互方式的效率极其低下，因为 Task Tracker 要定时地对 JobTracker 发布心跳信息命令。这样势必会导致 JobTracker 疲于应付这些心跳信息命令，浪费大量的时间。SemanMR 将采用一种与其相反的作业/任务状态交互规则。由作业池机器主动发布状态监控指令，那些正常的任务将能够以正常的方式接收指令，而不能正常接收指令的则认为其心跳已经停止，任务运行出现故障。SemanMR 这种处理机制使得作业池机器只需要定时发布一条指令即可，可以大大节省交互时间的浪费。

5．基于语意的作业调度算法

下面是基于语意的作业调度算法的基本思路。

【算法 5-2】 基于语意的作业调度算法

输入：每个作业池的初始状态（包括作业总数，作业排序，作业池负载）、即将新分配来的新的作业、作业池作业优先级排序语意规则、作业级故障调度语意规则、作业级负载均衡语意规则及其基于语意的任务调度器/作业调度器交互规则。

输出：优化的作业调度结果（每个作业池的作业个数、作业负载（基本均衡）、作业排序）

```
[1]Start//作业调度算法开始
[2]For(i=0; i<J; i++)//作业池循环，总作业池为 J 个
[3]{
[4]Numbers[i]=ComputeJobsNumbers(Jobs[i]);//计算作业池[i]的作业的数量
```

```
[5]SortProject[i]=ComputeJobsSort(Jobs[i]); //计算作业池[i]的作业排序状态
[6]JobsWorkload[i]=ComputeJobsWorkload(Jobs[i]); //计算作业池[i]的作业的负载
[7]JobsWholeWorkload+=jobsWorkload[i]; //计算所有作业池的全部负载
[8]}
[9]AverageJobsWorkload=JobsWholeWorkload/J; //计算所有作业池的平均负载
[10]System.out.Println(Numbers[i]);
[11]System.out.Println(SortProject[i]);
[12]System.out.Println(JobsWorkload[i]);
[13]System.out.Println(AverageJobsWorkload);
[14]{
[15]ExecuteOptimization(作业池作业优先级排序语意规则);//执行作业池作业优先级排序语意规则调度
[16]ExecuteOptimization(作业级故障调度语意规则); //执行作业级故障调度语意规则调度
[17]ExecuteOptimization(作业级负载均衡语意规则); //执行作业级负载均衡语意规则调度
[18]ExecuteOptimization(基于语意的任务调度器/作业调度器交互规则); //执行基于语意的任务调度器/作业调度器交互规则调度
[19]System.out.Prinln(OptimizationJobs[i])//输出优化后的所有作业池的状态
[20]}
[21]END
[22]
```

5.3.5 基于语意的任务调度器关键技术

作业已经得到了具体的调度后，我们需要对任务（语意 Map 任务及语意 Reduce 任务）进行调度，其调度的最终目的是使具体的任务按照理论上的最优分配进行配置。与作业调度一样，特别需要注意的是，在进行任务调度时，需要通过算法保证那些实时性比较高的任务，尤其是小任务能够在保证整个调度相对公平的前提下能够优先得到及时的调度。其具体工作方式如 图 5-7 所示。

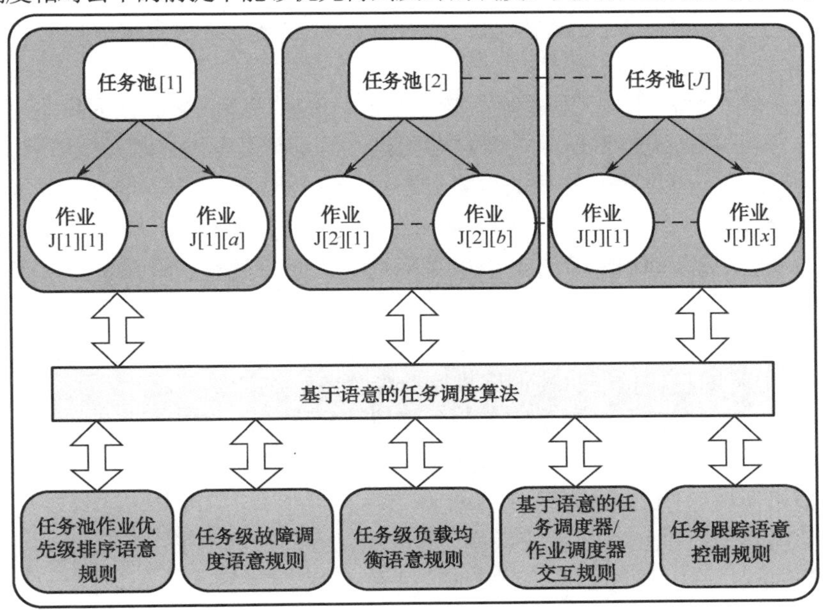

图 5-7 基于语意的任务调度器

在数据中心中的存储节点集群总共有 N 台存储节点，有 T 个任务池（数据中心中的每个存储节点都是一个任务池节点，注意：$T=N$）。每个任务池都各自拥有很多的具体任务，并且必须满足五个语意规则（任务池任务优先级排序语意规则、任务级故障调度语意规则、任务级负载均衡语意规则、基于语意的任务调度器/作业调度器交互规则及任务跟踪语意控制规则），满足规则后，在某一平衡时刻的作业分配如下所示：

- 任务池 1 拥有 A 个任务，分别为：{T[1][1]，T[1][2]，…，T[1][A]}。
- 任务池 2 拥有 B 个任务，分别为：{T[2][1]，T[2][2]，…，T[2][B]}。

……………………………………………………………………………………

- 任务池 J 拥有 X 个任务，分别为：{T[T][1]，T[T][2]，…，T[T][X]}。

1．任务池任务优先级排序语意规则

任务池任务优先级排序语意规则采用完全开放式的设置方式，用户可以根据自己的需求进行设置。需要注意的是，为了克服 FIFO 这种先进先出的任务排序机制可能会引起小任务很难得到及时响应的问题，在进行排序语意规则设置时候，可以考虑提高小任务的优先级，尽量让小任务能够得到及时的处理，等等。

2．任务级故障调度语意规则

任务级故障调度语意规则采用完全开放式的设置方式，用户可以根据自己的需求进行设置。与作业级的故障调度语意规则不同，任务级的故障除了可能发生在出现机器故障这种情况外，很多情况出现的并不是机器故障，而是任务本身出现故障，如 Map 任务运行缓慢、Reduce 任务运行缓慢、Map 任务出错、Reduce 出错这些情况，下面逐一进行分析。

（1）机器可恢复故障。这种故障是指可能机器出现暂时性的死机这种情况，可能在较快时间能够重新恢复正常，或者经过重新启动后机器会恢复正常。这种故障的任务级的调度可以做下面的设置。

① 否决新的任务分配。在故障出现后，总控作业分配器不再为出现故障的机器分配任何任务。

② 现有任务各项情况不变，当机器故障恢复后，重新按照原来的调度策略进行调度。这里存在两种情况：第一种情况是机器只是暂时性死机，但是并没有硬启动（重新启动），这种情况下，一旦故障恢复马上可以按照原来的调度策略执行各项任务。另外一种情况是需要硬启动，这种情况下，当机器恢复后，需要重新从本地磁盘获取机器故障前存储的作业状态，重新开始执行任务。（需要注意：SemanMR 任务调度策略需要定时存盘。该策略将存在本地磁盘，不存储在 SCFS 中。）

③ 当机器故障恢复后，才可以接受新的任务分配。在故障机器恢复正常后，总控任务分配器将重新为出现故障的机器按照总控调度规则分配任务。

（2）机器不可恢复故障。这种故障是指机器已经损坏不能使用，或者机器已经出现故障，在一定时间内不可能修复好。这种情况的处理机制，按照以下方法处理。

① 杀死该机器所有的尚未运行的任务。

② 杀死该机器所有的正在运行的任务。若这些任务已经产生了中间结果（中间结果存储在本地磁盘），则执行指令，删除所有这些存储的中间结果。

③ 任务总调度算法重新将这些杀死的任务分配到其他的正常工作的机器上，重新执行新的

任务调度。

（3）Map 任务运行缓慢。若 Map 任务运行缓慢，则在该机器重新开启一个 Map 任务用于执行该任务。两个 Map 任务最先执行完的为有效 Map 任务执行，并将没有执行完的 Map 任务杀死，删除其产生的所有中间结果。

（4）Reduce 任务运行缓慢。若 Reduce 任务运行缓慢，则在该机器重新开启一个 Reduce 任务用于执行该任务。两个 Reduce 任务最先执行完的为有效 Reduce 任务执行，并将没有执行完的 Reduce 任务杀死，删除其产生的所有结果（该结果存在缓存中，还没有写入到 SCFS 中）。

（5）Map 任务出错。杀死该出错的 Map 任务，重新在该机器开启一个 Map 任务用于执行该任务。

（6）Reduce 出错。杀死该出错的 Reduce 任务，重新在该机器开启一个 Reduce 任务用于执行该任务。

3．任务级负载均衡语意规则

任务级负载均衡语意规则采用完全开放式的设置方式，用户可以根据自己的需求进行设置。负载均衡主要由基于语意的任务调度算法监控任务池的运行状况，避免出现一些任务池非常忙碌，而另外一些任务池则十分清闲的情况。其调度规则大致可以如下：

① 若某个任务池比较忙碌，则优先将其部分任务调往与其同一机架的清闲的任务池。

② 若某个任务池比较忙碌，而与其同机架的其他任务池也都超过平均负载，则将其调往与该机架最邻近的，最清闲的任务池。

4．基于语意的任务调度器/作业调度器交互规则

基于语意的任务调度器/作业调度器交互规则采用完全开放式的设置方式，用户可以根据自己的需求进行设置。

（1）作业/任务命令交互规则。作业池机器给相应的任务池机器下达调度命令，即哪些作业池执行作业的哪些任务（主要有语意 Map 任务和语意 Reduce 任务）。

（2）作业/任务状态交互规则。Hadoop MapReduce 采用的交互规则为 Task Tracker→JobTracker Ping，这种通过 Heartbeat 心跳方式来实现交互。这种交互方式的效率比较低下，因为 Task Tracker 要定时地对 JobTracker 发布心跳信息命令。这样势必会导致 JobTracker 疲于应付这些心跳信息命令，浪费大量的时间。SemanMR 将采用一种与其相反的作业/任务状态交互规则。由作业池机器主动发布状态监控指令，那些正常的任务将能够以正常的方式接收指令，而不能正常接收指令的则认为其心跳已经停止，任务运行出现故障。SemanMR 这种处理机制使得作业池机器只需要定时发布一条指令即可，可以大大减少交互时间的浪费。

5．任务跟踪语意控制规则

该规则类似于作业/任务状态交互规则，主要实现任务跟踪。SemanMR 将采用一种广播式的任务跟踪语意控制规则。由任务池机器主动发布状态监控指令，那些正常的任务将能够以正常的方式接收指令，而不能正常接收指令的则认为其心跳已经停止，任务运行出现故障。SemanMR 这种处理机制使得任务池机器只需要定时发布一条指令即可，可以大大减少交互时间的浪费。

6. 基于语意的任务调度算法

下面是基于语意的任务调度算法的基本思路。

【算法 5-3】 基于语意的任务调度算法

输入：每个任务池的初始状态（包括：任务总数，任务排序，任务池负载）、即将新分配来的新任务、任务池任务优先级排序语意规则、任务级故障调度语意规则、任务级负载均衡语意规则、基于语意的任务调度器/作业调度器交互规则及其任务跟踪语意控制规则

输出：优化的任务调度结果（每个任务池的任务个数、任务负载（基本均衡）、任务排序）

```
[1]Start//任务调度算法开始
[2]For(i=0; i<T; i++)//任务池循环，总任务池为 T 个
[3]{
[4]Numbers[i]=ComputeTasksNumbers(Tasks[i]);//计算任务池[i]的任务的数量
[5]SortProject[i]=ComputeTasksSort(Tasks[i]); //计算任务池[i]的任务排序状态
[6]JobsWorkload[i]=ComputeTasksWorkload(Tasks[i]); //计算任务池[i]的任务的负载
[7]TasksWholeWorkload+=TasksWorkload[i]; //计算所有任务池的全部负载
[8]}
[9]AverageTasksWorkload=TasksWholeWorkload/J; //计算所有任务池的平均负载
[10]System.out.Println(Numbers[i]);
[11]System.out.Println(SortProject[i]);
[12]System.out.Println(TasksWorkload[i]);
[13]System.out.Println(AverageTasksWorkload);
[14]{
[15]ExecuteOptimization(任务池任务优先级排序语意规则);//执行任务池任务优先级排序语意规则调度
[16]ExecuteOptimization(任务级故障调度语意规则); //执行任务级故障调度语意规则调度
[17]ExecuteOptimization(任务级负载均衡语意规则); //执行任务级负载均衡语意规则调度
[18]ExecuteOptimization(基于语意的任务调度器/作业调度器交互规则); //执行基于语意的任务调度器/作业调度器交互规则调度
[19]ExecuteOptimization(任务跟踪语意控制规则); //执行任务跟踪语意控制规则调度
[20]System.out.Prinln(OptimizationTasks[i])//输出优化后的所有任务池的状态
[21]}
[22]END
```

5.3.6 任务跟踪器关键技术

任务跟踪器是整个 SemanMR 中非常重要的一个组成部分，它连接着作业池与 SemanMR 计算、任务运行的监控管理、缓存数据与语意索引数据与本地磁盘的存盘写入管理、最后的 Reduce 计算结果与分布式文件系统的写入操作，等等。它是整个 SemanMR 计算的任务监控大脑，其处理机制如图 5-8 所示。

在整个任务跟踪过程中，跟踪监控主要由五个语意规则组成：任务池监控语意规则、SemanMR 计算监控语意规则、缓存处理机制语意规则、语意索引处理机制语意规则及任务跟踪语意控制规则。

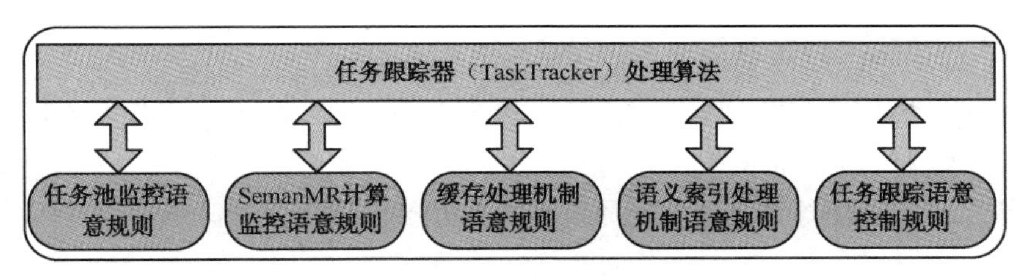

图 5-8　任务跟踪器处理机制

1. 任务池监控语意规则

任务池监控语意规则采用完全开放式的设置方式，用户可以根据自己的需求进行设置。该规则的基本功能的配置包括：实现任务跟踪器跟踪任务池的各种状态。任务跟踪器需要定时跟踪每个任务池的各种状态，并主动向基于语意的任务调度器进行报告。SemanMR 的任务跟踪器与每个任务池的跟踪将采用一种广播式的任务池监控语意规则。由任务跟踪器主动发布状态监控指令，那些正常的任务池将能够以正常的方式接收指令，而不能正常接收指令的则任务池心跳已经停止，任务池运行出现故障。SemanMR 这种处理机制使得任务跟踪器只需要定时发布一条指令即可，可以大大减少交互时间的浪费。

2. SemanMR 计算监控语意规则

SemanMR 计算监控语意规则采用完全开放式的设置方式，用户可以根据自己的需求进行设置。该规则的基本功能的配置包括：实现任务跟踪器跟踪各种 SemanMR 计算。任务跟踪器需要定时跟踪每个 SemanMR 计算的各种状态（语意 Map 任务、语意 Shuffle 任务及语意 Reduce 任务的失败、长时间停滞或者失败等），并主动向基于语意的任务调度器进行报告。它的通信方式也与前面介绍的一样，采用广播式的通信方式，由 SemanMR 的任务跟踪器，定时向各种计算任务发布指令，从而达到判断任务运行状态的目的。

3. 缓存处理机制语意规则

缓存处理机制语意规则采用完全开放式的设置方式，用户可以根据自己的需求进行设置。该规则的基本功能的配置包括：实现任务跟踪器跟踪 SemanMR 计算中间结果的缓存存储状况。一般来说为了节省 I/O 操作的时间，中间结果在进行存储时不会马上存储到文件系统中去，因为如果只要有一点中间结果就立即进行存储操作，磁盘 I/O 会非常频繁，从而导致大量的时间浪费。为了防止这种情况的产生，SemanMR 在设计时采取了和 Hadoop MapReduce 同样的处理机制，使用缓存技术，设定一个阈值（假设为 64MB），一旦缓存的值达到设定的阈值，则将其一次性写入到本地系统，从而空出新的缓存空间，用来存储新的中间计算结果（SemanMR 倾向于将中间结果在缓存部分做排序，主要因为缓存的处理速度要远远高于磁盘排序效率）。

4. 语意索引处理机制语意规则

语意索引处理机制语意规则采用完全开放式的设置方式，用户可以根据自己的需求进行设置。该规则的基本功能的配置包括：实现任务跟踪器跟踪 SemanMR 计算中所生成的或者提取（从 SCFS 或者 SCloudDB 提取）的各种语意索引。主要是因为任务在进行 SemanMR 计算时，随时需要使用各种语意索引来满足各种基于语意的 SemanMR 的智能计算。

5．任务跟踪语意控制规则

任务跟踪语意控制规则采用完全开放式的设置方式，用户可以根据自己的需求进行设置。该控制规则用于配置 SemanMR 计算监控语意规则中的通信控制方式。该规则的基本功能的配置包括：在基于语意的任务调度器与任务跟踪器之间实现控制管理。基于语意的任务调度器需要随时与任务跟踪器保持动态联系，从而实现任务的管理。该规则类似于作业/任务状态交互规则，主要实现任务跟踪。SemanMR 将采用一种广播式的任务跟踪语意控制规则。由任务池机器主动发布状态监控指令，那些正常的任务将能够以正常的方式接收指令，而不能正常接收指令的则认为其心跳已经停止，任务运行出现故障。SemanMR 这种处理机制使得任务池机器只需要定时发布一条指令即可，可以大大减少交互时间的浪费。

6．任务跟踪器（TaskTracker）处理算法

下面是任务跟踪器（TaskTracker）处理算法的基本思路。

【算法 5-4】 任务跟踪器（TaskTracker）处理算法

输入：各种 Map 任务、各种 Reduce 任务、任务池监控语意规则、SemanMR 计算监控语意规则、缓存处理机制语意规则、语意索引处理机制语意规则及任务跟踪语意控制规则

输出：跟踪监控性能报告

```
[1]Start//任务跟踪器（TaskTracker）处理算法开始
[2]For(i=0; i<Map.Length; i++)//Map 任务循环，总任务个数为 Map.Length 个
[3]For(i=0; i<Reduce.Length; i++)// Reduce 任务循环，总任务个数为 Reduce.Length 个
[4]{
[5]{
[6]ExecuteProcessing(任务池监控语意规则);//执行任务池监控语意规则处理
[7]ExecuteProcessing (SemanMR 计算监控语意规则);//执行 SemanMR 计算监控语意规则处理
[8]ExecuteProcessing (缓存处理机制语意规则);//执行缓存处理机制语意规则处理
[9]ExecuteProcessing (语意索引处理机制语意规则);//执行语意索引处理机制语意规则处理
[10]ExecuteProcessing (任务跟踪语意控制规则);//执行任务跟踪语意控制规则处理
[11]System.out.Prinln(跟踪监控性能报告)//输出跟踪监控性能报告
[12]}
[13]END
[14]
```

5.4 SemanMR 计算部分框架

SemanMR 计算部分是大数据处理的核心，SemanMR 计算执行具体的各种任务的计算任务，SemanMR 计算实施策略如图 5-9 所示。

Hadoop++技术已经在 Hadoop 架构的基础上无缝地对 HDFS 分布式文件系统的数据块 Splits 增加了木马索引与木马连接（Join）功能，从而改进了 Hadoop 的计算效率。SemanMR 计算实施则借助于 SemanMR 计算框架的语意特性，增加了更多的语意信息，建立了语意索引，从而实现语意 Map、语意 Shuffle 及语意 Reduce。SemanMR 计算可以对海量的存储在 SCloudDB 上的语意云数据库文件进行计算，也可以对直接存储在分布式语意云文件系统 SCFS 中的海量非结构化数据进行计算（注意：SCloudDB 运行在分布式语意云文件系统 SCFS 之上）。无论存储

在 SCloudDB 语意云数据库中的数据还是存储在 SCFS 中的海量非结构化数据，它们都将按照 SCloudDB 或者 SCFS 数据块大小设定机制划分成数据块 Splits（为 1MB，Hadoop DFS 默认为 64MB）。然后这些数据块被 SemanMR 计算实施策略进行各种语意 Map、语意 Shuffle 及语意 Reduce 的计算。对于语意 Map 的处理结果及对于语意 Reduce 处理的最后结果，SemanMR 计算实施策略采用和 Hadoop MapReduce 完全一样的策略，语意 Map 的处理结果（中间结果）将直接存储在本地磁盘，而语意 Reduce 处理的最后结果将最终存储在分布式语意云文件系统 SCFS 中。

SemanMR 计算实施策略主要包含五部分：SemanMR 语意规则、增加语意信息/建立语意索引、语意 Map 计算优化算法、语意 Shuffle 优化调度算法及语意 Reduce 优化算法。

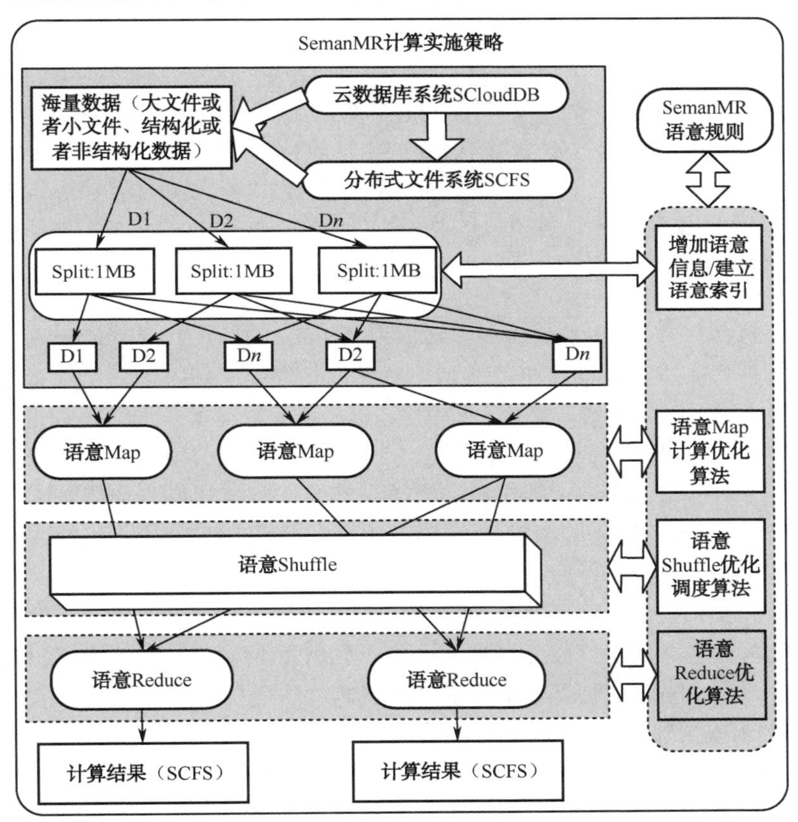

图 5-9　SemanMR 计算实施策略

1. SemanMR 语意规则

SemanMR 语意规则主要包括针对语意 Map 计算的优化规则、语意 Shuffle 优化调度规则及语意 Reduce 优化规则。

（1）语意 Map 计算的优化规则。

① 来自文件存储本身的 Map 计算优化规则

这种规则主要针对语意 Map 计算。根据分布式语意云文件系统 SCFS 的数据的语意分配机制和语意云数据库系统 SCloudDB 的数据的语意分配机制。那些有语意关系的数据会分布在同一数据存储节点或者同一机架的节点或者其他计算最佳的节点。这种数据的分布策略本身就将极大优化语意 Map 计算。

（2）其他的语意 Map 计算调度的优化规则。

① 基于语意索引的语意 Map 计算结果合并（Combiner）操作。一些小作业可能只有一个语意 Map 任务，而对于互联网的大量的数据密集型应用，如证券交易日志、银行交易日志、微博记录、社区网帖等均是大数据。这样一个复杂的作业将会涉及很多的语意 Map 任务，假设有 SemanMap[1]，SemanMap[2]，SemanMap[3]，SemanMap[4]，…，SemanMap[100] 共 100 个语意 Map 任务。与 Hadoop MapReduce 计算模式一样，为了减轻传输压力，很多产生在同一台机器上的语意 Map 任务中间计算结果不直接传输到相应的语意 Reduce 机器上去处理，而是首先在语意 Map 所在机器对中间结果进行 Combiner 合并之后，再将最终结果传输到相应的语意 Reduce 机器。而基于语意的 Map 任务计算结果的合并将提高效率。例如，在机器 A 上针对同一作业有 3 个语意 Map 任务，语意 Map 任务的组合方式不同，其效率会不同，这需要进行语意分析。方案 1：语意 Map 任务 1 与语意 Map 任务 2 先合并，合并后的结果再和语意 Map 任务 3 进行合并，得出一个需要传输到语意 Reduce 任务的最终结果；方案 2：语意 Map 任务 1 与语意 Map 任务 3 先合并，合并后的结果再和语意 Map 任务 2 进行合并，得出一个需要传输到语意 Reduce 任务的最终结果。虽然两种方案的计算结果一样，但是它们的耗时是不同的。对于有大量语意 Map 任务需要合并的情况来说，将显得更为明显。

② 基于语意索引的语意 Map 复杂计算（如 Join 连接）计算。Hadoop MapReduce 也能够在 Map 端进行一些复杂计算，如小数据集和大数据集的 Join 连接计算、大数据集和大数据集的 Join 连接计算等。但是其计算效率依然比较低下，计算复杂度也比较简单，很难实现与并行数据库支持的各种复杂查询、Join 连接等操作。而语意 Map 由于带有了一定的语意索引，因而在对数据集和数据集进行复杂操作（查询、Join 连接等）时可以对冗余数据通过语意筛选实现去冗操作，这会大大减少数据量，也许大数据集和大数据集的 Join 连接操作会降低为一个小数据集和小数据集的 Join 连接操作。另外，由于有了语意信息，虽然语意 Map 不可能达到像并行数据库一样支持各种复杂的计算操作，但是也将支持比现有的 Map 操作更多的复杂计算。

③ 基于语意的语意 Map 容错机制。基于语意的 Map 容错机制，见前述部分的基于语意的任务调度关键技术部分。该部分已经详细阐述了一旦语意 Map 任务或者语意 Reduce 任务出现各种故障时候的调度策略。这种基于语意的容错机制，将提高运行效率。

（3）语意 Shuffle 优化调度规则。Shuffle 一直以来都是 Hadoop MapReduce 计算框架中的一个巨大的瓶颈。其主要原因在于一个 MapReduce 作业可能因为一个 Map 任务的滞后，导致整个作业的延迟。例如，假设一个作业由 3 个 Map 任务和一个 Reduce 任务组成。其中两个 Map 任务在很快的时间内已经计算出结果并传输到 Reduce 端，也完成了它们的 Reduce。但是迟迟不能等到第三个 Map 任务的计算结果，这样 Reduce 任务也不可能得到最后的 Reduce 计算结果，导致整个作业严重滞后。为了避免这种情况，SemanMR 计算策略设计的语意 Shuffle 优化调度规则，可实现一个比较好的语意 Shuffle 容错策略，该容错策略在前面已经做了阐述，具体包括以下四种情况。

① 机器可恢复故障。这种故障是指机器出现暂时性死机的情况，可能在较快时间能够重新恢复正常，或者经过重新启动后机器会恢复正常。这种故障的任务级的调度可以做下面的设置。

- 否决新的任务分配。在故障出现后，总控作业分配器不再为出现故障的机器分配任何任务。
- 现有任务各项情况不变，当机器故障恢复后，重新按照原来的调度策略进行调度。这里存在两种情况，第一种情况是机器只是暂时性死机，但是并没有硬启动（重新启动），这种情况下一旦故障恢复马上可以按照原来的调度策略执行各项任务。另外一种情况是需要硬启动，这种情况下，当机器恢复后，需要重新从本地磁盘获取机器故障前存储的作业状态，重新开始执行任务。（需要注意：SemanMR 任务调度策略需要定时进行存盘。该策略将存在本地磁盘，不存在分布式语意云文件系统 SCFS 中。）

- 当机器故障恢复后，才可以接受新的任务分配。在故障机器恢复正常后，总控任务分配器将重新为出现故障的机器按照总控调度规则分配任务。

② 机器不可恢复故障。机器不可恢复故障，是指机器已经损坏不能使用，或者机器已经出现故障，在一定时间内不可能修复好。这种情况的处理机制，按照以下方法处理。

- 杀死该机器所有的尚未运行的任务。
- 杀死该机器所有的正在运行的任务。若这些任务已经产生了中间结果（中间结果存储在本地磁盘），则执行指令，删除所有这些存储的中间结果。
- 任务总调度算法重新将这些杀死的任务分配到其他的正常工作的机器，重新执行新的任务调度。

③ 语意 Map 任务运行缓慢。若语意 Map 任务运行缓慢，则在该机器重新开启一个语意 Map 任务用于执行该任务。两个语意 Map 任务最先执行完的为有效语意 Map 任务执行，并将没有执行完的语意 Map 任务杀死，删除其产生的所有中间结果。

④ 语意 Map 任务出错。杀死该出错的语意 Map 任务，重新在该机器开启一个语意 Map 任务用于执行该任务。

当这些语意 Map 问题得到有效解决后，语意 Shuffle 也就自然解决。

（4）语意 Reduce 优化规则。与语意 Map 的优化规则类似，语意 Reduce 的优化规则主要包括以下几大部分。

① 语意 Reduce 端的语意 Map 中间结果和来自远程传输的语意 Map 计算结果的语意合并。一般来说，一台机器既执行语意 Map 计算，同时也支持语意 Reduce 计算。这样在这台语意 Reduce 机器上会产生很多语意 Map 的中间计算结果，这些中间计算结果的最后语意 Reduce 操作会因策略不同而效率不同。（具体策略见前述部分：基于语意索引的语意 Map 计算结果合并（Combiner）操作的说明）

② 基于语意索引的语意 Reduce 复杂计算（如 Join 连接）。Hadoop MapReduce 也能够在 Reduce 端进行一些复杂计算，如小数据集和大数据集的 Join 连接计算、大数据集和大数据集的 Join 连接计算等。但是其计算效率依然比较低下，计算复杂度也比较简单，很难实现像并行数据库一样支持的各种复杂查询、Join 连接等操作。而语意 Reduce 由于带有了一定的语意索引，因而在对数据集和数据集进行复杂操作（查询、Join 连接等）时，可以对冗余数据通过语意筛选实现去冗操作，会大大减少数据量，使得一个可能是大数据集和大数据集的 Join 连接操作降低为一个小数据集和小数据集的 Join 连接操作。另外，由于有了语意信息，虽然语意 Reduce 不可能达到像并行数据库一样支持各种复杂的计算操作，但是也将支持比现有的 Reduce 操作更多的复杂计算。

③ 基于语意的语意 Reduce 容错机制，见前述部分的基于语意的任务调度关键技术部分。该部分已经详细阐述了一旦语意 Map 任务或者语意 Reduce 任务出现各种故障时候的调度策略。这种基于语意的容错机制，将提高运行效率。

2．增加语意信息/建立语意索引

语意信息与语意索引主要来自以下两方面。

（1）主要利用 SCFS 分布式语意云文件系统本身建立的各种语意索引及 SCloudCB 语意云数据库本身建立的各种语意索引。有了这两种索引的支持，计算能力可比 Hadoop MapReduce 更为强大。

（2）另外一个语意信息的主要来源是前面我们所分析的各种语意调度（优化）策略所建立的各种语意信息、语意索引。这些语意信息将大大提高 SemanMR 框架的容错能力和处理效率等，主要包括：基于语意的作业调度、基于语意的任务调度、语意 Map 机制、语意 Shuffle 机制及语意 Reduce 机制。

3．语意 Map 计算优化算法

语意 Map 计算的优化算法，主要取决于前述的语意 Map 阶段的优化规则，按照这些规则进行处理即可以完成语意 Map 计算优化，其算法就是简单实现规则，在此不再赘述。

4．语意 Shuffle 优化调度算法

语意 Shuffle 计算的优化算法，主要取决于前述的语意 Shuffle 阶段的优化规则，按照这些规则进行处理即可以完成语意 Shuffle 计算优化，其算法就是简单实现规则，在此不再赘述。

5．语意 Reduce 优化算法

语意 Reduce 计算的优化算法，主要取决于前述的语意 Reduce 阶段的优化规则，按照这些规则进行处理即可以完成语意 Reduce 计算优化，其算法就是简单实现规则，在此不再赘述。

5.5 SemanMR 原理分析

5.5.1 SemanMR 原理实现分析

图 5-10 描述了 SemanMR 的一个完整的原理实现流程。

（1）用户提交各种作业需求。例如，用户 1 提出了作业 1；用户 2 提出了作业 2；用户 3 提出了作业 3。

（2）计算出完成各种作业所需要的数据集。例如，完成作业 1 所需要的数据集合为{d1,d2,d3}；完成作业 2 所需要的数据集合为{d3,d4}；完成作业 3 所需要的数据集合为{d3,d4,d5,d6,d7}。

（3）从云文件系统（SCFS）或者云数据库（SCloudDB）中根据它们的语意算法找出最优的上述数据集的存储位置。例如，数据{d1,d2}存储在 Server[1]机器上；数据{d3,d4}存储在 Server[2]机器上；数据{d5,d6}存储在 Server[3]机器上；数据{d7}存储在 Server[4]机器上。

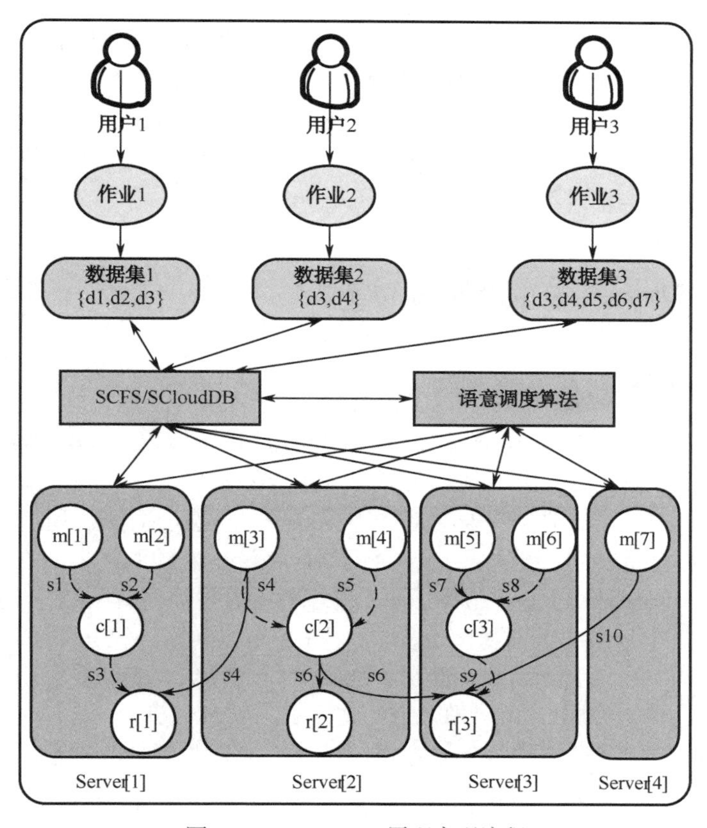

图 5-10 SemanMR 原理实现流程

（4）其中，m[1]（map[1]的缩写）用来处理数据 d1，m[2]（map[2]的缩写）用来处理数据 d2，m[3]（map[3]的缩写）用来处理数据 d3，m[4]（map[4]的缩写）用来处理数据 d4，m[5]（map[5]的缩写）用来处理数据 d5，m[6]（map[6]的缩写）用来处理数据 d6，m[7]（map[7]的缩写）用来处理数据 d7。

（5）其中，c[1]、c[2]及 c[3]用来处理在同一台机器上的 map 计算后的 combiner 计算的工作。例如，m[1]与 m[2]在同一台处理机器 Server[1]上，在数据提交进行 Reduce 之前，首先进行 combiner 工作，即实施 c[1]的计算；m[3]与 m[4]在同一台处理机器 Server[2]上，在数据提交进行 Reduce 之前，首先进行 combiner 工作，即实施 c[2]的计算；m[5]与 m[6]在同一台处理机器 Server[3]上，在数据提交进行 Reduce 之前，首先进行 combiner 工作，即实施 c[3]的计算。

（6）图中的{s1, s2, s3, s4, s5, s6, s7, s8, s9, s10}为执行 map 计算或者 combiner 计算后的数据流量。

（7）图中的黑色虚线，表示数据仅仅在同一台机器内部涉及迁移，例如，执行 c[1]计算时候需要提取 s1 与 s2 的值作为输入（仅仅从本地机器 Server[1]处获得）。

（8）图中的黑色实线，表示数据需要从一台机器迁移到另外一台机器，例如，执行 r[1]计算时，需要从本地机器获取 s3（r[1]与 m[1]、m[2]机器 c[1]由同一台机器 Server[1]完成），而需要从另外一台机器 Server[2]获取 m[3]的计算结果 S4。这里 S4 的数据属于跨机迁移。同样 S6 与 S10 均属于跨机迁移。

（9）在执行图中所有的 map 任务、reduce 任务、Combiner 任务及 shuffle 任务时（shuffle

任务其实是指像 S4、S6 及 S10 这样的跨机迁移，因为机器内部迁移的各种时延等相对于跨机迁移都可以忽略不计），我们需要考虑机器故障（可恢复）、机器故障（不可恢复）、map 任务失败、combiner 任务失败、reduce 任务失败、shuffle 迁移失败、map 任务缓慢、combiner 任务缓慢、reduce 任务缓慢、shuffle 迁移缓慢等各种可能出现的故障。为了解决这些故障，我们的机制中采用了图中的各种语意调度算法来处理。

5.5.2 SemanMR 实现原理特点分析

1．SemanMR 的特点

SemanMR 实现原理与 Hadoop MapReduce 的实现原理相比较，SemanMR 具有以下几个特点。

（1）SemanMR 实现了计算共享及对应的数据共享。当某一时刻，所有集群在执行多个作业时，我们将各个作业的计算节点抽象成一个网络，在该优化的网络中，许多重复的节点，我们只需要执行一次，实现计算共享。例如，r[1]计算的前提是需要有 m[3]计算，同样在执行 r2 计算时候也需要有 m[3]计算作为前提。这样 r[1]与 r[2]可以共享计算 m[3]，省去了一次 m[3]的计算工作量，同时 m[3]计算后的结果存储在本地磁盘后，r[1]与 r[2]计算可以同时获取该份相同的数据，实现了其对应的数据共享。同理 c[2] 也为一个共享节点。

（2）SemanMR 的中间数据作为共享数据，不在完成作业后立即删除，而是继续保留，作为其他作业或者后来作业的共享数据。传统的计算框架，一旦计算完成，所有的中间结果立即进行删除。而 SemanMR 采取与它们不同的机制，所有的中间计算结果不会立即删除，而是作为共享数据存在，当后面有同样的计算需求时，可以不必再进行同样的计算，而直接获取该计算的对应结果（当然如果有了新的数据，我们采用增量计算的方式，只对新增加的部分数据集执行相应的各种 map 计算、reduce 计算及 combiner 计算等）。这样虽然占用了存储空间，但是将大大节省计算时间及数据跨机迁移时间（shuffle）。

（3）SemanMR 具有天然的语意优势。因为 SemanMR 是针对云文件系统（SCFS）及云数据库系统（SCloudDB）的计算。而 SCFS 与 SCloudDB 本身在设计时就已经考虑了众多的语意性能（如建立语意索引、语意数据存储分配机制等），这样 SemanMR 在执行计算时，可以先天利用云文件系统（SCFS）及云数据库系统（SCloudDB）所具有的语意性，从而提高智能和效率。

2．SemanMR 的语意调度算法

SemanMR 的语意调度算法实现流程可以用图 5-11 来表示。

（1）用户提交作业需求。

（2）将作业需求分解成一组 map/reduce 任务集。

（3）将 map/reduce 任务集合与已经存在的 SemanMR 网进行匹配。该匹配我们分三种情况进行介绍。

第一种：map/reduce 任务集全包含于 SemanMR 网。这种情况，我们可以完全共享已有的数据结果，直接从已有的数据中获取数据作为作业的结果。

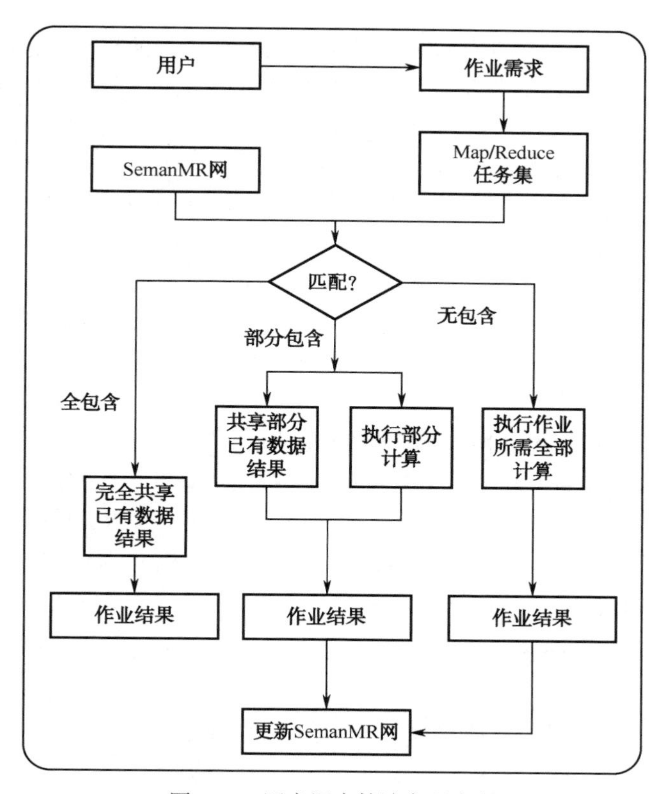

图 5-11 语意调度算法实现流程

【例 5-1】 假设某用户提交一个作业需要执行 m[1]、m[2]及其 m[1]和 m[2]的 reduce 任务。假设 m[1]和 m[2]的 reduce 任务与 c[1]的功能完全相同。这样，用户的作业需求在我们的 SemanMR 网中已经完全包含。从而该作业不需要进行任何计算，直接从 c[1]中取得结果作为作业的结果即可。整个过程无须任何数据计算，直接从 Server[1]获取作业结果，即 c[1]的结果，如图 5-12 所示。

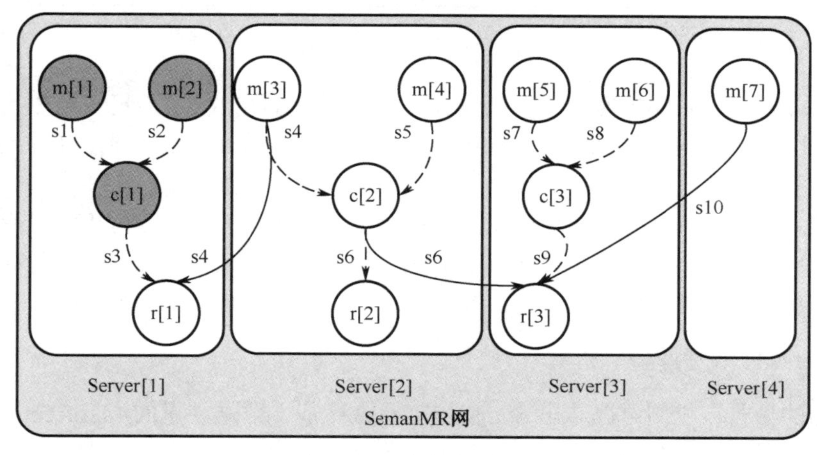

图 5-12 全包含匹配

第二种：map/reduce 任务集部分包含于 SemanMR 网。这种情况，我们可以部分共享已有的数据结果。另外，需要执行部分计算获取新的部分计算结果，再将共享结果和新的结果进行计算得出作业的结果。由于执行了新的部分计算，需要将该部分新的计算重新增加到 SemanMR 网中，组成更大的 SemanMR 网。

【例 5-2】 假设某用户提交一个作业需要执行 m[1]、m[2]、m[8]及 m[1]、m[2]和 m[8]的 reduce 任务。假设 m[1]和 m[2]的 reduce 任务与 c[1]的功能完全相同。这样在我们的 SemanMR 网中，只有部分包含关系，其中的 m[8]与 r[4]并不存在于现有的 SemanMR 网中，但是 m[1]与 m[2]及 m[1]与 m[2]的 combiner 结果 c[1]可以为新的作业所共享，所以只须执行部分新的计算，即 m[8]计算及 m[8]和 c[1]的 reduce 计算。从而最后得出作业的计算结果。另外，需要更新 SemanMR 网，如图 5-13 所示。

注意：我们在图 5-13 中将 m[8]与 r[4]的计算处理画在 Server[5]的机器中执行。在具体情况中，不一定，有可能 m[8]对应的数据就在 Server[1]中，或者其他机器中。另外我们将 r[4]的计算放在 Server[5]中，这是我们假设 s3 的数据从 Server[1]到 Server[5]开销+Server[5]的计算任务量较小。如果 Server[1]在某一时刻比较清闲，同时 S11 的数据从 Server[5]传递到 Server[1]比较小的话，则可以考虑将 r[4]放在 Server[1]中。

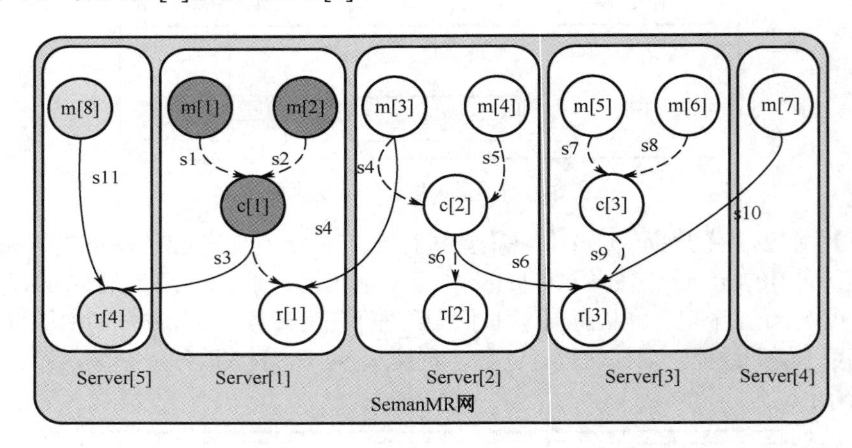

图 5-13　部分包含匹配

第三种：map/reduce 任务集无包含于 SemanMR 网。这种情况下，我们无法共享任何计算，必须完全自己进行计算得到作业的计算结果，同时将新的计算子网合并到已有的 SemanMR 网中，形成更大的 SemanMR 网。

【例 5-3】 假设某用户提交一个作业需要执行 m[8]及 r[4]任务。而 m[8]及 r[4]任务在原有的 SemanMR 网中不能找到任何共享节点，这样我们必须执行完全计算，得到作业结果，同时更新 SemanMR 网，如图 5-14 所示。

3. SemanMR 网"瘦身"机制

通过前面的分析，我们可以看出 SemanMR 的这种基于数据共享的 MapReduce 计算框架将会减少很多的计算时间，尤其对于一些实时的处理请求将会十分有效。但是这种 SemanMR 的

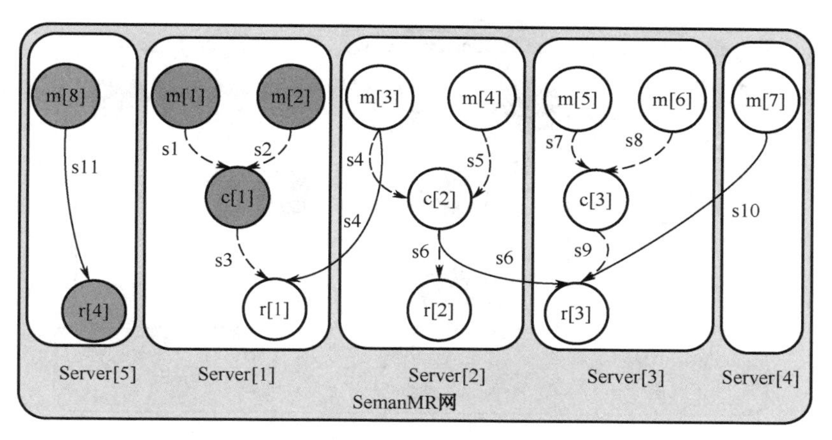

图 5-14 无包含匹配

共享机制带来好处的同时，也带来了存储空间消耗的代价，因为要存储如此庞大的中间数据将占用很多的存储空间。为了不让共享数据带来太大的存储开销，同时又能够满足我们的计算和数据共享计划，我们设置了 SemanMR 的“瘦身”机制，从而在两者之间取得一个较好的平衡。SemanMR 网的“瘦身”基本原理如图 5-15 所示。SemanMR 网的“瘦身”机制其实主要是通过分析 SemanMR 网中的各个节点的共享密度来进行的。对于那些共享密度大的节点，将继续保留这些节点，同时其所对应的中间数据不删除。对于那些共享密度小的节点，经过一定时间后，在删除这些节点的同时删除其所对应的中间数据，从而减轻存储的压力。

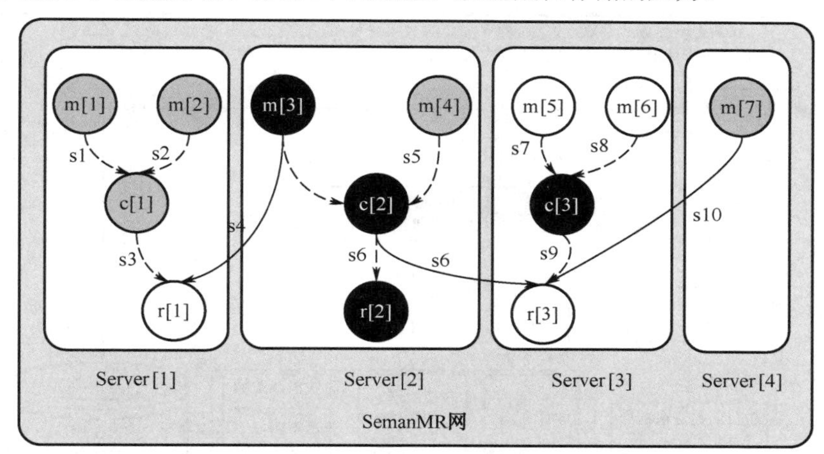

图 5-15 SemanMR“瘦身”机制（瘦身前）

【例 5-4】 假设图 5-15 中那些灰色的节点是共享密度大于 1000 次以上的节点，黑色的节点是共享密度 20～1000 次之间的节点，而那些白色的节点是共享密度小于 20 的节点。对于这种情况，在一定的时间后，我们将删除那些共享密度小的节点及所对应的数据。瘦身后的 SemanMR 图如图 5-16 所示。

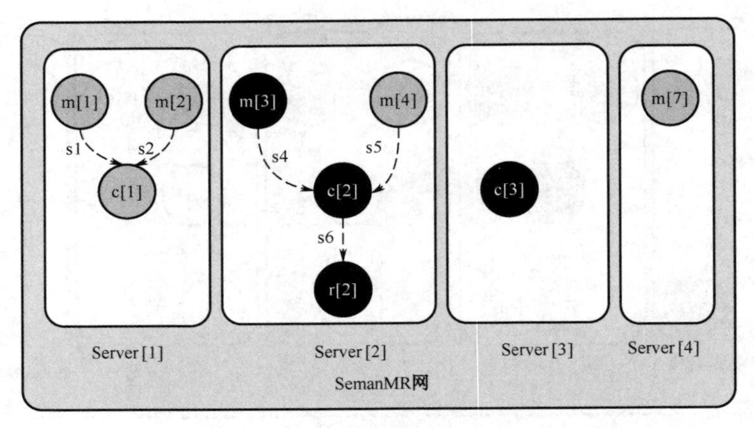

图 5-16　SemanMR“瘦身”机制（瘦身后）

5.6　基于 SemanMR 的大数据实时处理与分析实现技术

5.6.1　SemanMR 实时架构

图 5-17 展示了基于 SemanMR 的大数据实时处理与分析实现的基本思路框架。

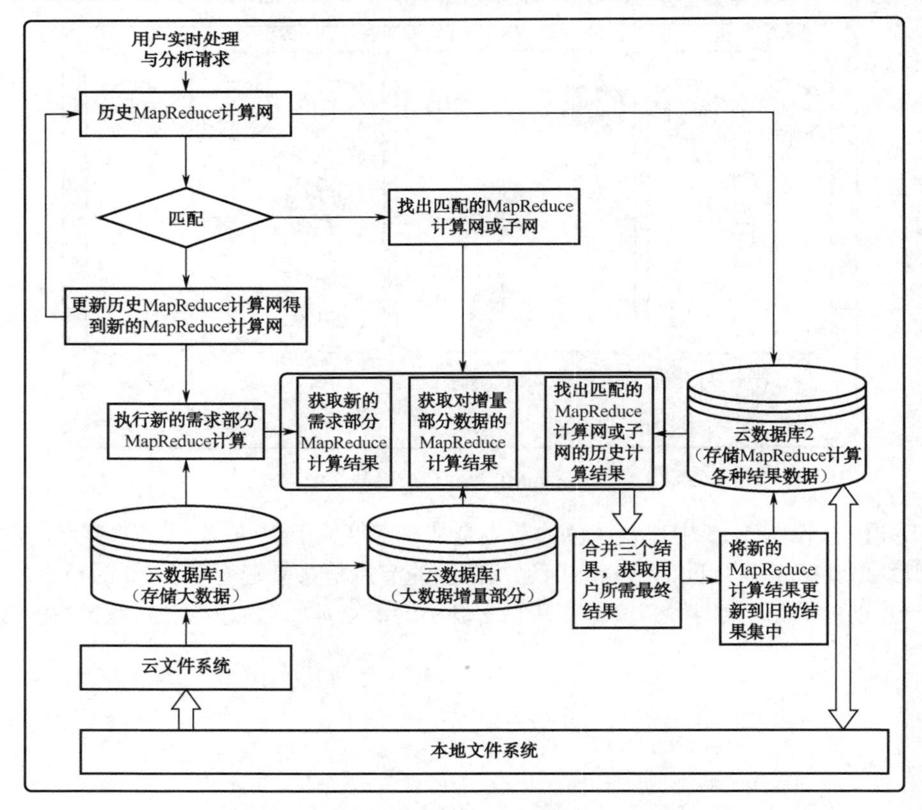

图 5-17　大数据实时处理与分析模型技术路线

通过大量实时处理和分析需求，构成一张 MapReduce 计算网，该 MapReduce 计算网会随着新的实时处理和分析计算条件的变化不断发生变化和更新。另外，为了达到用户的实时处理和分析计算需求，对所有 MapReduce 计算网的中间结果均将保存在一个云数据库中，这些数据最后将存储在本地文件系统之中。一旦用户的实时处理和分析计算需求到来，首先查看历史 MapReduce 计算网中是否已包含该实时处理与分析计算或者其中的部分子计算，若包含则直接将该实时处理和分析计算或者其中的部分子计算结果找出来，同时对新增的数据集重新执行一次实时处理和分析计算或者其中的部分子计算，并将历史计算结果和新增数据集执行的新计算的结果进行合并。同时对历史 MapReduce 计算网中没有包含的计算或者部分计算重新在大数据中执行新的 MapReduce 计算，并将获取新的实时处理和分析计算部分的 MapReduce 计算结果和前面的计算结果进行合并得到用户的最终计算结果。该技术路线由于采用了对历史计算结果的共享，从而当新的计算到来时，可以直接利用历史计算结果或者在历史计算结果的基础上执行少部分的计算，从而大大改善实时处理和分析计算速度，满足用户实时处理和分析计算需求。

5.6.2 SemanMR 的 MapReduce 网络优化技术

大数据 MapReduce 计算共享网的生成、更新直接采用网络的生成和更新方法即可，对于大数据 MapReduce 计算共享网的优化方法，定义了 12 种。

说明：set1、set2 等代表数据流；C、C1、C2 等代表用于 MapReduce 计算的大数据。

1．基于合并的优化方法

【定义 5-1】 若一个用户实时处理与分析的 MapReduce 计算集合是另外一个 MapReduce 计算集合的子集，则按照如下三种情况处理。

（1）对于一个 MapReduce 计算条件，若有 $A<\partial 1$ 与 $A<\partial 2$，如果 $\partial 1<\partial 2$，则可以将 MapReduce 计算条件进行优化，如图 5-18 所示。

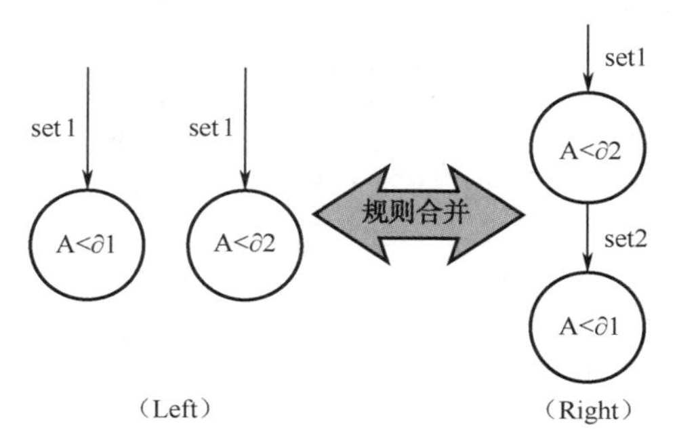

图 5-18 MapReduce 计算条件合并优化 1

（2）对于一个 MapReduce 计算条件，若有 $A>\partial 1$ 与 $A>\partial 2$，如果 $\partial 1<\partial 2$，则可以将 MapReduce 计算条件进行优化，如图 5-19 所示。

（3）若一个 MapReduce 计算与其他 MapReduce 计算在条件部分有重合部分，则将重合部分合并，即可以将 MapReduce 计算条件进行优化，如图 5-20 所示。

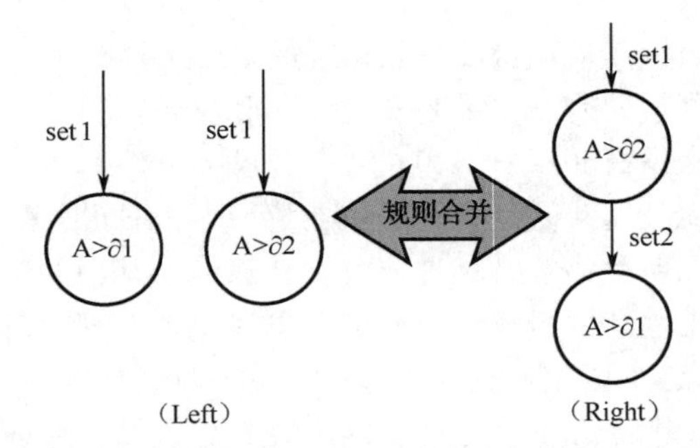

图 5-19　MapReduce 计算条件合并优化 2

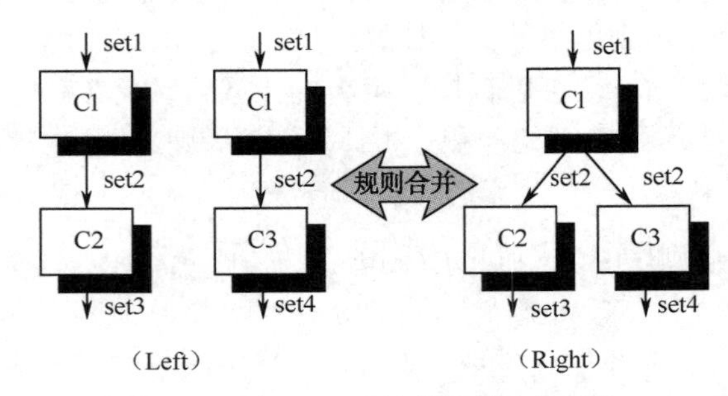

图 5-20　MapReduce 计算条件合并优化 3

2. 规则模块等价变换的优化方法

【定义 5-2】 将大数据 MapReduce 计算共享网中存在 $\sigma_{\theta 1}(\sigma_{\theta 2}(C))$ 结构的模块替换为功能相等的 $\sigma_{\theta 1 \wedge \theta 2}(C)$ 型模块，或者将大数据 MapReduce 计算共享网中存在 $\sigma_{\theta 1 \wedge \theta 2}(C)$ 结构的模块替换为功能相等的 $\sigma_{\theta 1}(\sigma_{\theta 2}(C))$ 型模块，如图 5-21 所示。

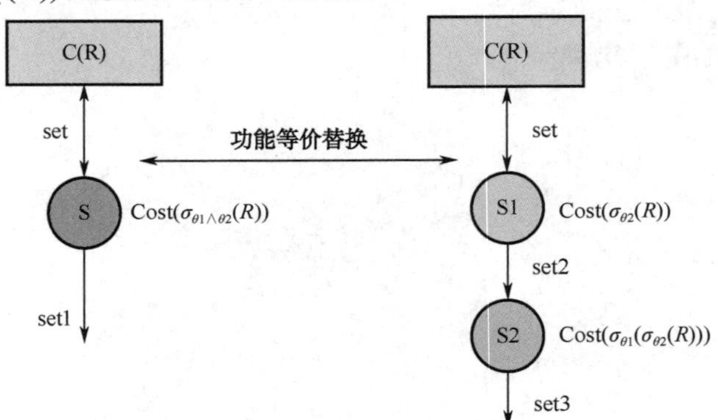

图 5-21　功能等价下替换 1

【定义 5-3】 将大数据 MapReduce 计算共享网中存在 $\sigma_{\theta}(C1 \cup C2)$ 结构的模块替换为功能相等的 $\sigma_{\theta}(C1) \cup \sigma_{\theta}(C2)$ 型模块，或者将大数据 MapReduce 计算共享网中存在 $\sigma_{\theta}(C1) \cup \sigma_{\theta}(C2)$ 结构的模块替换为功能相等的 $\sigma_{\theta}(C1 \cup C2)$ 型模块，如图 5-22 所示。

【定义 5-4】 将大数据 MapReduce 计算共享网中存在 $\sigma_{\theta}(C1 \cap C2)$ 结构的模块替换为功能相等的 $\sigma_{\theta}(C1) \cap \sigma_{\theta}(C2)$ 型模块，或者将大数据 MapReduce 计算共享网中存在 $\sigma_{\theta}(C1) \cap \sigma_{\theta}(C2)$ 结构的模块替换为功能相等的 $\sigma_{\theta}(C1 \cap C2)$ 型模块，如图 5-23 所示。

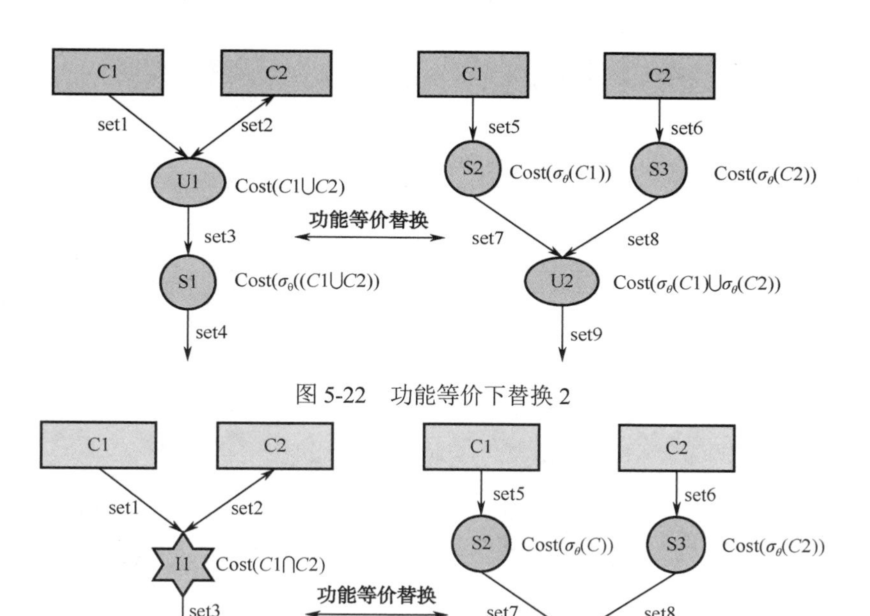

图 5-22　功能等价下替换 2

图 5-23　功能等价下替换 3

【定义 5-5】 将大数据 MapReduce 计算共享网中存在$\sigma_{\theta1}(C1\infty_{\theta}C2)$结构的模块替换为功能相等的$\sigma_{\theta1}(C1)\infty_{\theta}\sigma_{\theta1}(C2)$型模块，或者将大数据 MapReduce 计算共享网中存在$\sigma_{\theta1}(C1)\infty_{\theta}\sigma_{\theta1}(C2)$结构的模块替换为功能相等的$\sigma_{\theta1}(C1\infty_{\theta}C2)$型模块，如图 5-24 所示。

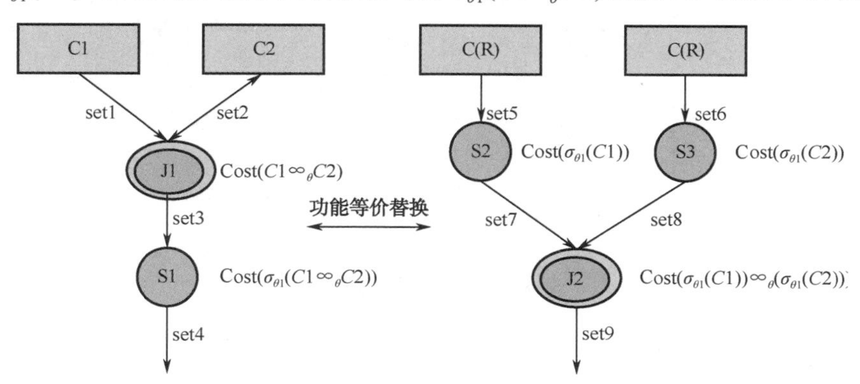

图 5-24　功能等价下替换 4

【定义 5-6】 将大数据 MapReduce 计算共享网中存在$\sigma_{\theta1}(\sigma_{\theta2}(C))$结构的模块替换为功能相等的$\sigma_{\theta2}(\sigma_{\theta1}(C))$型模块，或者将大数据 MapReduce 计算共享网中存在$\sigma_{\theta2}(\sigma_{\theta1}(C))$结构的模块替换为功能相等的$\sigma_{\theta1}(\sigma_{\theta2}(C))$型模块，如图 5-25 所示。

【定义 5-7】 将大数据 MapReduce 计算共享网中存在$C1\infty_{\theta}C2$结构的模块替换为功能相等的$C2\infty_{\theta}C1$型模块，或者将大数据 MapReduce 计算共享网中存在$C2\infty_{\theta}C1$结构的模块替换为功能相等的$C1\infty_{\theta}C2$型模块，如图 5-26 所示。

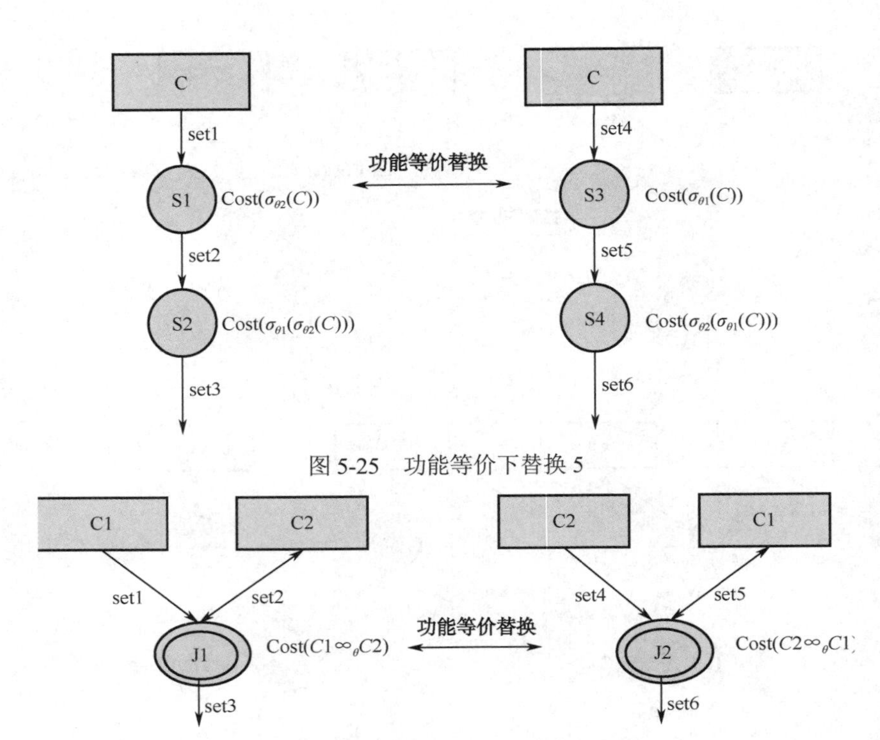

图 5-25　功能等价下替换 5

图 5-26　功能等价下替换 6

【定义 5-8】 将大数据 MapReduce 计算共享网中存在 $(C1\infty_{\theta 1}C2)\infty_{\theta 2}C3$ 结构的模块替换为功能相等的 $C1\infty_{\theta 1}(C2\infty_{\theta 2}C3)$ 型模块，或者将大数据 MapReduce 计算共享网中存在 $C1\infty_{\theta 1}(C2\infty_{\theta 2}C3)$ 结构的模块替换为功能相等的 $(C1\infty_{\theta 1}C2)\infty_{\theta 2}C3$ 型模块，如图 5-27 所示。

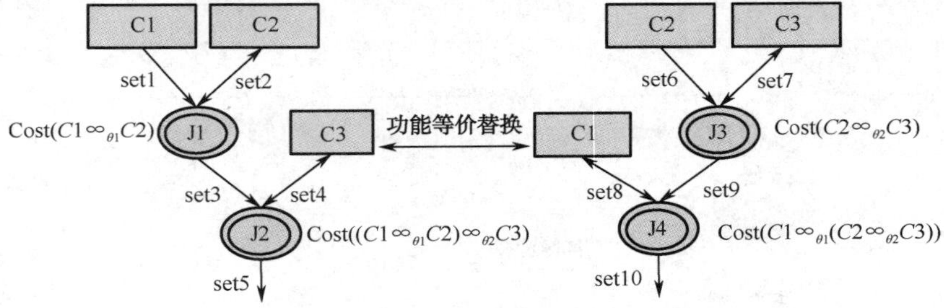

图 5-27　功能等价下替换 7

【定义 5-9】 将大数据 MapReduce 计算共享网中存在 $C1\cup C2$ 结构的模块替换为功能相等的 $C2\cup C1$ 型模块，或者将大数据 MapReduce 计算共享网中存在 $C2\cup C1$ 结构的模块替换为功能相等的 $C1\cup C2$ 型模块，如图 5-28 所示。

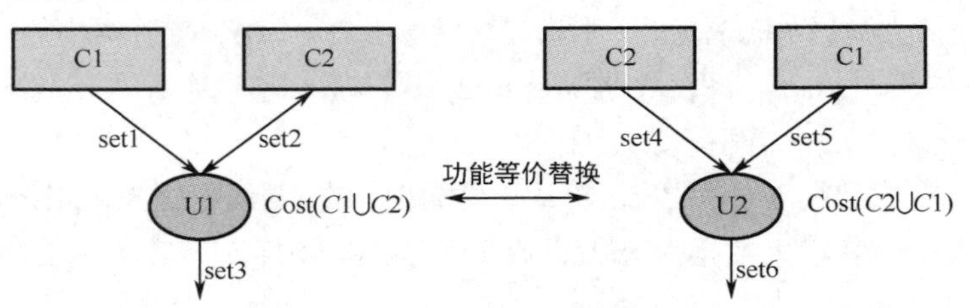

图 5-28　功能等价下替换规则 8

【定义 5-10】 将大数据 MapReduce 计算共享网中存在 $C1\cap C2$ 结构的模块替换为功能相等的 $C2\cup C1$ 型模块，或者将大数据 MapReduce 计算共享网中存在 $C2\cap C1$ 结构的模块替换为功能相等的 $C2\cap C1$ 型模块，如图 5-29 所示。

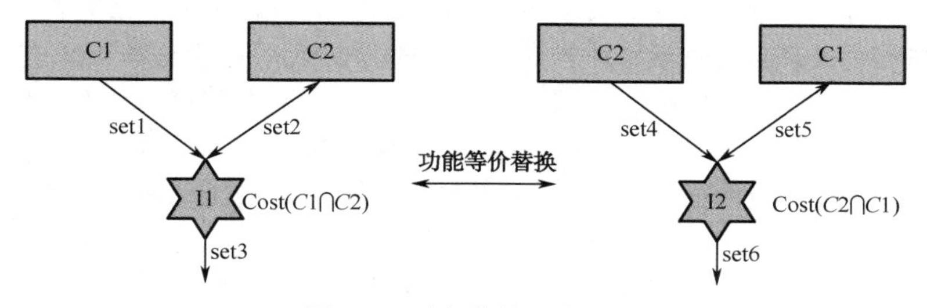

图 5-29　功能等价下替换 9

【定义 5-11】 将大数据 MapReduce 计算共享网中存在 $(C1\cup C2)\cup C3$ 结构的模块替换为功能相等的 $C1\cup(C2\cup C3)$ 型模块，或者将大数据 MapReduce 计算共享网中存在 $C1\cup(C2\cup C3)$ 结构的模块替换为功能相等的 $(C1\cup C2)\cup C3$ 型模块，如图 5-30 所示。

【定义 5-12】 将大数据 MapReduce 计算共享网中存在 $(C1\cap C2)\cap C3$ 结构的模块替换为功能相等的 $C1\cap(C2\cap C3)$ 型模块，或者将大数据 MapReduce 计算共享网中存在 $C1\cap(C2\cap C3)$ 结构的模块替换为功能相等的 $(C1\cap C2)\cap C3$ 型模块，如图 5-31 所示。

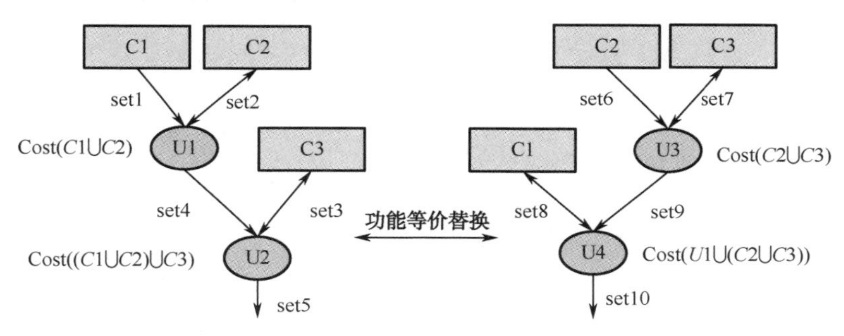

图 5-30　功能等价下替换 10

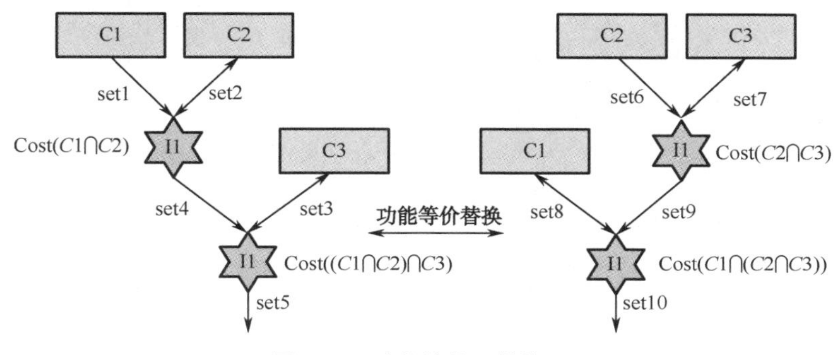

图 5-31　功能等价下替换 11

本章小结

本章首先讨论了云环境下常用的互联网并行编程框架，并做了相应的分析。然后，本章给出一个云环境下新的互联网海量数据计算框架（SemanMR）的设计思路及关键技术的研究报告。SemanMR 主要提供一种能够在 map、reduce 及 shuffle 阶段均支持语意调度策略的设计思路。SemanMR 的设计融合了现有技术框架的各项优势技术，但是从设计思路上完全打破了现有设计框架的固有模式，引进了语意技术，提出了一种崭新的设计思路。SemanMR 融合了前面章节所阐述的技术 SCFS 及 SCloudDB，将这两项技术嵌入 SemanMR 的设计中，从而在整体上保持了整个设计架构的一致性。最后本章讨论了 SmanMR 的实施处理相关技术。

第 6 章　大数据智能计算算法

随着 Web 2.0 技术的发展，数据量越来越多，如何从 TB 级、PB 级甚至 EB 级的大数据中找出隐含的数据规律已成为大数据研究的重点，也是大数据的价值所在。

从大数据中挖掘计算出有价值的信息是大数据最具魅力的地方，为了有效利用大数据，需要一系列有效的智能计算算法。本章首先介绍大数据智能计算的总体架构；接着介绍四种类型的大数据智能计算算法，并做了简要分析；最后通过示例做简要示范。

6.1　大数据智能计算算法架构

如图 6-1 所示为大数据智能计算算法的总体架构。大数据智能计算算法架构由四层组成：数据采集算法、数据预处理算法、数据挖掘算法及复杂智能算法。数据采集算法主要完成来自各种数据源数据的采集，数据预处理算法主要完成对各种数据包括数据格式、类型转换等数据源的预处理，数据挖掘算法主要实现在云环境下对各种大数据的基于 MapReduce 并行计算框架的智能挖掘处理，复杂智能算法主要完成一些复杂的大数据环境下的智能计算。

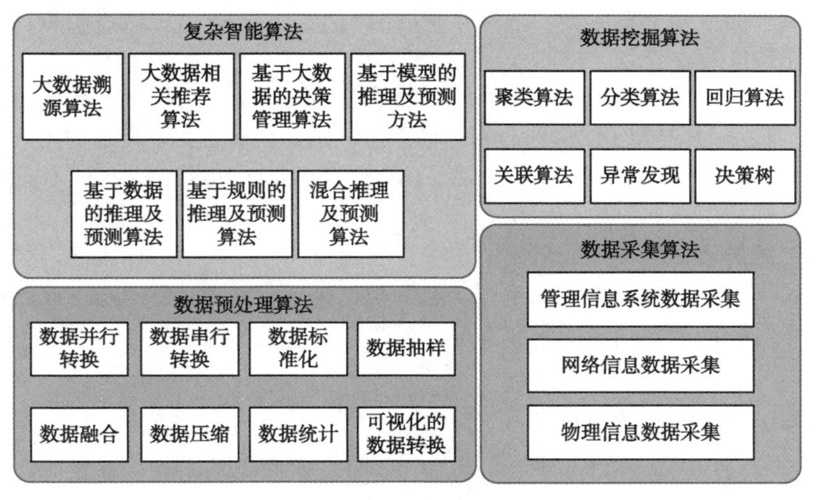

图 6-1　大数据智能计算算法架构

6.2　数据采集算法

数据是一个企业最宝贵的财富，甚至关系到一个公司的生死存亡。因此，在大数据这种特殊的年代，大多数公司的数据都很难实现共享，从公司获取数据将显得尤其困难，获取数据的方法无非有以下几个途径：公司公开可以共享的数据，与公司签署协议可以购买或者转让的数据，通过一些工具如互联网爬虫抓取的数据，等等。数据的采集不仅仅是技术问题，更多的是一些法律问题甚至隐私问题。本章不讨论法律问题及隐私问题，主要从技术的角度讨论数据采集的算法。

6.2.1 管理信息系统数据采集

直接将其他的管理信息系统的数据采集过来，经过处理后存储在大数据集群中。例如，将医疗管理系统、科研管理系统、人事管理系统等各种传统的管理信息系统的数据采集到新的集群环境中。

对于管理信息系统这类数据的采集，方法比较简单，因为这类系统大部分的数据均存储在数据库系统中。最直接的采集算法是按照新的数据要求将现有的管理信息系统中的数据，以数据库的形式导入到新的数据库或者以新的文件格式存储。

6.2.2 网络信息数据采集

随着 Web 2.0 技术的飞速发展，许多新的互联网应用走入了人们的生活，从而产生了巨大的数据量。这些应用有大家熟悉的社交网络数据，如 Twitter、Facebook、新浪微博、腾讯微博、微信、人人网、天涯论坛、各种专业论坛数据等。各种电子商务网站的交易数据，如 eBay 的订单交易数据、淘宝的订单交易数据。各种互联网网站及交易系统产生的日志数据，如证券交易系统产生的日志数据等。

与管理信息系统的数据有很大的不同，上面的各种网络信息数据具有数据量巨大、类型多样等特点。这些 TB 级别甚至 PB 级别的网络信息可以是结构化数据、半结构化数据或非结构化的数据，它们分别存储在关系数据、BigTable、Hbase、MongoDB、Cassandra、图数据库、HDFS、GFS 等各种存储架构中。

对于网络信息的数据采集一般需要采集者自己编写各种互联网应用程序，通过互联网应用程序本身提供的 API 接口获取数据。例如，编写数据采集工具通过 Twitter 或者 Facebook 的应用 API 接口获取其相应的权限范围内允许公开的数据。

6.2.3 物理信息数据采集

除了前面介绍的来自现有的各种管理信息系统的数据和互联网数据之外，另外一个数据采集的巨大来源就是来自于真实的物理世界的物理信息数据的采集。这种物理信息主要是来自各个传感器、摄像头、射频识别设备、无线通信设备、红外识别设备及手机等。例如，来自飞机的成千上万的各种传感器数据、来自城市各个角落几十万甚至上百万的摄像头的视频数据、超市的各种商品射频数据，等等。

这类物理信息数据典型的特点就是大部分属于流式数据（如传感器数据及监控摄像头数据等），它们具有很强的时序性。其中，大部分的数据采集需要一个特殊的设备适配器，这种特殊适配器最好能够实现即插即用的功能，包括可以实现配置、维护、监控、数据采集的功能，并且对于终端的异常情况进行报警。通过封装不同的终端设备，通过适配器隔离设备的多样性，形成对外服务的统一性，可以实现对数据的统一采集和对外导出等。

6.3 数据预处理算法

数据预处理主要实现数据过滤、数据聚合、格式映射、数据转换等功能。过滤从读写器传来的海量冗余数据，避免对同一信息多次上报；对于终端传来的数据，需要集合其他业务系统或者其他采集的数据，形成完整数据。定制数据报文格式，实现数据格式的多样化和便利化；建立数据交换的通道，并提供相应的数据安全、传输安全的加密体系，保证数据能够及时安全地到达。包含在数据预处理引擎当中。

数据预处理算法主要包括数据并行转换算法、数据串行转换算法、数据标准化算法、数据抽样算法、数据融合算法、数据压缩算法、数据统计类算法、可视化的数据转换算法。下面对这些算法做简要介绍。

1. 数据并行转换算法

大数据时代的典型特征就是数据量巨大，如何提高如此巨大数据量的数据转换处理效率显得尤为关键，尤其对于一些对时间要求比较高的应用，需要在较短的时间内实现数据的有效转换。因此，数据的并行转换算法显得尤其重要。数据并行转换算法的基本思路是，将海量的数据分配给众多的处理器进行并行处理。这种数据处理算法一般比较适合处理无时序要求的各种大数据应用。

2. 数据串行转换算法

与数据并行转换算法一般比较适合处理无时序要求的各种大数据应用不同，有许多的应用对时序性要求较高，转换前的数据是什么顺序，转换后的数据依然需要保持原来的顺序，因此对这类数据的转换不能采用数据并行转换算法来提高其处理效率，仍然需要采用数据串行转换算法来保持数据的可用性等。

3. 数据标准化算法

众所周知，大数据具有 4V 特征，其中的一个 V 就是 Value（价值），而要让众多的数据有价值，必须对数据进行标准化。数据标准化算法的基础就是需要设计一套完整的数据标准化规范，按照各种标准规范，将现有的数据进行标准化后重新存储，并为后期使用。

4. 数据抽样算法

一般来说，大数据的应用不用进行数据抽样，直接进行全样本的计算。但不排除大数据计算因某些原因需要对数据进行抽样。数据抽样算法直接按照统计学的各种抽样方法实现。

5. 数据融合算法

数据融合技术是指利用计算机对来自多源的信息，在一定准则下加以自动分析、综合，以完成所需的决策和评估任务而进行的信息处理技术。数据融合在基于传感器领域、不同类型的遥感信息等的大数据应用中是十分关键的技术之一。其核心思想是实现将不同类型、不同领域、不同单位的信息融合一起而实现统一计算。

6．数据压缩算法

大数据由于数据量巨大，在大数据进行计算时，难免会涉及许多数据在处理机之间、甚至机架与机架之间进行迁移。大量的数据迁移对带宽提出了巨大的挑战，如何在有限的带宽条件下实现数据迁移，对数据压缩是解决问题的有效途径之一。

7．数据统计类算法

在大数据的数据挖掘和智能计算中，统计类算法扮演着尤其重要的角色。大数据的众多智能计算均需要进行各种数据的统计计算，R 语言就是为这些大数据的统计计算而开发出来的一种统计算法的编程工具及语言。数据统计类算法主要有：求和、计算平均值、中位数、众数、极差、离差、离差平方和、方差、标准差、标准差的无偏估计，以及变异系数等一些典型的统计算法。在大数据领域，这些算法在某些应用中或多或少均有自己的应用场景。

R 是用于统计分析、绘图的语言和操作环境。R 是统计领域广泛使用的、诞生于 1980 年左右的 S 语言的一个分支。S 的主要设计者 John M. Chambers 因为 S 语言方面的工作获得了 1998 年 ACM 软件系统奖（ACM Software Systems Award）。该语言的语法表面上类似 C，但在语义上是函数设计语言的（functional programming language）的变种，并且和 Lisp 及 APL 有很强的兼容性。它允许在“语言上计算”（computing on the language），这使得它可以把表达式作为函数的输入参数，而这种做法对统计模拟和绘图非常有用。

8．可视化的数据转换算法

枯燥的数据往往很难给人一种直观形象的感觉，尤其在大数据年代，巨大的数据量让人们更加难以切实感觉出直观的涵义。因此如何将数据转换成可视化的图或者线、点等是一个十分有意义的事情。前面讲到的 R 语言其实是通过编程，将大数据统计计算出来的结果以各种曲线或者图的形式展示出来。

Google 公司提供了一系列的可视化工具。Google Fusion Tables 是个数据管理和可视化应用，它能使用户便捷灵活地实现在线存储、管理、合作编辑、可视化和公开数据表格。用户可以选择将相应格式的表格数据转化为地图、时间轴或者其他图表形式，这些可视化图表可以嵌入网页，也可以通过邮件分享。上传的数据格式为电子表格或 CSV 文件，导出格式为 CSV 或 KML。用户可以通过 Fusion Tables API 编程实现数据的查询、插入、更新和删除。

Google Chart API 让用户能通过 URL 传递参数，生成动态的图表图片。该 API 能产生各种各样的图表，如饼图、地图、QR 码、文氏图等，所有描述图片的参数都包含在 URL 中。部分图表的 URL 可以采用 chart wizard 快捷地生成，生成的 URL 可以嵌入<img>标签中。Google Chart API 是 Google Chart API 的补充和提升，可以用来开发更高级的网络版的交互图表、图片。图表的数据可以直接从 Google Docs 平台等在线数据库中提取。该 API 生成的图表有丰富的交互，用户可以直接编码来处理事件，实现更好的网页效果。可以编写 JavaScript 和 HTML 或者通过 Google Gadget 的小工具来设计自己的报告和交互界面，可视化地分析、显示数据。

Google Visualization API 也可以让用户创建，分享和重用开发者社区构建的可视化工具。Google Insights for Search 可用来分析 Google 海量的搜索行为，探索和比较搜索的模式，趋势的演化以及搜索来自的地域。通过输入用户感兴趣的搜索关键词，就可以可视化地分析关键词的地域、分类、时间变化等性质。Zeitgeist 是 Google 基于 Google Insights for Search 和 Google Trends 数据的年度可视化总结。Zeitgeist 会显示和年度重大事件相关的搜索次数，从而展现我们的时代精神。

Google Ngram Viewer 可以查询并可视化某个单词或词组在过去 500 年的图书中出现的频率。基于 Google 富于争议而雄心勃勃的图书数字化计划获取的海量数据，Ngram Viewer 引擎可以分析词汇在大量图书中使用频率和使用概率的历史变化趋势。

对无数的网站而言，Google Analytics 是分析网站流量和用户行为的无价的工具。该工具会跟踪记录用户在网站上的访问行为、行为统计、用户地理位置等各种信息，最后的结果以可视化的形式呈现在交互界面上，界面结合了条状图、折线图、火花线、饼图、运动图和区域地图。

Google 越来越多地参与公益慈善活动。Google.org 的项目致力于利用 Google 的数据、技术和创新能力来直面社会挑战，服务公众利益。其中有好几个公益项目正运用可视化的力量来引起公众的注意。“地球引擎”（Earth Engine）利用 Google Earth 来分析世界森林的卫星图像。“Google 流感趋势”（Google Flu Trends）展示全球的流感扩散情况。“Google 危机响应”（Google Crisis Response）为人们提供自然或人为灾害相关的即时重要信息。Google 能量表（Google PowerMeter）使你能查看家中的能源消耗。Google Wonder Wheel 是附加在 Google 搜索页上的特性，能让你通过中心—辐射式的可视化动态交互地查询搜索结果。通过链接的词汇，用户可以动态地搜索相关的信息，界面右侧有相关的网页链接，帮助用户获得深入的认知。

6.4 数据挖掘算法

数据挖掘不是一个新的概念，很早就已提出。简单地说，数据挖掘是指从数据中挖掘出隐含的、直观上看不出来但有潜在有用的信息或者模式的一个过程。数据挖掘过程中形成了许多的数据挖掘算法，2006 年在数据挖掘世界著名会议上，专家们选出了 18 个经典的数据挖掘算法。随后又由 ICDM2006、SIGKDD2006 及 SDM2006 三个国际著名的数据挖掘领域的会议程序委员会委员投票选出了十大数据挖掘经典算法。按照排名分别为 C4.5 算法（分类）、K-Means 算法（聚类）、支持向量机 SVM 算法（分类）、关联规则挖掘 Apriori 算法（如啤酒和尿布的关联性）、最大期望算法 EM（Expectation Maximization，估计概率模型参数）、PageRank（用于链接分析，寻找重要节点）、AdaBoost（分类）、K 近邻分类算法（分类）、朴素贝叶斯分类算法（分类）及 CART 算法（分类）。

数据挖掘算法最早运行于单机环境中或者高性能计算集群中，面对的计算数据量不算很大。而随着数据量越来越大，传统的计算模式很难处理如此规模的数据，因此研究人员想方设法将其计算移植到云平台中。有关大数据的智能计算算法，Mahout 已经实现了大部分。

下面简要分析数据挖掘算法的几个主要类型。

6.4.1 分类算法

分类算法主要的目标是根据某些分类标准，将数据按照相应的分类标准进行分类。分类算法有：C4.5 分类算法、CART 分类算法、KNN 分类算法及 Naive Bayes 分类算法等，主要有以下几种。

1．C4.5 分类算法

C4.5 是由 J.Ross Quinlan 在 ID3 的基础上提出的。ID3 算法用来构造决策树。决策树是一种类似流程图的树结构，其中每个内部节点（非树叶节点）表示在一个属性上的测试，每个分枝代表一个测试输出，而每个树叶节点存放一个类标号。一旦建立好了决策树，对于一个未给定类标号的元组，跟踪一条由根节点到叶节点的路径，该叶节点就存放着该元组的预测。决策树的优势在于不需要任何领域知识或参数设置，适合于探测性的知识发现。C4.5 是一系列用在机器学习和数据挖掘的分类问题中的算法。它的目标是监督学习：给定一个数据集，其中每一个元组都能用一组属性值来描述，每一个元组属于一个互斥的类别中的某一类。C4.5 的目标是通过学习，找到一个从属性值到类别的映射关系，并且这个映射能用于对新的类别未知的实体进行分类。

2．CART 分类算法

CART（Classification And Regression Tree）和 C4.5 算法都是在 ID3 算法的基础上发展出来的，两者最大的区别是，C4.5 是多叉树，而 CART 是二叉树。 ID3 算法和 C4.5 算法虽然在对训练样本集的学习中可以尽可能多地挖掘信息，但其生成的决策树分支较大，规模较大。所以，为了简化决策树的规模，提高生成决策树的效率，就出现了根据 GINI 系数来选择测试属性的决策树算法 CART。分类回归树 CART 既可用于分类也可用于回归。分类回归树是一棵结构简洁二叉树，且每个非叶子节点都有两个叶子节点，所以对于第一棵子树其叶子节点数比非叶子节点数多 1。

3．KNN 分类算法

KNN（K-Nearest Neighbor）算法是机器学习里面比较简单的一个分类算法，整体思想较容易理解：计算一个点 A 与其他所有点之间的距离，取出与该点最近的 k 个点，然后统计这 k 个点里面所属分类比例最大的，则点 A 属于该分类。

4．Naive Bayes 分类算法

Naive Bayes（朴素贝叶斯）是 ML 中的一个非常基础和简单的算法，常常用它做分类。贝叶斯分类模型的一个很大的优点是训练过程非常简单，甚至可以做到增量式训练，特征是对海量的训练集表现非常高效。另外一个优点是，模型的可读性也比较强，对于分类得到的结果可以进行解释。而该算法最大的缺点是一开始的假设，在现实世界中，特征属性之间往往是不独立的，所以在相关性很强的特征里使用此模型得到的分类结果会比较差。

6.4.2 聚类算法

聚类（Cluster）分析又称群分析，它是研究（样品或指标）分类问题的一种统计分析方法，同时也是数据挖掘的一个重要算法。聚类分析是由若干模式（Pattern）组成的，通常，模式是一个度量（Measurement）的向量，或者是多维空间中的一个点。聚类分析以相似性为基础，在

一个聚类中的模式之间比不在同一聚类中的模式之间具有更多的相似性。聚类算法主要有：划分算法、层次算法、密度算法、图论聚类算法、网格算法、模型算法、K-Means 算法及 K-Medoids 算法等。

6.4.3 关联挖掘算法

关联规则是形如 $X \to Y$ 的蕴涵式，其中，X 和 Y 分别称为关联规则的先导（Antecedent 或 Left-Hand-Side，LHS）和后继（Consequent 或 Right-Hand-Side，RHS）。

关联规则挖掘过程主要包含两个阶段：第一阶段，先从资料集合中找出所有的高频项目组（Frequent Itemsets），第二阶段，再由这些高频项目组中产生关联规则（Association Rules）。

关联规则挖掘中最重要的算法有：Apriori 算法和 FP-growth 算法，其中 Apriori 算法最为大家所熟知。

6.4.4 推荐算法

所谓推荐算法就是利用用户的一些行为，通过一些数学算法，推测出用户可能喜欢的东西。目前，主要的推荐方法包括：基于内容推荐、协同过滤推荐、基于关联规则推荐、基于效用推荐、基于知识推荐和组合推荐。其中又以基于内容推荐和协同过滤推荐使用最多，主要介绍以下四种常用推荐算法。

1. 基于关联规则的推荐算法

关联规则是数据挖掘领域中非常重要且基础的算法，其只适用于布尔型数据，在推荐系统应用中则需要把用户对项目的喜好程度做二值离散化，这可能会对推荐质量有所影响。频繁模式挖掘是关联规则挖掘的核心技术，可以形式化定义为：

设 $I=\{i_1,i_2,\cdots,i_m\}$ 是一个项目（Item）集合，$T=\{t_1,t_2,\cdots,t_n\}$ 是一个（数据库）事务（Transaction）集合，其中每个事务都是由多个项目组成的集合。则一个关联规则有以下的蕴含关系：

支持度和置信度是用来描述关联规则强度的两个常用指标。

支持度（Support）：规则 $X \to Y$ 的支持度指包含的事务所占所有事务的比例。

置信度（Confidence）：规则 $X \to Y$ 的置信度指包含的事务所占包含 X 事务的比例。

最大频繁集发现，是指在所有给定的事务中，找出所有满足支持度高于用户指定的最小支持度的关联规则。

基于关联规则的推荐算法以关联规则算法为基础，其基本步骤如下：

① 把用户对项目的喜好程度二值离散化后的结果作为一条事务输入；

② 使用频繁集算法挖掘所有的频繁 2 项集；

③ 对每个频繁 2 项集计算置信度，作为项目相似度：$\mathrm{sim}(i_a,i_b)=\mathrm{confidence}(i_a \Rightarrow i_b)$；

④ 通过相似度找到邻近项目，给出推荐结果。

该类算法主要缺点：

① 频繁 2 项集的计算开销非常大；

② 二值离散对推荐结果准确性影响较大。

2. 基于内容的推荐算法

基于内容的推荐算法主要采用自然语言处理、人工智能、概率统计和机器学习等方法进行过滤推荐。该方法通过分析用户过去喜欢的项目，为用户推荐与过去喜欢项目相类似的项目。该类推荐系统会对用户和项目分别建立配置文件（profile），通过分析项目本身特征和用户过去喜欢的项目，来不断更新配置文件。系统通过比较用户和项目配置文件的相似度来推荐。例如，在电影推荐中，基于内容的推荐算法会计算所有电影的属性（演员、导演、语言、类型等），同时计算分析用户已评价过的电影的属性，并把分析结果作为用户信息，从而推荐用户感兴趣的与过去评价的电影相似的其他电影。

（1）基于内容的推荐算法的基本步骤：

① 对每个项目，根据其内容，抽取其特征；

② 对每个用户，根据其过去评价的项目，分析该用户的喜好特征（profile）；

③ 通过计算用户与项目特征之间的相似度来推荐。

（2）该类算法的主要缺点：

① 项目特征抽取很困难。如果项目是文本，可以比较容易抽取到关键词，但很多应用场景中项目特征抽取很困难，例如，对于电影推荐中的电影、社交网络中的人等。而且，抽取的特征区分度有限，且不能完整地描述项目。

② 无法挖掘用户的潜在兴趣。推荐的项目局限于用户过去喜欢的类型，而缺乏新的项目，这会导致推荐视野越来越窄。

3. 协同过滤推荐算法

协同过滤是目前推荐系统中最成功广泛使用的方法，该方法得到众多研究者的青睐，并在电子商务系统中得到非常广泛的应用。这类方法可以分为基于用户相似度和基于项目相似度两大类，为了提升系统实时处理能力，在这两类方法的基础上有基于聚类的协同过滤算法。基于用户相似度的基本假设是用户在之前有越多的共识，则以后在其他方面也越有可能存在共识，因此目标用户对某个项目的评价计算主要是根据与其相似的用户对该项目的评价来计算的。与之不同，基于项目相似度的方法给用户推荐项目主要的根据是该项目与该用户已有项目的相似度。

4. 混合推荐算法

单类推荐算法都会存在一些缺陷，在实际应用中，一般都会混合各类推荐算法。协同过滤无法解决冷启动和稀疏性问题，而混合基于内容的推荐算法就可以有效解决。例如，考虑两个用户 u_a,u_b，u_a 和 u_b 评价过的项目分别是 $\{i_{A1},i_{A2},\cdots\}$，$\{i_{B1},i_{B2},\cdots\}$，且 $\{i_{A1},i_{A2},\cdots\} \mid \{i_{B1},i_{B2},\cdots\}=\phi$，单独的协作过滤无法发现两个用户之间的相似度，而如果引入基于内容的推荐，就可以发现 $\{i_{A1},i_{A2},\cdots\}$ 与 $\{i_{B1},i_{B2},\cdots\}$ 中项目间的关系，而且也可以缓解数据点的稀疏性问题。

6.5 复杂智能算法

复杂智能算法包括：大数据溯源算法、大数据相关推荐算法、基于大数据的决策管理算法、基于模型的推理及预测算法、基于数据的推理及预测算法、基于规则的推理及预测算法、混合推理及预测算法。

6.5.1 大数据溯源算法

面对海量的数据如何应用新的方式进行组织、管理是研究的重点和创新点，在数据组织过程中如何确保数据的可靠性、可用性及可控性是难点。用户面对着呈指数型增长的信息，这些信息由原始数据和由原始数据繁衍而来的数据组成。繁衍数据一般都经过一系列操作（修改、增加、删除）产生，由于这些操作过程无法获悉，使得这些数据的真实性和可靠性大打折扣，繁衍数据往往与原始数据相差甚远甚至面目全非。大量真实可信的数据，可以推动信息技术朝着正确的轨迹高速发展，相反，不可靠的数据也许会使研究更快地偏离正常轨迹。常言道：失之毫厘，缪以千里。因此在使用这些数据前不得不考虑其产生过程和追溯其真实来源，这就导致了数据溯源技术的产生。

数据溯源描述了数据产生并随时间推移而演变的整个过程，它的应用领域广泛，包括数据质量评价、数据核查、数据恢复、数据引用等。从技术层面考虑，数据溯源具有以下用途：评估数据质量和可靠性；查询数据来源，在必要时可进行数据来源的审计跟踪；再现数据的产生过程，重构数据或者试验过程，有利于数据共享和流程优化；管理数据的版权与知识产权；发生错误时能够快速定位产生错误的位置，分析出错误原因，确定责任人；解释数据现状产生的原因。

数据溯源技术兴起于 20 世纪 90 年代，由“data provenance”翻译而来，也有将其翻译为数据志。Buneman 等人将其定义为“origin of data and its movement between databases”，这一定义仅仅局限于数据库；Lanter 则局限于 GIS，认为 GIS 中的数据溯源是对导出数据所用到的原始数据及转换过程的描述；Greenwood 等人对 Lanter 的数据溯源定义进行了拓展，认为它是一种记录工作流过程、注释、实验过程的元数据；Goble 则定义成“processing and transformations of data”，此涵盖的领域就比较宽了。事实上，不仅定义不同，使用的术语也不同，在不同的应用领域中，数据溯源有不同的提法，如 provenance、derivation、lineage、pedigree、parentage、genealogy、filiation 等，但现在主要研究者都倾向于使用 provenance 这一术语。每个数据都有它的生命周期，都要经历从产生到存储查询，以及各种演变处理到最后被删除或存档的过程。其实数据溯源就是数据的全生命周期档案。所以，本书将数据溯源定义为记录数据从产生到消亡或转换的整个生命周期内所发生的变化和经过处理的信息。

国外已经有很多大学将数据溯源作为研究课题，最近也引起很多高校的专家学者的高度关注，并在 SIGMOD、FAST、VLDB、ICDE 等高水平的会议相继发表相关论文。2006 年成立了 International Provenance and Annotation Workshop （IPAW），有 30 多个团体参加并给出了第一挑战，内容是与会人员进行沟通交流，形成了统一的交流平台。2008 年第二个挑战是各种系统资源之间如何互操作及相互转化；2009 年第三个挑战形成统一的框架结构 OPM；2010 年第四个挑战是如何把数据溯源应用到 Web 中，该挑战正在进行中；IPAW 人员在不断扩大，并于 2011

年在 W3C 中开放了相关的研究及标准。相关院校已做的研究，如表 6-1 所示。

表 6-1 典型的数据溯源项目与系统

系统或项目名称	数据处理架构	描 述	科 研 机 构
Orchestra[22,23,62]	P2P	异构数据共享环境中支持 how 世系追踪	宾夕法尼亚大学
SPIDER[20-21]	数据集成	理解、提取和调试模式映射的工具	加州大学圣克鲁兹分校
WHIPS[4,62-64]	数据仓库	数据仓库环境下世系追踪系统	斯坦福大学
DBNotes[29]	关系数据库	关系数据库基础上的注释管理系统	加州大学圣克鲁兹分校
Modrian[64-66]	关系数据库	扩展 DBNotes 的注释管理系统	爱丁堡大学
Perm[8]	关系数据库	运用查询重写技术追踪数据世系	瑞士苏黎世大学
Chimera[67]	SOA	表示和查询数据世系的虚拟数据网络原型系统	美国阿贡国家实验室
ESSW[68]	基于脚本	运用于实验中自动记录数据和工作流世系的管理系统	加州大学圣塔芭芭拉分校
Tioga[3]	关系数据库	细粒度的数据世系管理系统	加州大学伯克利分校
CMCS[69]	SOA	以信息技术为基础、合成多尺度信息的化学科学知识库	桑迪亚国家实验室、西北太平洋国家实验室
MyGrid[70]	WFMS	应用于生物领域的工作流管理系统	曼彻斯特大学
PASOA[71]	WFMS	工作流环境下跟踪数据和服务质量和准确性	南安普敦大学和卡蒂夫大学
Trio[72]	关系数据库	不确定数据库上的数据世系管理系统	斯坦福大学
The EU Provenance Project[73,74]	SOA	基于 SOA 的世系查询系统	欧盟资助的项目
Karma[75]	SOA/WFMS	基于 SOA 封装的工作流世系查询系统	印地安那大学
VisTrails[76]	WFMS	新的工作流和世系管理系统支持数据探索和可视化	犹他大学
Wings/Pegasus[77,78]	WFMS	支持计算密集的分布式工作流的创建和执行	南加州大学

国内关于数据溯源研究较少，可搜索到的资源屈指可数。以下列举了有关国内数据溯源的信息：2002 年，戴超凡比较系统地研究了数据仓库系统中数据溯源追踪技术；2005 年，刘喜平等人总结了目前计算数据溯源的主要方法和应用。2007 年，李亚子研究了数据溯源追踪标注模式与描述模型，引入了数据溯源的 W7 模型。2008 年，王黎维等人研究了集成对象代理数据库的科学工作流服务框架中的数据跟踪模型，提出了一种基于对象代理数据库中的双向指针机制的数据追踪方法。2010 年，高明等给出数据溯源在不确定数据及其深化过程的研究进展，等等。

目前，数据溯源追踪的主要方法有标注法和反向查询法，其他还有利用双向指针追踪法，利用图论思想和专用查询语言追踪法，文献提出以位向量存储定位等方法。

工作流日志法，因为没有定义足够的语义信息，只是基于消息层面，即使收集到了，也很难重塑原始数据。因此，这种方式只能起到一种辅助作用没有实际意义。其他几种方法还没有大量实用，位向量存储定位法只能记录简单数据处理路径，不能处理复杂的处理过程。双向指针追踪法也只能针对特定数据格式类型，没有通用性。利用图论思想的方法还没有完全实现。

这里主要介绍标注法和反向查询法。

（1）标注法相对比较简单，且使用比较广泛。只需要记录与数据相关的处理信息即可。标注法通过记录信息来追溯数据来源，即用标注来记录原始数据的一些重要信息，如出处、作者、创建时间等，并让标注和数据一起随意传播，通过查看目标数据的标注来获得数据的来源。W7模型是事先标记并携带数据溯源的，因此，也称为 eager 方法。在此基础上，王黎维等人提出基于对象代理模型的数据跟踪方法。该方法能借助实验数据间的双向指针实现数据跟踪，能提供比注释、反向查询方法更高的性能，既节省存储空间，又减少额外的计算代价。

标注法的优点：实现简单，容易管理。其缺点：只适合小型系统，对于大型系统而言很难为细粒度的数据提供详细的数据溯源信息，因为很细可能导致元数据比原始数据还多，对存储造成很大的压力，而且效率低。查询法的优点：追踪比较简单，只需存储少量的元数据即可实现对数据的溯源追踪，不需要存储中间处理信息，也不用存储全过程的注释信息。其缺点：用户需要提供查询函数和相对应的验证函数。

（2）反向查询法。有的文献也称逆置函数法，是通过逆向查询或逆向函数，对查询求逆，或者根据转换过程反向推导，由结果追溯到原数据的过程。这种方法是在需要时才计算，所以又叫 lazzy 方法。

数据溯源是一个新兴的领域、研究时间短，还有很多地方不够完善、需要解决。

① 业界标准的统一问题。目前，很多学者提出了自己的模型和框架，但是，都有利有弊，没有形成统一的业界标准，标准如果不统一对数据溯源的发展会带来很大的阻碍，所以统一标准是亟待解决的问题之一。

② 数据安全问题。数据的安全是用户使用数据的最起码要求，也是一些重要数据和涉及国家军队秘密信息所必须考虑的安全隐患问题。数据溯源信息本身就是信息，由于其自身的特点需要共享才能达到目的，而且还需要实时更新和变迁，这就无法用常规的数据保护方法来确保数据溯源信息的安全。如何解决数据溯源信息的安全与方便修改是这一领域存在的问题。

③ 多系统转换问题。目前，大多数溯源管理系统都是在一个独立的系统内部实现溯源管理的，但数据如果在多个系统之间转换或流动，如何解决这些系统间追踪也是这一领域需要解决的问题。

6.5.2 大数据的相关推荐算法

大数据的相关推荐算法与传统的推荐算法一样，主要包括：基于内容推荐、协同过滤推荐、基于关联规则推荐、基于效用推荐、基于知识推荐和组合推荐等。

6.5.3 基于大数据的决策管理算法

基于大数据的决策管理算法主要是指基于各种决策管理模型而研制的各种算法，主要利用大数据的特点，通过对大数据的计算，得出相应的决策与管理依据。

6.5.4 基于模型的推理及预测算法

模型分为两类：一类是物理模型，通过研究物理、化学和生物作用机理获得；一类是回归数据模型，通过分析输入、输出和状态参数之间的关系获得，如卡尔曼状态估计模型、ARMA模型、隐马尔科夫模型。如果能够建立确切的模型，预测精度将大大提高，误差大大减小。基于模型的推理及预测算法主要有以下几种。

1．基于时间序列分析的方法

经典时间序列分析方法把数据看作一个随机序列，根据相邻观测值具有依赖性，建立数学模型来拟合时间序列。经典时间序列分析方法经过几十年的发展，已经非常成熟，而且也已经应用到社会生活中的各个领域。但这种方法是用线性模型来拟合数据序列的。因此，从本质上说，它不适合预报非线性系统。

2．基于滤波器的方法

19 世纪 60 年代初，Kalman 和 Bucy 最先提出状态空间方法及递推滤波算法，即 Kalman 滤波器，通过对系统状态估计误差的极小化，得到递推估计的一组方程。由于它同时得到了系统的预报方程，因此在预报领域也得到大量的应用。例如，飞行器运动的实时预报，运动物体的轨迹预测等。基于 Kalman 滤波器的方法要求系统模型已知，当模型比较精确时，通过比较滤波器的输出与实际输出值的残差，实时调整滤波器的参数，能够较好地估计系统的状态，同时，也就能对系统的状态做短期预报。但一旦模型不准确，滤波器估计值就可能发生较大偏差。用于非线性系统的扩展 Kalman 滤波器（EKF）同样存在关于模型不确定性的鲁棒性差的问题，而且在系统达到平稳状态时，将丧失对突变状态的跟踪能力。

3．基于神经网络的方法

神经网络具有极强的非线性映射能力，在预报方面受到了广泛的关注。Lapedes 等人最早发表了将神经网络应用于时间序列预报的文章，他们用非线性神经网络对由计算机产生的时间序列仿真数据进行了学习和预测。在这之后，出现了大量的将神经网络用于预报的文章。Connor 等人提出了一种鲁棒学习算法用于训练回归神经网络，并通过仿真，验证了回归神经网络用于预报的效果优于 ARMA 模型。Tse 和 Atherton 采用了回归神经网络对香港一家化工厂的冷却塔的鼓风机进行故障预报。通过记录减速箱的振动声音信号，构成一个时间序列，再利用回归神经网络对序列进行外推，实现故障预报。由神经网络的模型可以看出，神经网络对观测序列没什么限制，它几乎可以对所有的时间序列进行分析。特别是神经网络的非线性映射能力，使得它能够应用在非线性系统中。

函数逼近器的神经网络目前应用较广泛的仍然是基于多层的前馈网络（如 BP 网络），这种网络只代表了一类可通过代数方程描述的静态映射，只适用于静态预测。动态神经网络是一个对动态时序建模的过程。人们已经提出了许多有效的网络结构，其中包括全连接网络以及各种具有局部信息反馈结构的网络模型等，这些网络本身具有相应的动态结构，因此其预测是动态预测。动态神经网络已经在实际的非线性动态系统的建模和预测中得到了成功的应用。

4. 基于模糊一神经网络的方法

最近几年，由聚类运算法则和模糊集理论相结合产生了模糊聚类算法。这种方法能有效地解决不确定模型或无人监督模式的系统。2000 年，在第 15 届国际模式识别会议上，美国学者 Policker S 和 Geva A.B 提出了一种新的基于时间序列的模糊聚类预报算法。这种算法基于时间聚类的结构，成功地应用到如语音识别和医学信号等不稳定的信号模式的分析、分割和预报上。

模糊理论和神经网络的结合，为故障预报技术的发展进行了一种有益的尝试。2000 年，AjithAbraham 和 Baikunth Nath 提出了一种软计算的方法对电子电路系统进行智能在线监控任务。这种方法通过直接测量或通过传感器得到有效的控制向量，经过处理和标准化输入到神经—模糊模型中，与常规神经网络的预测结果相比较的结果表明，这种算法明显优于人工神经网络的方法。Wilson 等提出了利用神经—模糊系统设计机械寿命预后系统，证明在恰当的训练后，神经—模糊系统无论在训练精度和训练速度上都优于回归神经网络。

5. 基于粗糙集合的预报方法

粗糙集方法在故障预报中，同样也显示了其较为优越的性能。Jose M. Pena 等利用粗糙集理论对数据进行分析和推理的能力，将粗糙集方法用到航空领域的飞机故障预报中，通过对飞机系统中众多传感器所收到的数据进行属性约简，提取规则，建立预测变量模型，从而实现故障预报。基于粗糙集的方法适用于对大量杂乱的数据进行规则提取，并形成专家知识库，用于故障预报。但它还需要和其他优化技术相结合,以加快数据处理的速度。

6.5.5 基于数据的推理及预测算法

预测技术是一种难度最大、最具挑战性的综合性技术，它是当前国内外研究的热点之一，尤其是基于大数据的推理及预测。下面是几种典型的基于数据的推理及预测算法。

1. 演化预测法

演化预测方法是借助分析已知性能故障推断当前部件状态（特征）的接近程度或变化率。演化预测方法适用于具有条件失效的系统或子系统，例如，辅助动力装置气路性能下降。一般而言，演化预测适用于系统的降级分析，这主要是因为条件损失是多个部件功能不正常综合作用的结果。这种方法对传感器信息要求较高，以便于评估系统或子系统状态，以及测量不确定性相对水平，且格外要求表征已知性能相关故障的参数状态必须是可识别的。此外，物理模型，例如，气路分析或控制系统仿真对于分析预测模型有用但非必须。除物理模型外，也可以采用故障状态的内在专家知识及在测量和提取特征空间中的表现信息进行演化预测。

2. 基于特征传播和人工智能的预测方法

另外一种常用的预测方法是先获取系统或部件从正常到失效传播过程的测量参数，再采用人工智能预测故障/失效的降级路径。在这种方法中，以获取的“运行到失效”特征数据为基础，对神经网络或支持向量机、高斯过程等智能机器学习方法进行训练。其中，失效概率需要由以失效真实数据为依据的先验知识定义。根据输入特征和期望的输出预测，网络能够自动调节权值和阈值，来模拟失效概率曲线与关联特征副值之间的关系。

3．Logistic 回归预测方法

Logistic 回归分析采用极大似然估计方法估计模型[11]。设因变量为 y，当其取值为 1 时，代表事件发生；当其取值为 0 时，代表事件未发生。影响 y 取值的 n 个自变量为 x_1，x_2，…，x_n。假设观察事件在自变量作用下发生的条件概率为 P_i，则观察事件在自变量作用下不发生的条件概率为 $1-P_i$。

4．统计模式识别预测方法

统计模式识别是目前最成熟也是应用最广泛的方法，它主要利用贝叶斯决策规则解决最优分类器问题[12]。统计决策理论的基本思想就是在不同的模式类中建立一个决策边界，利用决策函数把一个给定的模式归入相应的模式类中。

5．灰色预测方法

灰色预测是指用灰色模型（Grey Model，GM）进行预测，通过对原始数据的处理，建立灰色模型，模拟系统的发展规律，从而对系统的未来状态做出科学的定量预测。灰色预测首先对数据进行处理，数据处理不是为了寻找数据的统计规律或概率分布，而是对原始数据进行一定的处理，如累加或累减，使其成为规律性较强的新的时间序列数据，对处理后的数据序列建立数学模型。灰色预测模型由于其实用性强，所需数据量较少，建模灵活方便，预测精度较高，在诸多领域中得到广泛应用。灰色模型中的累加生成和累减生成，主要用于对数据进行处理。累加生成，是指对原始数据序列各时刻数据依次累加从而得到新的数据序列，累减生成是累加的逆运算，可将累加生成数列还原为非生成数列，在建模过程中用以获得增量信息。通过累加生成和累减生成，使得原始数据随机性弱化和规律性强化，这一过程反映了人们对数据本身的更深层次的认识，对数据本身所含信息的更深层次的发掘，从而揭示出它们更为本质的特征，这是灰色系统理论和方法的一个独到之处。

6．支持向量机预测方法

传统模式识别技术只考虑分类器对训练样本的拟合情况，以最小化训练集上的分类错误为目标，通过为训练过程提供充足的训练样本来试图提高分类器在未见过的测试集上的识别率。对于少量的训练样本集合来说，我们不能保证一个很好地分类了训练集样本的分类器也能够很好地分类测试样本。在缺乏代表性的小训练集情况下，一味地降低训练集上的分类错误就会导致过度拟合。

支持向量机以结构化风险最小化为原则，即兼顾训练误差（经验风险）与测试误差（期望风险）的最小化。直观上，距离训练样本太近的分类线对噪声比较敏感，且对训练样本之外的数据不太可能归纳得很好；而远离所有训练样本的分类线将可能具有较好的归纳能力。所谓最优分类线就是要求分类线不但能将两类正确分开（训练错误率为 0），而且使分类间隔（又称余地，margin）最大。扩展到二维以上的高维空间中，即最优分类超平面。SVM（Support Vector Machine）就是寻找能够成功分开两类样本并且具有最大分类间隔的最优分类超平面。寻找最优分类面的算法最终将转化为一个二次寻优问题，从理论上说，得到的将是全局最优点，解决了在神经网络方法中无法避免的局部极值问题。

7. 基于贝叶斯网络的预测方法

多树传播算法为贝叶斯网络中的每一个节点分配一个处理机，处理机利用相邻节点传递来的消息和存储于该处理机内部的条件概率表，计算求得自身的后验概率，并将结果向其余相邻节点传播。在实际计算中，贝叶斯网络接收到一些节点的故障状态后，该节点的后验概率值发生改变，该节点的处理机将这一改变向它的相邻节点传播；相邻节点的处理机接收到传递来的消息后，重新计算自身后验概率，继续向其相邻节点传播，直到证据的影响传遍所有的节点为止。已知根节点故障状态，可预测其余节点发生故障的概率。

8. 自回归移动平均预测方法

ARMA 模型由三种基本的模型构成：自回归模型（AR，Auto-regressive Model），移动平均模型（MA，Moving Average Model）以及自回归移动平均模型（ARMA，Auto-regressive Moving Average Model）。

9. 模糊逻辑预测方法

传统逻辑中推论的基本规则是假言推理，按这一规则能够从命题 A 的真假和蕴涵 A→B 中推断出命题 B 的真假。然而在预测实际中常常会遇到像“环境污染较轻、较重”一类的模糊语句。这时很难用“真”或“假”来描述，只能描述其为“真”的程度，而“真”的程度如何，模糊逻辑中可以用闭区间[0, 1] 的一个实数值来表示，这就是模糊集的多值逻辑。这样应用模糊集理论可以将逻辑推理由二值逻辑转化为多值逻辑，从而可以进行预测。

6.5.6 基于规则的推理及预测算法

这类算法主要根据专家、常识、经验等设置规则，一旦触发规则满足的条件，则做出相应的预测。有关规则及处理机制在本书第二部分有详细的分析。

6.5.7 混合推理及预测算法

这类算法主要是将基于模型的推理及预测算法、基于数据的推理及预测算法与基于规则的推理及预测算法等进行混合，实现混合推理及预测。

本章小结

本章首先介绍了大数据智能计算的总体架构，接着介绍了四种类型的大数据智能计算算法，并做了简要分析。

第7章　基于大数据的数据仓库技术

随着互联网技术，尤其是物联网技术的飞速发展，越来越多的数据积累起来。如何处理PB级别甚至ZB级别的大数据所形成的数据仓库数据，已经变得十分必要。现有的处理大数据的方案主要有Greenplum（智能支持100TB左右）及基于Hadoop的Hive及Pig等。Greenplum无法支撑PB级别及ZB级别的大数据的数据仓库处理，Hive及Pig虽然能够支撑PB级的大数据的数据仓库的处理，但是其处理效率比较低下，很难满足实时的处理需求，尤其是交互式的应用处理需求。本章提出一种新的基于大数据的数据仓库技术，以期能较好地实现大数据的快速有效处理，满足未来基于大数据的数据仓库需求。

7.1　Facebook中Hive采用的技术思路与存在问题分析

7.1.1　Hive采用的技术思路分析

Hive是一个基于Hadoop的数据仓库。使用Hadoop的HDFS作为数据存储层，提供类似SQL的语言即HQL，通过Hadoop的MapReduce完成数据计算；通过HQL语言提供使用者部分传统RDBMS一样的表格查询特性和分布式存储计算特性。Hive实质上是Hadoop的一个客户端，只是把产生MapReduce任务用一个SQL编译器自动化了。类似的系统有Yahoo!的Pig、Google的Sawzall、Microsoft的DryadLINQ。Hive主要包括以下几部分。

（1）操作界面（有CLI、Web及Thrift）。

（2）Driver：Hive系统将用户操作转化为MapReduce计算的模块。为了避免用户编写繁杂的MapReduce程序，Hive为用户提供了一种类SQL的程序编写机制，从而在MapReduce与用户之间架起了一座桥梁。

（3）Hadoop：HDFS+MapReduce。

（4）MetaStore：存储元数据。Hive的元数据中保存了表的属性和服务信息，为查询操作提供依据，默认的元数据库是内嵌的Deby，这种情况下MetaStore和其他Hive服务运行在同一个Java虚拟机里，智能允许建立单个会话，要实现多个用户多会话支持，需要配置一个独立的元数据库，提供元数据服务。Hive的元数据服务可以把MetaStore共享给其他客户端。

HiveQL是一种类似SQL的语言，它与大部分的SQL语法兼容，但是并不完全支持SQL标准，如HiveQL不支持更新操作，也不支持索引和事务，它的子查询和Join操作也很局限，这是由它的底层依赖于Hadoop云平台的这一特征所决定的，当然有些特点是SQL所无法比拟的。例如，多表查询，支持Create- table as select和集成MapReduce脚本等。

Hive在Hadoop系统中存储海量数据，提供了一套类数据库的数据存储和处理机制。它采用类 SQL 语言对数据进行自动化管理和处理，经过语句解析和转换，最终生成基于 Hadoop 的 MapReduce 任务，通过执行这些任务完成数据处理。图 7-1 显示了 Hive 数据仓库的系统结构。

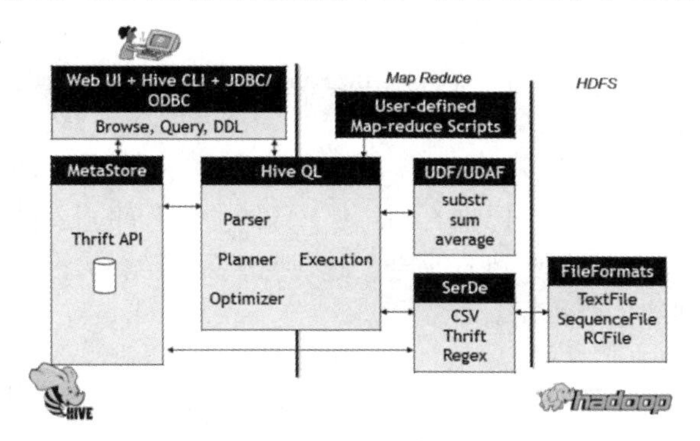

图 7-1　Hive 数据仓库的系统结构

7.1.2　Hive 存在的问题分析

1. Hive 的优势分析

Hive 主要用来进行数据仓库的结构化分析和统计，在 Facebook 进行数据挖掘和分析的时候有很大的作用。其优点是学习成本低，可以通过类 SQL 语句快速实现简单的 MapReduce 统计，不必开发专门的 MapReduce 应用，十分适合数据仓库的统计分析（注意：数据仓库和数据库不是一个概念）。

2. Hive 存在的问题分析

Hive 主要是对数据仓库数据进行结构化分析和统计，一般的数据仓库不是实时的数据，因此 Hive 得到的不是实时的数据。而且版本并不成熟，没有提供编程接口，只能当作工具使用。

虽然 Hive 仍然有许多缺陷，然而 Hive 的确是一个有很好想法的系统，适合做大量数据分析的处理，因为这个系统提供一个类似 SQL 的查询命令，对于爱好关系数据库的用户来说很有吸引力。而且直接打入类似 SQL 命令比写 Map-Reduce 程序来说确实要简单得多。Hive 得到了 Facebook 的大力支持，Facebook 对 Hadoop 技术将持续投入，并对 Hive 所使用的开源项目做出了贡献，如 Hive 和 Hbase。Facebook 的计算集群正在处理超大规模的数据并有着支持高可用性的架构，低延迟的应用，和与 Hadoop 相集成的数据库。

7.2　Yahoo!中 Pig 采用的技术思路与存在问题分析

7.2.1　Pig 采用的技术思路分析

Pig 是最早由 Yahoo!开发的一种大规模数据仓库应用技术。Pig 是一个基于 Hadoop 的大规模数据分析平台，它提供的类 SQL 语言叫 Pig Latin，该语言的编译器会把类 SQL 的数据分析请求转换为一系列经过优化处理的 MapReduce 运算。Pig 为复杂的海量数据并行计算提供了一个简单的操作和编程接口。新版的 Pig 主要特性包括：支持 Jython 的 UDF（User-Defined Functions），支持标量转换，自定义分区，整合 MapReduce 代码，嵌套描述，单元测试工具 PigUnit，改进了可视化分析工具 PigStats，等等。

Pig 系统采用预处理与处理分离的架构，即程序的分析、逻辑计划的生成独立于执行平台。只有逻辑计划被编译为具体的执行计划时才依赖于具体的执行平台。目前，Pig 采用比较成熟的开源 Map-Reduce 实现 Hadoop 作为执行平台。这种分离体系结构，有助于系统的发展。图 7-2 展示了 Map-Reduce 计划的生成机制。

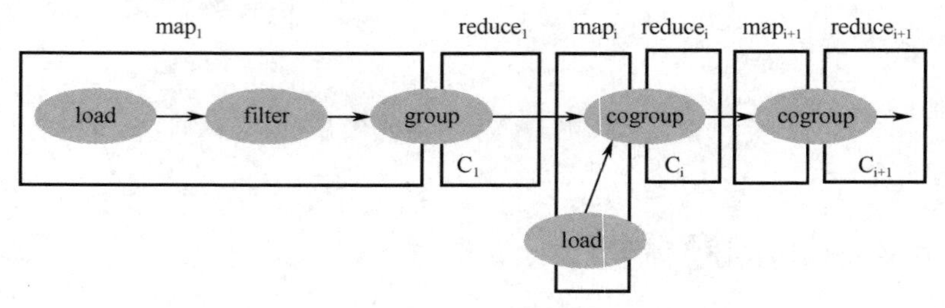

图 7-2　Pig 系统的 Map-Reduce 计划

7.2.2　Pig 存在的问题分析

1. Pig 优势

（1）Pig 是一种编程语言，它简化了 Hadoop 常见的工作任务。Pig 可加载数据、表达转换数据及存储最终结果。Pig 内置的操作使得半结构化数据变得有意义（如日志文件）。同时 Pig 可扩展使用 Java 中添加的自定义数据类型并支持数据转换。

（2）Pig 赋予开发人员在大数据集领域更多的灵活性，并允许开发简洁的脚本用于转换数据流以便嵌入到较大的应用程序。Pig 比 Hive 相对轻量，它主要的优势是相比于直接使用 Hadoop Java APIs 可大幅削减代码量。

（3）Pig 最大的作用就是对 MapReduce 算法（框架）实现了一套 shell 脚本，类似我们通常熟悉的 SQL 语句，在 Pig 中称之为 Pig Latin，在这套脚本中我们可以对加载出来的数据进行排序、过滤、求和、分组（group by）、关联（Joining），Pig 也可以由用户自定义一些函数，对数据集进行操作，也就是传说中的 UDF（User-Defined Functions）。

2. Pig 缺点分析

（1）Pig 语言本身只支持有限迭代编程（for 语句），而不能支持不定迭代（while），在这种情况下，Pig 必须借助于用户实现自定义函数或者嵌入在 Java 里面实现。

（2）Pig 更适合用作单一的数据查询语言，如果用户需要将 Pig 用于某些产品应用中，需要在其应用上开发新的中间层。

7.3 未来数据仓库架构需求分析

未来的基于大数据的数据仓库需要具有能够处理 PB 级别甚至 ZB 级别数据的能力，需要能够支持更为复杂的语意计算能力及能够支持实时及交互式 Ad Hoc 计算能力。

（1）未来的基于大数据的数据仓库架构应当具有高可扩展性，容量能在线扩展。能够随着数据量的不断增加，通过增加存储器和处理器数目来增加数据计算能力和存储能力。

（2）未来的基于大数据的数据仓库架构需要能统一管理结构化数据、半结构化和非结构化数据。大数据类型多种多样，不仅有存在传统关系数据库中的结构化数据，更多的是存储在云数据库中的半结构化数据（如语意云数据库系统 SCloudDB 中存储的海量的索引大表或者社交网络应用程序的论坛数据等构成的大表等）和非结构化数据（如存储在 SCFS 语意云文件系统中的图片、音频、视频等）。

（3）未来的基于大数据的数据仓库需要能提供低时延的多条件、多维度复杂分析。由于未来对于大数据的应用需求将会变得越来越复杂，因此未来的基于大数据的数据仓库架构需要支持更多的语意，从而能够实现多维度、复杂的分析需求。因此，语意技术将是未来大数据仓库架构的必不可少的一项关键技术。同时，由于语意技术的应用，将大大缩减无用的计算并提高有效计算效率，从而提高大数据处理效率，因此可以为实现实时计算提供基础，减少计算和分析时延问题。

（4）未来的基于大数据的数据仓库能提供高效的数据并行分析，主要需要满足元数据和数据的并行处理。因此不仅需要对数据节点服务器进行集群化处理，对于元数据服务器也要进行集群化处理，从而提高并行性，获取处理效率。

（5）未来的基于大数据的数据仓库需要能提供高效的并行加载机制。未来的基于大数据的数据仓库不仅需要能够提供高效的并行计算和分析机制，同时也需要提供高效的并行加载机制。若无高效的并行加载，计算和处理速度虽然得到大幅度提高也不会带来整体性的效率提高，因为加载将成为一个巨大的瓶颈。因此，高效的并行加载机制也是未来数据仓库必不可少的基本需求。

（6）未来的基于大数据的数据仓库需要提供数据可靠性支持，主要需要实现可靠的副本机制。现在的 Hadoop 系统已经默认使用了 3 副本机制。未来的数据仓库也可以参考 Hadoop 的副本机制，实验数据仓库数据的可靠性。

（7）未来的基于大数据的数据仓库需要支持系统异常时在线恢复机制。未来的数据仓库时时刻刻需要支持成千上万的服务请求，错误在所难免。新的架构必须满足支持系统异常时的在线恢复机制，以便快速恢复异常，为用户提供优质服务。

（8）未来的基于大数据的数据仓库需要支持并行数据备份及恢复。不仅计算分析和加载速度要快，为了安全性，数据备份和恢复同样要快，才能真正提高大数据的处理效率，因此数据备份和恢复也需要能够并行完成。

7.4 一种基于大数据的数据仓库 SemanDW

基于未来的大数据的数据仓库的基本需求，我们提出一种新的大数据仓库架构 SemanDW（Semantic++ Datawareing，语意数据仓库）。根据 7.3 节所描述的八点需求，SemanDW 的基本架构如图 7-3 所示。

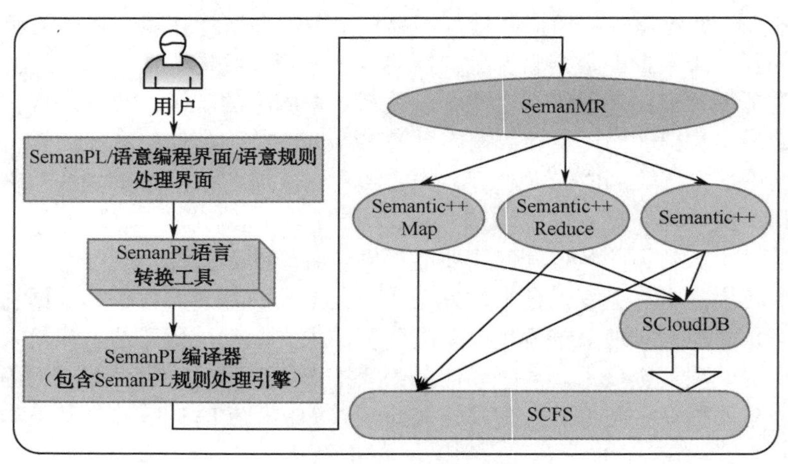

图 7-3 SemanDW 体系架构

通过该数据仓库架构，用户可以通过编写语意程序设计语言 SemanPL、使用语意编程界面或通过使用语意规则处理界面执行自己所需的基于大数据的数据仓库操作（如查询、分析等）。如果用户使用的是语意编程界面或者语意规则处理界面，则它们需要通过 SemanPL 语言转换工具进行一次转换，转换成 SemanPL 编译器能够编译的语意程序设计语言 SemanPL。SemanPL 编译器包含了 SemanPL 规则处理引擎。一旦 SemanPL 程序编译后，将自动通过 SemanMR 去执行针对各种大数据的数据计算和处理工作。SemanMR 将各种需求分别交由 Semantic++ Map 函数、Semantic++ Reduce 函数或 Semantic++ UDF（用户自定义函数）函数去处理存储在 SCloudDB（Semantic++ Cloud Database，语意云数据库系统）或者 SCFS（Semantic++ Cloud File System，语意云文件系统）中的大数据。

另外，由于 SemanDW 大量地使用了语意技术，包括语意索引、语意排序、语意调度、语意元数据服务器集群、语意数据存储服务器集群、语意 Map、语意 Reduce、语意 Shuffle、语意 UDF 等，因此，SemanDW 能较好地满足并支持 PB 级别甚至 ZB 级别大数据计算、分析及实时交互式查询分析和多维度复杂分析处理的需求。

本 章 小 结

云环境下，针对大数据处理的数据仓库架构技术已经变得越来越重要，本章简要分析了目前最著名的两个基于数据仓库架构技术：Facebook 的数据仓库架构 Hive 及 Yahoo!的云环境下数据仓库架构 Pig。最后，本章提出了一种新的基于大数据的数据仓库 SemanDW，并做了简要分析。

第 8 章　大数据安全与隐私保护

尽管对于大数据的云安全与隐私保护的研究在最近几年的时间里取得了很多研究成果，但仍有一些重要的理论问题与关键技术有待研究和突破。例如，迄今为止，如何对浩瀚的大数据尤其是以非结构化数据占据主导的海量数据实施隐私信息的有效提取，建立有效的安全保障和隐私保护模型及数据的无缝融合等仍然没有得到较好的解决。大数据的云共享安全与隐私保护的制约主要表现在以下四方面：①由于 PKI 安全模型本身的缺陷，很难完全适应云环境下的大数据的安全保障；②由于隐私保护模型的缺陷，现有隐私保护机制很难适应云环境下的大数据隐私保护；③由于语意的缺乏，提取大数据中的隐私信息仍然十分困难；④由于融合模型和融合质量评价标准的缺乏，隐私信息和非隐私共享信息的无缝融合仍然面临巨大的挑战。

上述几个制约因素是影响大数据的安全与隐私保护的主要原因，因此本章将对此提出相应的解决方法，为解决大数据的安全与隐私保护提供一个简要思路。

8.1　大数据安全模型 BigData-PKI

8.1.1　大数据安全体系结构

大数据的安全与传统的数据安全模型有着巨大的区别，对于不同的大数据安全模型，分别有不同的安全策略。大数据是一种典型的价值密度低下的数据形式，其安全性也将随着密度价值的不同有所不同。本章设计的大数据安全体系结构如图 8-1 所示。首先对大数据做有用性判定，对基本无用的大数据采用策略 1，对比较有用的大数据采用策略 2，对有用的大数据采用策略 3。

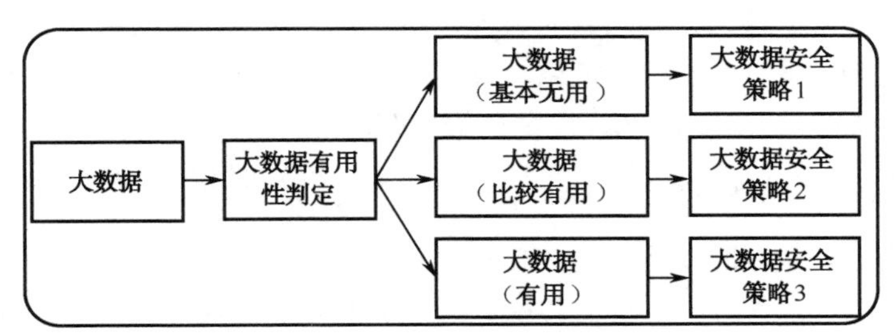

图 8-1　大数据安全体系架构

1．大数据安全策略 1

对于基本无用的大数据，其基本安全策略 1 可以表述如下：

（1）采用 2 副本策略；

（2）不做任何额外的加密或者安全措施。

2. 大数据安全策略 2

对于比较有用的大数据，其基本安全策略 2 可以表述如下：

（1）采用 3 副本策略；

（2）不做任何额外的加密或者安全措施。

3. 大数据安全策略 3

对于有用的大数据，其基本安全策略 3 可以表述如下：

（1）采用 3 副本甚至更多的副本策略（安全副本策略）；

（2）严格按照 8.1.2 节的大数据安全模型 BigData-PKI 进行安全保障。

8.1.2 大数据安全模型 BigData-PKI

大数据安全模型 BigData-PKI 将确保大数据在云中的内容完整、来源可靠，尤其是数量完整。与传统的基于 PKI 安全模型不同，BigData-PKI 不像 PKI 主要保障数据在有明确发送方和接收方的空间传输过程中的安全，它更需要保障大数据在云数据中心存储共享过程中的安全问题。另外，BigData-PKI 不仅需要像传统 PKI 那样确保数据的内容完整性，同时还需要保证数量完整性，即要能够安全检测大数据的数量是否有丢失或者有伪造等。

如图 8-2 所示为大数据安全模型 BigData-PKI 的图形展示。

从图 8-2 可以看出 BigPKI 在原有的 PKI 安全模型基础上做了修正，白色部分为原来 PKI 的安全模型机制，灰色部分为新增加的安全机制部分。另外，原来的 PKI 安全模型主要用来确保有明确的发送方和明确的接收方的安全，无法保障数据在长期保存过程中的安全。我们的大数据安全模型 BigData-PKI 将原来的发送方衍生到了“大数据初始状态 A（时间或空间）”，将原来的接收方衍生到了“大数据检查状态 B（时间或空间）”。这样可以确保数据在发生空间转移，或者仅仅发生时间转移（如长期保存过程中）时，均可以检测其是否安全。大数据的安全保障主要包括：大数据的保密性安全保障、大数据的内容完整性安全保障、大数据的来源可靠性安全保障、大数据的数据真实性安全保障、大数据的数量完整性安全保障及它们的实现机制。其中大数据的保密性安全保障、大数据的内容完整性安全保障和大数据的来源可靠性安全保障这三方面是原来的 PKI 安全模型已有的安全保障，然而大数据的数据真实性安全保障和大数据的数量完整性安全保障是 BigData-PKI 模型新增加的两个安全保障。

1. 大数据的保密性安全保障

大数据的保密性安全保障与传统的 PKI 安全模型一样，采用加密技术对那些重要的数据进行加密，起到安全保密的作用。不过与传统的加密解密方法不同的是，在云环境下，对大数据的加密不能采用传统的加密算法，必须采用同态加密算法。因为大数据被云文件系统切分成 64MB 的块后，如果使用传统的加密算法进行加密后，无法实现解密的功能。而同态加密算法可逆，可以同时实现加密和解密的效果。

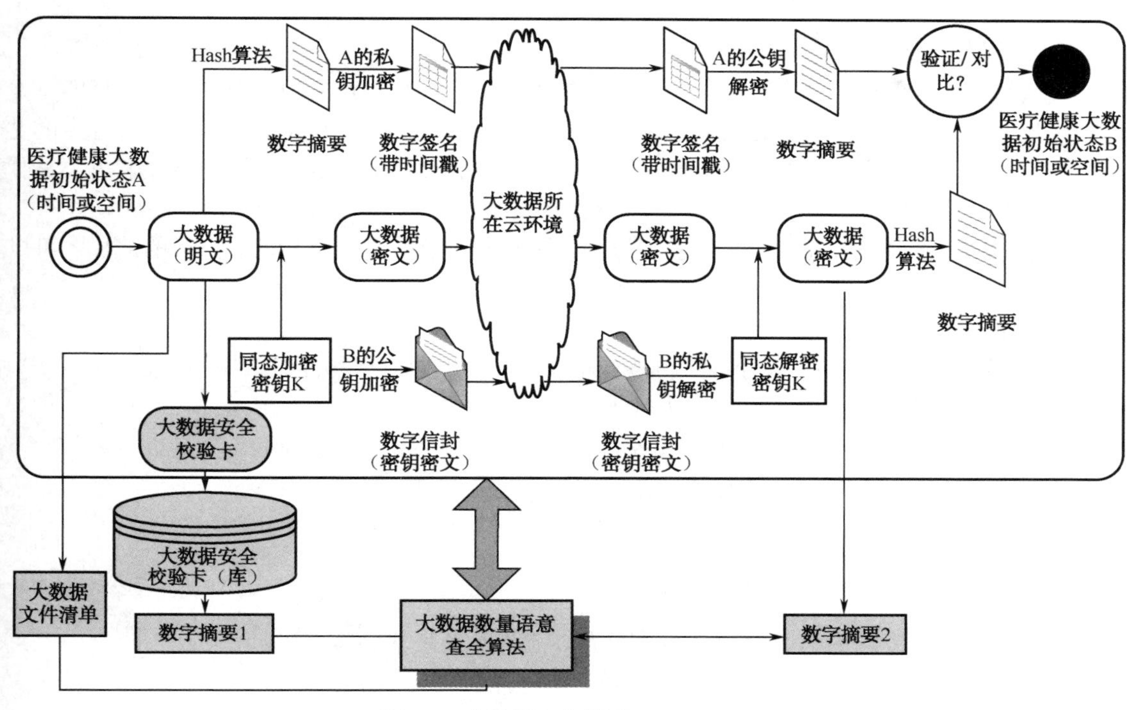

图 8-2　大数据安全模型 BigData-PKI

2．大数据的内容完整性安全保障

大数据的内容完整性安全保障与传统的 PKI 安全模型一样，采用数字摘要技术起到内容完整性安全保障的作用。

3．大数据的来源可靠性安全保障

大数据的来源可靠性安全保障与传统的 PKI 安全模型一样，采用数字签名技术起到来源可靠性安全保障的作用。

4．大数据的数据真实性安全保障

大数据的数据真实性安全保障是 BigData-PKI 模型特有的安全保障之一。其目的是要确保大数据本身的真实性，这是传统的 PKI 安全模型所没有的。传统的 PKI 安全模型只确保数据在传输过程中的安全问题，并没有考虑到数据在传输前该份欲传输的数据本身是否真实。为了让大数据的数据真实性得到安全保障，BigData-PKI 模型特别增加了“大数据安全校验卡”，即为每一个大数据制作一个独一无二的大数据安全校验卡，并将该卡存入到数据库——大数据安全校验卡库中，一旦有伪造的大数据存入到数据中心中，如果该份大数据没有一个特别的“大数据安全校验卡”，它的身份就非法，属于伪造文件，从而可以判断它不是真实的大数据。

“大数据安全校验卡”主要包含以下几部分：大数据文件名字、大数据文件其他元数据、大数据文件数字摘要、大数据文件的数据提供者的数字签名。最后所有的“大数据安全校验卡”将被存储到一个独立的“大数据安全校验卡（库）”中。

5．大数据的数量完整性安全保障

大数据的数量完整性安全保障是 BigData-PKI 模型另外一个特有的安全保障。其目的是要确保大数据无论是在发生空间转移的传输过程还是发生在只有时间转移的长期保存过程中的文件数量的安全，这也是传统的 PKI 安全模型所没有的。大数据的数量完整性安全保障需要大数据文件清单、大数据安全校验卡（库）及大数据数量语意查全算法的共同作用来完成。

大数据的数量完整性安全保障的实现原理及需要解决的数量完整性可能出现的情况，可以简要描述如下（包含空间转移和时间转移两种情况）：

（1）空间转移数量完整性保障。

① 发送的大数据文件数量小于实际应收的含伪造大数据文件数量：

- 少发送大数据文件（不含伪造大数据文件，无重复发送大数据文件）。
- 少发送大数据文件（不含伪造大数据文件，有重复发送大数据文件）。
- 少发送大数据文件（含伪造大数据文件，无重复发送大数据文件）。
- 少发送大数据文件（含伪造大数据文件，含重复发送大数据文件）。

② 发送的大数据文件数量大于实际应收的大数据文件数量：

- 多发送大数据文件（含伪造大数据文件，无重复发大数据文件）。
- 多发送大数据文件（含伪造大数据文件，且有重复发大数据文件）。
- 多发送大数据文件（不含伪造大数据文件，有重复发大数据文件）。

（2）时间转移数量完整性保障，主要体现在以下三方面：

① 检查大数据安全校验卡（库），检查大数据文件是否有丢失；
② 检查大数据安全校验卡（库），检查大数据文件是否有重复；
③ 检查大数据安全校验卡（库），检查大数据文件是否有伪造。

8.2 大数据安全协议 BigData-Protocol

在 8.1 节中讨论了大数据安全模型 BigData-PKI，该模型可以从五方面保护大数据在传输或者数据中心存储过程中的安全问题。但是要让大数据真正走向应用，需要像传统的电子商务领域的 SSL 或者 SET 安全协议一样，为大数据的真正应用建立一个安全协议。基于此目标与理想，本节设计了针对大数据的安全协议 BigData-Protocol。

1．大数据安全协议 BigData-Protocol 参与主体

作为 BigData-Protocol 安全协议，其中最为基础的是首先需要了解大数据在生产、获取、保存、迁移、应用及销毁整个链条中所有的参与主体。大数据的参与主体主要有以下六类。

（1）大数据生产者，包含人、各种传感器及各种产生数据的机器等。它们主要负责产生各种大数据。例如，人通过 Facebook 分享自己的照片，通过 Twitter 发表自己的社会评论；PM2.5 物联网传感器不断发送各种 PM2.5 监测数据；交通传感器不断发送各种交通状况数据；股票交易系统的服务器不断产生的各种交易日志等。

（2）大数据获取者。例如，一些物联网数据接收器等，它们主要负责接收各种数据或者数据流。

（3）大数据保存者，主要指用来保存各种大数据的机器设备，包括各种存储节点、计算节

点及其各种网络设备如路由器等。

（4）大数据迁移者，主要指发出迁移指令的人、发出迁移指定的机器、大数据迁出节点、大数据迁入节点及其大数据迁移过程中经过的各种网络设备等。

（5）大数据应用者，主要指各种需要应用大数据的人、机器或者各种应用程序等。

（6）大数据销毁者，主要指销毁各种大数据的人、机器或者各种应用程序等。

2. 大数据安全协议 BigData-Protocol

如图 8-3 所示展示了大数据安全协议 BigData-Protocol 的基本架构，其主要包括大数据的产生、接收、存储、迁移、使用、销毁，大数据参与主体可信认证及大数据安全协议 BigData-Protocol 规范三大部分。

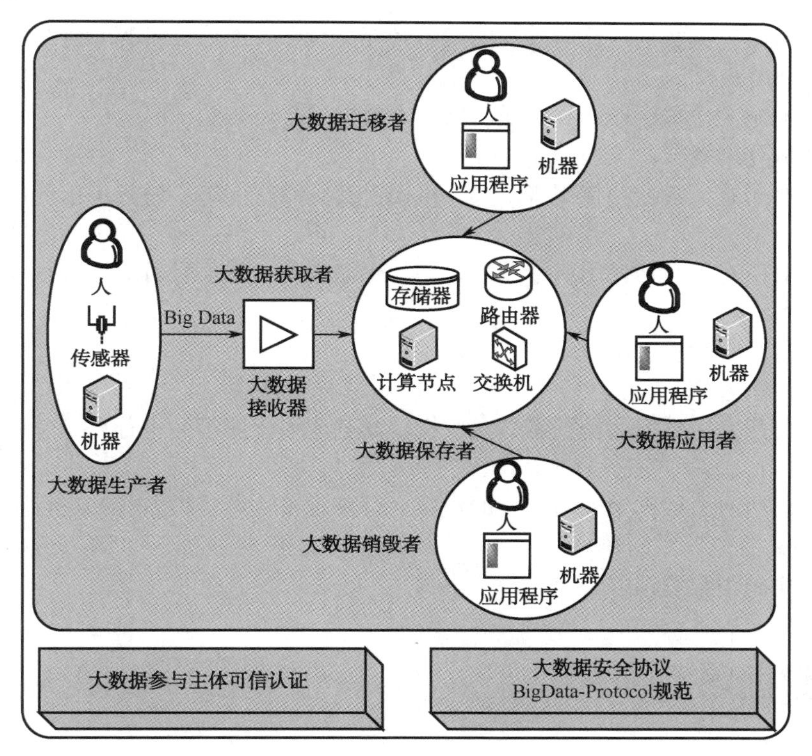

图 8-3　大数据安全协议 BigData-Protocol

（1）大数据的产生、接收、存储、迁移、使用、销毁。如图 8-3 所示展示了大数据的产生、接收、存储、迁移、使用、销毁的整个流程。

（2）大数据参与主体可信认证。类似于电子商务参与主体一样，为了确保大数据的全部过程安全可靠需要对大数据的所有参与主体进行可信认证。这些参与主体为图 8-3 所示的大数据生产者、大数据接收者、大数据保存者、大数据迁移者、大数据应用者及大数据销毁者。

（3）大数据安全协议 BigData-Protocol 规范。

① 大数据接收规范。

步骤一：对各种大数据发送设备进行可信验证。若验证通过，进入步骤二，否则终止。

步骤二：对各种大数据接收设备进行可信验证。若验证通过，进入步骤三，否则终止。

步骤三：接收大数据。

步骤四：对接收到的大数据进行验证（或者随机验证）。

步骤五：若验证通过，将所有大数据输入到存储设备中。否则，报告大数据出错等情况。

② 大数据存储规范。

步骤一：对所有的存储设备进行可信验证。若验证通过，进入步骤二，否则终止。

步骤二：对所有的通信设备（如路由器、交换机等）进行可信验证。若验证通过，进入步骤三，否则终止。

步骤三：将所有接收到的大数据存储到可信的存储设备中。

（4）大数据迁移规范。

步骤一：对所有大数据迁移指令的发出者（人、机器或者应用程序）进行可信验证。若通过，则进入步骤二。

步骤二：对所有大数据迁移所涉及的设备（存储设备、通信设备等）进行可信验证。若通过，则进入步骤三。

步骤三：实施大数据迁移，并对迁移后的大数据进行可信验证。

（5）大数据使用规范。

步骤一：对所有大数据的使用者（人、机器及其应用程序等）进行可信验证。若通过，则进入步骤二。

步骤二：对所有大数据使用所涉及的设备（存储设备、通信设备等）进行可信验证。若通过，则进入步骤三。

步骤三：进行大数据使用。

（6）大数据销毁规范。

步骤一：对所有大数据的销毁者（人、机器及其应用程序等）进行可信验证。若通过，则进入步骤二。

步骤二：对所有大数据销毁所涉及的设备（存储设备、通信设备等）进行可信验证。若通过，则进入步骤三。

步骤三：实施大数据销毁。

8.3 大数据隐私

大数据隐私保护面临的首要挑战就是如何识别大数据的隐私。大数据的隐私和传统的数据隐私有一些相同点，更多的是不同点。如何准确识别大数据的隐私是大数据隐私保护中最为关键的问题之一。大数据的隐私主要包括直接隐私和间接隐私。

（1）直接隐私。直接隐私是指大数据中直接包含的隐私信息，如医疗病历中的患者姓名、年龄、出生地点、病名及工作单位，等等。这类隐私是大数据隐私和一般的数据隐私的共同点。

（2）间接隐私。间接隐私是指不能从大数据本身直接得出的隐私信息，需要通过一定的算法或者方法，通过对大数据进行各种数据挖掘之后得出的隐私信息。这类隐私是大数据隐私和传统的数据隐私最大的不同点，由于大数据本身的特点，其间接隐私要比传统的数据能够挖掘出来的隐私信息多得多。

8.4 大数据的隐私提取方法

8.4.1 大数据的直接隐私提取方法

如图 8-4 所示描述了大数据的直接隐私提取方法。首先应该建立一个直接隐私信息语意规则库，该直接隐私信息语意规则库包括了各个领域的隐私信息提取规则。通过该语意规则库的隐私信息规则，对大数据进行直接隐私的自动语意标记。通过相关的算法对大数据直接隐私进行提取，最后将提取的大数据隐私信息安全进行保存（这些隐私信息可以存放在数据库中或者以其他形式存储）。

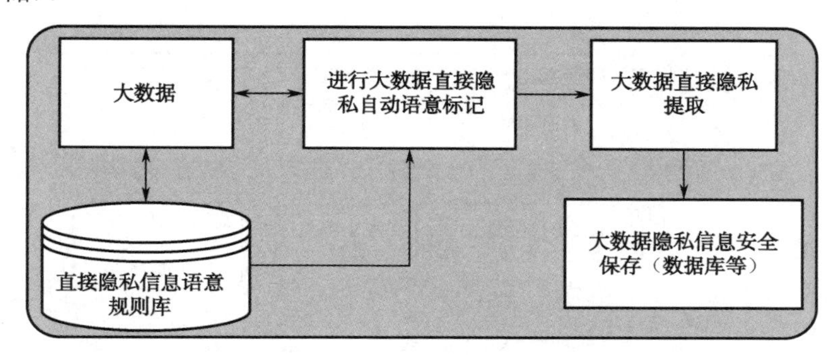

图 8-4 大数据的直接隐私提取

8.4.2 大数据的间接隐私提取方法

如图 8-5 所示描述了大数据的间接隐私提取方法。首先需要建立一个大数据间接隐私挖掘算法库。该算法库将能够通过对大数据进行相应的计算，将各种间接的隐私信息挖掘出来。通过该算法库进行大数据间接隐私信息的挖掘，然后对大数据进行大数据间接隐私的自动语意标记。通过算法对有语意标记的间接隐私信息进行提取，最后将提取的大数据隐私信息安全进行保存（这些隐私信息可以存放在数据库中或者以其他形式存储）。

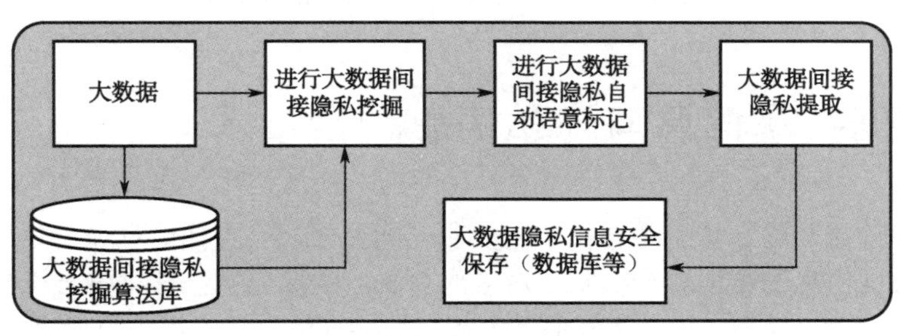

图 8-5 大数据的间接隐私提取

8.5 大数据隐私保护模型 BigData-Privacy

如图 8-6 所示展示了大数据隐私保护模型 BigData-Privacy。大数据在经过隐私信息提取后，将分解成共享信息、隐私信息位置语意映射表及隐私信息三大部分。其中共享信息将存储在公共云中或者存储在共享存储集群中，以供数据使用者共享使用。隐私信息位置语意映射表记录了大数据的隐私信息在原始大数据中的具体位置的一个映射表，为将来的数据融合提供基础。隐私信息将经过加密处理后存储到数据库中进行安全保存。另外在整个大数据的隐私处理过程中，所有的大数据的操作过程作为隐私信息也将被提取，进行保密处理并安全存储。大数据的提供者可以对隐私信息和共享大数据进行输入融合，还原原始的大数据信息。另外，大数据的提供者还可以针对各种操作过程对大数据进行大数据溯源，确保大数据在每个操作中都有据可查，进一步确保整个安全和隐私得到保护。一旦出现隐私泄露，也为法律取证提供证据支持。

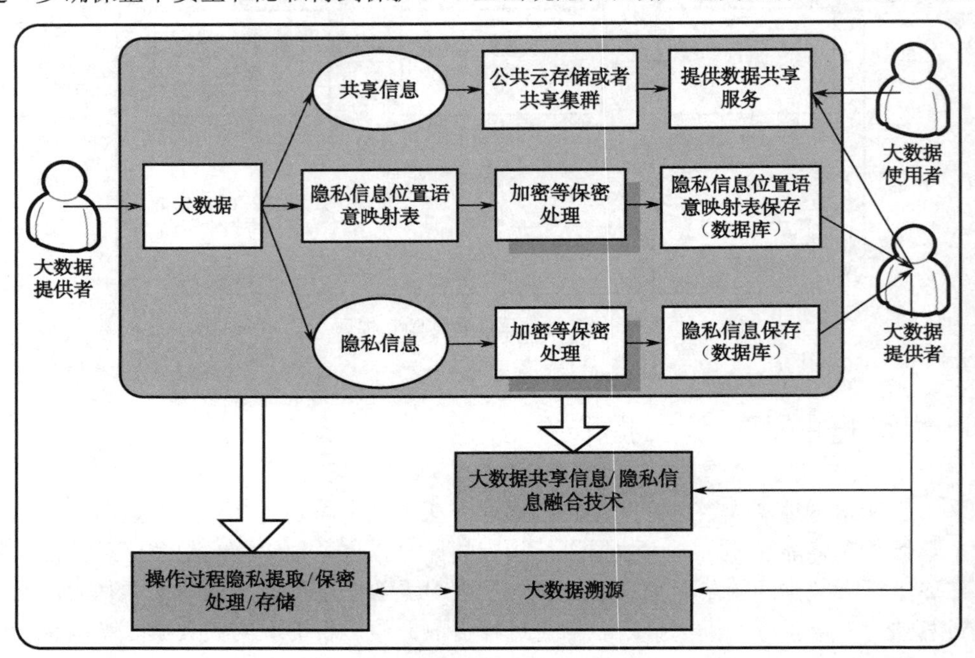

图 8-6 大数据隐私保护模型 BigData-Privacy

8.6 大数据共享信息与隐私信息融合技术

大数据共享信息与隐私信息融合技术主要研究确保分割后隐私信息和非隐私信息能够无缝还原到原始大数据信息的数据融合机制及对应的算法，主要包括：数据融合机制、数据融合算法及数据融合质量评价模型。图 8-7 展示了大数据的共享信息与隐私信息融合技术。

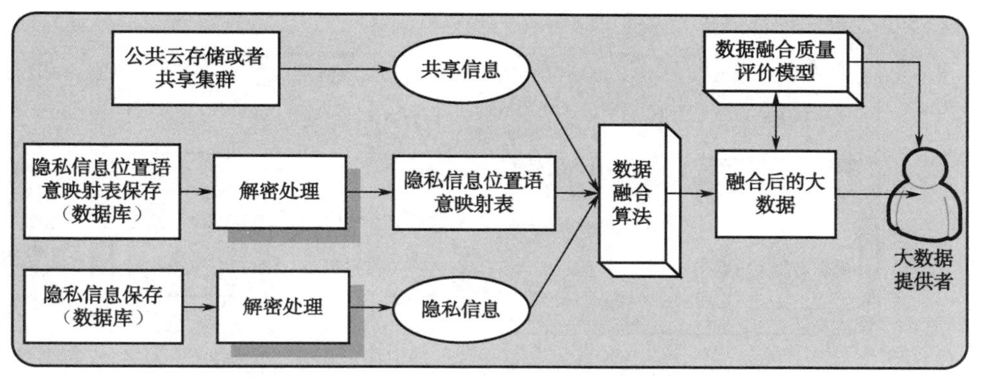

图 8-7 大数据的共享信息与隐私信息融合架构

8.6.1 大数据的共享信息与隐私信息融合机制

首先从公共云存储或者共享集群汇总抽取需要进行融合的共享信息，从隐私信息位置语意映射表保存库中获取加密了的语意映射表，经过解密处理后得到隐私信息位置语意映射表，再从隐私信息保存库中获取加密了的隐私信息，并做相应的解密处理得到隐私信息。对得到的共享信息、隐私信息位置语意映射表及隐私信息三者实施数据融合算法，得到融合后的大数据。然后通过数据融合质量评价模型对融合后的大数据融合质量进行评价，并报告给大数据的提供者。

8.6.2 大数据的共享信息与隐私信息融合算法

大数据的共享信息与隐私信息融合算法，如算法 8-1 所示。

【算法 8-1】 大数据的共享信息与隐私信息融合算法

输入：共享信息、隐私信息位置语意映射表及其隐私信息

输出：融合后的大数据

步骤一：找出隐私信息位置语意映射表。

步骤二：根据隐私信息位置语意映射表，找出需要融合的共享信息。

步骤三：根据隐私信息位置语意映射表，找出需要融合的隐私信息。

步骤四：根据事先设计好的融合算法（算法可以自行定义），将隐私信息按照隐私信息位置语意映射表所标记的位置进行填充，填充到共享信息中。

步骤五：重复步骤四，直到所有的隐私信息全部填充到共享信息为止。

步骤六：结束程序。

8.6.3 大数据的共享信息与隐私信息融合质量评价模型

大数据的提供者将大数据进行共享后，也需要对云中的隐私信息和非隐私共享信息能够进行融合，确保数据提供者能够拥有“完整的数据”。因此需要对分割后的数据进行融合，从而需要通过研究数据融合质量评价来确保融合后数据的质量。大数据的共享信息与隐私信息融合质

量评价模型可以简要描述为如图 8-8 所示。

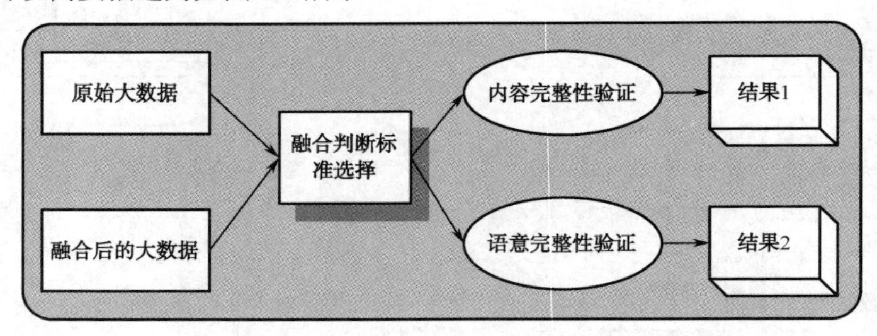

图 8-8　大数据的共享信息与隐私信息融合质量评价模型

要评价大数据的共享信息与隐私信息融合质量，关键就是要对原始的大数据和融合后的大数据进行比较。而对于融合质量的评价不能够完全地使用传统的数字摘要技术来实现。因为大数据在对隐私信息进行提取后，被分割成隐私信息和共享信息两大块。如果分割后的隐私信息和共享信息能够实现完全无缝的融合，其原始的大数据的数字摘要和融合后的数字摘要也有可能不会相等。例如，Word 格式的大数据文档，即使实现了完全的无缝融合，它的原始大数据的数字摘要也不可能等于融合后的数字摘要。因此需要对融合标准做一个选择。标准可以按照内容完整性验证和语意完整性验证来划分。

1. 内容完整性验证

这是一种最为严格的数据融合质量的评价标准，即对原始大数据的数字摘要和融合后的数字摘要进行对比，得到结果 1。

① 若结果 1=True，则表明原始大数据的数字摘要和融合后的数字摘要完全相等，实现了完整的数据融合。

② 若结果 1=False，则表明原始大数据的数字摘要和融合后的数字摘要不相等，数据融合过程出现问题。

有些数据的融合判断标准不适合这种机制，如 Word 格式大数据文件等，只适合语意完整性验证。

2. 语意完整性验证

这是一种关注内容含义上是否有扭曲的数据融合质量的评价标准，即对原始大数据的数字摘要和融合后的数字摘要进行对比得到结果 2。

① 若结果 2=True，则表明数据融合质量好，达到要求。

② 若结果 2=False，则表明数据融合质量不好，没有达到要求。

Word 格式大数据文件等的各种数据融合，只适合语意完整性验证。

8.7 云环境下医疗大数据安全和隐私保护示范

8.7.1 云环境下大数据安全和隐私保护架构

1. 云环境下大数据安全和隐私保护的需求

（1）数据隐私性安全，是指确保原始数据的隐私信息能够得到保障。大数据的隐私性安全主要通过如下机制来实现：首先通过数据分割算法将隐私信息提取出来，然后将这些隐私信息进行相应的加密处理。

（2）数据内容完整性安全，是指数据在传输或者长期存储过程中，数据的内容没有得到篡改。大数据的内容完整性安全，主要通过数字摘要技术来解决。对每一份数据（doc 文件），通过检测数据前后（可以是传输前后或者是存储阶段的时间段前后）的数字摘要是否一致来检测数据内容是否被篡改过，从而达到数据内容完整性检测。

（3）数据数量完整性。大数据的数量完整性是指数据在传输或者存储过程中的文件的数量是否完整，防止出现文件丢失（文件数量减少）。

2. 云环境下的大数据安全和隐私保护架构

图 8-9 展示了云环境下的大数据安全和隐私保护架构。

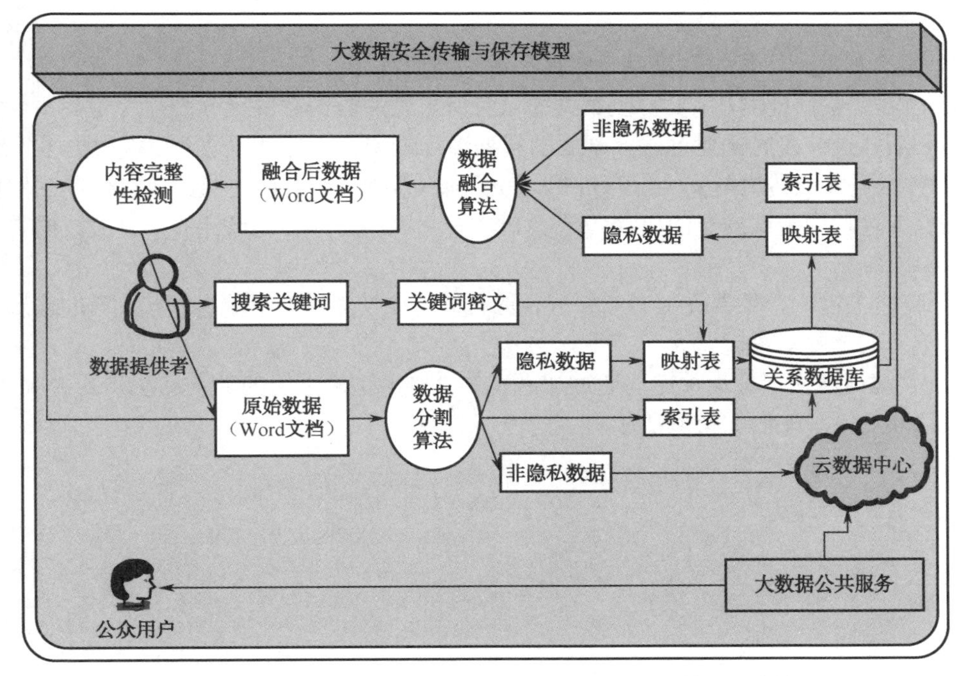

图 8-9 云环境下大数据安全和隐私保护架构（隐私数据云存储）

（1）数据提供者，主要是指各种数据提供人或者机构，如医疗中心、电子商务商家、微博网站等。

（2）原始数据（Word 文档）。各种数据提供者所能提供的原始数据。为了研究方便，本书的研究只针对 Word 文档这一种类型的原始数据。

（3）数据分割算法。该算法的目的是为了将原始数据进行分割后将隐私数据分割出来，将非隐私数据对外提供 DaaS 服务。

（4）隐私数据。数据提供者不愿意让别人看见的数据或者法律规定不能对外提供的数据。

（5）非隐私数据。数据提供者对外提供的可以让广大公众看见的数据。

（6）索引表，即一个原始数据文档名和映射表名之间的对应关系的一个数据库表。通过该索引表可以很快找到某个映射表所对应的原始数据的文档名字，或者某个原始数据文档所对应的映射表。

（7）映射表，保存隐私信息（加密后）与隐私信息的填充信息及隐私信息在文档中的语义位置信息（序号）。

（8）关系数据库，主要用来保存索引表和映射表（一篇文档将拥有一张映射表）。可以是任何关系数据库，如 Oracle，DB2 及 My SQL 等。

（9）云数据中心，存储了所有的用于对公众开放使用的共享数据。

（10）大数据公共服务。数据提供者对公众提供的针对他们的大数据的免费或者收费的公共服务，如原始数据共享或者分析服务提供等。

（11）公众用户。所有用户可以从云数据中心获取自己所需要的数据，或者由共享数据提供者提供的各种基于共享数据的服务。

（12）数据融合算法。该算法主要完成将从关系数据库中提取的隐私信息和云数据中心提取的共享数据的融合。

（13）融合后数据，经过数据融合算法后得到的数据。

（14）内容完整性检测，主要检测数据提供者所提供的数据在进行分割存入到关系数据库和云数据中心后，过一段时间对这些分割后的数据进行重新复原融合后是否出现数据丢失现象。

（15）大数据安全传输与安全保存机制，为了确保数据提供者所提供的所有数据在传输过程或者长期保存过程中能够安全的机制，是以 PKI 安全机制为基石而设计的一套大数据安全传输与安全保障机制。

（16）搜索关键词，数据提供者需要进行的搜索，如搜索姓名等于“张桂刚”的病历本，这里“张桂刚”就是搜索关键词。

（17）关键词密文，搜索关键词通过加密后的密文。这里采用的加密算法和图 8-10 的隐私信息经过抽取后所采取的加密算法相同。

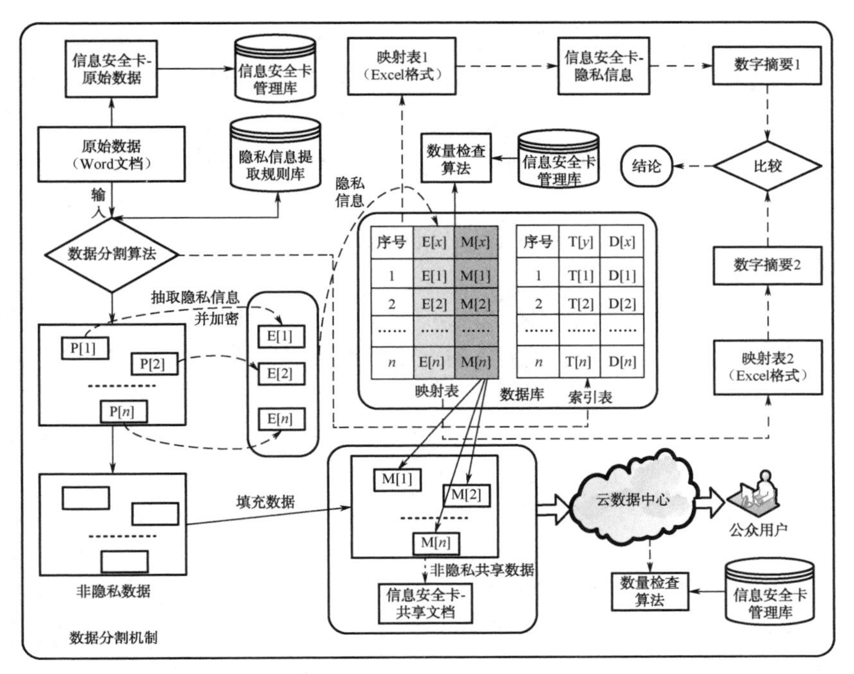

图 8-10　数据分割及安全机制

8.7.2　数据分割及安全机制

1．数据分割及安全机制体系架构

图 8-10 展示了数据分割及安全机制的基本架构。

首先，将对原始数据（Word 文档）进行相应的计算得到一个信息安全卡，并将该安全信息卡存入信息安全卡管理库。为了实现对隐私信息的抽取，设计出一套隐私信息提取规则库。隐私信息提取规则库将根据不同的领域给出各自领域的隐私信息，有了该库就可以实现对原始数据中的隐私数据的判断，从而为隐私信息的抽取提供了前提。

有了原始数据和隐私信息提取规则库后，通过数据分割算法可以实现对原始数据的分割。实施了数据分割后将得到三大部分内容，分别为非隐私数据、映射表及索引表。从图 8-10 可以看出在原始数据中，{P[1],P[2],⋯,P[n]}是其中的隐私信息，当这些隐私信息通过数据分割算法被分割出来后，留下来的文档就是非隐私数据。而对于那些从原始数据中抽取出来的隐私数据{P[1],P[2],⋯,P[n]}在经过加密处理后得到{E[1],E[2],⋯,E[n]}。对隐私数据进行加密处理的目的是为了隐私安全的需要，因为所有的隐私信息将会存储到关系数据库中，一旦关系数据库对隐私信息采用明文存储，则隐私信息很难得到保障。在这里对隐私信息的加密采用非对称加密算法，即用数据提供者的公钥进行加密，除了数据提供者使用自己的私钥进行解密，其他任何人都不能解开此密码，从而达到对隐私数据的加密保护作用。{M[1],M[2],⋯,M[n]}为{P[1],P[2],⋯,P[n]}所对应的填充信息，即隐私信息 P[1]用具有语义意义的信息 M[1]填充，隐私信息 P[2] 用具有语义意义的信息 M[2]填充，⋯⋯，隐私信息 P[n]用具有语义意义的信息 M[n]填充。其中{M[1],M[2],⋯,M[n]}为{P[1],P[2],⋯,P[n]}在规则库中所对应的具有一定语义意义的信息，如姓名，年龄等。例如，如果 P[1]=“张桂刚”，则使用 M[1]＝“姓名”来代替。这样设计的好处是既可以很好地保护了隐私信息，又保留了具有一定语义信息的语义数据，可以给共享的大数据带来更多语义，更好地使这些非隐私的共享数据在云数据中心中能够提供更好的服务。图 8-10 中所示的映射表由三部分组成，分别为{序号,E[x],M[x]}。序号记录了原始数据中被抽取的隐私信息的顺序号，如序号等于 1 表示第一处被抽取的隐私信息。如果整篇原始数据中有 100 处隐私信息需要抽取，则最大序号等于 100。E[x]为所抽取的隐私信息的加密后信息。M[x]是将对抽取的信息进行填充的信息。

非隐私数据中抽去部分一旦被{M[1],M[2],⋯,M[n]}这些信息填充后，即成为了数据提供者需要存储在云数据中心的非隐私共享数据。每一份非隐私共享数据（Word 文档），我们也将为其创建一个信息安全卡。

原始数据在使用数据分割算法进行分割后还将生成一个索引表。图 8-10 也展示了索引表的结构。它由三部分组成，分别为{序号,T[y],D[y]}。其中序号为第一组索引对应关系。其中 t[y]表示第 y 个映射表数据库表名字，如 T[1]代表第一个映射表的数据库表名字。D[y]代表第 y 个原始数据（Word 文档）的文档名字，如 D[1]代表第一个原始数据（Word 文档）的文档名。通过索引表可以在原始数据（Word 文档）和原始数据中包含的隐私信息所对应的映射表之间建立一个关联关系。有了这个关联关系，一旦需要进行数据的融合，当从云数据中心中获取到非隐私共享数据（Word 文档）后，可以很快找到需要和该文档进行数据融合的隐私数据存储的位置（数据库表）。

2．信息安全卡

从图 8-11 可以看出，为了保障数据的安全，我们设计了三种类型的信息安全卡：“信息安全卡－原始数据”，“信息安全卡－隐私信息”及“信息安全卡－共享数据”。图 8-11 分别展示了三种类型的信息安全卡的制作过程。

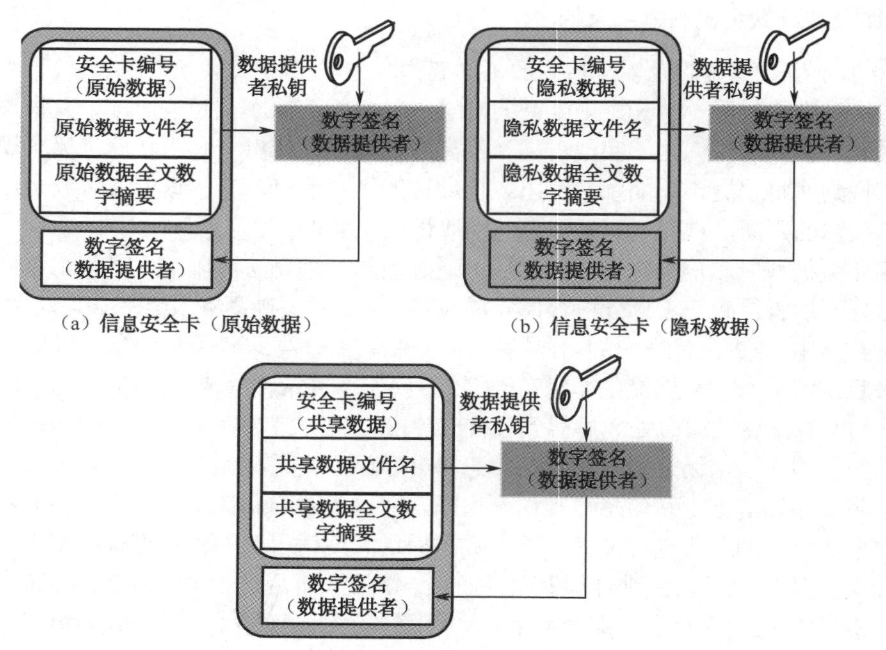

图 8-11　信息安全卡

（1）信息安全卡（原始数据）：由数据提供者最初提供的原始数据制作而成的信息安全卡。其主要目的是为原始数据提供一种安全保障凭证，它包含四部分：安全卡编号（原始数据）、原始数据文件名、原始数据全文数字摘要及数字签名（数据提供者）。其中数字签名是数据提供者使用自己的私钥对安全卡编号（原始数据）、原始数据文件名和原始数据全文数字摘要进行加密后生成的文件。

（2）信息安全卡（隐私数据）：从原始数据经过数据分割后抽取的，保存在数据库中的隐私信息制作而成的信息安全卡。其主要目的是为隐私数据提供一种安全保障凭证，它包含四部分：安全卡编号（隐私数据）、隐私数据文件名、隐私数据全文数字摘要及数字签名（数据提供者）。其中数字签名是数据提供者使用自己的私钥对安全卡编号（隐私数据）、隐私数据文件名和隐私数据全文数字摘要进行加密后生成的文件。

（3）信息安全卡（共享数据）：从原始数据经过数据分割后抽取的非隐私数据及隐私部分经过填充后的共享数据制作而成的信息安全卡。其主要目的是为共享数据提供一种安全保障凭证，它包含四部分：安全卡编号（共享数据）、共享数据文件名、共享数据全文数字摘要及其数字签名（数据提供者）。其中数字签名是数据提供者使用自己的私钥对安全卡编号（共享数据）、共享数据文件名和共享数据全文数字摘要进行加密后生成的文件。

8.7.3　数据融合及安全机制

前面一节我们分析了数据分割算法，分割后的隐私数据通过加密得到了保障，而非隐私数据可以对各种公众用户开放，提供服务。然而，数据被分割后，如果数据的提供者需要原始的数据，我们需要通过数据融合将分割后的数据进行重新融合，最后恢复成最初的原始数据。图 8-12 展示了数据融合及安全机制。

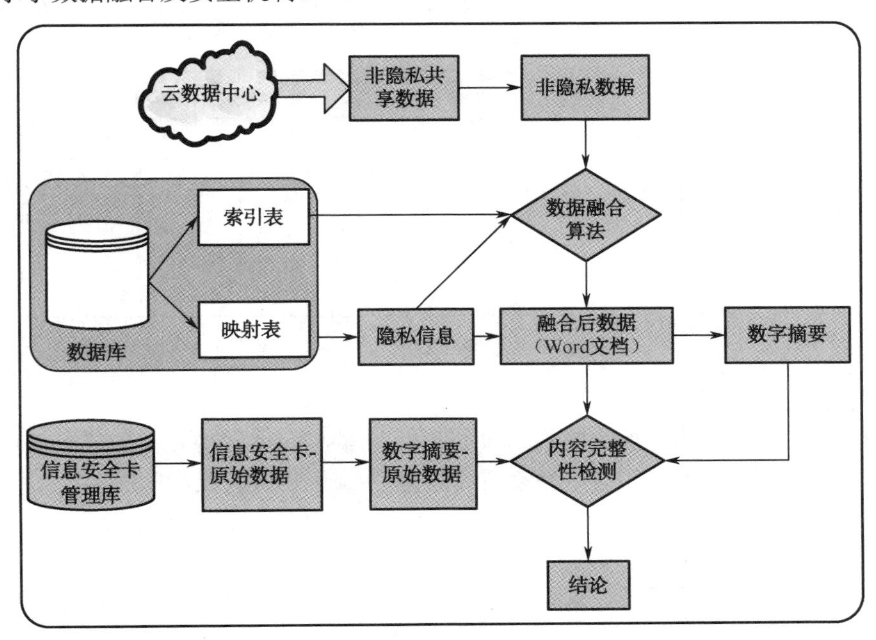

图 8-12　数据融合及安全机制

输入融合的过程可以简要描述如下：通过索引表找到需要进行数据融合的映射表中的隐私数据。同时，通过映射表找到需要和对应的隐私信息进行融合的非隐私共享数据文件（Word 文件），并将非隐私共享数据文件中的填充数据抽取后得到非隐私数据。隐私数据和非隐私数据经过数据融合算法后得到融合后的数据（Word 文档）。为了检查融合后的数据在一系列的流转过程中是否被篡改过，使用内容完整性检测机制来实现，其基本原理如下：首先，从信息安全卡管理库中调出该原始数据的信息安全卡，并从中得到其所对应的数字摘要。其次，使用同样的哈希算法得到融合后数据的数字摘要，通过对从安全信息卡中获取的数字摘要和重新计算后的数字摘要进行对比可以判断出数据在一系列的流转过程中是否被篡改过。如果两个数字摘要比较后完全一致，说明数据内容完好无缺，否则数据在一系列的流转后已经被修改了。

8.7.4 基于隐私数据的查询机制

为了保护数据的隐私，所有的隐私信息都会被加密保存到数据库中。虽然这种通过加密来保存隐私的机制给数据的隐私保护，尤其是很多敏感隐私信息的保护提供了非常好的方法，但是如果数据提供者要通过这些隐私信息作为关键词来查找相应的文档将面临一个巨大的挑战。例如，查找姓名为“张桂刚”的档案材料。由于“张桂刚”作为隐私信息已经被加密了，所以如果直接搜索关键词为“张桂刚”，而不做任何处理，则将无法搜索到“张桂刚”的档案材料所对应的 Word 文档的。为了解决基于隐私数据的查询所面临的问题，我们设计了一套基于隐私数据的查询机制，如图 8-13 所示。

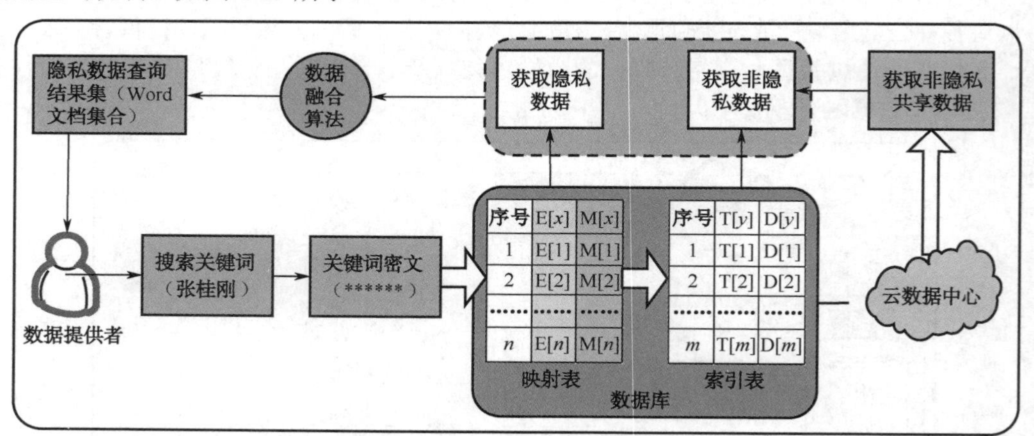

图 8-13　基于隐私数据的查询原理图

基于隐私数据的查询原理：

（1）数据提供者输入需要搜索的关键词，如“张桂刚”。

（2）使用数据提供者的公钥对欲搜索的关键词“张桂刚”进行加密。

（3）通过对加密后的密文搜索找到该密文所在的映射表，获取该映射表的所有隐私信息 E[x]，并使用数据提供者的私钥对该列 E[x]进行解密后获取对应的隐私数据的明文。

（4）在前面一步得到所要查询的隐私数据所对应的该文档的全部隐私数据的数据库中的关系表后，再通过索引表可以立即找到该关系表 T[y]所对应的非隐私共享数据的文档名字 D[y]。

（5）在得到非隐私共享数据的文档名字 D[y]后，即可从云数据中心获取该非隐私共享数据所对应的文档。然后再根据映射表的 M[x]，将非隐私共享数据的填充数据去掉，获取非隐私数据。

（6）最后通过数据融合算法将隐私数据和非隐私数据进行融合，最后得到隐私数据查询结果集（Word 文档集合），从而实现了基于隐私数据的查询。

8.7.5　数据完整性保障机制

以前在讨论数据安全的时候，我们基本停留在考虑数据是否被篡改，数据的发送者和接收者是否可靠，以及数据在传输的过程中是否已经泄密等。所有以前对数据的保护基本上以 PKI 安全模型为基础，对安全的定义基本停留在前述三种情况。然而以前的基于 PKI 的安全保障忽略了一个非常重要的安全因素就是数据的数量安全。但是在现实生活中，尤其在云环境下，数据的数量安全已经非常重要，例如，将所有的非隐私共享数据（Word 文件）放在云数据中心中，如果出现文件丢失该怎么处理？几年前放在云数据中心的成千上万的文件数量是否有丢失？丢失了多少？哪些丢失了？因此，为了保证数据的数量完整性，本书设计了一个数据数量完整性保障算法。该算法主要达到两个目标：①确保数据提供者提供的数据（Word 文件）在传输过程中不出现丢失；②确保数据提供者存储在云数据中心的数据（Word 文件）在长期保存过程中不出现丢失。如图 8-14 所示展示了数据数量完整性保障需求。

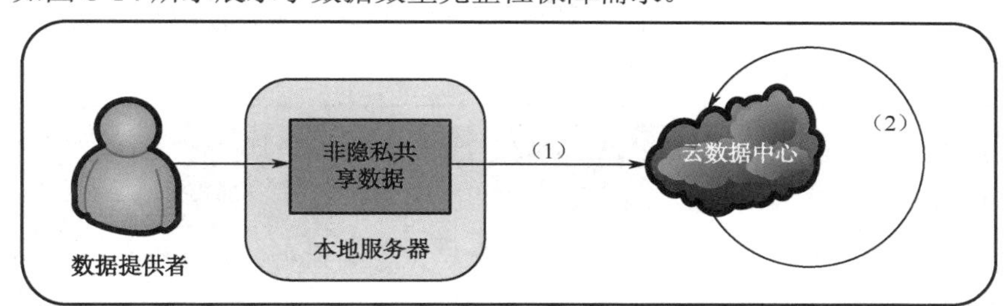

图 8-14　数据数量完整性保障需求

数量完整性保障的需求主要体现在两个阶段，如图 8-14 中标注的（1）和（2）。第一阶段为数据提供者在本地服务器将非隐私的共享数据传输到云数据中心，这个阶段不能出现数据文件丢失等，从而需要进行数量完整性的保障；第二阶段是所有的非隐私共享数据文件在云数据中心存储过程中不能出现数据文件丢失等，从而需要进行数量完整性的保障。第一阶段和第二阶段的最大区别在于：第一阶段存在一个发送方和接收方，数据在流转的过程中涉及物理位置的迁移，主要考虑数据在迁移过程中有没有出现文件丢失现象；而在第二阶段并不存在一个发送方和接收方，数据在流转的过程中并没有出现任何物理位置的迁移，主要是时间维度发生了变化，也就是说，在长期的云数据中心保存过程中，在经历了一段时间之后（如半年，一年后等），数据文件是否发生减少等。

图 8-15 展示了本书的完整性保障的实现机制（含内容完整性和数量完整性保障），其整个完整性保障实现包含以下七个步骤。需要注意的是，图中的数据安全卡库中的数据安全卡清单表的列“数量检查标志位”和“内容检查标志位”的初始值均为“F”。

（1）首先通过元数据服务器找到存储在数据服务器集群中的数据文件。例如，通过元数据服务器的元数据索引表找到文件名“5.doc”，然后通过该文件名找到数据服务器集群中文件名为“5.doc”的文件。

（2）通过元数据服务器的元数据索引表找到数据安全卡库中的数据安全卡清单表中文件名字，例如，“5.doc”。

（3）如果在步骤（1）中找到的文件名在步骤（2）也能找到，说明该文件是存在的，此时将数量检查标志位置为“T”，表明该文件没有丢失。

（4）通过元数据服务器的元数据索引表及文件名（如“5.doc”），找到该文件所对应的安全卡编号，然后通过此安全卡编号（如 2012000005）找到该文件对应的数据安全卡。

（5）将该文件锁对应的安全卡中的数字摘要抽取出来，并用于进行内容安全的比较。

（6）将步骤（1）中找到的文件（如“5.doc”），重新按照与制作安全卡同样的哈希算法，重新进行一次哈希计算，得到一个新的数据全文数字摘要，并用于进行内容安全的比较。

（7）将步骤（5）和步骤（6）所得到的两个数字摘要进行对比，如果两个数字摘要完全相等，那么表明该文件的完整性得到了保障，将该文件名所对应的“数量检查标志位”设置为“T”，表明该文件内容完整性没有被破坏，否则仍然为“F”，表明该文件内容完整性已经遭到破坏。

通过上述的步骤，根据元数据服务器的元数据索引表中的列“数量检查标志位”和“内容检查标志位”可以判断哪些数据（Word 文件）丢失了（如果“数量检查标志位”为 F，则表明该文件已经丢失），哪些数据（Word 文件）内容已经被篡改了（如果“内容检查标志位”为 F，则表明该文件已经被篡改）。本完整性保障安全机制可以对任何数据（原始数据、隐私数据及非隐私共享数据）进行完整性保障，不仅可以判断文件在传输或者长期保存中是否已经被篡改，同时也可判断文件在传输或者长期保存过程中是否出现数量丢失等，从而达到安全保障的功能。

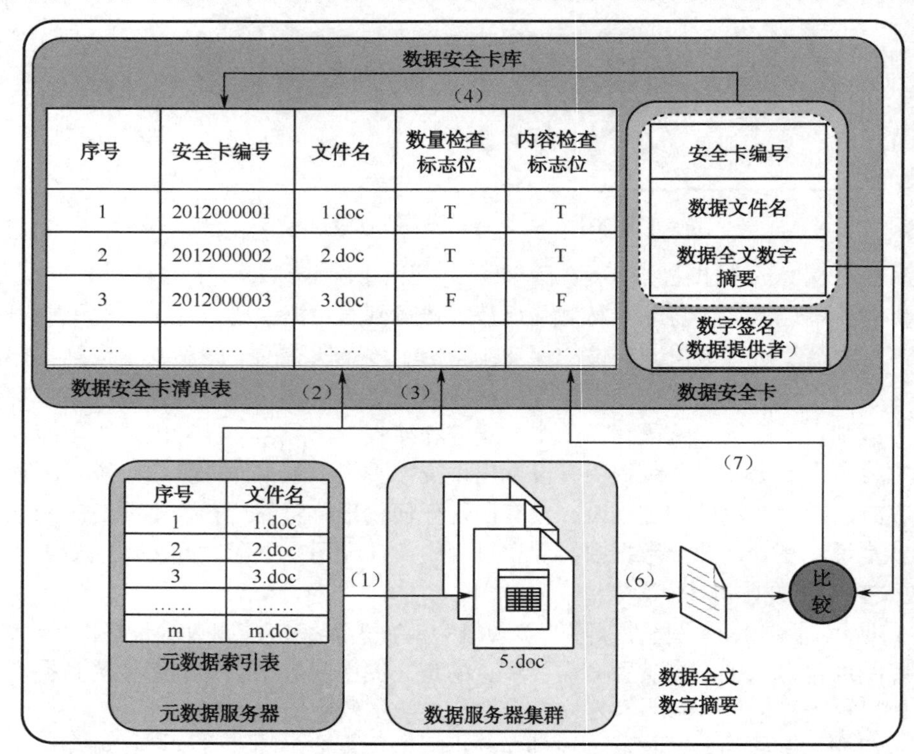

图 8-15　完整性保障实现机制

8.8 海量电子病历安全保护应用

1. 电子病历

电子病历（Electronic Medical Record，EMR）也叫计算机化的病案系统或基于计算机的病人记录（Computer-Based Patient Record，CPR）。它是用电子设备（计算机、健康卡等）保存、管理、传输和重现的数字化的病人的医疗记录，取代手写纸张病历，包括纸张病历的所有信息。美国国立医学研究所将定义为：EMR 是基于一个特定系统的电子化病人记录，该系统提供用户访问完整准确的数据、警示、提示和临床决策支持系统的能力。

据国家卫生部颁发的《电子病历基本架构与数据标准电子病历》，电子病历的定义为：电子病历是医疗机构对门诊、住院患者（或保健对象）临床诊疗和指导干预的、数字化的医疗服务工作记录，是居民个人在医疗机构历次就诊过程中产生和被记录的完整、详细的临床信息资源。

如表 8-1 所示，是一个典型的电子病历标准。

表 8-1 电子病历中的患者个人信息

大 类	小 类	说明（示例）
文档标识		数据元如：门诊病历、住院记录、处方、检查单
个体标识	服务对象标识号	数据元如：服务对象姓名、身份证号，门诊号、住院号、床位号
人口学及社会经济学特征	姓名	数据元如：姓名、母亲姓名
	性别	数据元如：性别代码
	年龄	数据元如：母亲出生日期
	国籍	数据元如：国籍代码
	民族	数据元如：民族代码
	婚姻	数据元如：婚姻状况类别代码
	职业	数据元如：职业类别代码（国标）、工作单位名称
	教育	数据元如：文化程度代码
	社会保障	数据元如：医疗保险—类别
地址		地址相关信息，数据元如：行政区划代码、邮政编码
通信		通信相关信息，数据元如：联系电话类别、电子邮件地址

2. 海量电子病历保密性保障

海量电子病历保密性保障主要确保电子病历在传输过程中（空间传维度变化）或者长期保存过程中（时间维度变化），不被其他人看到而泄密。

3. 海量电子病历内容完整性保障

海量电子病历内容完整性保障主要确保电子病历在传输过程中（空间传维度变化）或者长期保存过程中（时间维度变化），不被其他人篡改而失去内容完整性。

4．海量电子病历来源可靠性保障

海量电子病历来源可靠性保障主要确保电子病历在传输过程中（空间传维度变化）或者长期保存过程中（时间维度变化），发送方或接收方均为可靠的一方。

5．海量电子病历密钥安全传输保障

海量电子病历密钥安全传输保障主要确保电子病历在传输过程中（空间传维度变化）或者长期保存过程中（时间维度变化），需要传递的解密秘钥能够实现安全传递。

6．海量电子病历真实性保障

海量电子病历真实性保障主要确保电子病历在传输过程中（空间传维度变化）或者长期保存过程中（时间维度变化），是一份真实的电子病历，而不是一份事先已经伪造的电子病历。

7．海量电子病历数量安全保障

海量电子病历数量安全保障主要确保电子病历在传输过程中（空间传维度变化）或者长期保存过程中（时间维度变化），数量不发生减少（丢失）或者增加（复制重复的病历）等，确保电子病历的数量安全性。

本 章 小 结

本章主要分析了大数据的安全与隐私相关的基本需求，并提出了一套适合云环境的大数据的安全机制和隐私保护机制。

第 9 章　基于大数据的语意软件工程方法

随着大数据时代的到来，现有的以既定逻辑思路为中心的软件工程方法，在一定程度上不能完全适应现代软件工程发展的需要。传统的软件工程方法主要考虑如何以系统性的、规范化的、可定量的过程化方法去开发、测试与维护软件，涉及程序设计语言、数据库、标准、设计模式等方面。传统的软件工程方法主要包括：结构化方法、面向对象方法、形式化方法、基于网构件的软件工程方法及语义软件工程方法等。

结构化方法也称为生命周期方法学。它将软件生命周期划分为需求分析、总体设计、详细设计、软件测试及软件维护等多个阶段。面向对象方法主要针对的是面向对象程序设计语言而产生的一种将数据和对数据的操作紧密地结合起来的方法。它通过不断的迭代，使得软件开发过程不断完善。形式化方法则将软件开发过程演化成为一种数学变换的方法，将软件开发过程形式化为数学推理的过程，进而演变成为可运行的程序。近些年，国内以北京大学梅宏教授为主的学者提出了一种基于网构件（Internetware）的软件工程方法。这种基于 Internetware 的软件工程方法的最大特点就是将分布在互联网上的众多无序的基础资源，通过一定的方式组合成有序的资源，从而实现软件的开发和实现的过程。

加州大学欧文分校 Phillip C-Y Sheu 教授等人基于语义对象（SemanticObjects™）的思想提出了一种新的语义软件工程方法学（Semantic Software Engineering Methodology）。它完整涵盖了软件开发的整个生命周期：一个语义软件是将用户的需求转换成一套语义元件词汇表，这个词汇表由数据对象和应用工具映射而来，再由语义对象来实现，并根据词汇表的不同组合得到各种不同需求的语义系统。随着系统的不断演化及复杂程度的提高，新的语义元件也随之增加，用于设计更为复杂的语义系统。如图 9-1 所示，描述了整个语义软件开发过程。

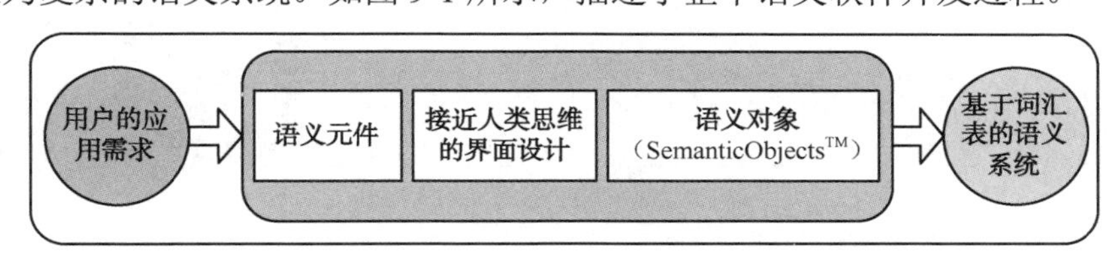

图 9-1　语义软件工程软件开发过程

而随着大数据时代的到来，未来许多应用和程序对于数据计算的精度要求并不是那么明显，如针对海量大数据的金融分析、政府舆情监测、大气污染监控等。这些应用并不完全追求精度，因为它们对事务处理要求不高，是面向分析型的应用，但是对于数据的处理能力的要求极高。在这种大数据环境下，基于软件工程的方法应该一切以数据的处理和计算为目标和宗旨。为了适应大数据时代的基于大数据的各种分析型应用软件的开发，本章给出了一种基于大数据的软件设计模型。

9.1 基于大数据的语意软件工程体系架构

基于大数据的语意软件工程体系架构如图 9-2 所示，主要包括基于大数据的语意软件编制方法、语意软件测试及语意软件验证三大部分。

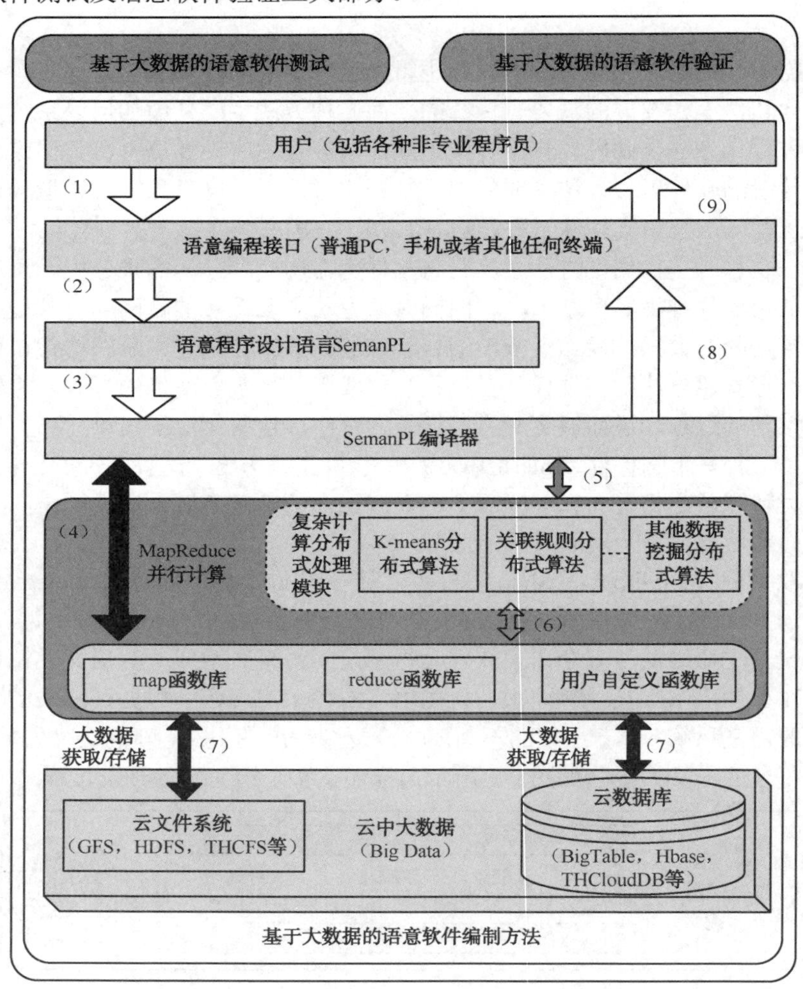

图 9-2　基于大数据的语意软件工程体系架构

9.2 基于大数据的语意软件编制

9.2.1 基于大数据的语意软件编制方法

基于大数据的语意软件编制方法可简单描述如下。

（1）用户（包括各种非专业程序员）。虽然 Facebook 提供的查询语言和 Yahoo! 提供的 Pig 语言比写 MapReduce 函数已经有了很大的改进，但是要去学习 HiveQL 和 Latin 语言仍然有一定的难度。尤其对于没有任何编程经验及没有任何编程概念的人来说，这仍然是一件非常专业的事情。这里的用户是指各种用户（包括农民在内的各种非专业程序员）。

（2）语意编程接口（普通 PC、手机或者任何其他终端）：用户可以在各种能够连接到网络的终端进行编程。

（3）语意程序设计语言 SemanPL（Semantic Programming Language）：基于大数据的语意软件工程的编程语言，类似于 Facebook 的 HiveQL 语言，Yahoo!的 Pig Latin 语言。但是与 HiveQL 及 Latin 最大的区别是，SemanPL 是一种更接近人类思维，用户更容易学习和掌握的语意程序设计语言。

（4）SemanPL 编译器，对用户编写的 SemanPL 程序进行编译。

（5）复杂计算分布式处理模块。在云环境下，对云数据的处理已经变得原来越重要。而现有的 MapReduce 只能处理简单的过滤、聚合及统计抽取等计算。可是在对大数据的挖掘中涉及的数据挖掘算法（如经典的数据挖掘十大经典算法之一的 K-means 算法等）都十分复杂，很难将这些复杂的算法换成具有并行处理的 MapReduce 思想来完成。例如，Apache 的开源工具 mahout，已经实现了几乎所有的与大数据处理有关的机器学习算法，但是这些算法仍然还没有能够实现转换成具有分布式运行功能的 MapReduce 设计思想的算法。所以为了提高 Rabbit 数据仓库对复杂应用的处理能力，需要将这些复杂计算进行分布式处理，让它们能够分解成具有 MapReduce 并行处理能力的分布式算法。

（6）各种函数库，包含 map 函数库、reduce 函数库或者用户自定义的各种函数库。

（7）云文件系统，主要指各种分布式文件系统，最典型的有谷歌的 GFS 分布式文件系统，Apache 的 HDFS 分布式文件系统及前面提出的 THCFS 云文件系统等。

（8）云数据库，主要指各种云数据库系统，最典型的有谷歌的 BigTable 云数据库系统，Apache 的 HBase 云数据库系统及前面提出的 THCloudDB 云数据库系统等。

9.2.2 基于大数据的语意软件编制方法设计思路

在基于大数据的语意软件工程体系架构的语意软件编制方法设计框架中，能够实现包括非专业程序员在内的大部分人都能够在云环境下编写 SemanPL 程序，并通过 SemanPL 程序获取自己所需要的云环境下的各种服务和资源的一种语意程序设计技术（通过对存储在云文件系统或者云数据库系统中的所有大数据进行计算），共包括以下 9 个步骤。

（1）用户使用各种编程接口。这里的用户是指包含农民在内的各种非专业程序员，这里的编程接口是指普通 PC、手机及其他任何终端。

（2）用户在各种编程接口上编写 SemanPL 程序。

（3）将各种 SemanPL 程序送入 SemanPL 编译器进行编译。SemanPL 编译器的工作流程我们在后面会有介绍。

（4）SemanPL 编译器在编译过程中需要给函数库发出调用函数指令，该指令用于调用函数库里所需的各种 map 函数、reduce 函数或者用户自定义函数 UDF。Rabbit 编译器根据不同的应用找到所需的各种 map 函数、reduce 函数或者用户自定义函数 UDF 后，将这些函数返回给

SemanPL 编译器。

（5）前面的步骤（4）是针对那些比较简单的计算，可以直接对各种 map 函数、reduce 函数或者用户自定义函数 UDF 进行调用，而对于一些复杂计算则需要执行复杂的机器学习算法等，此时需要调用具有分布式处理能力的机器学习算法，如 K-means 分布式算法、关联规则分布式算法及其他复杂的数据挖掘的分布式算法等。

（6）调用步骤（5）的所有复杂计算算法的分布式算法所分解成的 map 函数、Reduce 函数或者用户自定义函数 UDF。SemanPL 编译器根据不同的应用找到所需的各种 map 函数、reduce 函数或者用户自定义函数 UDF 后，将这些函数返回给 Rabbit 编译器。

（7）各种应用所需的 map 函数、reduce 函数或者用户自定义函数 UDF 将对云文件系统或者云数据库发出数据需求的请求。

（8）云文件系统或者云数据库按照各种 map 函数、reduce 函数或者用户自定义函数 UDF 的需求，将存储的各种数据提交给 map 函数、reduce 函数或者用户自定义函数 UDF 进行处理。应用程序所需的各种函数和各种数据均已具备后，SemanPL 编译器进行编译处理，并将结果返回到编程接口。

用户可以从编程接口看到自己应用的结果。

9.2.3 复杂的 SemanPL 程序编程实现原理分析

图 9-3 展示了复杂的 SemanPL 编程实现原理分析。

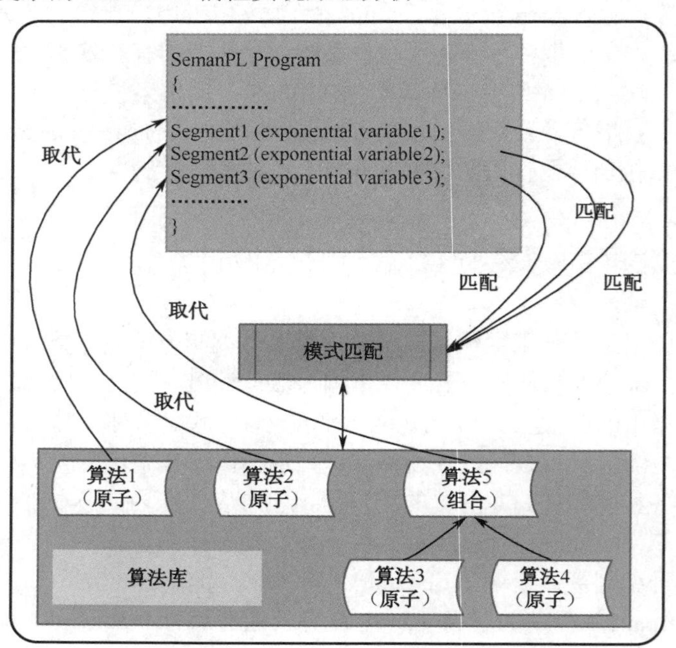

图 9-3　复杂的 SemanPL 编程实现原理分析

从图 9-3 可以看出，一个 SemanPL 程序主要由三大部分组成：SemanPL 程序、模式匹配及算法库。其基本实现方法可以描述如下。

（1）SemanPL 程序。SemanPL 程序是一种简单的说明式的程序设计语言，从语意上更加接近人类的思维。SemanPL 语言由一个个的类自然语言的句子组成，如图 9-3 中的 Segment1（exponential variable1）等。每个片段 segment 可以是一个函数调用，括号里面可以是各种的函数变量参数，甚至是一些能够执行复杂迭代运算的函数变量参数 exponential 等。

（2）模式匹配。模式匹配是 SemanPL 程序设计语言的一个尤其重要的部分，它将在 RSL 程序和各种算法间建立一种匹配关系，主要包含两个过程。

① 匹配。每一个 SemanPL 的程序片段，其实代表的是用户的一种需求（查询需求、分析需求或者其他数据仓库所需的数据处理需求），此时为了实现该用户的需求，需要从算法库中找到最合适的算法去处理来自云文件系统或者云数据库的大数据，从而得到用户所需结果。

② 取代。一旦从算法库中找到合适处理某个程序片段所对应的算法，立即将该算法取代该程序片段，从而使得用户的程序变成能够处理实实在在的大数据的算法。

（3）算法库。保存了各种能够处理大数据需求的算法，主要包含两类。

① 简单算法（原子）。一些由 map 函数、reduce 函数或者用户自定义函数或者它们的组合所构成的算法。注意：算法可以是一个 map 函数、一个 reduce 函数或者一个用户自定义函数，也可能是它们的组合。

② 复杂算法（组合）。可以是多个 map 函数、reduce 函数或者用户自定义函数的组合，也可以是一些复杂的机器学习算法（如数据挖掘领域的 8 大经典算法群 K-means 等）这种复杂的算法。当然这些复杂的机器学习算法一旦分布式实现后，也可以分解成很多的 map 函数、reduce 函数或者用户自定义函数的组合。

从图 9-3 可以看出该 SemanPL 程序需要调用三个算法来完成用户的需求：算法 1、算法 2 及算法 5。其中算法 1 和算法 2 是简单算法，可以直接从算法库中调用出来，而算法 5 是一个复杂算法，不能直接在算法库中找到，必须将算法库中的算法 3 和算法 4 进行组合后才能得到。

9.2.4　基于大数据的语意编程语言 SemanPL

基于大数据的语意编程语言 SemanPL 的设计目标是一种说明式的语意程序设计语言。为了让非专业程序员都能够掌握并使用这种语言，它的设计必须简单易懂。下面是我们设计的最初始的基于大数据的语意编程语言 SemanPL 的语法。最初的语法只包含四个语句。

1．选择语句

从云资源（大数据，来自云文件系统或者云数据库）中选择出满足用户需求的各种资源。其基本语法如下：

- statement ::- SNL **SELECT**;
- SNL **SELECT** ::-　**SELECT all** CloudResource-value-expression **of CloudResource**Set-value-expression [**that** conditions] | **SELECT any** CloudResource-value-expression **of CloudResource**Set-value-expression [**that** conditions]

从云资源（大数据，来自云文件系统或者云数据库）中选择满足用户需求的各种资源，其基本语法如下：

- SELECT　云资源表达式　FROM　云资源集合　THAT（条件表达式清单，连接符号可以使

用 OR 或者 AND）

例如，SELECT 北京地区微博记录 FROM 存储在 HBASE 云数据库中的新浪微博短文本数据 THAT 短文本中包含“教育”AND 短文本中包含“租房”。

2．搜索语句

从云资源（大数据，来自云文件系统或者云数据库）中搜索出满足用户需求的各种资源。其基本语法如下：

- statement ::- SNL SEARCH;
- SNL SEARCH ::- SEARCH **all** CloudResource-value-expression **of CloudResource**Set-value-expression [**that** conditions] | SEARCH **any** CloudResource-value-expression **of CloudResource**Set-value-expression [**that** conditions]

从云资源（大数据，来自云文件系统或者云数据库）中搜索满足用户需求的各种资源，其基本语法如下：

- SEARCH 云资源表达式 FROM 云资源集合 THAT（条件表达式清单，连接符号使用 OR 或者 AND）

例如，SEARCH 电影片段 FROM 存储在 HDFS 云文件系统中的 YouTube 视频大数据 THAT 视频片段包含“结婚场景”。

3．发现语句

从云资源（大数据，来自云文件系统或者云数据库）中找出满足用户需求的各种资源。其基本语法如下：

- statement ::- SNL FIND;
- SNL FIND ::- FIND **all** CloudResource-value-expression **of CloudResource**Set-value-expression [**that** conditions] | FIND **any** CloudResource-value-expression **of CloudResource**Set-value-expression [**that** conditions]

从云资源（大数据，来自云文件系统或者云数据库）中发现满足用户需求的各种资源，其基本语法如下：

- FIND 云资源表达式 FROM 云资源集合 THAT（条件表达式清单，连接符号使用 OR 或者 AND）

例如，FIND 地区雾霾和燃煤销售量关系 FROM（气象大数据 AND 燃煤销售大数据）THAT 数据资源包含“北京”、“海口”、“南京”等。

4．调用语句

从云资源（大数据，来自云文件系统或者云数据库）中调用/获取满足用户需求的各种资源。其基本语法如下：

- statement ::- SNL CALL;
- SNL CALL ::- CALL **all** CloudResource-value-expression **of CloudResource**Set-value-expression [**that** conditions] | CALL **any** CloudResource-value-expression **of CloudResource**Set-value-expression [that conditions]

从云资源（大数据，来自云文件系统或者云数据库）中调用/获取满足用户需求的各种资源，其基本语法如下：

- CALL 云资源表达式 FROM 云资源集合 THAT（条件表达式清单，连接符号使用 OR 或者 AND）

例如，CALL 地图导航信息 FROM 存储在 GFS 中的谷歌地图大数据 THAT 地图标记为清华大学东门。

SELECT 语句主要针对满足某些条件的具体资源的选择应用，SEARCH 语句主要针对满足某些条件的资源的模糊搜索应用，FIND 语句主要用于满足某些条件的更高层次的发现某种关系的应用，CALL 语句与 SELECT 语句类似，主要在具体的程序设计中调用某些资源，之后可能用于 SELECT、SEARCH 或者 FIND 语句中。

SQL 语言既有 DML 语言也有 DDL 语言，与 SQL 语言不同，基于大数据的语意编程语言 SemanPL 没有 DML 语言部分，它仅仅包含 DDL 语言部分，两者的比较如表 9-1 所示。

表 9-1　SQL 和基于大数据的语意编程语言 SemanPL 的比较

	SQL	基于大数据的语意编程语言 SemanPL
DML Language	SELECT	SELECT
	UPDATE	SEARCH
	DELETE	FIND
	INSERT INTO	CALL
DDL Language	CREATE DATABASE	NO
	ALTER DATABASE	
	CREATE TABLE	
	ALTER TABLE	
	DROP TABLE	
	CREATE INDEX	
	DROP INDEX	

9.2.5　SemanPL 编译器原理分析

在基于大数据的语意编程语言 SemanPL 的程序由用户完成后，用户一旦点击编译，SemanPL 编译器将对 SemanPL 程序进行编译，由于 SemanPL 程序是一种说明式的语意程序设计语言，故它的执行就是通过 SemanPL 来调用一连串的函数，形成一系列的函数流的过程。（注意：这里的函数流就是前面图 9-3 中所述的各种算法流。而各种算法最后都是由各种并行的函数组成的，这些函数是 map 函数、reduce 函数或者用户自定义的函数 UDF。）如图 9-4 所示展示了 SemanPL 的编译实现原理。

1．SemanPL 程序编译器的工作流程

图 9-4 给出了 SemanPL 程序编译器的工作流程。

（1）在 Map 函数/Reduce 函数/UDF 用户自定义函数库中包含了 f[*a*],f[*b*],f[*c*],…,f[*k*],f[*m*],f[*n*] 等各种原子函数。

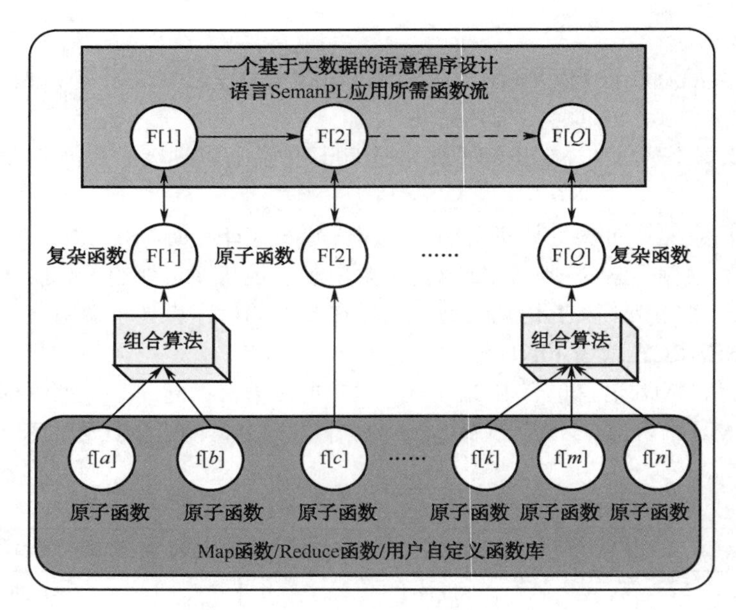

图 9-4　SemanPL 编译器工作流程

（2）用户的某个 Rabbit 应用所需的函数的数量为 F[1],F[2],⋯,F[*Q*]，总共 *Q* 个函数，并且按照 F[1],F[2],⋯,F[*Q*]的先后调用。

（3）这些调用的函数中有些是原子函数，如 F[2]就是一个原子函数 f[*c*]；有些是由原子函数组合成的复杂函数，例如，F[1]是由 f[*a*]与 f[*b*]两个原子函数组合成的复杂函数，F[*Q*]是由 f[*k*]、f[*m*]与 f[*n*]三个原子函数组合成的复杂函数。

（4）原子函数的组合由一个组合算法来完成，该组合算法直接采用现有 BPEL 的 Web 服务的组合算法。

2．SemanPL 编译实现的原理

图 9-4 给出了一个一般性的 SemanPL 编译实现的原理。由于所有运行在云中的资源都使用并行编程框架 MapReduce 来实现，其实最后的结构是转变成各种 map 函数、reduce 函数及用户自定义函数。图 9-5 展示了这种基于 map 与 reduce 函数的 SemanPL 编译机制。

（1）首先用户编写好自己所需的 SemanPL 程序。该 SemanPL 程序可能是用户的一个查询计划、分析计划或者其他的复杂需求。

（2）SemanPL 编译器会调用两个 map 函数，分别为 map task3 与 map task7。而 map task3 与 map task7 这两个函数在算法库中没有现成的算法，则 SemanPL 将调用 map task1 和 map task2 两个算法库，组合成满足条件的算法库 map task3。SemanPL 将调用 map task4、map task5 和 map task6 三个算法库，组合成满足条件的算法库 map task7。其中 map task3 和 map task7 将从云数据（来自云文件系统 GFS、HDFS、SCFS 等或者云数据库 BigTabl、HBase、SCloudDB 等）中获取用户所需要处理的数据集（大数据）。当 map task3 与 map task7 处理完成后，SemanPL 程序需要调用 reduce task3 函数。而由于 reduce task3 函数在算法库中没有现成的算法，SemanPL 会选择 reduce task1 和 reduce task2 两个函数进行组合，达到用户所需求的与 reduce task3 同等的功能。当与 reduce task3 同等功能的两个子函数 reduce task1 与 reduce task2 完成后，就可以得到满足用户需求的结果（大数据查询、挖掘及分析等的结果）。

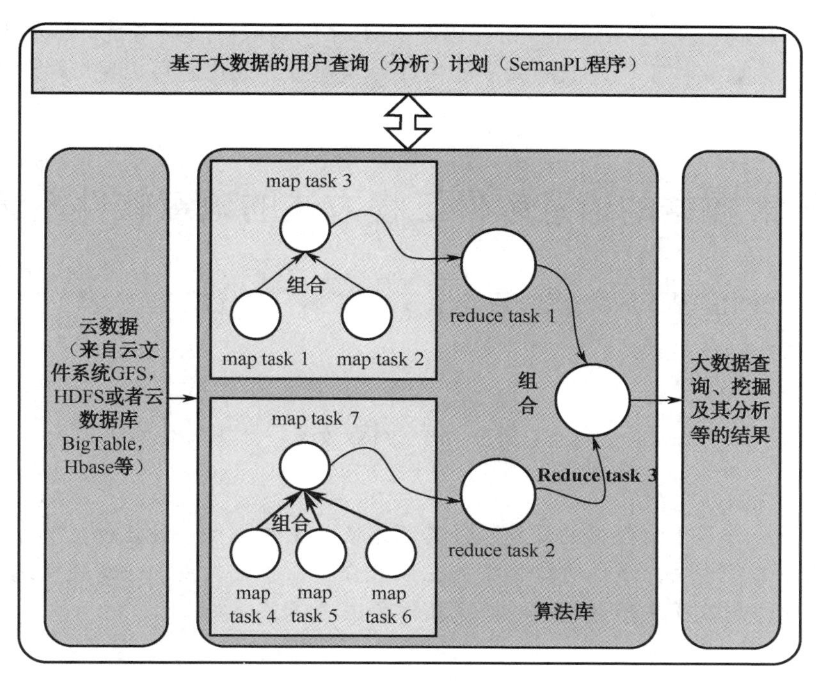

图 9-5　SemanPL 编译器工作流程（MapReduce）

9.3　基于大数据的语意软件测试

基于大数据的语意测试与传统软件工程的测试机制一致，使用白箱测试和黑箱测试两种。但是在黑箱测试上与传统软件工程的黑箱测试会有所不同。

（1）白箱测试。对 SemanPL 程序进行各种结构分析，测试其程序结构、逻辑等是否有错误，或者语法等是否有错误。

（2）黑箱测试。传统的黑箱测试，是对程序输入一些初始值后，看是否得到事先计算得到的预期值。如果能够得到，则说明程序或者程序段没有问题，若不能得到预期值，则表明程序存在问题。而针对大数据的黑箱测试，由于数据量大，尤其是一些大数据属于动态的大数据流，其数据不断变化，因此不能仅仅依靠是否得到相同的预期值来判断程序的正确性。为了进行黑箱测试，我们不能对所有大数据进行黑箱测试，只能从大数据中选取一段或者多段静态的小数据进行测试。看计算出的结果是否和预期的结果一致。如果一致，则黑箱测试通过，否则黑箱测试不通过。

9.4　基于大数据的语意软件验证

软件验证和软件测试比较容易混淆，软件测试是通过对程序的分析或者对程序运行结果的分析来判断软件是否存在逻辑性错误。软件验证是验证软件的设计流程或者规范等是否正确。

基于大数据的语意软件验证主要通过设计一套语意 CMMI（Capability Maturity Model

Integration）能力成熟度模型来进行评价。语意 CMMI 能力成熟度模型是一种基于 CMMI 的，但是吸收融合了语意软件工程方法的新的能力成熟度模型。通过它可以判断软件的编写是否符合规范等。

9.5 基于大数据的语意软件工程方法的语意软件系统应用

采用本章所提出的基于大数据的语意软件工程方法，可以进行各种类型的大数据密集型的复杂语意软件系统的开发。

本 章 小 结

本章提出了一种基于大数据的语意软件工程方法，主要提供一种让包括非专业程序员能够进行编程的软件工程方法，我们对该框架的三大部分：基于大数据的语意软件编制方法、基于大数据的语意软件测试及基于大数据的语意软件验证进行了分析。

第二部分　基于海量语意规则的大数据流处理技术

目前，在研究大数据的书籍中，专门研究大数据流处理相关内容的较少。而如何处理大数据流是大数据应用的一个研究重点。诸如电子商务系统的商品价格发生变化，如何对用户进行商品推荐？城市交通摄像头检测到道路拥挤，如何告知司机选择合适的路线？遍布各地的成万甚至上十万的传感器时刻检测环境变化，如何检测这些时刻变化的数据？所有的这些都是基于大数据流的应用，因此如何通过规则处理技术来分析这些海量的大数据流显得尤为重要。本部分主要介绍了基于海量语意规则的大数据流处理技术，包括基于规则的大数据流处理介绍、语意规则描述模型、海量语意规则网及优化、海量语意规则处理算法及海量语意规则并行处理等共五章。如下图所示，给出了基于海量语意规则的大数据流处理的应用方式。

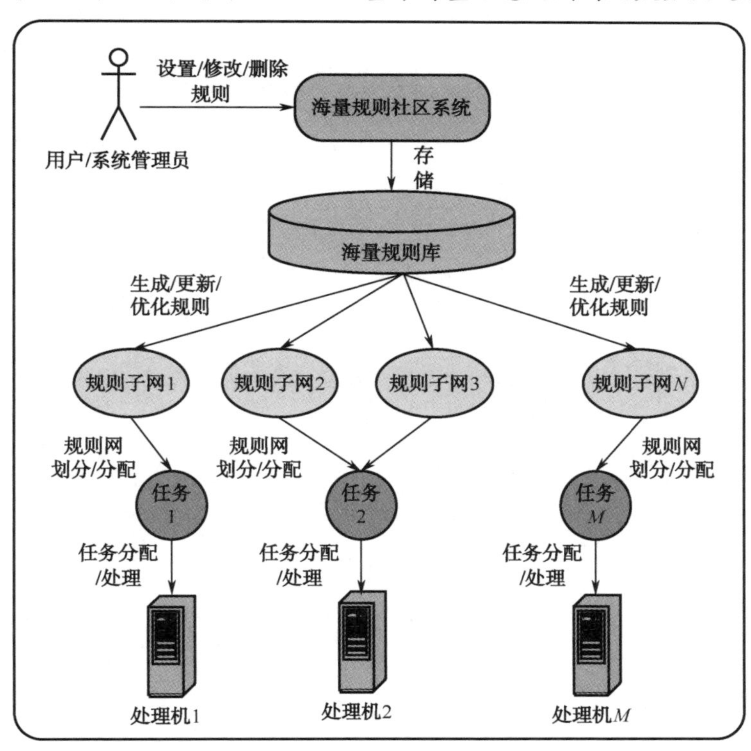

各用户在各种海量语意规则并行处理系统中按照自己的需求设定各种粒度的规则。成千上万的用户设置的规则形成了上千万甚至上亿的海量语意规则，这些规则将存入到规则库中。这些海量级的规则经过合并优化，与等价规则模块替换优化之后将形成多个互相独立的规则子网。最后，需要根据以流量为基础的代价计算模型对这些规则子网进行各种合理划分，并将这些规则子网分配给不同的处理机进行并行处理。

第 10 章　基于规则的大数据流处理介绍

海量语意规则一般用来形容数量巨大的规则及计算量巨大的规则集。现在很多业务部门都需要操作海量数据，如地震预测部门有地震预测方面的数据，交通部门有交通流量方面的数据，气象部门有气象监测方面的数据，这些部门处理的数据量都非常大。随着互联网的飞速发展，尤其是电子商务等大型 Web 应用平台的出现，Web 应用系统需要处理越来越多的业务规则，因此，基于互联网应用的规则系统应运而生。而目前的大部分规则引擎只能处理由系统管理员设定的规则，很难满足用户大规模设置属于自己的各种粒度规则的语义性需求。另外，成千上万甚至上亿的用户在各种大型电子商务系统、大型电子政务系统、国家预警等大型系统中设置自己的各种粒度规则，必将形成一个巨大的规则库，如何即时处理这些海量的规则将面临一个巨大的挑战。因此，研究一种语义内容更丰富的规则描述模型、海量语意规则处理算法，以及在此基础上形成的海量语意规则并行处理机制，已经变得十分重要。

10.1　基于规则的大数据流

10.1.1　基于规则的大数据流应用背景

随着互联网的应用越来越广泛，针对互联网中的各种数据的应用层次也在不断提升。处理互联网中的海量数据并主动获取互联网中的各种信息，已经逐渐成为人们追求的目标。本章的应用背景可以归纳为以下几点。

1．国家对网络中海量信息即时监控的重大需求

科学、工程及商业活动使得基于网络的信息交换迅速增长，从而产生了大量的文本、视频、音频文档。如何监控网络上这些海量的各种数据（包括结构化数据和多媒体数据等非结构化数据），尤其是一些多媒体（视频、音频）数据，让国家各个相关部门能够通过各种传感器件及相应传感数据库主动监测这些数据的动向，并通过分析这些数据为国家提供决策服务已经越来越重要。

2．国家对自然灾害应急响应的重大需求

中国是一个自然灾害多发的国家，台风、洪水、地震及雪灾等各种自然灾害长期给我国带来巨大的人员和经济损失。如何准确获取各种海量的结构化或非结构化数据（GPS 遥感所得，GIS 传输所得及其他方式获取的数据所得），并对这些海量数据设置各种粒度的规则，一旦这些海量数据出现异动并满足各种规则中预先设定的条件，立即触发规则并将预警信息及时发布出去已经越来越重要。例如，通过分析卫星传输的海量信息进行规则处理后，若触发规则成功则立即形成预警信息，将预警信息立即主动发送给笼罩在灾害发生地的成千上万的群众。对于公司企业来说，可以预先在自己的预警系统设置规则，一旦接收到权威部门的预警信息警报，马上向公司所有员工的手机发布预警信息，同时系统立即自动将公司的水电切断，将可避免公司人员伤亡和财产的巨大损失。

3. 主动式电子商务与电子政务建设的重大需求

电子商务和电子政务建设一直是国家针对信息产业发展的一项重要政策。但是目前的电子商务和电子政务仍然停留在初级的信息查询阶段，没有充分发挥它们的优势。如何让用户在电子商务平台或者电子政务平台上设置自己的规则，一旦规则触发就能主动接收到自己所需要的服务已经逐渐成为人们的需求，也是国家大力促进电子商务和电子政务发展的一个迫切要求。而成千上万的用户会设置成千上万甚至几亿条规则，这些海量的规则如何得到有效处理并能实时做出响应，已经成为基于规则处理的主动式电子商务、主动式电子政务中面临的关键。

4. 国家应对除自然灾害外的其他突发事件的重大需求

在举行大型活动（如奥运会开幕和闭幕）、遭到恐怖分子袭击、交通堵塞、火灾等突发事件时，如何将信息及时告知给举行大型活动的参与人员、恐怖分子所袭击的地方的人员、交通堵塞城市的司机和行人、火灾发生地的广大人员，及时做出撤离方案并同时将撤离方案发送给上述人员，将为国家面对突发事件时做出正确决策提供极大的帮助。

面对上述各种突发事件时，如何在第一时间将这些信息通知用户（可以通知到用户手机上），并安排好各种撤离交通路线也变得异常重要。若能将各种数据的异动监测（含卫星遥感的数据）处理及时发送给用户，将对即时疏通交通、引导用户做出最佳行动等起到非常关键的作用。

10.1.2 基于规则的大数据流应用意义

目前，国内外在海量语意规则并行处理领域尚未形成系统的理论方法和框架，该领域的技术研究蕴含着巨大的机遇，具有十分重要的战略意义。基于规则的大数据流分析的应用意义主要体现在以下几方面。

1. 国家预警部门可以建立语意规则预警系统

低温、雨雪、冰冻灾害、农业病虫预警信息、国际国内防洪抗灾预警信息、国际传染病信息防御、海啸预警机制实现、大型国际性活动安全信息发布、国际反对恐怖主义活动合作等，这些都是国际上十分关心的问题。因此，国家各预防部门有责任向大众或者相关职能部门发布各种预警信息，以赢取时间，阻止一些重大的灾害和人员死亡情况的发生。而海量语意规则并行处理系统能够高效、即时处理海量语意规则，使得一旦满足规则条件的重大信息发生时，可以第一时间通过通信工具将这些预警信息即时发布给公众，从而避免各种重大事故的发生。

2. 国家各级政府部门可以建立语意规则电子政务系统

随着人们对政府公共信息的需求越来越高，政府为了提高行政效率，可以以海量语意规则并行处理系统为核心技术，建立起能够处理海量语意规则的规则电子政务系统。在规则电子政务系统中，各种用户可以设置自己想要的各种粒度的规则，一旦这些规则条件得到满足，规则电子政务系统将主动把用户所需要的信息及时在第一时间发送出去。例如，农民可以在语意规则电子政务系统中设置如下规则："如果大米收购价格高于 90 元/50kg，则通知我去销售粮食"；企业人员可以在语意规则电子商务系统中设置如下规则："如果公司的营业执照年检已经通过，则立即通过手机通知我"；学生可以在语意规则电子考务系统设置如下规则："如果公务员考试成绩一旦出来，立即将考试成绩发送到我的手机"，等等。

3．各种企业可以建立各种语意规则电子商务系统

各种企业和商家可以通过以海量语意规则并行处理系统为核心技术建立起各种规则电子商务系统。将个人所需要的信息及时发送到用户，从而进一步加大商家的销售成功度。在规则电子商务系统中，各种用户可以设置自己想要的各种粒度的规则，一旦这些规则条件得到满足，规则电子政务系统将主动把用户所需要的信息在第一时间发送出去。如消费者可以在企业的规则电子商务系统中设立如下规则(B2C)："如果茶叶价格低于 100 元/500g，立即通知我去购买"。企业也可以在规则电子商务社区设立如下规则（B2B)："如果每吨原材料钢材价格小于 20000 元，则立即告知公司采购部门负责人去购买原材料钢材"。

10.2 大数据流的规则处理技术国内外研究现状

规则处理系统可以分为两大类：被动式规则处理系统和主动式规则处理系统。被动式规则处理系统中，用户显示地发出数据的查询和操作请求，遵循以下同步规则：用户发出指令→系统接收指令→系统发出数据库改变指令→数据库发生改变，因此信息是被"推向"数据库服务器的。而主动式规则处理系统，信息是被数据库服务器"推向"用户的。产生式规则（Production Rules）在主动式应用系统中有重要地位，它能根据外界的事件，如传感检测、数据库状态的变迁来进行系统行为。一旦这些外部事件发生，或者产生式规则的条件部分被满足，则相应的系统行为就会被触发，然后主动地将信息传送给用户，或者在数据库服务器上进行数据更新操作。

目前国外有很多数据库系统已经考虑将规则处理系统作为数据库系统中的一个组件。现有的很多数据库管理系统已经具备了简单的规则理念，早期的规则通知系统、规则报警系统就是最初始的原型。但是这些数据库系统中所具有的简单规则处理系统都只具有简单规则的触发器功能，几乎没有考虑复杂规则的处理及优化，等等。我们可以从各种不同类型的数据库系统中找到它们各自所蕴含"规则"的思想。

1．常用数据库规则处理思想分析

关系数据库中的简单规则的实现主要是通过触发器来实现的，早期的系统 R 中就已经定义了一个触发机制，该触发机制具有简单的规则处理功能，只要一些触发事件的条件得到满足，该系统将会执行一个事先指定的 SQL 语句序列，并执行相当于专门规则系统的动作执行部分。这些触发事件可以包括数据的恢复、数据的插入、数据的删除和数据的更新等动态的变化状况。触发器的主动式性质非常明显，对外界环境变化的监测非常敏感，也就是说只要有数据的变化（动态变动）被检测到，这些预先设定的动作就将通过触发器立即执行。在 R 这种数据库系统

中，每一次事务处理后都将自动进行一次完整性的条件限制检查，即这些事先设定好的各种条件将通过触发器进行检查，当然这些特殊的事件都是事先就被指定好的。有时候，这些条件语句在检查语义时会有所延迟，也就是说通常只有当事务被提交后才会进行检查。所以，习惯上都称 R 这种主动式数据库系统为融合了数据库和人工智能技术的一个典型范例。HiPAC 比较完整地定义了一个主动式数据库规则系统应该具有的一些特殊条件，同时在该系统中，规则被定义为“事件—条件—动作（ECA）”范式。这里的事件是指能够引起规则触发的事情，主要是指数据的一种动态变化，例如，数据的从无到有及数据的更新等，而当这些事件出现并且条件得到满足时就会执行动作。另外，在 HiPAC 系统中，定义了一种“耦合模式”，耦合模式指定了一种评价一个规则的条件的具体方法，它具体分析了当检测到的事件出现时规则怎么执行，以及当事务产生时怎么进行规则处理的变换，从而让规则能够得到迅速的反应。如果要实现快速的规则，就必须满足一旦事件发生，规则条件将被立即评估并且将立即执行相应的动作。

AMOS 是一种典型的面向对象数据库，在建立模型、定位数据、搜索用户需求、组合模块及监测数据方面有着非常大的优势。它非常适合分布式计算环境，可以由很多分布在各地的、正在使用的、快速的通信网络连接在一起的工作站所组成并一起进行并行处理工作。AMOS 的一个重大的贡献就是首次在数据库的应用中使用了一种叫仲裁的方法。该方法数据库和用户的应用程序之间的一种中间件非常相似，我们可以将中间件模块中的所有类都叫主动式的仲裁者，其中主要原因是这些所谓仲裁者的中间件在很大程度上支持主动式数据库的功能，为后面的“Push”技术的应用起到了非常巨大的推动作用。AMOS 也可以称为一种体系结构，它建立在一个基于多种信息库互相通信交换数据的中心内存之上，使得各种不同格式的异构的数据能够实现数据的融合与交互。正是因为如此，每一个 AMOS 服务器都具有数据库管理系统的基本功能。例如，它们都有一个本地数据库、一个数据字典、一个查询处理者、事务处理和远程数据库访问等，AMOS 系统将数据库与规则系统较好地结合在一起。

其实，AMOS 与 Iris 有很多相似的地方，也能够实现较好地结合，形成一种叫 WS-Iris 的系统。AMOS 也有自己的查询语言，我们将这种查询语言称为 AMOSQL，它是 OSQL 语言的一个派生与演化。AMOSQL 语言扩展了 OSQL 语言，并在此基础上增加了主动式规则，因为这种语言有更丰富的类型系统及多数据库处理的功能，从而其主动性与语义性得到了进一步的加强。当然，在设计和开发 AMOSQL 语言时也需要考虑到未来能够和 SQL-3 之间是否能够兼容。AMOS 系统在截获事件上已经取得了较大的进展，只要事件出现就可以截获并做出相应的动作。后期出现的 POSTGRES 和 Starburst 这两种数据库管理系统都可以像 AMOS 一样，只要出现类似的指令，都有可能截获事件，并做出处理。然而，在 AMOS 中，截获的事件包含了所有高级对象的所有操作。

在后期的一些数据库系统中，如 POSTGRES 中，该数据库系统的规则也遵循（ECA）模式。不过值得注意的是，在 POSTGRES 中，事件能够被恢复、能够被取代、能够被删除和追加。POSTGRES 的条件非常具有灵活性，可能是任何的 POSTQUEL 查询语句，可能是任何 POSTQUEL 的一系列执行命令。POSTGRES 与其他的一些对象数据库的一个很大的区别就是它存在两种类型的规则系统：当执行单个恢复更新时，因为需要用到一些规则满足其完整性，此时将其称为恢复级规则系统；当执行一个分析或者一个查询优化时，也因为需要满足一定的规则，我们将其称为查询重写规则系统。查询重写规则系统可以将一个用户的命令转换成一种选择的形式，它使得规则的检查变得更加高效。POSTGRES 系统也存在许多不尽如人意的地方，当 POSTGRES 在处理那些临时的、外部的及组合事件的规则时，很难达到用户的要求。

面向对象数据库系统在上个世纪得到了很快的发展，后来又出现了新的具有规则功能的Starburst系统，这种系统与POSTGRES系统一样，也采用ECA形式，但在POSTGRES的基础上有了一些新的改变，主要体现在它的事件可以插入、删除或者更新一个表，等等。

Ariel也是一种具有规则功能的数据库管理系统，它的显著特点就是在POSTGRES系统的上面一层定义了产生式规则。在Ariel这种系统中，使用的是CA规则，这种规则仅仅允许使用者的条件得到满足后去触发各种事件，从而执行相应动作。

后来又发展出了一种叫作Ode的面向对象数据库系统，这种系统中增加了约束器和触发器两大功能。它的功能已经在前期的数据库管理系统上得到了很大的加强，不仅可以处理单个事件，还可以通过由基本的事件产生组成事件序列表达式实现对组合事件的支持，这一点为规则系统的发展提供了一种难能可贵的扩展，也为规则处理更为复杂的系统提供了理论依据。

主动数据库系统在规则系统中起到非常重要的作用。关于主动数据库的研究，开始于20世纪80年代中期，90年代后越来越受到关注，已经成为现代数据库研究的重要领域和热点。传统数据库是“被动的”，只有当人们需要“它”的时候，它才动，所以它能提供的信息都是“过去”或者“当前”的；而主动数据库则可以主动监视“未来”可能发生的状况，只要数据在未来的某个时候发生异动（或者称“点火”）现象，则将对未来的变动做出反应并执行预先设定的动作。主动数据库的“主动”二字本身的实现就需要通过规则来体现。

2. SemanticObjects™

语义计算的核心技术是语义对象™（SemanticObjects™，美国专利号US7,263,517 B2）。语义对象技术可以将文件内容转换成对象，也可以将程序或服务的处理能力分解到基础层次，以便用户具有最大的灵活性来满足需求。用户可以用类自然语言来描述他们的需求。基于对象的统一概念，语义对象能够实现不同层次数据和相关工具（算法）的无缝整合，而且允许用户像存取层次结构的构件一样存取逻辑对象，不需要管这些逻辑对象实际上是如何存储的。目前，语义对象技术已经在很多领域得到了普遍的应用，如图像领域、空间数据设计领域、模式语义挖掘、表检测自动实现方法、复杂生物应用等各个领域。后来Deng.D在其博士论文《分布式语义软件工程环境》中与本书中提出的SOBL语言都是一种基于自然语言描述的可以用来表示规则的语义对象行为语言。相继又发展了针对语义对象技术的语义程序设计语言SPL+，用于表达各种规则，并编写包含具有规则处理的说明式的程序设计语言。针对语义对象技术，目前已经研究并设计了一些语义接口。当语义对象技术中存储的数据规模非常大时，设计了一种基于GA的方法对数据进行优化，尽量提高数据处理包括规则处理的效率。目前，SemanticObjects仍然在不断完善中，最终会发展成为一种能够处理各种语义对象，设置各种规则、支持并行计算的语义软件工程方法学。

3. 规则处理算法分析

规则处理引擎作为产生式系统的一部分，当进行事实的判断时，包含三个阶段：匹配、选择和执行。传统的规则模式匹配处理算法中以RETE算法、TREAT算法、LEAPS算法及RETE2等几种最为典型。

RETE算法是一个用来实现产生式规则系统的高效模式匹配算法。该算法是由卡内基梅隆大学的Charles L. Forgy在其发表的论文中所阐述的。RETE算法提供了专家系统的一个高效实现。它最核心的设计思想就是实现了大量的规则节点的共享，从而大大提高了算法的处理效率。但是 RETE 算法也存在很大的局限性，最明显的缺陷就是删除事实的代价过于昂贵，例如，对一些不再需要的规则进行物理删除需要高昂代价。另外，该算法为了保留充分的中间结果，引入了大量的物理寄存器以存储大量的规则中间共享节点，需要占用巨大的存储空间。若在不考虑处理机空间代价，采用 RETE 算法是目前最有效的一种规则处理算法。该算法目前已经应用于大多数的规则引擎中，如 Drools、ILOG 及 HAL 等多种产生式规则引擎及相应的应用系统。

在某些方面，TREAT 算法是在 RETE 算法基础上的一个改进。但是该算法从本质上说已经将 RETE 算法主要的优点都摒弃了，是一个不太成功的算法。针对 RETE 存在的问题，TREAT 算法取消了所存储的中间状态信息（即部分匹配结果，也可以通俗理解为共享节点）。这样，当删除元素时，可直接将冲突集中包含该元素的规则节点直接删除，不用考虑该规则节点与其他节点的网络式的连接信息，从而降低了删除操作的开销。但由于没有存储状态信息，即，Rete 算法中最具有优势的规则共享节点不再存在，从而使增添元素的操作开销大大增加，很难适用大规模的规则处理，更谈不上应用到海量语意规则处理。

LEAPS 的处理算法由于采用堆栈的方式进行数据存储，数据在进行匹配对比及移动时非常僵化，只能按照预先的顺序进行比较，产生很多不必要的模式匹配。这种算法只能局部和其他算法混合使用，作为规则处理的主算法，很难达到很好的效率和效果。

4．数据分割分析

数据的划分在一定程度上会破坏数据的一致性和完整性，如果处理不好，可能使数据失去其原来该有的意义。所以，数据经过划分后，需要在处理机和任务之间建立一个映射，避免数据不一致的发生。非常值得称赞的是，目前有很多用于专门划分数据的划分语言，这些语言的出现为数据划分提供了一种简便有效的划分方法。目前用于数据划分的语言有 HPF 及 OpenMP，它们是传统程序设计语言——C 语言的一个扩展，而后期发展出来的 PC++语言则是一种面向对象的并行处理语言。面对这些海量数据，目前已经有很多的系统被开发出来。并行系统 HPA 就是一个典型的用于并行处理海量数据的系统，该算法以时间代价优先为基础，尽量让处理速度较快。后来，分别从不同角度设计了数据的优化模型，尽量在各种代价之间取得平衡，得到比较合适的算法。数据划分[52]应用非常广泛，很多并行实时视频[55]系统都用到这种技术。

5．海量语意规则并行处理分析

前面已经介绍了很多的学者在较大规模的规则处理上已经取得了一些成果，如 RETE 算法就可以处理较大规模的规则处理问题。但是，由于传统规则的局限性，规则主要由系统管理员来设定，系统管理员一般只能设置那些通用的、数量不会太多的规则。但是，随着人们对数据的要求越来越个性化，由用户自己来设定各种规则已经成为规则系统发展的趋势和必然要求。在这种背景下，传统的所有规则处理算法已经很难再适用这种新的需要。面对这些海量语意规则，我们可以通过并行处理系统来进行处理，也可以将这种海量语意规则系统当成是基于数据的并行。由于通过并行系统并由很多台处理机来处理这些数据，故数据划分的好坏直接影响到并行的质量，数据划分的重要目的主要是并行执行。

目前，对于海量数据划分与并行处理的研究越来越多，不少研究者提出各自不同的数据划分方法，主要有：用户手动划分，这种划分方法完全由用户自己来调配，当然用户的经验和知识水平将起到一个非常重要的作用；FPGA 并行处理划分方法，由于数据类型各种各样，针对不同的数据，需要采取的划分都会有差异。针对空间数据这种特殊数据，不同的研究者分别提出了一些空间划分的方法，主要有：空间数据的自动划分及 Hilbert 空间数据划分。现有的很多划分的好坏对于检测应用系统性能会产生非常重大的影响，一些好的划分可以让应用系统比较好地运行，如果不好的划分方法可能让应用系统面临很大的负载均衡及通信代价问题。此后又有很多学者在相应的并行数据库交互式中尝试并进行各种数据划分的方法，而最有效的划分必须实现自动划分，否则在海量语意规则中去实现手动划分毫无意义。

10.3 存在的问题总结与分析

随着对各种规则应用、Web 规则基础和应用研究越来越深入，社会对主动型信息的要求越来越多，发展主动型的社区网络将越来越成为今后的语义社区网络发展方向。被动型规则系统一般由系统管理员来设定规则，规则的级别很难达到海量级别。而与以前被动型规则系统不一样，主动型规则系统由于由用户自己设定规则，用户的数量巨大，如果每个用户设定几百条规则，整个规则系统就要处理千万级别甚至亿条级别的海量语意规则。

虽然国内外对规则处理系统的研究已经由来已久，但是目前存在的规则处理系统及目前学界对于规则处理的研究依然存在不足，主要体现在以下几方面。

1．现有的规则系统（引擎）大都无法描述具有丰富语义内涵的规则

现有的规则系统一般只能针对数据库中的某个属性设置相应的规则，如关系表里的每条记录的某个属性（如价格），对象数据库里的每个对象的属性，等等，它们都是小粒度对象，没有针对大粒度对象进行任何规则设置。随着人们对信息的要求越来越高，不仅需要针对小粒度对象（属性）设置规则，也需要对大粒度对象（属性）设置规则以丰富规则的语义内涵。遗憾的是，目前的规则系统仍然不能达到这些更高层次的语义要求。

2．现有的规则引擎不允许一般使用者设定规则（规则必须由系统管理员设定）

本书的海量语意规则并行处理系统的一个最重要特点是，它有很强的语义性。而评价一个系统语义性的语义体现程度的最高标准是用户的参与程度。用户参与越少，系统的语义性越低；用户参与越多，系统的语义性越高。而目前大部分的规则引擎基本上都是由系统管理员来设置规则，用户几乎没有参与进来，系统使用起来十分僵化，从而大大降低了系统的语义性。因而研究一种能够灵活使用，用户参与度高的规则系统已经越来越重要。

3．现有的规则引擎不能即时处理海量的规则

现有规则引擎基本是由 RETE 算法及它的变种算法衍生而来的，目前的规则系统能够处理的规则数量有限，虽然 RETE 算法及在其基础上演变而来的各种规则处理算法，能够通过共享部分规则节点来实现规则处理的优化，从而达到能够处理较大数量的规则，但是面对成千上万甚至上亿条级别的规则，它将变得无能为力。此时，需要对规则网进行更深层次的优化，并通过多台处理机来并行处理这些海量语意规则，才能满足应用需求。

本章小结

本章首先分析了基于海量规则的大数据流处理技术的应用及意义。随后，讨论了海量语意规则处理技术的研究现状，以及目前在基于规则的应用方面面临的问题，提出了一种主动式的语意规则。

第 11 章　语意规则描述模型

本章着重对规则节点流量计算方法及规则节点计算代价模型进行了详细的分析和探讨，为后续章节的研究打下基础。关于规则的一些含义，如“事件”、“小粒度事件”、“大粒度事件”、“动作”等已在 2.4.1 节中介绍，本章不再赘述。

11.1　规则表示方法

本章中所研究的各种海量语意规则以关系数据库作为宿主系统。任何规则系统都需要由规则语言进行描述。本书中的一个规则能够以结构化自然语言形式描述，其表达方式如下：

如果

　　条件一旦满足

那么

　　执行动作

它可以转换为：

　　When [event in SNL]
　　If [condition in SNL] AND [condition in SNL] …
　　Then [action in SNL], [action in SNL] …

【例 11-1】 如果用户张凯（User001）缴纳水电费的银行账户（账户编号为 200800987896）的银行存款余额小于 50 元，那么提醒规则设定为用户张凯去银行预存水电费。

上述案例可以用如下的结构化自然语言形式描述：

　　When Update Account_Table　　//当用户的银行存款帐户表中数据发生更新
　　If 账户编号==200800987896　AND　账户余额<50
　　Then notify User001 to deposit money in his bank account.

11.2　规则节点图形化符号表示模型

为了更好地分析规则，本小节主要介绍海量语意规则网中的各种规则节点的图形化表示方法。规则节点类型有两大类：计算规则节点与非计算规则节点。

（1）非计算规则节点：不需要进行集合操作运算的各种规则节点。在规则中的非计算规则节点主要有规则关系节点与规则动作节点两种。

（2）计算规则节点：需要进行集合操作运算的各种规则节点。在规则中的计算规则节点主要有规则选择节点、规则联合节点、规则交集节点、规则否定计算节点、规则连接节点与规则笛卡儿积节点，等等。

11.2.1 非计算规则节点

1．规则关系（Relation）节点

规则关系节点用矩形框表示，它表示一个关系表，如学生成绩表、教师表、商品表、银行存款表，等等。每一个关系表均由很多条记录组成，它是一系列数据记录的集合（Set），规则关系节点图形化表示如图 11-1 所示。

2．规则动作（Action）节点

规则动作（Action）节点用三角形表示，它表示当规则的条件满足时所触发的动作。例如，若规则设定为学生刘冰的微积分成绩已经出来（成绩>0，假设成绩老师在没有登录时都默认为 0 分。一旦监测到成绩>0，表示成绩已经被老师输入到成绩系统中），则立即将规则设定为学生刘冰的微积分成绩发短消息给刘冰本人，规则动作节点的图形化表示如图 11-2 所示。

图 11-1　规则关系节点　　　　图 11-2　规则动作节点

11.2.2 计算规则节点

1．规则选择（Selection）节点

规则选择节点用圆圈表示，表示选择（Selection）关系。选择又称为限制（Restriction），是在关系 R 中选取符合条件的元组，从行的角度进行的运算。例如，“果粒橙”价格小于 6 元/瓶，一室一厅房子出租价格小于 1200 元/月，这些都属于一个选择关系，规则选择节点图形化表示如图 11-3 所示。

2．规则联合（Union）节点

规则联合节点用椭圆表示，表示一个并（Union）的关系。规则联合节点，又称为规则“或”节点，是指从两个或者多个对象集合中，对只要满足其中任一条件的集合进行的运算，而不需要任何条件约束。R 和 S 的“并”是由属于 R 或属于 S 的元组构成的集合，记为 $R \cup S$。例如，“百事可乐”价格小于 2.8 元/瓶，或者“可口可乐”价格小于 2.8 元/瓶时的关系记录的一个联合（如图 11-4 中集合 SetA 与集合 SetB 的一个联合），规则联合节点的图形化表示如图 11-4 所示。

图 11-3　规则选择节点　　　　图 11-4　规则联合节点

3. 规则交集（Intersection）节点

规则交集节点用六角形表示，它表示一个交（Intersection）的关系。规则交集节点，又称为规则“交”节点，是指从两个或者多个对象集合中，对满足其中所有条件的集合进行的一种交的运算。设关系 R 和关系 S 具有相同的关系模式，关系 R 和 S 的交是由属于 R 又属于 S 的元组构成的集合，记为 $R\cap S$，规则交集节点的图形化表示如图 11-5 所示。

4. 规则连接（Join）节点

规则连接（Join）节点用双椭圆圈表示，表示连接（Join）关系。规则连接节点就是从一个或者多个对象集合中，对满足连接条件的对象集合进行连接的一种运算。（自然连接是指对象集合与自己本身进行自然连接）连接也称为θ 连接。它是从两个关系的笛卡儿积中选取属性间满足给定条件的元组，规则连接节点图形化表示如图 11-6 所示。

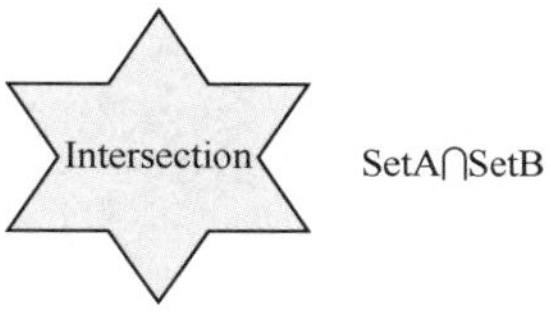

图 11-5 规则交集节点 　　图 11-6 规则连接节点

5. 规则否定（Denial）节点

规则否定（Denial）节点用五边形表示，表示否定（Denial）计算的关系，是那些不满足 SetA 条件的节点，规则否定节点的图形化表示如图 11-7 所示。

6. 规则笛卡儿积（Cartesian Product）节点

规则笛卡儿积（Cartesian Product）节点用八边形表示。给定一组域 $D_1,D_2,\cdots,D_n$，这些域中可以有相同的。$D_1,D_2,\cdots,D_n$ 的笛卡儿积为 $D_1\times D_2\times\cdots\times D_n=\{(d_1,d_2,\cdots,d_n)\mid d_i\in D_i, i=1,2,\cdots,n\}$ 所有域的所有取值的一个组合，规则笛卡儿积节点的图形化表示如图 11-8 所示。

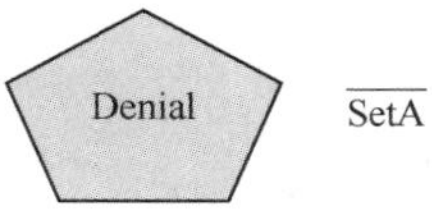

图 11-7 规则否定节点 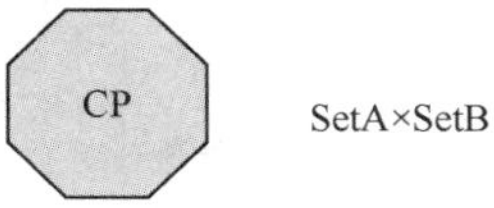　　图 11-8 规则笛卡儿积节点

【例 11-2】 请分析下列规则网中的各种规则节点及含义。

图 11-9 的规则网中包含了三条规则，用自然语言分别描述如下：

（1）如果可口可乐价格低于 3 元/瓶，并且百事可乐价格低于 3 元/瓶，若两个条件同时满足，那么执行动作 Action1。

（2）如果可口可乐价格低于 3 元/瓶，或者百事可乐价格低于 3 元/瓶，两个条件只要任意一个条件满足，那么执行动作 Action2。

（3）如果百事可乐价格不低于 3 元/瓶时，那么执行动作 Action3。

其中规则关系节点有商品表。规则选择节点有 S1、S2、S3、S4。规则交集节点有 Intersection。规则联合节点有 Union。规则否定节点有 Denial。规则动作节点有 Action1、Action2、Action3。

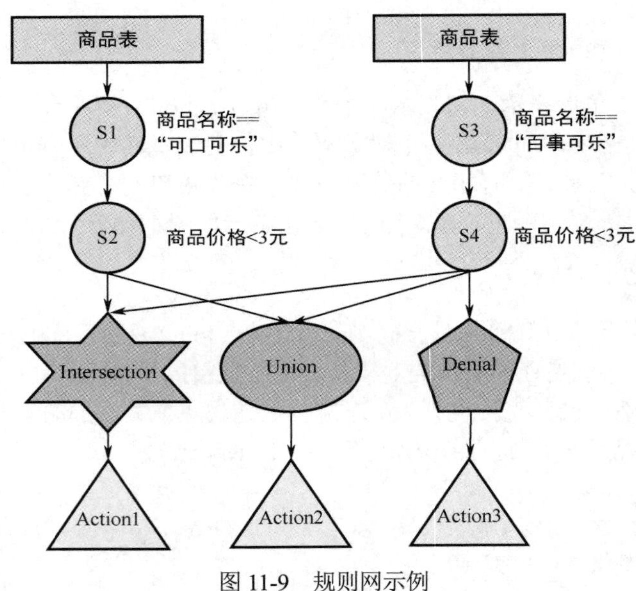

图 11-9 规则网示例

11.3 规则粒度

本书将所处理的海量语意规则中的各种规则分为大粒度规则与小粒度规则两种。

规则的条件部分一旦满足，可能对关系数据库的记录集合产生影响，我们可以把规则分为大粒度规则与小粒度规则两种。

（1）大粒度规则：针对大粒度事件而设计的规则。

（2）小粒度规则：针对小粒度事件而设计的规则。

【例 11-3】 如图 11-10 所示，该规则网总共有两条规则，其中执行动作 Action1 的规则为大粒度规则，而执行动作 Action2 的为小粒度规则。

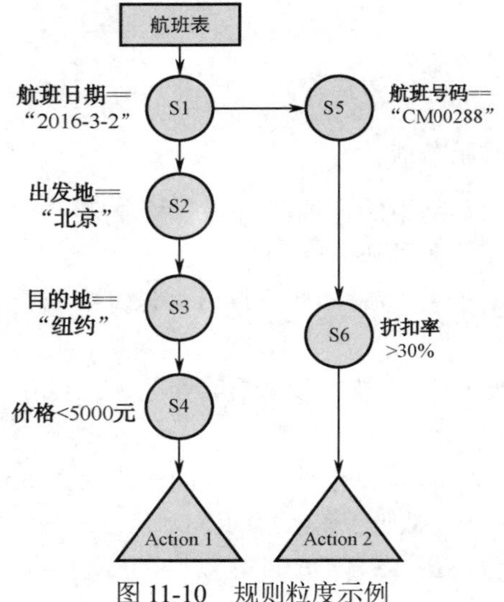

图 11-10 规则粒度示例

11.4　规则节点流量分析

1．规则流量

（1）规则节点的度：海量语意规则网中和规则节点相关联的边的数目称为规则节点的度。

（2）规则节点入度：海量语意规则网中以规则节点为尾的有向边的数目称为规则节点的入度。

（3）规则节点出度：海量语意规则网中以规则节点为头的有向边的数目称为规则节点的出度。

（4）规则节点入度流量：海量语意规则网中以规则节点为尾的有向边的记录流入条数。规则节点可以有一个或者多个入度流量（规则关系节点作为记录的最初流出地，无入度流量，这种特殊的情况除外）。

（5）规则节点出度流量：海量语意规则网中以规则节点为头的有向边的记录流出条数。规则节点可以有一个或者多个出度流量（规则动作节点作为记录的最终流入地，无出度流量，这种特殊的情况除外）。

（6）规则节点流量模型，如图 11-11 所示。

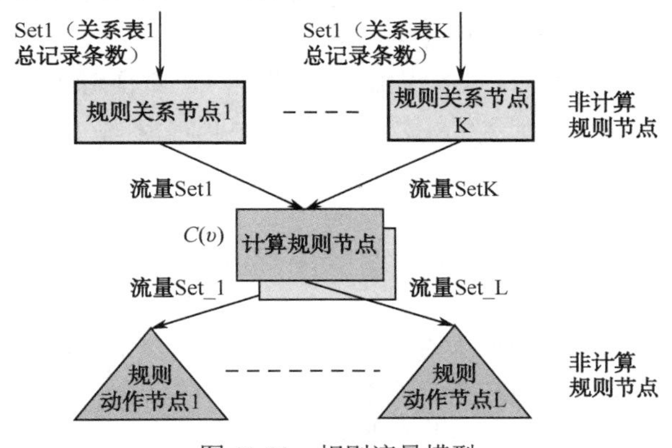

图 11-11　规则流量模型

① 任何一个关系表（规则关系节点）都是由很多条记录组成的。我们将规则关系节点 1 的记录总条数计为 Set1，规则关系节点 K 的记录总条数计为 SetK。

② C 表示计算规则节点，υ 为计算规则节点的可计算性参数，如果是规则选择节点，则为可选择性；如果为规则联合节点，则为可联合性；如果为规则连接节点，则为可连接性，等等。

③ 规则节点 C 的入度流量分别为 Set1,···,SetK；规则节点 C 的出度流量分别为 Set_1,···, Set_L。其中，L 与 K 不一定相等。

2．规则节点流量分析

规则节点可能有一个或多个入度流量与出度流量，而一个规则节点的某个入度流量必将是上一个节点的某个出度流量，故本书只需介绍各种规则节点的出度流量即可。

（1）规则关系节点流量分析。

【定义 11-1】 规则关系节点出度流量为关系表记录（元组）个数。

说明：规则关系节点代表的是其对应的关系数据库的关系表。它是一个二维表格，由很多条记录组成。在进行任何针对规则关系节点的集合操作中，规则关系节点中的任何数据都将成为备选操作记录。故规则关系节点的记录条数的总数就是规则关系节点的出度流量。

（2）规则选择节点流量分析，如图 11-12 所示。

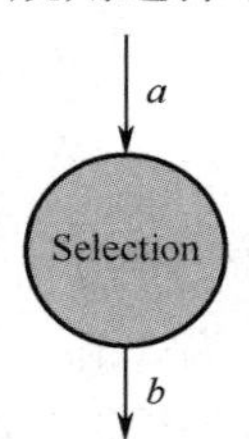

图 11-12 规则选择节点流量模型

【定义 11-2】 规则选择节点出度流量=规则选择节点入度流量×可选择参数，即 $b=a*\upsilon$，其中，$\upsilon\in[0,1]$。

说明：

① 规则选择节点操作前的入度流量为上一个节点的出度流量 a。

② 规则选择节点是对入度流量按照选择条件进行的一系列筛选过程。

③ 对于最小流量情况，该规则选择节点将该节点的入度流量 a 全部过滤掉，没有一条记录满足选择条件，此时该节点的出度流量 b 等于 0。

④ 对于最大流量情况，该规则选择节点没有将节点的入度流量 a 都过滤掉，所有记录都满足选择条件，此时该节点的出度流量 $b=a$。

⑤ 根据③与④的分析得出 b 的取值范围：$b\in[0,a]$。

⑥ $(b=a*\upsilon)\in[0,a]$，根据 $(a\upsilon)\in[0,a]$，可以得出 $\upsilon\in[0,1]$。

（3）规则联合节点流量分析，如图 11-13 所示。

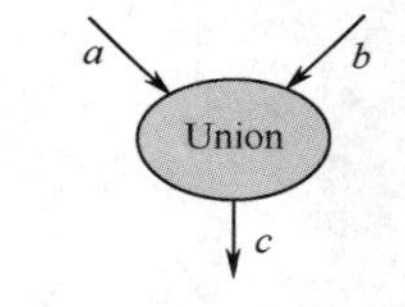

图 11-13 规则联合节点（两入度）流量模型

【定义 11-3】 规则联合（Union）节点出度流量等于规则联合节点入度流量乘以可联合操作参数，即 $c=(a+b)*\upsilon$，其中，$\upsilon\in\left[\frac{\max\{a,b\}}{a+b},1\right]$。

说明：

① 规则联合（Union）节点入度流量有两个，一个为 a，一个为 b，分别来自上面规则节点的出度流量。

② 规则联合（Union）节点是对入度流量按照联合条件进行的一系列的联合过程，相当于平常所理解的“或”。

③ 对于最小流量情况，即该规则联合节点的两个入度流量集合 a 与 b 满足 $a\subseteq b$ 或者 $a\supseteq b$。此时该节点的出度流量 c 满足最小流量情况，该规则联合节点的出度流量 c 等于 a 与 b 中的最大者，即：$c=\max\{a,b\}$。

④ 对于最大流量情况，即该规则联合节点的两个入度流量集合 a 与 b 满足 $a\not\subset b$ 并且 $b\not\subset a$。流量 a 的集合与流量 b 的集合完全没有重合情况，此时该节点的出度流量 c 满足最大流量情况，该规则联合节点的出度流量 c 等于 a 与 b 的流量之和，即：$c=a+b$。

⑤ 根据③与④的分析得出 c 的取值范围：$c\in[\max\{a,b\},a+b]$。

⑥ $c=(a+c)*\upsilon$，根据 $(a+b)*\upsilon\in[\max\{a,b\},a+b]$，可以得出 $\upsilon\in\left[\frac{\max\{a,b\}}{a+b},1\right]$。

注意：与其他规则算法中联合节点只允许两个集合进行联合运算不同的是，海量语意规则处理算法中的规则联合节点允许两个或者两个以上的集合进行联合（“或”）运算，因而由此得出定义 11-4。

【定义 11-4】 规则联合节点可以扩展到多个入度节点，它可以是两个节点的联合（见定义 11-3），可以是三个，或者三个以上节点的联合。假设规则联合节点有 k 个入度流量，分别为

$a_1,a_2,\cdots,a_k$。假设该节点的出度流量为 b，那么 $b=(a_1+a_2+\cdots+a_k)*\upsilon$，其中，$\upsilon\in\left[\frac{\max\{a_1,a_2,\cdots,a_k\}}{a_1+a_2+\cdots+a_k},1\right]$。

说明：

① 规则联合（Union）节点入度流量有三个或三个以上，分别为 $a_1,a_2,\cdots,a_k$。它们分别来自上面节点的出度流量。

② 规则联合（Union）节点是对入度流量按照联合条件进行的一系列的联合过程，相当于平常所理解的“或”。

③ 对于最小流量情况，即该规则联合节点的任一入度流量集合 $a_1,a_2,\cdots,a_k$ 满足 $a_{i(0<i<k+1)}\subseteq\max\{a_1,a_2,\cdots,a_k\}$。此时该节点的出度流量 c 满足最小流量情况，该规则联合节点的出度流量 b 等于 $a_1,a_2,\cdots,a_k$ 中的最大者，即 $b=\max\{a_1,a_2,\cdots,a_k\}$。

④ 对于最大流量情况，即该规则联合节点的两个入度流量集合 $a_1,a_2,\cdots,a_k$ 满足 $a_{i(0<i<k+1)}\not\subset a_{j(0<i<k+1)}(i\neq j)$。即流量 $a_1,a_2,\cdots,a_k$ 的集合之间完全没有重合情况。此时该节点的出度流量 c 满足最大流量情况，该规则联合节点的出度流量 b 等于 $a_1,a_2,\cdots,a_k$ 的流量之和，即 $b=a_1+a_2+\cdots+a_k$。

⑤ 根据③与④的分析得出 b 的取值范围：

$b\in[\max\{a_1,a_2,\cdots,a_k\},a_1+a_2+\cdots+a_k]$。

⑥ 即 $b=(a_1+a_2+\cdots+a_k)*\upsilon$，根据

$(a_1+a_2+\cdots+a_k)*\upsilon\in[\max\{a_1,a_2,\cdots,a_k\},a_1+a_2+\cdots+a_k]$

可以得出 $\upsilon\in\left[\frac{\max\{a_1,a_2,\cdots,a_k\}}{a_1+a_2+\cdots+a_k},1\right]$。

（4）规则交集节点流量分析：如图 11-14 所示。

【定义 11-5】 规则交集（Intersection）节点出度流量 c 等于规则交集节点的入度流量 a 与 b 之乘积再乘以交操作参数 υ，即 $c=(a*b)*\upsilon$，其中，$\upsilon\in\left[0,\frac{a+b}{a*b}\right]$。

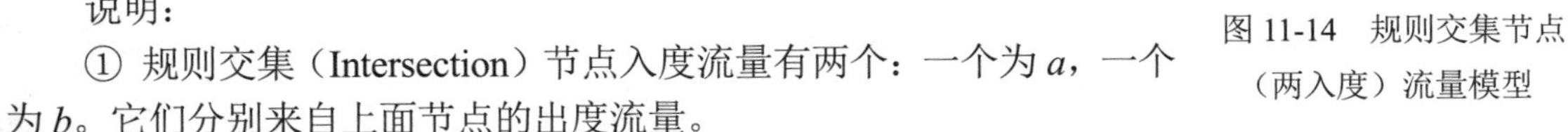

图 11-14　规则交集节点（两入度）流量模型

说明：

① 规则交集（Intersection）节点入度流量有两个：一个为 a，一个为 b。它们分别来自上面节点的出度流量。

② 规则交集（Intersection）节点是对入度流量按照交集条件进行的一系列的“交”操作过程，相当于平常所理解的“与”。

③ 对于最小流量情况，只要条件中的任何一个条件不满足，则规则交集节点的出度流量均为 0，即：$c=0$。

④ 对于最大流量情况。若规则交集节点的所有入度 a 的条件和入度 b 的条件均满足，则规则交集节点的出度流量其实就是入度流量之和，即 $c=a+b$。

⑤ 根据③与④的分析得出 c 的取值范围：$c\in[0,a+b]$。

⑥ $c=(a*b)*\upsilon$，根据 $(a*b)*\upsilon\in[0,a+b]$，可以得出 $\upsilon\in\left[0,\frac{a+b}{a*b}\right]$。

注意：与其他规则算法中交集节点只允许两个集合进行交运算不同的是，海量语意规则处

理算法中的规则交集节点允许两个或者两个以上的集合进行交运算，因而由此得出定义 11-6。

【定义 11-6】 规则交集节点可以扩展到多个入度节点，它可以是两个节点的交（见定义 11-5），它也可以是三个，或者三个以上节点的交。假设规则交集节点有 k 个入度流量，分别为 $a_1,a_2,\cdots,a_k$。假设该规则交集节点的出度流量为 b。那么 $b=(a_1\times a_2\times\cdots\times a_k)*\upsilon$，其中，$\upsilon\in\left[0,\dfrac{a_1+a_2+\cdots+a_k}{a_1*a_2*\cdots*a_k}\right]$。

说明：

① 规则交集（Intersection）节点入度流量有三个或三个以上，分别为 $a_1,a_2,\cdots,a_k$。它们分别来自上面节点的出度流量。

② 规则交集（Intersection）节点是对入度流量按照交集条件进行的一系列的“交”操作过程，相当于平常所理解的“与”。

③ 对于最小流量情况，只要条件中的任何一个条件不满足，则规则交集节点的出度流量均为 0，即：$c=0$。

④ 对于最大流量情况。若规则交集节点的所有入度集合 $(a_1,a_2,\cdots,a_k)$ 的条件均满足，则规则交集节点的出度流量其实就是入度流量之和，即 $b=(a_1+a_2,\cdots+a_k)$。

⑤ 根据③与④的分析得出 b 的取值范围：$b\in[0,(a_1+a_2,\cdots+a_k)]$。

⑥ $b=(a_1*a_2*\cdots*a_k)*\upsilon$，根据 $(a_1*a_2*\cdots*a_k)*\upsilon\in[0,(a_1+a_2+\cdots+a_k)]$，可以得出 $\upsilon\in\left[0,\dfrac{a_1+a_2+\cdots+a_k}{a_1*a_2*\cdots*a_k}\right]$。

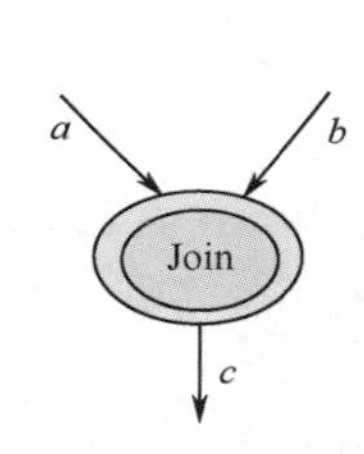

图 11-15　规则连接节点流量模型

（5）规则连接节点流量分析。规则连接运算是来自于不同关系模式的两个表的连接（只有自身连接是一个关系模式与其自身进行连接的特殊情况）。它与关系数据库中的连接运算是同一个概念，其带流量的图形表示如图 11-15 所示。

【定义 11-7】 规则连接（Join）节点出度流量 c 等于规则连接节点的入度流量 a 与 b 之乘积再乘以可连接（Join）操作参数 υ。即 $c=(a*b)*\upsilon$，其中，$\upsilon\in[0,1]$。

说明：

① 规则连接（Join）节点入度流量有两个，一个为 a，一个为 b。它们分别来自上面节点的出度流量。

② 规则连接（Join）节点是对入度流量按照连接（Join）条件进行的一系列的“连接（Join）”操作过程。

③ 对于最小流量情况，只要条件中的任何一个条件不满足，则规则连接（Join）节点的出度流量均为 0，即：$c=0$。

④ 对于最大流量情况。若连接（Join）节点的所有入度 a 的条件和入度 b 的条件均满足，则规则连接（Join）节点的出度流量其实就是入度流量之乘积，即 $c=a\times b$。

⑤ 根据③与④的分析得出 c 的取值范围：$c\in[0,a*b]$。

⑥ $c=(a*b)*\upsilon$，根据 $(a*b)*\upsilon\in[0,a*b]$，可以得出 $\upsilon\in[0,1]$。

（6）规则否定节点流量分析。

【定义 11-8】 规则否定（Denial）节点出度流量等于规则否定（Denial）节点入度流量乘以

可否定（Denial）选择参数，即 $b=a*\upsilon$ ，其中，$\upsilon\in[0,1]$ 。

说明：

① 规则否定节点操作前的入度流量为上一个节点的出度流量 a。

② 规则否定节点是对入度流量按照否定选择条件进行的一系列的筛选过程。

③ 对于最小流量情况，即该规则否定节点将节点的入度流量 a 全部过滤。没有一条记录满足选择条件。此时该节点的出度流量 b 等于 0。

④ 对于最大流量情况，即该规则否定节点将节点的入度流量 a 都没有过滤掉。所有记录都满足选择条件。此时该节点的出度流量 $b=a$。

⑤ 根据③与④的分析得出 b 的取值范围：$b\in[0,a]$。

⑥ 即 $(b=a*\upsilon)\in[0,a]$ ，根据 $(a*\upsilon)\in[0,a]$ ，可以得出 $\upsilon\in[0,1]$ 。

（7）规则笛卡儿积节点流量分析，如图 11-16 所示。两个分别为 a 目和 b 目的关系 R 和 S 的广义笛卡儿积是一个（$a+b$）列的元组的集合。元组的前 a 列是关系 R 的一个元组，后 b 列是关系 S 的一个元组。两个关系经过广义笛卡儿积之后的出度流量 $c=a*b$。

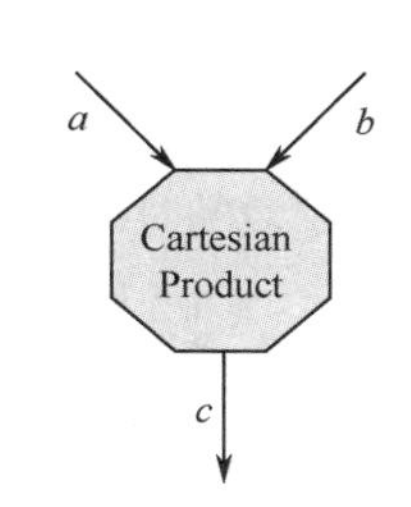

图 11-16　规则笛卡儿积节点流量模型

【定义 11-9】 规则笛卡儿积节点出度流量等于规则笛卡儿积节点入度流量乘积（笛卡儿积参数 $\upsilon=1$），即 $c=a*b*\upsilon$ （$\upsilon=1$）。

说明：

① 规则笛卡儿积节点入度流量有两个，分别为 a 和 b。它们分别来自上面节点的出度流量。

② 规则笛卡儿积节点是对两个入度流量进行的笛卡儿积操作过程。

③ 规则笛卡儿积操作是将一个集合与另外一个集合的完全无条件连接组合，故其出度流量为两个集合中记录数之乘积，即 $c=a*b*\upsilon$ （$\upsilon=1$）。

（8）规则动作节点流量分析。规则动作节点仅仅执行当条件得到满足时应该采取的预先设定好的操作，本书无须考虑其出度流量。

当然，动作节点执行也需要耗费处理机时间，但本书中只考虑规则的条件部分，并不考虑规则的动作执行部分。

11.5　计算规则节点计算代价分析

处理机在处理海量语意规则时，当遇到任何一个计算规则节点时，需要对数据库执行查询、匹配、比较或者连接、笛卡儿积等各种规则节点所对应的操作。而每种操作的复杂度不一样，耗时也会有所不同。本小节将分析计算规则节点的计算代价模型，这些计算代价模型将为海量语意规则网的计算代价分析提供理论依据，首先本书介绍几个基本概念。

（1）计算规则节点计算代价：海量语意规则网中的计算规则节点在执行规则计算时，处理机所需要耗费的时间代价与空间代价。本书中的计算规则节点代价仅指处理机在处理时所耗费的时间代价，不考虑处理机存储这些规则计算节点的空间代价。

（2）规则选择节点计算代价：处理机对关系表里的记录执行规则选择操作所需要耗费的时间。它的时间耗费主要是对数据库中的关系表（模式表）进行遍历并进行选择判断所需要花费的时间。

Cost（规则选择节点）=Cost（遍历）+Cost（比较选择判断）

（3）规则联合节点计算代价：处理机对关系表里的记录执行规则联合操作所需要耗费的时间。它的时间耗费主要是对数据库中的关系表（模式表）进行遍历，并进行比较判断所需要花费的时间。

Cost（规则联合节点）=Cost（遍历）+Cost（比较选择判断）

（4）规则交集节点计算代价：处理机对关系表里的记录执行规则交集操作所需要耗费的时间。它的时间耗费主要是对数据库中的关系表（模式表）进行遍历，并进行比较判断所需要花费的时间。

Cost（规则交集节点）=Cost（遍历）+Cost（比较选择判断）

（5）规则连接节点计算代价：处理机对关系表里的记录执行规则连接操作所需要耗费的时间。它的时间耗费主要是对数据库中的关系表（模式表）进行遍历，并进行判断与连接操作所需要花费的时间。

Cost（规则连接节点）=Cost（遍历）+Cost（比较选择判断）+Cost（连接操作）

（6）规则否定节点计算代价：处理机对关系表里的记录执行规则否定操作所需要耗费的时间。它的时间耗费主要是对数据库中的关系表进行遍历，并进行比较判断所需要花费的时间。

Cost（规则否定节点）=Cost（遍历）+Cost（比较选择判断）

（7）规则笛卡儿积节点计算代价：处理机对关系表里的记录执行规则笛卡儿积操作所需要耗费的时间。它的时间耗费主要是对数据库中的关系表进行遍历，以及进行笛卡儿积运算所需要花费的时间。

Cost（规则笛卡儿积节点）=Cost（遍历）+Cost（笛卡儿积操作）

【定义 11-10】 规则选择节点计算代价模型如图 11-17（a）所示的部分。其中，a_1经过该规则选择节点筛选后的出度流量为b_1；a_2经过该规则选择节点筛选后的出度流量为b_2；……a_k经过该规则选择节点筛选后的出度流量为b_k(k≥2)。其中，υ为该规则选择节点的可选择性；∂为该规则选择节点执行一次遍历操作所需耗费时间代价；Ω为进行一次规则选择判断所需耗费时间代价。则：$\text{Cost}(S)=(a_1+a_2+\cdots+a_k)*\upsilon*(\partial+\Omega)$。其中，$k\geqslant 2,\partial>0,\Omega>0,\upsilon\in[0,1]$。

在海量语意规则网中的选择节点可能不止一个入度，有可能有多个入度，其模型如图 11-17 所示：选择节点有$a_1,a_2,\cdots,a_k$个入度。它们经过共享规则选择节点筛选之后得到各自的出度流量$b_1,b_2,\cdots,b_k$。图 11-17（b）是一个举例。

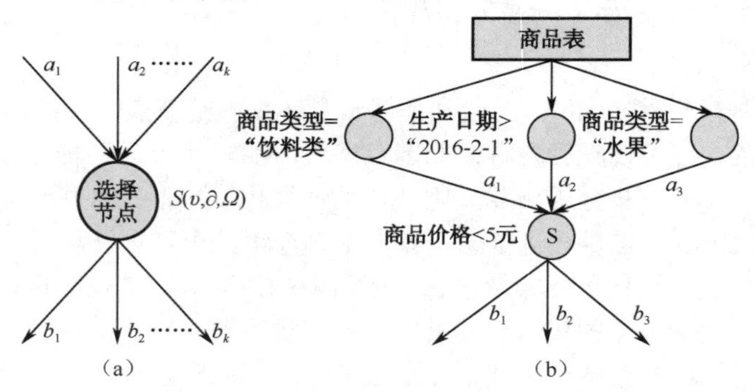

图 11-17 规则选择节点计算代价模型

说明：

① 规则选择节点针对不同的入度经过选择后会得出相应的出度。

② 规则选择节点计算代价：

$$\mathrm{Cost}(S)=\mathrm{Cost}(a_1,b_1)+\mathrm{Cost}(a_2,b_2)+\cdots+\mathrm{Cost}(a_k,b_k)$$

③ $\mathrm{Cost}(a_1,b_1)$ 的代价：遍历入度流量 a_1 中一条记录所花费时间×规则选择节点对 (a_1,b_1) 进行选择操作的可选参数×规则选择节点对 (a_1,b_1) 操作的入度流量+判断入度流量 a_1 中一条记录所花费时间×规则选择节点对 (a_1,b_1) 进行选择操作的可选参数×规则选择节点对 (a_1,b_1) 操作的入度流量。故：$\mathrm{Cost}(a_1,b_1)=[a_1*\upsilon*(\partial+\Omega)]$。

④ 同理：

$\mathrm{Cost}(a_2,b_2)=[a_2*\upsilon*(\partial+\Omega)],\cdots,\mathrm{Cost}(a_k,b_k)=(a_k*\upsilon*(\partial+\Omega))$。

⑤ $\mathrm{Cost}(S)=(a_1+a_2+\cdots+a_k)*\upsilon*(\partial+\Omega)$，$(k\geqslant 2,\partial>0,\Omega>0,\upsilon\in[0,1])$。

【定义 11-11】 规则联合节点计算代价模型如图 11-18 所示。其中 a_1, $a_2,\cdots,a_k$ 为该规则联合节点的 k 个入度流量。其中，υ 为该规则联合节点的可联合性；∂ 为该规则联合节点执行一次遍历操作所需耗费时间代价；Ω 为进行一次规则联合判断所需耗费时间代价。则：

$\mathrm{Cost}(U)=(a_1+a_2+\cdots+a_k)*\partial+(a_1*a_2*\cdots*a_k)\Omega$, $(k\geqslant 2,\partial>0,\Omega>0)$。

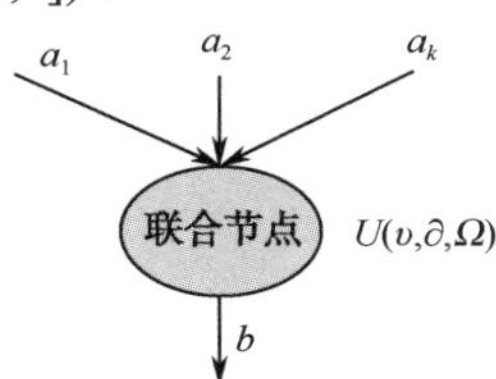

图 11-18 规则联合节点计算代价模型

说明：

① 对集合进行联合之前需要对每个集合中的每条记录进行遍历。其代价：$\mathrm{Cost}(U_1)=(a_1+a_2+\cdots+a_n)*\partial$（$\mathrm{Cost}(U_1)$ 为遍历代价，$\partial>0$）。

② 对集合中的记录进行遍历后，需要对遍历的每两条记录都要进行比较，故：$\mathrm{Cost}(U_2)=(a_1*a_2*\cdots*a_n)*\Omega$（$\mathrm{Cost}(U_2)$ 为比较判断代价，$\partial>0$）。

③ 综合可得到：$\mathrm{Cost}(U)=(a_1+a_2+\cdots+a_k)*\partial+(a_1*a_2*\cdots*a_k)\Omega$，$(k\geqslant 2,\partial>0,\Omega>0)$。

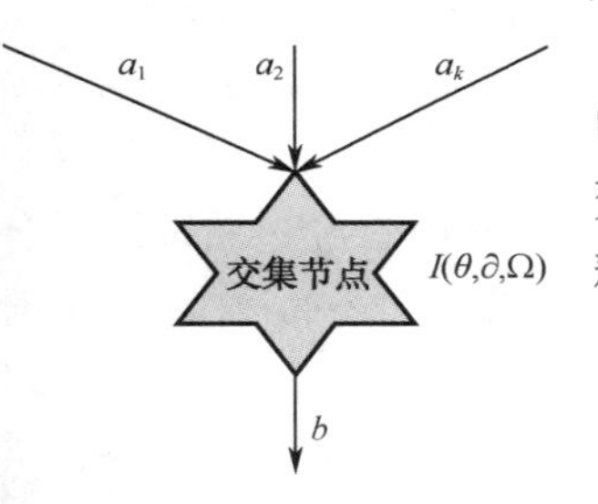

图 11-19 规则交集节点计算代价模型

【定义 11-12】 规则交集节点计算代价模型如图 11-19 所示。其中 $a_1,a_2,\cdots,a_k$ 为该规则交集节点的 k 个入度流量。其中，υ 为该规则交集节点的可交性；∂ 为该规则交集节点执行一次遍历操作所需耗费时间代价；Ω 为进行一次规则交判断所需耗费时间代价。则：

$$\mathrm{Cost}(I)=(a_1+a_2+\cdots+a_k)*\upsilon*\partial+(a_1*a_2*\cdots*a_k)*\theta*\Omega$$

$$\left((k\geqslant 2,\partial>0,\Omega>0),\upsilon\in\left[0,\frac{a_1+a_2+\cdots+a_k}{a_1*a_2*\cdots*a_k}\right]\right)$$

说明：

① 对集合进行交操作之前需要对每个集合中的每条记录进行遍历。其代价：$\mathrm{Cost}(I_1)=(a_1+a_2+\cdots+a_n)*\upsilon*\partial$，

其中 $\mathrm{Cost}(I_1)$ 为遍历代价，$\partial>0$，$\upsilon\in\left[0,\dfrac{a_1+a_2+\cdots+a_k}{a_1*a_2*\cdots*a_k}\right]$。

② 对集合中的记录进行遍历后，需要对遍历的每两个记录都要进行比较，故：$\mathrm{Cost}(I_2)=(a_1*a_2*\cdots*a_n)*\upsilon*\Omega$，其中 $\mathrm{Cost}(U_2)$ 为比较判断代价，$\Omega>0$，$\upsilon\in\left[0,\dfrac{a_1+a_2+\cdots+a_k}{a_1*a_2*\cdots*a_k}\right]$。

③ 综合可得到：$\mathrm{Cost}(I)=(a_1+a_2+\cdots+a_k)*\upsilon*\partial+(a_1*a_2*\cdots*a_k)*\upsilon*\Omega$，$\left(k\geqslant 2,\partial>0,\Omega>0,\upsilon\in\left[0,\dfrac{a_1+a_2+\cdots+a_k}{a_1*a_2*\cdots*a_k}\right]\right)$。

【定义 11-13】 规则连接节点计算代价模型如图 11-20 所示。其中 a、b 为该规则连接节点的 2 个入度流量。其中，θ 为该规则连接节点的可连接性；∂ 为该规则连接节点执行一次遍历操作所需耗费时间代价；Ω 为进行一次规则连接判断所需耗费时间代价；λ 为进行一次具体规则连接操作所需耗费的时间代价。则：

$$\mathrm{Cost}(J)=(a+b)*\partial+(a*b)*\Omega+(a*b)*\theta*\lambda\ (\partial>0,\Omega>0,\lambda>0,\theta\in[0,1])$$

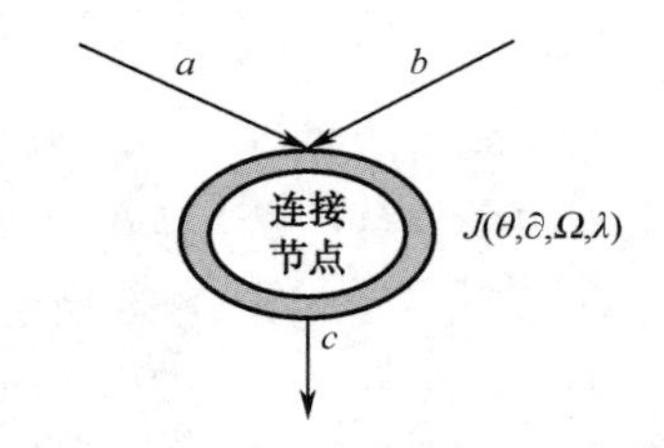

图 11-20 规则连接节点计算代价模型

说明：

① 对集合进行连接操作之前需要对每个集合中的每条记录进行遍历。其代价为 $\mathrm{Cost}(J_1)=(a+b)*\partial$（$\mathrm{Cost}(J_1)$ 为遍历代价，$\partial>0$）。

② 对集合中的记录进行遍历后，需要对遍历的每两条记录都要进行比较。故：$\mathrm{Cost}(J_2)=(a*b)*\Omega$（$\mathrm{Cost}(J_2)$ 为比较判断代价，$\Omega>0$）。

③ 比较完之后，符合连接条件的节点需要进行连接操作。

④ 连接操作次数等于该联合节点的出度流量。

⑤ 该连接操作的出度流量：$(a*b)*\upsilon,(\upsilon\in[0,1])$。

⑥ 故对流量 a 与 b 进行连接操作的时间耗费代价：$\mathrm{Cost}(J_3)=(a*b)*\upsilon*\lambda$，

综合可得到：$\mathrm{Cost}(J)=(a+b)*\partial+(a*b)*\Omega+(a*b)*\upsilon*\lambda$，其中 $(\partial>0,\Omega>0,\lambda>0,\upsilon\in[0,1])$。

【定义 11-14】 规则否定节点计算代价模型如图 11-21（a）部分。其中 a_1 经过该规则否定节点筛选后的出度流量为 b_1；a_2 经过该规则否定节点筛选后的出度流量为 b_2；…… a_k 经过规则否定节点筛选后的出度流量为 b_k $(k\geqslant 2)$。其中，υ 为该规则否定节点的可选择性；∂ 为该规则否定节点执行一次遍历操作所需耗费时间代价；Ω 为进行一次规则选择判断所需耗费时间代价。则：$\mathrm{Cost}(S)=(a_1+a_2+\cdots+a_k)*\upsilon*(\partial+\Omega)$，$(k\geqslant 2,\partial>0,\Omega>0,\upsilon\in[0,1])$。

在海量语意规则网中的选择节点可能不止一个入度，有可能有多个入度，其模型如图 11-21 所示。选择节点有 $a_1,a_2,\cdots,a_k$ 个入度。它们经过共享规则选择节点筛选之后得到各自的出度流量 $b_1,b_2,\cdots,b_k$。图 11-21（b）是一个举例。

说明：

① 规则选择节点针对不同的入度经过否定选择后会得出相应的出度。否定选择节点由一个或者多个子否定选择组成。

② 规则否定节点计算代价：

$$\mathrm{Cost}(D)=\mathrm{Cos}\,t(a_1,b_1)+\mathrm{Cos}\,t(a_2,b_2)+\cdots+\mathrm{Cos}\,t(a_k,b_k)$$

③ $\mathrm{Cos}\,t(a_1,b_1)$ 的代价：遍历入度流量 a_1 中一条记录所花费时间×规则否定节点对 (a_1,b_1) 否定选择操作的可选参数×规则否定节点对 (a_1,b_1) 操作的入度流量+判断入度流量 a_1 中一条记录所花费时间×规则否定节点对 (a_1,b_1) 否定选择操作的可选参数×规则否定节点对 (a_1,b_1) 操作的

入度流量。故：$\mathrm{Cost}(a_1,b_1)=[a_1*\upsilon*(\partial+\Omega)]$。

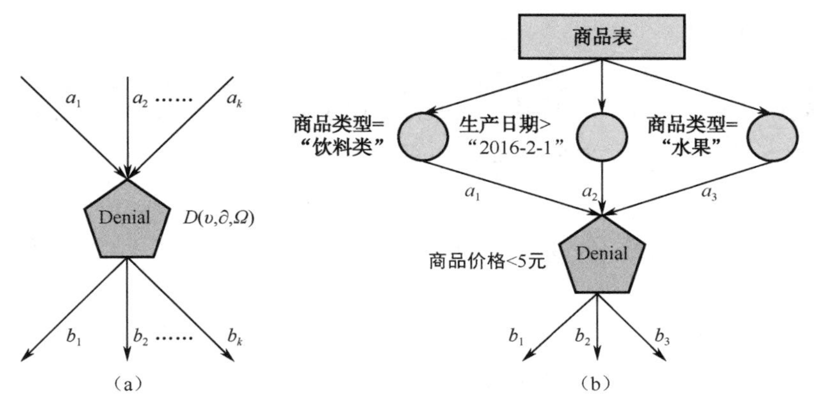

图 11-21 规则否定节点计算代价模型

④ 同理：

$$\mathrm{Cost}(a_2,b_2)=[a_2*\upsilon*(\partial+\Omega)]，\cdots，\mathrm{Cost}(a_k,b_k)=[a_k*\upsilon*(\partial+\Omega)]。$$

⑤ $\mathrm{Cost}(S)=(a_1+a_2+\cdots+a_k)*\upsilon*(\partial+\Omega)$，$(k\geqslant 2,\partial>0,\Omega>0,\upsilon\in[0,1])$。

【定义 11-15】规则笛卡儿积节点计算代价模型如图 11-22 所示。其中 $a_1,a_2,\cdots,a_k$ 为该规则笛卡儿积节点的 k 个入度流量。其中，∂ 为该规则笛卡儿积节点执行一次遍历操作所需耗费时间代价；μ 为进行一次规则笛卡儿积操作所需耗费时间代价。则：$\mathrm{Cost}(D)=(a_1+a_2+\cdots+a_k)*\partial+(a_1*a_2*\cdots*a_k)*\mu$，其中，$(\partial>0,\mu>0)$。

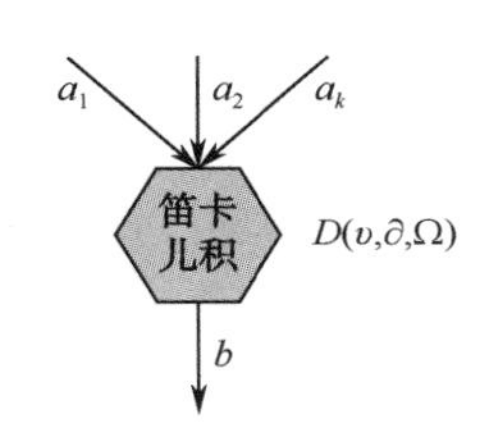

图 11-22 规则笛卡儿积节点计算代价模型

说明：

① 对集合进行笛卡儿积操作之前需要对每个集合中的每条记录进行遍历。其代价为 $\mathrm{Cost}(D_1)=(a_1+a_2+\cdots+a_n)*\partial$。（$\mathrm{Cost}(D_1)$ 为遍历代价，$\partial>0$）。

② 对集合中的记录进行遍历后，需要对遍历的每两个记录都要进行笛卡儿积操作，故：$\mathrm{Cost}(D_2)=(a_1*a_2*\cdots*a_n)*\mu$，（$\mathrm{Cost}(D_2)$ 为比较判断代价，$\mu>0$）。

③ 综合可得到：$\mathrm{Cost}(D)=(a_1+a_2+\cdots+a_k)*\partial+(a_1*a_2*\cdots*a_k)*\mu$，$(\partial>0,\mu>0)$。

本章小结

本章首先介绍了规则中的一些基本概念，接着介绍了规则的结构化自然语言表示方法，然后介绍了各种规则节点及它们的图形化表示方法，最后引入了流量的概念及规则节点的流量模型，并逐个分析了每种规则节点流量及计算代价的计算方法。本章的研究为后续几章的研究奠定了一个理论基础。

第 12 章　海量语意规则网及优化

前一章介绍了规则描述模型，已经具备了基本的理论基础。本章在前一章的基础上，着重分析海量语意规则网及优化问题。

12.1　海量语意规则网概述

海量语意规则网：根据成千上万的用户设置的千万条甚至上亿条的海量语意规则所构成的网。

为了有一个直观的认识，首先看一个简单的规则网示例。

【例 12-1】 有以下三条规则，这三条规则可以形成如图 12-1 所示的一个规则网络。

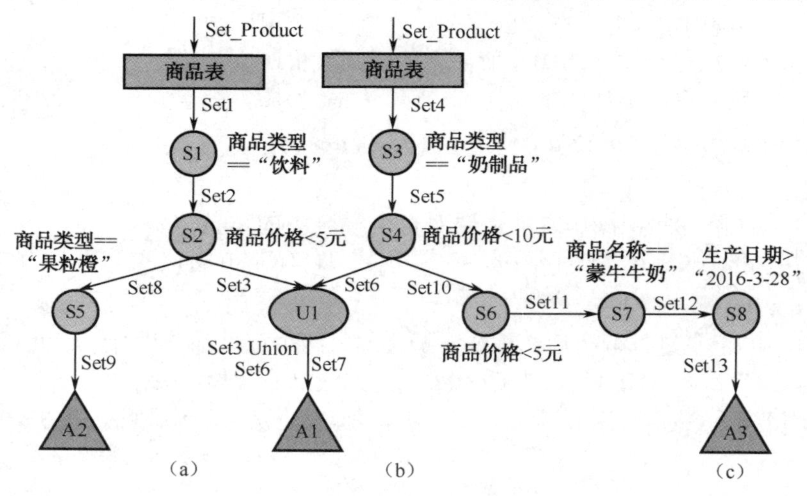

图 12-1　规则网示例

规则 1：如果饮料类商品价格小于 5 元/瓶，或者奶制品类商品价格小于 10 元/瓶，那么将信息发送给规则设定人——想购买饮料或者奶制品的顾客 A。

规则 2：如果果粒橙价格小于 5 元，则通知规则设定人——用户 B 去购买。

规则 3：如果蒙牛牛奶价格小于 5 元，且牛奶生产日期大于 2016 年 3 月 28 日，则发送信息到规则设定人——用户 C 的手机上。

在图 12-1 中，A1、A2、A3 分别代表三条规则的动作节点，对应了三条规则。

前面的案例只举了三条规则组成的一个小的规则网，若在一个社区网络中，成千上万的用户会设定出成千万条甚至上亿条的规则。这种巨大数量的规则，若通过某种规则集成的方法，构造成为一个巨大的海量语意规则网。

12.2 海量语意规则网维护

海量语意规则网是一个不断发生改变的动态网络，有成千上万的新规则被用户不断地设置增加；有成千上万的旧规则被用户不断地删除或者因为自动失效而删除，用户也可能更改自己以前设置的规则条件或者执行动作而使得规则发生更新，等等，所有这些均要求能对规则网进行动态维护。而对于用户更改以前设置的规则条件或者动作，而使得规则发生更新，可以将其按照首先删除欲更新的规则，再增加欲更新后的规则来进行处理。故本书只分析增加规则节点时的海量语意规则网维护与删除规则网节点时的海量语意规则网维护两种情况即可。

12.2.1 海量语意规则网增量集成

一系列的海量语意规则能够通过增量的方法被集成为一个海量语意规则网。在海量语意规则网中将存在大量可以共享的规则节点，这些共享的规则节点可以为不同的规则节点所共享，从而大大提高规则处理的效率和性能。

海量语意规则网增量集成基本思想：海量语意规则网通过一种自下向上的方式进行构造。当一个新规则加入时，新规则的条件部分的节点将与已经存在的规则网的条件部分规则节点进行组合，成为一个新的合适的规则节点。那些已经存在的规则节点可以作为新增加的规则的共享节点，而新的规则节点与以前的规则节点合并后组成更大的规则节点又可以为以后的规则节点所共享。经过这样不断地反复增量集成，使这些规则节点形成一个共享海量语意规则网。这些可共享的规则节点与传统的规则算法中只能让选择节点共享不同，它可以让所有的规则节点都能共享。本章涵盖第 3 章里所提到的所有的规则节点：选择节点、联合节点、交集节点、联接节点、笛卡儿积节点及所有其他的规则节点，等等。同时，如果新规则中的条件部分的子集已经在目前规则网中存在，或者说新规则的条件部分要强于已经存在的部分，那么新规则可以直接利用已经存在的节点作为共享节点，不用重新去生成新节点。目前有一些关于网络自动生成[60]的研究，本书的增量规则集成详细算法可以表示为算法 12-1。

【算法 12-1】 海量语意规则增量集成算法

新规则的条件部分是一系列条件的集合，算法中，我们使用 NewRule_Set 来表示新规则的条件部分的集合：

```
Void Integration(NewRule_Set){
    N = the total number of conditions in NewRule_Set
/*寻找海量语意规则网中与新规则条件的复合表达式中最长（最接近）的节点。*/
for (i = N; i > 0; i --){
Find all the subset of NewRule_Set: NewRule_Subset_i, each includes i conditons
For each set: NewRule _Subset_i[j] in NewRule _Subset_i
if (Node n1 in Very Large Scale Rule Network matches the condition given by NewRule_Subset_i[j]        is
matched in Very Large Scale Rule network)
Then Unmatched_NewRule_Set = NewRule_Set – NewRule_Subset_i[j]
new_node = Integration (Unmatched_Predicate_Set)
n2 = Merge (n1, new_node)
```

```
Return n2
Else If (Node n1 with weaker condition than that given by Predicate_Subset_i[j] is found in OR Rule network)
Generate a new node n2 for NewRule_Subset_i[j] extended from node n1
Unmatched_ NewRule_Set = NewRule_Set –NewRule_Subset_i[j]
new_node = Integration (Unmatched_ NewRule_Set)
n3 = Merge (n2, new_node)
Return n3
}
/* 新规则条件集中没有任何条件能匹配已有海量语意规则网中的节点*/
If i=0 Then
Generate one or a set of new node(s) for NewRule_Set into Very Large Scale Rule Network
Return the bottom node n (that corresponds to the complete conjunctive conditonss of NewRule_Set)
}
```

12.2.2 删除规则节点时的规则网维护

上一节中，我们阐述了海量语意规则网增量集成方法，它主要考虑了规则不断增加的情况下，如何构造新的网络。但是除了规则会不断增加之外，也会有成千上万的规则被用户删除或者因为自动失效而删除，又或者用户有可能更改自己以前设置的规则条件而使得规则发生更新，等等。我们视规则的更新情况为规则的删除再增加，故本节主要分析一下规则的删除问题，其步骤如下：

步骤一：找到欲删除的规则的动作节点。

步骤二：找到指向该动作节点的有向边的出度节点。

步骤三：判断该出度节点总共有几个出度。

- 如果出度为 1，则继续查找指向该出度节点的有向边的出度节点，继续重复步骤三的方法，直到找到出度大于 1 的节点；
- 如果出度大于 1（共享节点），则终止网上查找。直接将前面所遍历过的所有节点（除刚才找到的出度大于 1 的这个节点）及指向它们的有向边全部删除。

如何从一个海量语意规则网中删除一条规则，见例 12-2。

【例 12-2】 从图 12-1 中将规则 3 删除。

根据上述算法步骤，可知：

（1）找到欲删除的规则的动作节点 A3。

（2）找到指向该动作节点的有向边的出度节点 S8。

（3）由于 S8 只有一条出度边，故其出度为 1，需要继续往上查找，找到 S7、S6 的出度均为 1，直到找到 S4，它有两个出度，一条边指向 S6，另外一条边指向一个联合节点 U1，很明显 S4 属于一个共享节点，由于其他的节点需要与它共享，故 S4 是不能删除的。故我们将刚才遍历过的除了出度大于 1 的共享节点外的所有节点 A3、S7、S6、S8 全部删除，并将指向它们的边全部删除即可。

12.3 海量语意规则网优化方法

海量语意规则网由于计算量巨大，若不进行优化将给处理机带来巨大的负载。如何将庞大的海量语意规则网进行有效优化是一个迫切需要解决的问题。针对规则系统，目前有不少的规则优化方法，如基于状态空间图[34]、EQL[35,36]、规则拆分[38]等一系列的优化方法。针对海量语意规则的特点，本节介绍了规则合并与规则模块等价替换两种优化方法。

12.3.1 基于规则合并的优化方法

【定义 12-1】 若用户设定的规则不完全相同，但是一个规则的选择集合是另一个选择集合的子集，则按照以下三种情况处理：

（1）若对于一个选择条件，有 $A<\partial_1$ 与 $A<\partial_2$；如果 $\partial_1<\partial_2$，则可以将选择条件进行优化，即将（Left）部分替换为（Right）部分，如图 12-2 所示。

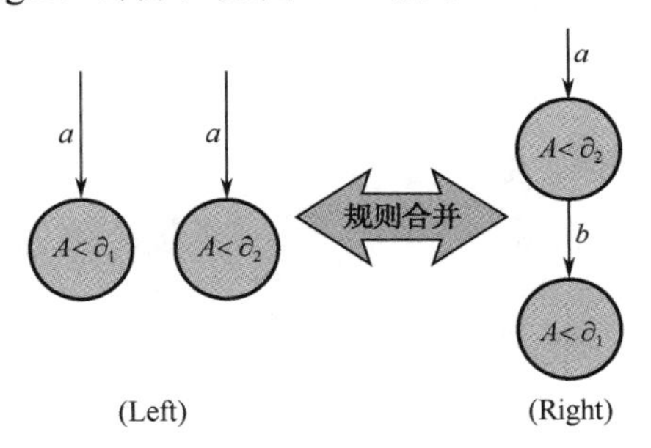

图 12-2 规则合并优化 1

其中，a、b 为相应的节点流量；υ_1 表示规则节点 $A<\partial_1$ 的可选择性；υ_2 表示规则节点 $A<\partial_2$ 的可选择性；∂ 表示对集合中的一条记录遍历一次所需耗费的单位计算时间；Ω 表示对集合中一条记录进行一次比较操作所需耗费的单位计算时间。

说明：

根据第 11 章中的选择节点代价计算方法可知：

左边部分计算代价：$\text{Cost(Left)}=a*\upsilon_1*(\partial+\Omega)+a*\upsilon_2*(\partial+\Omega)$。

右边部分代价：$\text{Cost(Right)}=a*\upsilon_2*(\partial+\Omega)+b*\upsilon_1*(\partial+\Omega)$。

$\text{Cost(Left)}-\text{Cost(Right)}=(a-b)*\upsilon_1*(\partial+\Omega)$。

因 $a\geqslant b$，故：$a-b\geqslant 0$。

故：$\text{Cost(Left)}-\text{Cost(Right)}\geqslant 0$。

从而，在（Left）部分与（Right）部分完全等价的情况下，可以将（Left）部分的规则进行合并成（Right）部分的规则，从而降低规则模块可计算代价。

图 12-3 即为定义 12-1（a）部分的一个典型案例。

（2）若对于一个选择条件，有 $A>\partial_1$ 与 $A>\partial_2$；如果 $\partial_1<\partial_2$；则可以将选择条件进行优化，即将（Left）部分替换为（Right）部分，如图 12-4 所示。

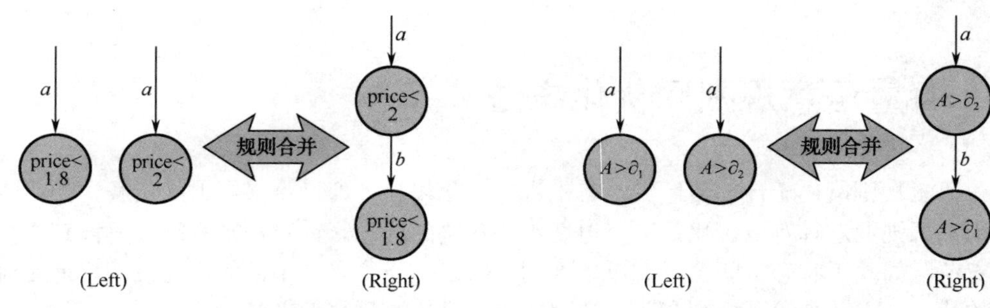

图 12-3　规则合并优化案例 1　　　　图 12-4　规则合并优化 2

其中，a、b 为相应的节点流量；υ_1 表示规则节点 $A<\partial_1$ 的可选择性；υ_2 表示规则节点 $A<\partial_2$ 的可选择性；∂ 表示对集合中的一条记录遍历一次所需耗费的单位计算时间；Ω 表示对集合中一条记录进行一次比较操作所需耗费的单位计算时间。

说明：

根据第 11 章中的选择节点代价计算方法可知：

左边部分计算代价：$\mathrm{Cost(Left)}=a*\upsilon_1*(\partial+\Omega)+a*\upsilon_2*(\partial+\Omega)$。

右边部分代价：$\mathrm{Cost(Right)}=a*\upsilon_1*(\partial+\Omega)+b*\upsilon_2*(\partial+\Omega)$。

$\mathrm{Cost(Left)}-\mathrm{Cost(Right)}=(a-b)*\upsilon_2*(\partial+\Omega)$。

因 $a\geqslant b$，故：$a-b\geqslant 0$。

故：$\mathrm{Cost(Left)}-\mathrm{Cost(Right)}\geqslant 0$。

从而，在左部分与右部分完全等价的情况下，可以将左部分的规则进行合并成右部分的规则，从而降低规则模块可计算代价。

图 12-5 即为定义 12-1（b）部分的一个典型案例。

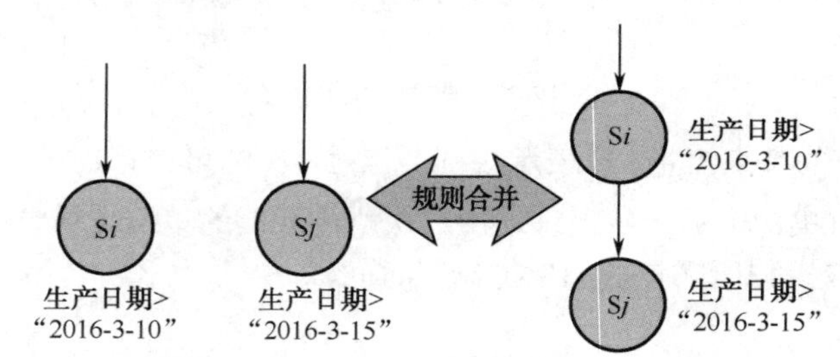

图 12-5　规则合并优化案例 2

（3）若用户设定的规则不完全相同，但是一个规则与其他规则在条件部分有重合部分，则将重合部分合并，即可以将选择条件进行优化：将（Left）部分替换为（Right）部分，如图 12-6 所示。其中，a、b 为相应的节点流量；υ_1 表示规则节点 C1 的可计算性；υ_2 表示规则节点 C2 的可计算性；υ_3 表示规则节点 C3 的可计算性；∂ 表示对集合中的一条记录遍历一次所需耗费的单位计算时间；Ω 表示对集合中一条记录进行一次比较操作所需耗费的单位计算时间；λ 表示进行一次具体的可计算操作所需耗费的单位计算时间（主要是连接操作和笛卡儿积操作）。

说明：

根据第 11 章中的可计算节点代价计算方法可知：

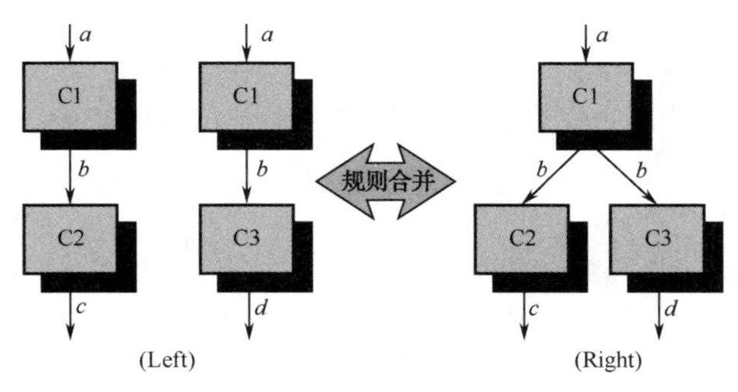

图 12-6 规则合并优化 3

左边部分计算代价：

$$\text{Cost(Left)} = a*\upsilon_1*(\partial+\Omega)+b*\upsilon_2*(\partial+\Omega)+b*\lambda+c*\lambda+a*\upsilon_1*(\partial+\Omega)+b*\upsilon_3*(\partial+\Omega)+b*\lambda+d*\lambda$$

右边部分代价：

$\text{Cost(Right)} = a*\upsilon_1*(\partial+\Omega)+b*\lambda+b*\upsilon_2*(\partial+\Omega)+b*\upsilon_3*(\partial+\Omega)+c*\lambda+d*\lambda$，而 $\text{Cost(Left)}-\text{Cost(Right)}=[a*\upsilon_1*(\partial+\Omega)+b*\lambda]\geqslant 0$，故：

$\text{Cost(Left)}-\text{Cost(Right)}\geqslant 0$。

从而，在左部分与右部分完全等价的情况下，可以将左部分的规则进行合并成右部分的规则，从而降低规则模块可计算代价。

图 12-7 即为定义 12-1（c）部分的一个典型案例。

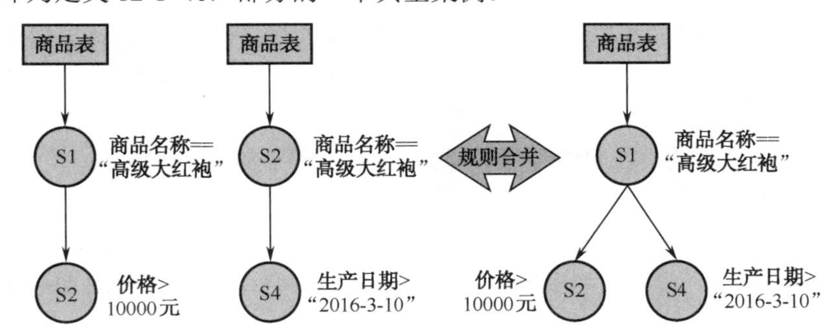

图 12-7 规则合并优化案例 3

12.3.2 规则模块等价变换的优化方法

数据库关系模式计算中存在大量的等价规则变换方式。也就是说，不管数据库中关系表的记录如何发生变化，对于一系列操作采用不同的操作方式，最终的结果是一样的。正是因为如此，我们可以通过低计算代价的规则网模块取代高计算代价的规则网模块，而并不影响规则计算结果。常用的规则模块等价变换有以下几种方式：

【定义 12-2】 将海量语意规则网中存在 $\sigma_{\theta 1}(\sigma_{\theta 2}(N))$ 结构的规则模块替换为功能相等的 $\sigma_{\theta 1\wedge\theta 2}(N)$ 型规则模块，或者将海量语意规则网中存在 $\sigma_{\theta 1\wedge\theta 2}(N)$ 结构的规则模块替换为功能相等的 $\sigma_{\theta 1}(\sigma_{\theta 2}(N))$ 型规则模块，以减少可计算代价，如图 12-8 所示。

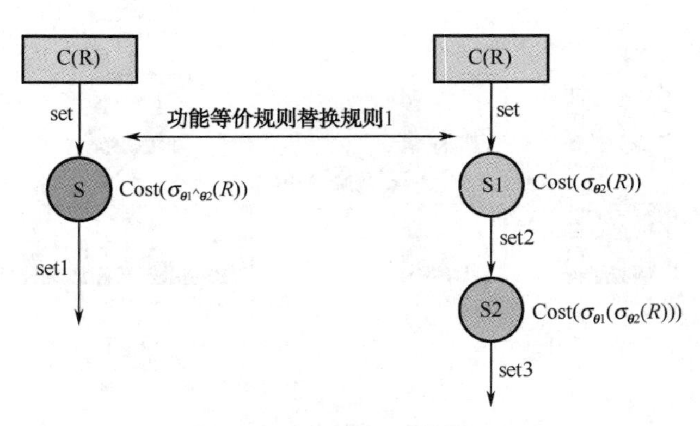

图 12-8　功能等价下替换规则 1

其中，set、set1、set2、set3 为相应的规则节点流量；υ_1 表示规则节点 S 的可计算性；υ_2 表示规则节点 S1 的可计算性；υ_3 表示规则节点 S2 的可计算性；∂ 表示对集合中的一条记录遍历一次所需耗费的单位计算时间；Ω 表示对集合中一条记录进行一次比较操作所需耗费的单位计算时间。

说明：

① 根据文献，$\sigma_{\theta1\wedge\theta2}(N)=\sigma_{\theta1}(\sigma_{\theta2}(N))$ 在功能上是完全等价的；

② 图 12-8 的左边部分的规则模块总代价：

$$\text{Cost(Left)}=\text{Cost}(S)=\text{Cost}(\sigma_{\theta1\wedge\theta2}(R))=\text{set}*\upsilon_3*\partial+\text{set}*\upsilon_3*\Omega+\text{set1}*\Omega$$

③ 图 12-8 的右边部分的规则模块总代价：

$$\begin{aligned}\text{Cost(Right)}&=\text{Cost}(S1)+\text{Cost}(S2)=\text{Cost}(\sigma_{\theta2}(R))+\text{Cost}(\sigma_{\theta1}(\sigma_{\theta2}(R)))\\&=\text{set}*\upsilon_2*\partial+\text{set}*\upsilon_2*\Omega+\text{set2}*\upsilon_3*\partial+\text{set2}*\upsilon_3*\Omega\end{aligned}$$

④ 其中，$\text{set1}=\text{set}*\upsilon_2*\upsilon_3$；$\text{set2}=\text{set}*\upsilon_2$；$\text{set3}=\text{set2}*\upsilon_3$。

⑤ 计算左边与右边两个规则模块计算代价之差：

$$\begin{aligned}&\text{Cost(Left)}-\text{Cost(Right)}\\&=(\text{set}*\upsilon_3*\partial+\text{set}*\upsilon_3*\Omega+\text{set1}*\Omega)-(\text{set}*\upsilon_2*\partial+\text{set}*\upsilon_2*\Omega+\text{set2}*\upsilon_3*\partial+\text{set2}*\upsilon_3*\Omega)\\&=(\text{set}*\upsilon_3*\partial+\text{set}*\upsilon_3*\Omega+\text{set}*\upsilon_2*\upsilon_3*\Omega)-(\text{set}*\upsilon_2*\partial+\text{set}*\upsilon_2*\Omega+\text{set}*\upsilon_2*\upsilon_3*\partial+\text{set}*\\&\quad\upsilon_2*\upsilon_3*\Omega)\\&=\text{set}*\upsilon_3*(\partial+\Omega)-\text{set}*\upsilon_2*(\partial+\Omega+\upsilon_3*\Omega)\end{aligned}$$

⑥ 若左边规则模块可计算代价大于右边规则模块可计算代价，即 $\text{set}*\upsilon_3*(\partial+\Omega)-\text{set}*\upsilon_2*(\partial+\Omega+\upsilon_3*\Omega)\geqslant 0$，则将左边规则模块替换为右边规则模块，否则将右边规则模块替换为左边规则模块。

【定义 12-3】 将海量语意规则网中存在 $\sigma_\theta(N1\cup N2)$ 结构的规则模块替换为功能相等的 $\sigma_\theta(N1)\cup\sigma_\theta(N2)$ 型规则模块，或者将海量语意规则网中存在 $\sigma_\theta(N1)\cup\sigma_\theta(N2)$ 结构的规则模块替换为功能相等的 $\sigma_\theta(N1\cup N2)$ 型规则模块，以减少可计算代价，如图 12-9 所示。

其中，set1,set2,set3,set4,set5,set6,set7,set8,set9 为相应的规则节点流量；υ_1 表示规则联合节点 U1 的可计算性；υ_2 表示规则节点 S1 的可计算性；υ_3 表示规则节点 S2 的可计算性；υ_4 表示规则节点 S3 的可计算性；υ_5 表示规则联合节点 U2 的可计算性；∂ 表示对集合中的一条记录遍历一次所需耗费的单位计算时间；Ω 表示对集合中一条记录进行一次比较操作所需耗费的单位计算时间。其中，$set1 = set5; set2 = set6; set4 = set9$；另外，$set3, set4, set7, set8, set9$ 的值可以根据第 11 章规则节点流量计算方法分别计算出来。

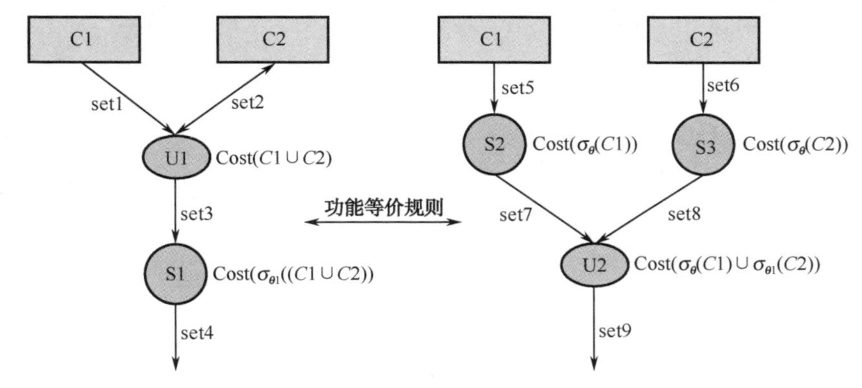

图 12-9　功能等价下替换规则 2

说明：

（1）根据文献，$\sigma_\theta(N1 \cup N2) = \sigma_\theta(N1) \cup \sigma_\theta(N2)$，在功能上是完全等价的；

（2）图 12-9 的左边部分的规则模块总代价：

$$\text{Cost(Left)} = \text{Cost}(U1) + \text{Cost}(S1) = \text{Cost}(C1 \cup C2) + \text{Cost}(\sigma_\theta(C1 \cup C2))$$

其中，$\text{Cost}(C1 \cup C2), \text{Cost}(\sigma_\theta(C1 \cup C2))$ 的具体代价可由第 11 章介绍的规则代价计算方法计算出来。

（3）图 12-9 的右边部分的规则模块总代价：

$$\begin{aligned}\text{Cost(Right)} &= \text{Cost}(S2) + \text{Cost}(S3) + \text{Cost}(U2) \\ &= \text{Cost}(\sigma_\theta(C1)) + \text{Cost}(\sigma_\theta(C2)) + \text{Cost}(\sigma_\theta(C1) \cup \sigma_\theta(C2))\end{aligned}$$

其中，$\text{Cost}(\sigma_\theta(C1)), \text{Cost}(\sigma_\theta(C2)), \text{Cost}(\sigma_\theta(C1) \cup \sigma_\theta(C2))$ 的具体代价可由第 11 章介绍的规则代价计算方法计算出来。

（4）计算左边与右边两个规则模块计算代价之差：

$$\begin{aligned}&\text{Cost(Left)} - \text{Cost(Right)} \\ &= (\text{Cost}(C1 \cup C2) + \text{Cost}(\sigma_\theta(C1 \cup C2))) - (\text{Cost}(\sigma_\theta(C1)) + \text{Cost}(\sigma_\theta(C2)) + \\ &\quad \text{Cost}(\sigma_\theta(C1) \cup \sigma_\theta(C2)))\end{aligned}$$

（5）若左边规则模块可计算代价大于右边规则模块可计算代价，即：$\text{Cost(Left)} - \text{Cost(Right)} \geqslant 0$，则将左边规则模块替换为右边规则模块，否则将右边规则模块替换为左边规则模块。

【定义 12-4】 将海量语意规则网中存在 $\sigma_\theta(N1 \cap N2)$ 结构的规则模块替换为功能相等的 $\sigma_\theta(N1) \cap \sigma_\theta(N2)$ 型规则模块，或者将海量语意规则网中存在 $\sigma_\theta(N1) \cap \sigma_\theta(N2)$ 结构的规则模块替换为功能相等的 $\sigma_\theta(N1 \cap N2)$ 型规则模块，以减少可计算代价，如图 12-10 所示。

其中，$set1, set2, set3, set4, set5, set6, set7, set8, set9$ 为相应的规则节点流量；υ_1 表示规则交集节点 I1 的可计算性；υ_2 表示规则节点 S1 的可计算性；υ_3 表示规则节点 S2 的可计算性；υ_4 表示规则节点 S3 的可计算性；υ_5 表示规则联合节点 I2 的可计算性；∂ 表示对集合中的一条记录遍历一次所需耗费的单位计算时间；Ω 表示对集合中一条记录进行一次比较操作所需耗费的单位计算时间。其中，$set1 = set5, set2 = set6, set4 = set9$；另外，$set3, set4, set7, set8, set9$ 的值可以根据

第 11 章规则节点流量计算方法分别计算出来。

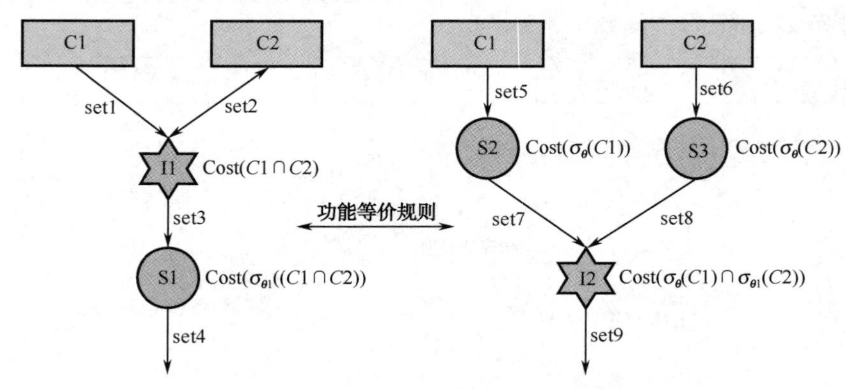

图 12-10　功能等价下替换规则 3

说明：

① 根据文献，$\sigma_{\theta}(N1 \cap N2) = \sigma_{\theta}(N1) \cap \sigma_{\theta}(N2)$，在功能上是完全等价的。

② 图 12-10 左边部分的规则模块总代价：

$$\text{Cost(Left)} = \text{Cost}(I1) + \text{Cost}(S1) = \text{Cost}(C1 \cap C2) + \text{Cost}(\sigma_{\theta}(C1 \cap C2))$$

其中，$\text{Cost}(C1 \cap C2), \text{Cost}(\sigma_{\theta}(C1 \cap C2))$ 的具体代价可由第 11 章介绍的规则代价计算方法计算出来。

③ 图 12-10 右边部分的规则模块总代价：

$$\begin{aligned}\text{Cost(Right)} &= \text{Cost}(S2) + \text{Cost}(S3) + \text{Cost}(I2) \\ &= \text{Cost}(\sigma_{\theta}(C1)) + \text{Cost}(\sigma_{\theta}(C2)) + \text{Cost}(\sigma_{\theta}(C1) \cap \sigma_{\theta}(C2))\end{aligned}$$

其中，$\text{Cost}(\sigma_{\theta}(C1)), \text{Cost}(\sigma_{\theta}(C2)), \text{Cost}(\sigma_{\theta}(C1) \cap \sigma_{\theta}(C2))$ 的具体代价可由第 11 章介绍的规则代价计算方法计算出来。

④ 计算左边与右边两个规则模块计算代价之差：

$$\begin{aligned}&\text{Cost(Left)} - \text{Cost(Right)} \\ &= (\text{Cost}(C1 \cap C2) + \text{Cost}(\sigma_{\theta}(C1 \cap C2))) - (\text{Cost}(\sigma_{\theta}(C1)) + \text{Cost}(\sigma_{\theta}(C2)) + \\ &\quad \text{Cost}(\sigma_{\theta}(C1) \cap \sigma_{\theta}(C2)))\end{aligned}$$

⑤ 若左边规则模块可计算代价大于右边规则模块可计算代价，即 $\text{Cost(Left)} - \text{Cost(Right)} \geqslant 0$，则将左边规则模块替换为右边规则模块，否则将右边规则模块替换为左边规则模块。

【定义 12-5】 将海量语意规则网中存在 $\sigma_{\theta1}(N1 \infty_{\theta} N2)$ 结构的规则模块替换为功能相等的 $\sigma_{\theta1}(N1) \infty_{\theta} \sigma_{\theta1}(N2)$ 型规则模块，或者将海量语意规则网中存在 $\sigma_{\theta1}(N1) \infty_{\theta} \sigma_{\theta1}(N2)$ 结构的规则模块替换为功能相等的 $\sigma_{\theta1}(N1 \infty_{\theta} N2)$ 型规则模块，以减少可计算代价，如图 12-11 所示。

其中，set1,set2,set3,set4,set5,set6,set7,set8,set9 为相应的规则节点流量；υ_1 表示规则连接节点 J1 的可计算性；υ_2 表示规则节点 S1 的可计算性；υ_3 表示规则节点 S2 的可计算性；υ_4 表示规则节点 S3 的可计算性；υ_5 表示规则连接节点 J2 的可计算性；∂ 表示对集合中的一条记录遍历一次所需耗费的单位计算时间；Ω 表示对集合中一条记录进行一次比较操作所需耗费的单位计算时间；λ 表示对集合中一条记录进行一次连接操作所需耗费的单位计算时间。其中，$\text{set1} = \text{set5}, \text{set2} = \text{set6}, \text{set4} = \text{set9}$；另外，set3,set4,set7,set8,set9 的值可以根据第 11 章规则节点流量计算方法分别计算出来。

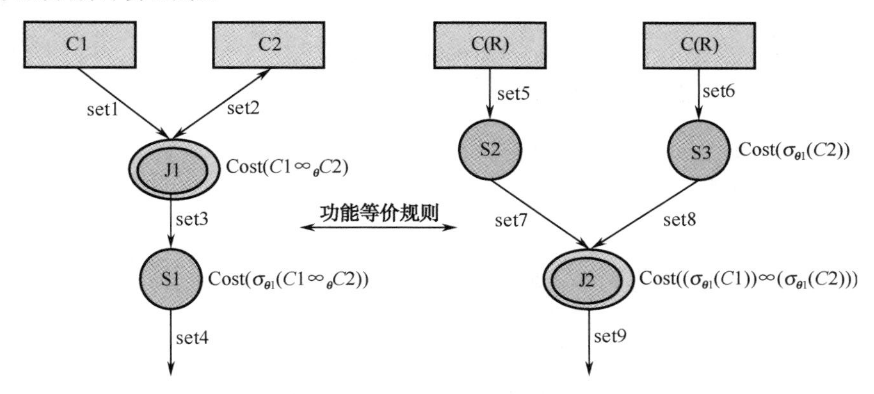

图 12-11　功能等价下替换规则 4

说明：

① 根据文献，$\sigma_{\theta1}(N1\infty_{\theta}N2)=\sigma_{\theta1}(N1)\infty_{\theta}\sigma_{\theta1}(N2)$，在功能上是完全等价的。

② 图 12-11 左边部分的规则模块总代价：

$$\text{Cost(Left)}=\text{Cost}(J1)+\text{Cost}(S1)=\text{Cost}(C1\infty_{\theta}C2)+\text{Cost}(\sigma_{\theta1}(C1\infty_{\theta}C2))$$

其中，$\text{Cost}(C1\infty_{\theta}C2),\text{Cost}(\sigma_{\theta1}(C1\infty_{\theta}C2))$ 的具体代价可由第 11 章介绍的规则代价计算方法计算出来。

③ 图 12-11 的右边部分的规则模块总代价：

$$\begin{aligned}\text{Cost(Right)}&=\text{Cost}(S2)+\text{Cost}(S3)+\text{Cost}(J2)\\&=\text{Cost}(\sigma_{\theta1}(C1))+\text{Cost}(\sigma_{\theta1}(C2))+\text{Cost}((\sigma_{\theta1}(C1))\infty_{\theta}(\sigma_{\theta1}(C2)))\end{aligned}$$

其中，$\text{Cost}(\sigma_{\theta1}(C1)),\text{Cost}(\sigma_{\theta1}(C2)),\text{Cost}((\sigma_{\theta1}(C1))\infty_{\theta}(\sigma_{\theta1}(C2)))$ 的具体代价可由第 11 章介绍的规则代价计算方法计算出来。

④ 计算左边与右边两个规则模块计算代价之差：

$$\begin{aligned}&\text{Cost(Left)}-\text{Cost(Right)}\\&=(\text{Cost}(C1\infty_{\theta}C2)+\text{Cost}(\sigma_{\theta1}(C1\infty_{\theta}C2)))-(\text{Cost}(\sigma_{\theta1}(C1))+\text{Cost}(\sigma_{\theta1}(C2))+\\&\quad\text{Cost}((\sigma_{\theta1}(C1))\infty_{\theta}(\sigma_{\theta1}(C2))))\end{aligned}$$

⑤ 若左边规则模块可计算代价大于右边规则模块可计算代价，即 $\text{Cost(Left)}-\text{Cost(Right)}\geqslant 0$，则将左边规则模块替换为右边规则模块，否则将右边规则模块替换为左边规则模块。

【定义 12-6】 将海量语意规则网中存在 $\sigma_{\theta1}(\sigma_{\theta2}(C))$ 结构的规则模块替换为功能相等的 $\sigma_{\theta2}(\sigma_{\theta1}(C))$ 型规则模块，或者将海量语意规则网中存在 $\sigma_{\theta2}(\sigma_{\theta1}(C))$ 结构的规则模块替换为功能相等的 $\sigma_{\theta1}(\sigma_{\theta2}(C))$ 型规则模块，以减少可计算代价，如图 12-12 所示。

其中 set1,set2,set3,set4,set5,set6 为相应的规则节点流量；υ_1 表示规则连接节点 S1 的可计算性；υ_2 表示规则节点 S2 的可计算性；υ_3 表示规则节点 S3 的可计算性；υ_4 表示规则节点 S4 的可计算性；∂ 表示对集合中的一条记录遍历一次所需耗费的单位计算时间；Ω 表示对集合中一条记录进行一次比较操作所需耗费的单位计算时间。其中，$\text{set1}=\text{set4},\text{set3}=\text{set6}$；另外，set1,set2,set3,set4,set5,set6 的值可以根据第 11 章规则节点流量计算方法分别计算出来。

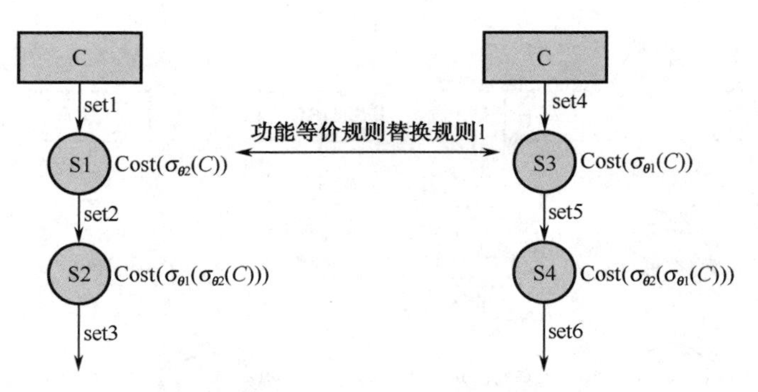

图 12-12　功能等价下替换规则 5

说明：

① 根据文献，$\sigma_{\theta1}(\sigma_{\theta2}(C)) = \sigma_{\theta2}(\sigma_{\theta1}(C))$ 在功能上是完全等价的。

② 图 12-12 左边部分的规则模块总代价：

$$\text{Cost(Left)} = \text{Cost}(S1) + \text{Cost}(S2) = \text{Cost}(\sigma_{\theta2}(C)) + \text{Cost}(\sigma_{\theta1}(\sigma_{\theta2}(C)))$$

其中，$\text{Cost}(\sigma_{\theta2}(C)), \text{Cost}(\sigma_{\theta1}(\sigma_{\theta2}(C)))$ 的具体代价可由第 11 章介绍的规则代价计算方法计算出来。

③ 图 12-12 右边部分的规则模块总代价：

$$\text{Cost(Right)} = \text{Cost}(S3) + \text{Cost}(S4) = \text{Cost}(\sigma_{\theta1}(C)) + \text{Cost}(\sigma_{\theta2}(\sigma_{\theta1}(C)))$$

其中，$\text{Cost}(\sigma_{\theta1}(C)), \text{Cost}(\sigma_{\theta2}(\sigma_{\theta1}(C)))$ 的具体代价可由第 11 章介绍的规则代价计算方法计算出来。

④ 计算左边与右边两个规则模块计算代价之差：

$$\begin{aligned}&\text{Cost(Left)} - \text{Cost(Right)}\\&= (\text{Cost}(\sigma_{\theta2}(C)) + \text{Cost}(\sigma_{\theta1}(\sigma_{\theta2}(C)))) - (\text{Cost}(\sigma_{\theta1}(C)) + \text{Cost}(\sigma_{\theta2}(\sigma_{\theta1}(C))))\end{aligned}$$

⑤ 若左边规则模块可计算代价大于右边规则模块可计算代价，即 $\text{Cost(Left)} - \text{Cost(Right)} \geqslant 0$，则将左边规则模块替换为右边规则模块，否则将右边规则模块替换为左边规则模块。

【定义 12-7】 将海量语意规则网中存在 $C1 \infty_{\theta} C2$ 结构的规则模块替换为功能相等的 $C2 \infty_{\theta} C1$ 型规则模块，或者将海量语意规则网中存在 $C2 \infty_{\theta} C1$ 结构的规则模块替换为功能相等的 $C1 \infty_{\theta} C2$ 型规则模块，以减少可计算代价，如图 12-13 所示。

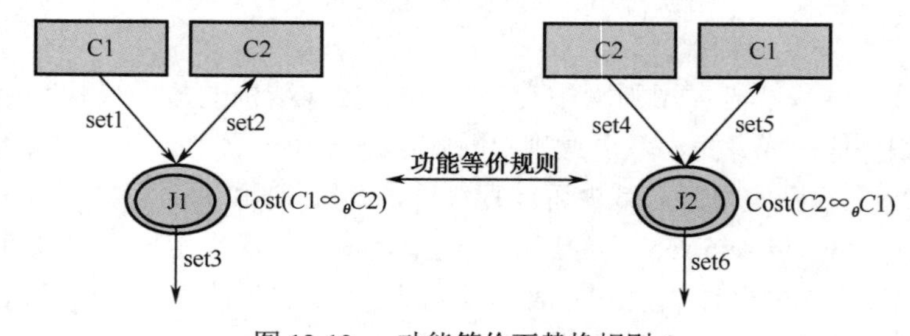

图 12-13　功能等价下替换规则 6

其中，set1,set2,set3,set4,set5,set6 为相应的规则节点流量；υ_1 表示规则连接节点 J1 的可计算性；υ_2 表示规则连接节点 J2 的可计算性；∂ 表示对集合中的一条记录遍历一次所需耗费的单位计算时间；Ω 表示对集合中一条记录进行一次比较操作所需耗费的单位计算时间；λ 表示对集合中一条记录进行一次连接操作所需耗费的单位计算时间。其中，$set1 = set5, set2 = set4, set3 = set6$；另外，set1,set2,set3,set4,set5,set6 的值可以根据第 11 章规则节点流量计算方法分别计算出来。

说明：

① 根据文献，$C1\infty_{\theta}C2 = C2\infty_{\theta}C1$ 在功能上是完全等价的。

② 图 12-13 左边部分的规则模块总代价：

$$\mathrm{Cost(Left)} = \mathrm{Cost}(J1) = \mathrm{Cost}(C1\infty_{\theta}C2)$$

其中，$\mathrm{Cost}(C1\infty_{\theta}C2)$ 的具体代价可由第 11 章介绍的规则代价计算方法计算出来。

③ 图 12-13 右边部分的规则模块总代价：

$$\mathrm{Cost(Right)} = \mathrm{Cost}(J2) = \mathrm{Cost}(C2\infty_{\theta}C1)$$

其中，$\mathrm{Cost}(C2\infty_{\theta}C1)$ 的具体代价可由第 11 章介绍的规则代价计算方法计算出来。

④ 计算左边与右边两个规则模块计算代价之差：

$$\mathrm{Cost(Left)} - \mathrm{Cost(Right)} = \mathrm{Cost}(C1\infty_{\theta}C2) - \mathrm{Cost}(C2\infty_{\theta}C1)$$

⑤ 若左边规则模块可计算代价大于右边规则模块可计算代价，即 $\mathrm{Cost(Left)} - \mathrm{Cost(Right)} \geqslant 0$，则将左边规则模块替换为右边规则模块，否则将右边规则模块替换为左边规则模块。

【定义 12-8】 将海量语意规则网中存在 $(C1\infty_{\theta1}C2)\infty_{\theta2}C3$ 结构的规则模块替换为功能相等的 $C1\infty_{\theta1}(C2\infty_{\theta2}C3)$ 型规则模块，或者将海量语意规则网中存在 $C1\infty_{\theta1}(C2\infty_{\theta2}C3)$ 结构的规则模块替换为功能相等的 $(C1\infty_{\theta1}C2)\infty_{\theta2}C3$ 型规则模块，以减少可计算代价，如图 12-14 所示。

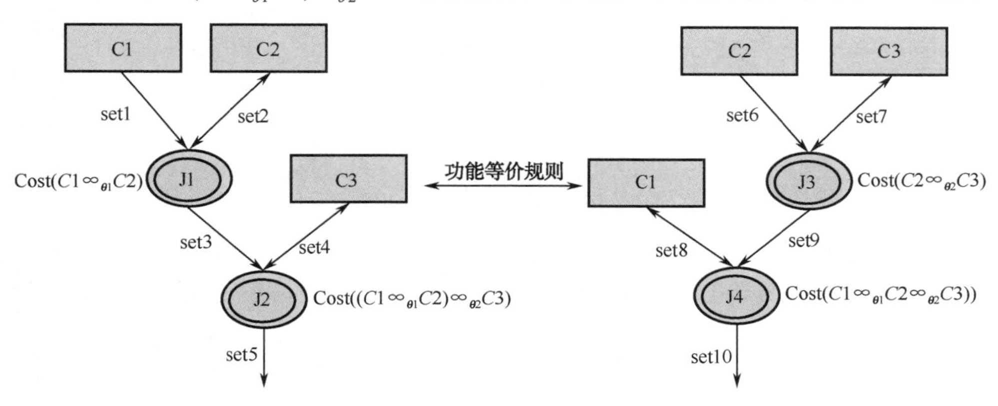

图 12-14　功能等价下替换规则 7

其中，set1,set2,set3,set4,set5,set6,set7,set8,set9,set10 为相应的规则节点流量；υ_1 表示规则连接节点 J1 的可计算性；υ_2 表示规则连接节点 J2 的可计算性；υ_3 表示规则连接节点 J3 的可计算性；υ_4 表示规则连接节点 J4 的可计算性；∂ 表示对集合中的一条记录遍历一次所需耗费的单位计算时间；Ω 表示对集合中一条记录进行一次比较操作所需耗费的单位计算时间；λ 表示对集合中一条记录进行一次连接操作所需耗费的单位计算时间。其中，$set1 = set8, set2 = set6, set4 = set7, set5 = set10$；另外，set1,set2,set3,set4,set5,set6,set7,set8,set9,set10 的值可以根据第 11 章规则节点流量计算方法分别计算出来。

说明：

① 根据文献，$(C1\infty_{\theta1}C2)\infty_{\theta2}C3 = C1\infty_{\theta1}(C2\infty_{\theta2}C3)$ 在功能上是完全等价的。

② 图 12-14 左边部分的规则模块总代价：

$$\mathrm{Cost(Left)} = \mathrm{Cost}(J1) + \mathrm{Cost}(J2) = \mathrm{Cost}(C1\infty_{\theta1}C2) + \mathrm{Cost}((C1\infty_{\theta1}C2)\infty_{\theta2}C3)$$

其中，$\mathrm{Cost}(C1\infty_{\theta1}C2), \mathrm{Cost}((C1\infty_{\theta1}C2)\infty_{\theta2}C3)$ 的具体代价可由第 11 章介绍的规则代价计算方法计算出来。

③ 图 12-14 右边部分的规则模块总代价：

$$\mathrm{Cost(Right)} = \mathrm{Cost}(J3) + \mathrm{Cost}(J4) = \mathrm{Cost}(C2\infty_{\theta2}C3) + \mathrm{Cost}(C1\infty_{\theta1}(C2\infty_{\theta2}C3))$$

其中，$\mathrm{Cost}(C2\infty_{\theta2}C3), \mathrm{Cost}(C1\infty_{\theta1}(C2\infty_{\theta2}C3))$ 的具体代价可由第 11 章介绍的规则代价计算方法计算出来。

④ 计算左边与右边两个规则模块计算代价之差为

$$\begin{aligned}\mathrm{Cost(Left)} - \mathrm{Cost(Right)} = (&\mathrm{Cost}(C1\infty_{\theta1}C2) + \mathrm{Cost}((C1\infty_{\theta1}C2)\infty_{\theta2}C3)) - \\ &(\mathrm{Cost}(C2\infty_{\theta2}C3) + \mathrm{Cost}(C1\infty_{\theta1}(C2\infty_{\theta2}C3)))\end{aligned}$$

⑤ 若左边规则模块可计算代价大于右边规则模块可计算代价，即 $\mathrm{Cost(Left)} - \mathrm{Cost(Right)} \geqslant 0$，则将左边规则模块替换为右边规则模块，否则将右边规则模块替换为左边规则模块。

【定义 12-9】 将海量语意规则网中存在 $C1 \cup C2$ 结构的规则模块替换为功能相等的 $C2 \cup C1$ 型规则模块，或者将海量语意规则网中存在 $C2 \cup C1$ 结构的规则模块替换为功能相等的 $C1 \cup C2$ 型规则模块，以减少可计算代价，如图 12-15 所示。

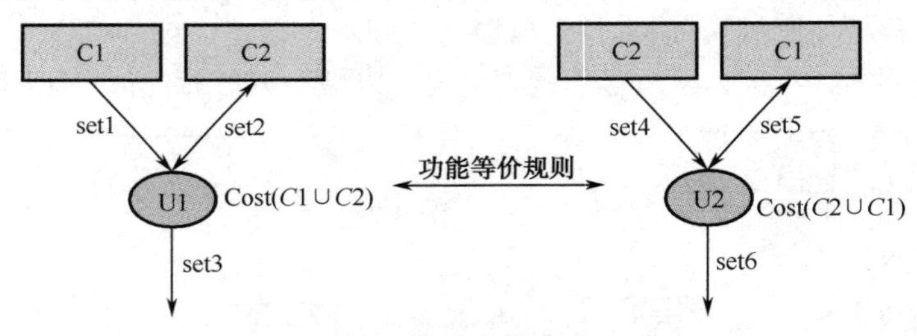

图 12-15　功能等价下替换规则 8

其中，set1,set2,set3,set4,set5,set6 为相应的规则节点流量；υ_1 表示规则联合节点 U1 的可计算性；υ_2 表示规则联合节点 U2 的可计算性；∂ 表示对集合中的一条记录遍历一次所需耗费的单位计算时间；Ω 表示对集合中一条记录进行一次比较操作所需耗费的单位计算时间；其中，$\mathrm{set1} = \mathrm{set5}, \mathrm{set2} = \mathrm{set4}, \mathrm{set3} = \mathrm{set6}$；另外，set1,set2,set3,set4,set5,set6 的值可以根据第 11 章规则节点流量计算方法，分别计算出来。

说明：

① 根据文献，$C1 \cup C2 = C2 \cup C1$ 在功能上是完全等价的。

② 图 12-15 左边部分的规则模块总代价：

$$\mathrm{Cost(Left)} = \mathrm{Cost}(U1) = \mathrm{Cost}(C1 \cup C2)$$

其中，$\mathrm{Cost}(C1 \cup C2)$ 的具体代价可由第 11 章介绍的规则代价计算方法计算出来。

③ 图 12-15 右边部分的规则模块总代价：

$$\mathrm{Cost(Right)} = \mathrm{Cost}(U2) = \mathrm{Cost}(C2 \cup C1)$$

其中，$\mathrm{Cost}(C2 \cup C1)$ 的具体代价可由第 11 章介绍的规则代价计算方法计算出来。

④ 计算左边与右边两个规则模块计算代价之差：

$$\text{Cost(Left)} - \text{Cost(Right)} = \text{Cost}(C1 \cup C2) - \text{Cost}(C2 \cup C1)$$

⑤ 若左边规则模块可计算代价大于右边规则模块可计算代价，即 $\text{Cost(Left)} - \text{Cost(Right)} \geqslant 0$，则将左边规则模块替换为右边规则模块，否则将右边规则模块替换为左边规则模块。

【定义 12-10】 将海量语意规则网中存在 $C1 \cap C2$ 结构的规则模块替换为功能相等的 $C2 \cup C1$ 型规则模块，或者将海量语意规则网中存在 $C2 \cap C1$ 结构的规则模块替换为功能相等的 $C1 \cap C2$ 型规则模块，以减少可计算代价，如图 12-16 所示。

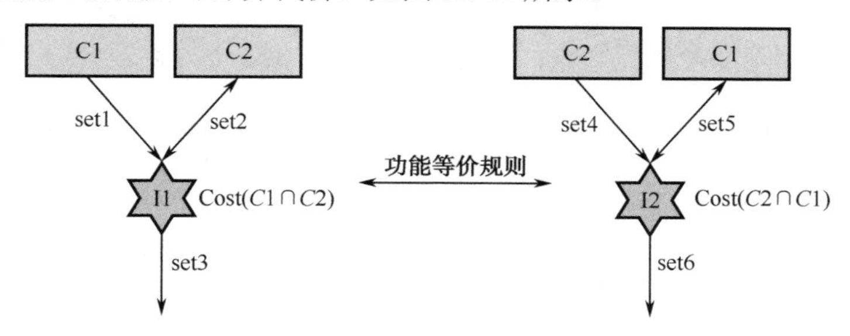

图 12-16 功能等价下替换规则 9

其中，set1,set2,set3,set4,set5,set6 为相应的规则节点流量；υ_1 表示规则交集节点 U1 的可计算性；υ_2 表示规则交集节点 U2 的可计算性；∂ 表示对集合中的一条记录遍历一次所需耗费的单位计算时间；Ω 表示对集合中一条记录进行一次比较操作所需耗费的单位计算时间；其中，$\text{set1} = \text{set5};, \text{set2} = \text{set4}, \text{set3} = \text{set6}$；另外，set1,set2,set3,set4,set5,set6 的值可以根据第 11 章规则节点流量计算方法，分别计算出来。

说明：

① 根据文献，$C1 \cap C2 = C2 \cap C1$ 在功能上是完全等价的。

② 图 12-16 左边部分的规则模块总代价：

$$\text{Cost(Left)} = \text{Cost}(I1) = \text{Cost}(C1 \cap C2)$$

其中，$\text{Cost}(C1 \cap C2)$ 的具体代价可由第 11 章介绍的规则代价计算方法计算出来。

③ 图 12-16 右边部分的规则模块总代价：

$$\text{Cost(Right)} = \text{Cost}(I2) = \text{Cost}(C2 \cap C1)$$

其中，$\text{Cost}(C2 \cap C1)$ 的具体代价可由第 11 章介绍的规则代价计算方法计算出来。

④ 计算左边与右边两个规则模块计算代价之差：

$$\text{Cost(Left)} - \text{Cost(Right)} = \text{Cost}(C1 \cap C2) - \text{Cost}(C2 \cap C1)$$

⑤ 若左边规则模块可计算代价大于右边规则模块可计算代价，即 $\text{Cost(Left)} - \text{Cost(Right)} \geqslant 0$，则将左边规则模块替换为右边规则模块，否则将右边规则模块替换为左边规则模块。

【定义 12-11】 将海量语意规则网中存在 $(C1 \cup C2) \cup C3$ 结构的规则模块替换为功能相等的 $C1 \cup (C2 \cup C3)$ 型规则模块，或者将海量语意规则网中存在 $C1 \cup (C2 \cup C3)$ 结构的规则模块替换为功能相等的 $(C1 \cup C2) \cup C3$ 型规则模块，以减少可计算代价，如图 12-17 所示。

其中，set1,set2,set3,set4,set5,set6,set7,set8,set9,set10 为相应的规则节点流量；υ_1 表示规则联合节点 U1 的可计算性；υ_2 表示规则联合节点 U2 的可计算性；υ_3 表示规则联合节点 U3 的可计算性；υ_4 表示规则联合节点 U4 的可计算性；∂ 表示对集合中的一条记录遍历一次所需耗费的单位计算时间；Ω 表示对集合中一条记录进行一次比较操作所需耗费的单位计算时间；其中，$set1 = set8, set2 = set6, set3 = set7, set5 = set10$；另外，$set1, set2, set3, set4, set5, set6$ $set7, set8, set9$, $set10$ 的值可以根据第 11 章规则节点流量计算方法，分别计算出来。

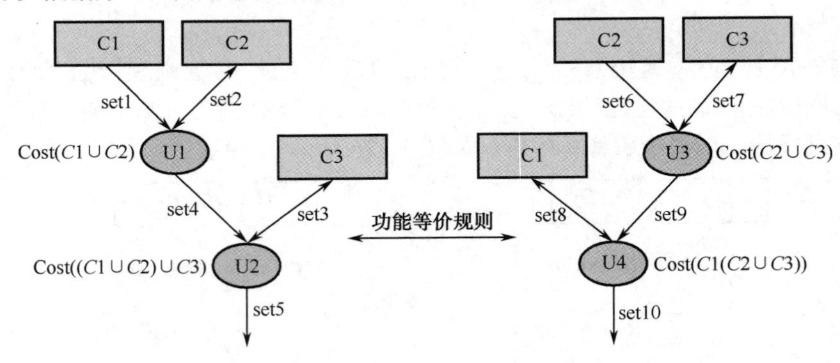

图 12-17　功能等价下替换规则 10

说明：

① 根据文献，$(C1 \cup C2) \cup C3 = C1 \cup (C2 \cup C3)$ 在功能上是完全等价的。

② 图 12-17 左边部分的规则模块总代价：

$$\text{Cost(Left)} = \text{Cost}(U1) + \text{Cost}(U2) = \text{Cost}(C1 \cup C2) + \text{Cost}((C1 \cup C2) \cup C3))$$

其中，$\text{Cost}(C1 \cup C2), \text{Cost}((C1 \cup C2) \cup C2))$ 的具体代价可由第 11 章介绍的规则代价计算方法计算出来。

③ 图 12-17 右边部分的规则模块总代价：

$$\text{Cost(Right)} = \text{Cost}(U3) + \text{Cost}(U4) = \text{Cost}(C2 \cup C3) + \text{Cost}(C1 \cup (C2 \cup C3))$$

其中，$\text{Cost}(C2 \cup C3), \text{Cost}(C1 \cup (C2 \cup C3))$ 的具体代价可由第 11 章介绍的规则代价计算方法计算出来。

④ 计算左边与右边两个规则模块计算代价之差：

$$\text{Cost(Left)} - \text{Cost(Right)} = (\text{Cost}(C1 \cup C2) + \text{Cost}((C1 \cup C2) \cup C3))) - (\text{Cost}(C2 \cup C3) + \text{Cost}(C1 \cup (C2 \cup C3)))$$

⑤ 若左边规则模块可计算代价大于右边规则模块可计算代价，即 $\text{Cost(Left)} - \text{Cost(Right)} \geqslant 0$，则将左边规则模块替换为右边规则模块，否则将右边规则模块替换为左边规则模块。

【定义 12-12】 将海量语意规则网中存在 $(C1 \cap C2) \cap C3$ 结构的规则模块替换为功能相等的 $C1 \cap (C2 \cap C3)$ 型规则模块，或者将海量语意规则网中存在 $C1 \cap (C2 \cap C3)$ 结构的规则模块替换为功能相等的 $(C1 \cap C2) \cap C3$ 型规则模块，以减少可计算代价，如图 12-18 所示。

其中，$set1, set2, set3, set4, set5, set6, set7, set8, set9, set10$ 为相应的节点流量；υ_1 表示规则交集节点 I1 的可计算性；υ_2 表示规则交集节点 I2 的可计算性；υ_3 表示规则交集节点 I3 的可计算性；υ_4 表示规则交集节点 I4 的可计算性；∂ 表示对集合中的一条记录遍历一次所需耗费的单位计算时间；Ω 表示对集合中一条记录进行一次比较操作所需耗费的单位计算时间；其中，$set1 = set8, set2 = set6$, $set3 = set7, set5 = set10$；另外，$set1, set2, set3, set4, set5, set6, set7, set8, set9$, $set10$ 的值可以根据第 11 章规则节点流量计算方法，分别计算出来。

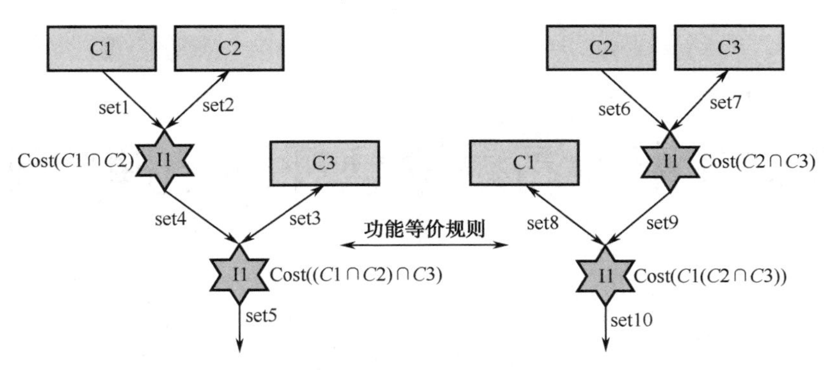

图 12-18　功能等价下替换规则 11

说明：

① 根据文献，$(C1 \cap C2) \cap C3 = C1 \cap (C2 \cap C3)$ 在功能上是完全等价的。

② 图 12-18 左边部分的规则模块总代价：

$$\mathrm{Cost(Left)} = \mathrm{Cost}(I1) + \mathrm{Cost}(I2) = \mathrm{Cost}(C1 \cap C2) + \mathrm{Cost}((C1 \cap C2) \cap C3))$$

其中，$\mathrm{Cost}(C1 \cap C2), \mathrm{Cost}((C1 \cap C2) \cap C3))$ 的具体代价可由第 11 章介绍的规则代价计算方法计算出来。

③ 图 12-18 右边部分的规则模块总代价：

$$\mathrm{Cost(Right)} = \mathrm{Cost}(I3) + \mathrm{Cost}(I4) = \mathrm{Cost}(C2 \cap C3) + \mathrm{Cost}(C1 \cap (C2 \cap C3))$$

其中，$\mathrm{Cost}(C2 \cap C3), \mathrm{Cost}(C1 \cap (C2 \cap C3))$ 的具体代价可由第 11 章介绍的规则代价计算方法计算出来。

④ 计算左边与右边两个规则模块计算代价之差：

$$\mathrm{Cost(Left)} - \mathrm{Cost(Right)} = (\mathrm{Cost}(C1 \cap C2) + \mathrm{Cost}((C1 \cap C2) \cap C3))) \\ -(\mathrm{Cost}(C2 \cap C3) + \mathrm{Cost}(C1 \cap (C2 \cap C3)))$$

⑤ 若左边规则模块可计算代价大于右边规则模块可计算代价，即 $\mathrm{Cost(Left)} - \mathrm{Cost(Right)} \geqslant 0$，则将左边规则模块替换为右边规则模块，否则将右边规则模块替换为左边规则模块。

本 章 小 结

本章主要介绍了海量语意规则网的基本概念和海量语意规则网络的动态维护方法，其动态维护方法包括海量语意规则的增量集成维护与海量语意规则的删除维护。又提出了海量语意规则网进行规则合并与规则网模块等价替换两种优化方法，从而使得海量语意规则网处于计算代价尽量最小状态，以此减少处理机的计算工作量。

第 13 章　海量语意规则处理算法

如何处理数量巨大、种类繁多的规则是所有规则引擎都必须面对的问题。现有的大部分规则引擎都是基于 RETE、TREAT、LEAPS 算法或者其他传统的规则处理算法。本章在研究这些传统规则处理算法存在问题的基础上，设计了一种适用于面临巨大数量规则时的海量语意规则处理算法，主要包括海量语意规则模式匹配与海量语意规则运行时执行两个阶段。

13.1　传统规则处理算法存在的问题

规则处理引擎作为产生式系统的一部分，当进行事实的判断时，包含三个阶段：匹配、选择和执行。传统的规则模式匹配处理算法中以 RETE 算法、TREAT 算法及 LEAPS 算法最为典型。在这些基本的规则处理算法基础上已经产生了 Drools、ILOG、RUBIC 等各种规则系统，研究成员从不同的角度在上述几种最典型的规则处理算法基础上研究出了各种不同的规则处理算法，主要有 FP-tree、Lana-match 及其他数据驱动的规则处理算法。不过若不考虑 RETE 算法通过冗余大量规则节点来达到提高效率的目的的话，它仍然是传统规则处理算法中最好用的一种。

由于规则数量的不断扩大，为了能够处理较大规则的规则数量，很多研究者在传统规则处理算法，尤其是 RETE 算法等基础上做了进一步探讨，它们有些能够检测比传统 RETE 更为复杂的触发事件，设计了一些并行产生式系统的规则处理算法，处理流量较大的、面向集合的简单规则处理原型。

传统的规则处理算法存在以下问题。

1．传统规则模式匹配算法中的规则节点语义性比较简单

无论 RETE 算法、TREAT 算法、LEAPS 算法还是其他传统的规则处理算法，都有一个共同的缺陷，就是模式匹配算法中的规则节点范围单一，只有模式节点与连接节点两种，当遇到语义性比较复杂的需求时，则没法灵活处理。

【例 13-1】 假设商品购买者张学，在商业社区网络设置如下规则：“如果水果价格低于 5 元/千克，或者茶叶价格低于 200 元/千克时，通知规则设定人张学去选购商品。”

对于传统的规则处理算法，由于没有设置语义复杂的规则节点“联合节点”。故传统算法在处理时，要将上述规则使用多个叶子节点，来进行分别处理规则的条件部分。

2．传统规则模式匹配算法语义共享性不够

正是因为传统规则处理模式匹配算法（RETE 算法、TREAT 算法、LEAPS 算法或者其他传统的规则处理模式匹配算法），没有能够体现复杂语义性的复杂规则节点，导致这些算法的共享节点范围太少。这些传统的规则处理模式匹配算法由于在设计时本身考虑不够复杂，只有模式

节点与连接节点两种，这样它们只有模式节点（单输入节点）及连接节点（双输入节点）可以实现共享。然而，随着规则数量的无限扩大（上亿级别规则），以及语义复杂性的需求越来越多，现有的规则处理算法很难适应这些需求。

13.2　海量语意规则模式匹配模型

与传统 RETE、TREAT、LEAPS 及其他各种在此基础上改进的传统规则算法一样，海量语意规则处理算法也通过模式匹配方式来进行规则的处理。本书中规则节点与传统的规则算法中所定义的规则节点有了很大的不同，为了更加自然地描述用户的语义需求，增加了一些新的规则节点种类，如规则联合节点、规则交集节点、规则笛卡儿积节点等。同时规则的粒度范围更广、更大（传统规则一般只适用于小粒度规则，本书中的规则可以适用于各种粒度大小的规则）。从而达到不仅可以满足小粒度规则的需要，而且可以满足大粒度规则的需要。

13.2.1　海量语意规则模式匹配模型体系结构

海量语意规则模式匹配模型与其他传统模式匹配模型一样都是通过匹配事实表（数据库中的记录）与设定的规则中的条件，看它们之间是否匹配，若某条规则的节点条件部分均能完全匹配，则该规则匹配成功，可以放到规则处理库中去等待处理。目前研究海量语意规则处理，尤其高速实现处理的研究非常少，有少部分学者做了一些这方面的探讨，主要是针对实现高速网络匹配[85]问题及性能优化问题。目前有不少学者在对 OPS5 的性能优化方面做了尝试。

海量语意规则模式匹配模型在传统的模式匹配模型的基础上，针对海量语意规则处理本身的特点做了适度的修改，基本结构如图 13-1 所示。

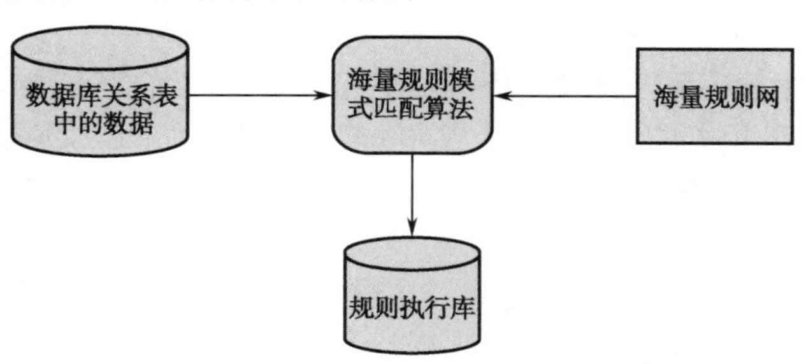

图 13-1　海量语意规则模式匹配模型体系结构

海量语意规则模式匹配模型由四大部分组成。

（1）数据库关系表中的数据。规则的触发是由数据的变化引起的，数据库关系表中的数据一旦发生变化，可能就会引发某些规则的条件得到满足。

（2）海量语意规则网。这里的海量语意规则网一般指已经经过优化的规则网。它是由用户设定的成千上万的规则按照规则增量生成算法生成的一个庞大的网络。海量语意规则网中包含规则关系节点与规则动作节点两种非计算节点及规则选择节点、规则联合节点、规则交集节点、规则连接节点、规则否定计算节点及规则笛卡儿积节点等 6 种规则计算节点。

（3）海量语意规则模式匹配算法。海量语意规则模式匹配[88,89]算法是该模型中的核心所在，它负责判断用户设定的哪些规则可以在某时刻处理，怎么处理，等等。

（4）规则执行库。若经过模式匹配算法处理后，用户设置的某些规则条件匹配全部成功，则直接将其放入到规则执行库立即执行规则。若条件匹配不成功，则继续等待，直到条件得到满足，模式匹配成功为止。

13.2.2 概念与介绍

在了解海量语意规则模式匹配算法之前，为了更好地了解海量语意规则模式匹配模型，首先需要了解并掌握几个基本的概念。

（1）模式网络：关系表中的各个属性及其属性值所构成的网络。（关系数据库中是关系表，对象数据库中则是对象表、对象关系数据库中是对象关系表、语义对象关系数据库（SemanticObjects™）中是语义对象关系表，等等）。本书为了说明问题起见，以关系数据库作为说明。

假设有一个模式商品表如表13-1所示，商品表中包括商品编号、商品类型、商品名称、商品价格、商品折扣、商品生产日期。

表13-1 模式表（关系表）举例

商品编号	商品类型	商品名称	商品价格/元	商品折扣	生产日期
P000001	饮料	可口可乐	3	80%	2016-3-1
P000002	饮料	百事可乐	2.8	70%	2016-3-18
P000003	玩具	玩具机器人	220	50%	2016-1-9
P000004	玩具	玩具飞机	200	80%	2016-1-8
P000005	玩具	玩具车	300	60%	2016-2-8

上述商品表模式中的各条记录的实际值就是事实。例如，可口可乐价格等于3元，玩具机器人的生产日期为2016年1月9日等，这些实际的模式表里的数值就是事实。

（2）海量语意规则网：根据成千上万的用户设置的千万条、甚至上亿条的海量语意规则所构成的网。

13.2.3 模式网络存储组织

模式网络按存储方式不同有多种不同存储组织方法，主要可以归类为以下几种。

1．二维数组存储组织

数据库中的关系表的存储组织形式就是一个二维表的形式。根据它的特点，本书中的模式网的存储组织方式可以以一个二维数组形式进行存储组织。

一个模式网络的存储组织方式为Relation[*i*][*j*]。其中，Relation为模式网名字，*i*表示该模式中的第*i*条记录，*j*表示该模式的第*j*个属性。例如，对表13-1来说，Product[1][4]表示商品表中的第一条记录的第四个属性的值。例如，Product[1][4]=3，表示该商品表的第一条记录的第四个属性值为 3（价格等于 3）。由于关系数据库系统的本身特点，关系模式可以用二维数组形式来存储组织较好。

2. 链表存储组织

链表存储组织方式，直接将数据库中关系表的数据按照链表的形式组织起来。如图 13-2 所示显示了链表存储组织的一种方法。

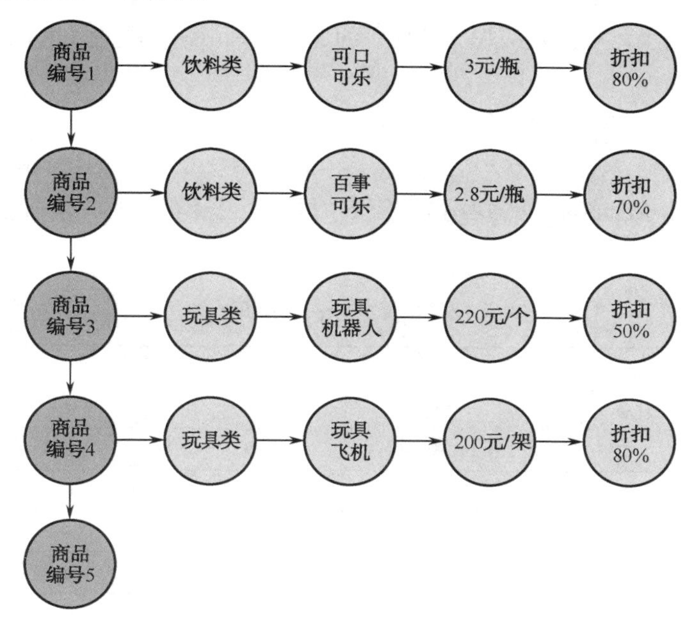

图 13-2　链表存储结构图

其基本思想如下：

- 第一条记录的第一个属性值作为该链表的第一个节点。
- 第一个节点引出一个有向箭头指向该记录的第二个属性值，然后从第二个属性值又指向第三个属性值，以此类推，直到指向该记录的最后一个属性值。
- 第一个节点引出一个有向箭头指向该模式表的第二条记录的第一个属性值，然后从第二条记录的第一个属性值指向第三条记录的第一个属性值，以此类推，直到指向该模式中的最后一条记录的第一个属性值。

3. 堆栈存储组织

堆栈存储组织直接将模式中的记录放入到一个堆栈中。模式中的第一条记录的第一个属性值放在最前面，第二个属性值放在第二的位置，以此类推，直到将最后一个属性值放置完毕；然后按照上面的方法，将第二条记录放置进去，以此类推，直到将所有记录全部放置完毕。

存储组织方式比较，很明显，前面的三种存储组织方式中，以第一种存储组织方式最为灵活有效。因为它以二维表形式存储，如果需要对某个记录的某个属性值进行比较操作，只需要直接调用二维数组就可以直接找到，而其他两种方式存在很大的缺陷，主要表现如下。

（1）第二种存储组织方式中，若要对第一条记录中第三个属性进行比较判断，首先需要遍历第一条记录的第一个属性值，然后遍历第二个属性值，才能对第三个属性值进行遍历并进行比较判断，这样需要浪费两个遍历时间在第一个与第二个属性值上面。另外如果要对模式中的第三条记录进行比较判断，按照链表存储组织方式的话，首先要遍历第一条记录的第一个属性值，然后遍历该属性值指向的第二条记录的第一个属性值，最后才能指向到第三条记录，需要浪费时间遍历前两条记录的第一个属性值。

（2）第三种模式的存储组织方式，比第二种方式更为僵化，若需要访问第 N 个记录，必须对前面所有的记录（包括其每个属性值）都进行遍历。如此一来，大量的时间都浪费在对其他不需要的数据的遍历上，成指数级加大处理机的遍历冗余，浪费大量的时间。

13.2.4 海量语意规则模式匹配算法

假设有模式网络 Relation_1（如表 13-2 所示）与一个已经存在的海量语意规则网（如图 13-3 所示）。

表 13-2 模式网络 Relation_1

	属性 1	属性 2	属性 3	属性 4	属性 5
记录 1	●	●	●	●	●
记录 2	●	●	●	●	●
记录 3	●	●	●	●	●
记录 4	●	●	●	●	●
记录 5	●	●	●	●	●

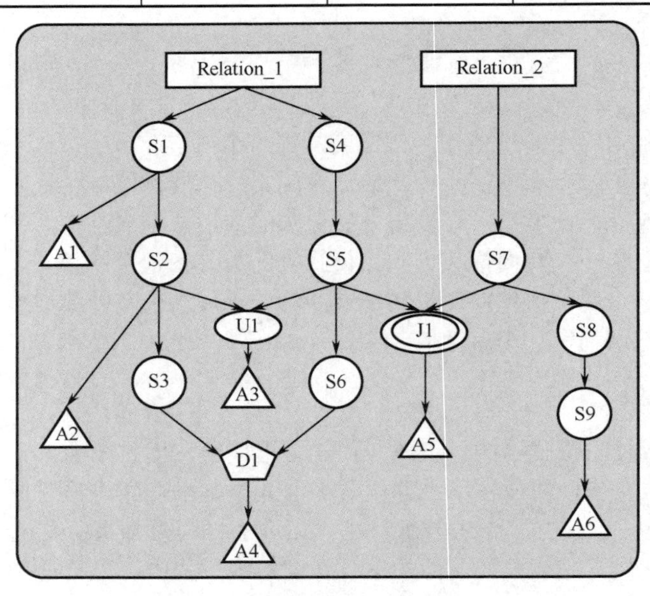

图 13-3 海量语意规则网局部

假设海量语意规则网的部分局部由规则关系节点、规则选择节点、规则动作节点及规则联合节点等规则节点组成。

为了更好地分析海量语意规则的处理，首先我们来介绍它的第一个算法——海量语意规则模式匹配算法。

【算法 13-1】 海量语意规则模式匹配算法

【算法分析】

（1）该算法主要目的是为了实现当关系数据库中的模式（关系表）的数据发生异动时，通过它去对各种规则的条件部分进行匹配，若条件匹配成功则可能会引起某些规则全部或者部分得到满足；如此反复下去，直到某些规则的条件部分完全得到满足，则这些规则匹配成功，它们则可以立即进入执行状态，进行规则的处理。

（2）该算法与传统的算法相同的是，它的模式比较都是通过对数据库中的事实与规则的条件进行比较判断。

（3）该算法的优势主要体现在，将海量语意规则网中的各种规则节点和数据库中的事实表的事实进行比较后，通过采用流量计算的方法，形成一个流量大于 0 的新的激活规则网。该激活的规则网中的所有规则都是在某个时刻需要进行处理的那些规则所构成的执行规则网。

（4）只有这个激活的规则网得到之后，在该网中所包含的所有的规则才被提交给运行时执行。为我们在运行时执行算法提供数据来源。

（5）海量语意规则模式匹配算法核心就是将模式网络（事实网络或者事实表）与海量语意规则网进行比较。

【匹配算法描述】

步骤一：匹配海量语意规则网的规则关系节点与模式网中的模式。若匹配成功，则继续匹配相应的关系节点表下的所有选择节点与模式网中的所有事实。若匹配不成功，则将该关系表及该关系表下所有节点的出度流量均置为 0。同时计算匹配成功的海量语意规则网中关系节点的出度流量。

在图 13-4 中，在进行匹配海量语意规则网的关系表节点与模式网中的模式的过程中，海量语意规则网的关系节点有两个：Relation_1 与 Relation_2。而在模式网络中，只有 Relation_1 这样一个模式匹配成功，计算出 Relation_1 关系节点的出度流量，将两个出度均置为 R1_out。而 Relation_2 模式没有匹配成功，故将海量语义关系网中的关系节点 Relation_2 及其之下所有的节点的出度流量均置为 0。

步骤二：若步骤一匹配成功后，则选择该关系表下的所有选择节点与模式网络中的所有事实进行匹配，若匹配成功，则计算各个匹配成功的规则节点的出度流量，并将所有匹配不成功的节点的出度流量置为 0。

在图 13-5 中，首先从海量语意规则网中选择匹配成功的关系节点下的所有选择节点（可以将选择节点存储为一个数组），然后一个个地与关系表中的所有事实进行比较。通过反复循环比较运算，得出 S1、S2、S4、S6 分别与关系表 Relation_1 中的相应区域的事实符合要求。于是立即计算这些能够与事实相符合的节点的出度流量。S1 的两个出度流量均相等为 S1_out，S2 的三个出度流量均相等为 S2_out，S4 有一个出度，其流量为 S4_out，S6 也有一个出度，其流量为 S6_out。而在匹配过程中，在关系表里没有找到相应匹配事实的选择节点有 S3、S5 两个节点，这两个节点的出度流量置为 0。

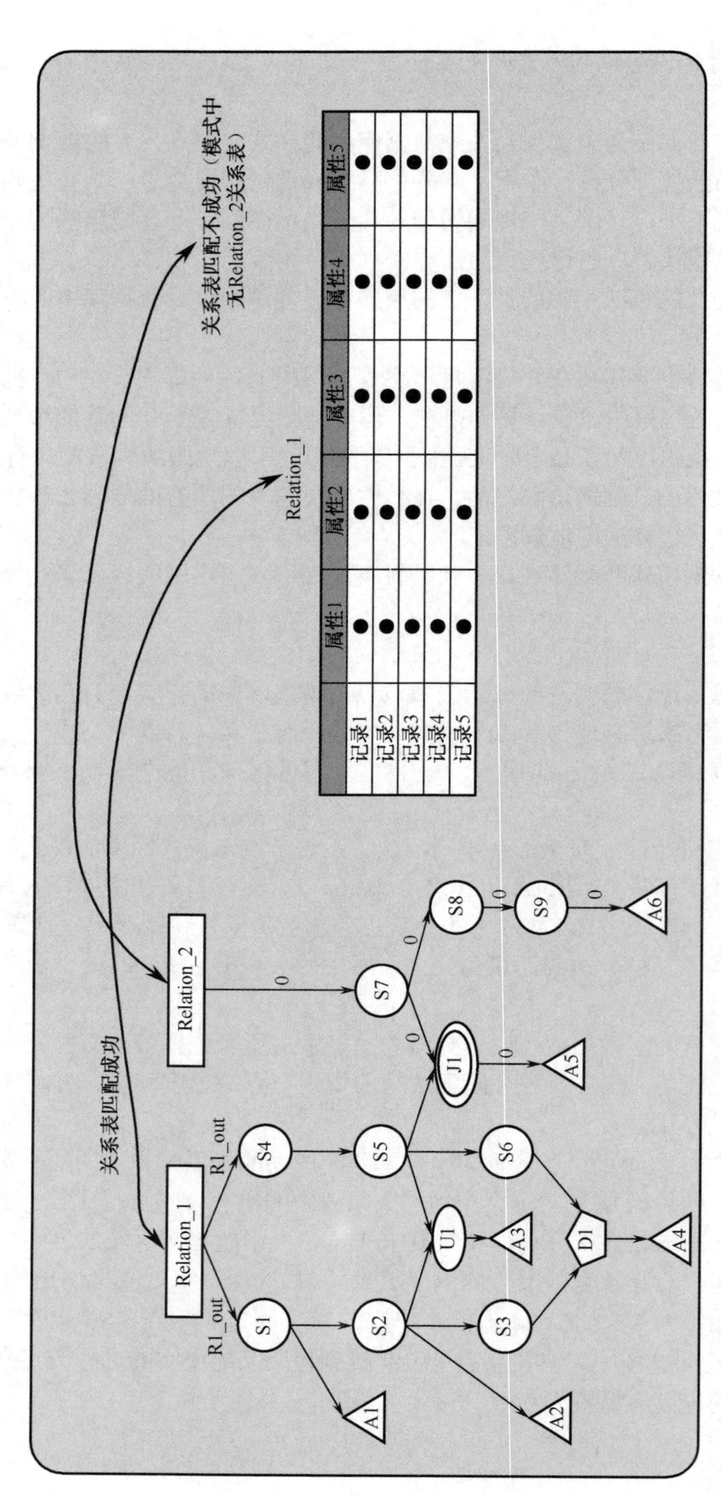

	属性1	属性2	属性3	属性4	属性5
记录1	●	●	●	●	●
记录2	●	●	●	●	●
记录3	●	●	●	●	●
记录4	●	●	●	●	●
记录5	●	●	●	●	●

图13-4　海量语意规则模式匹配算法步骤一

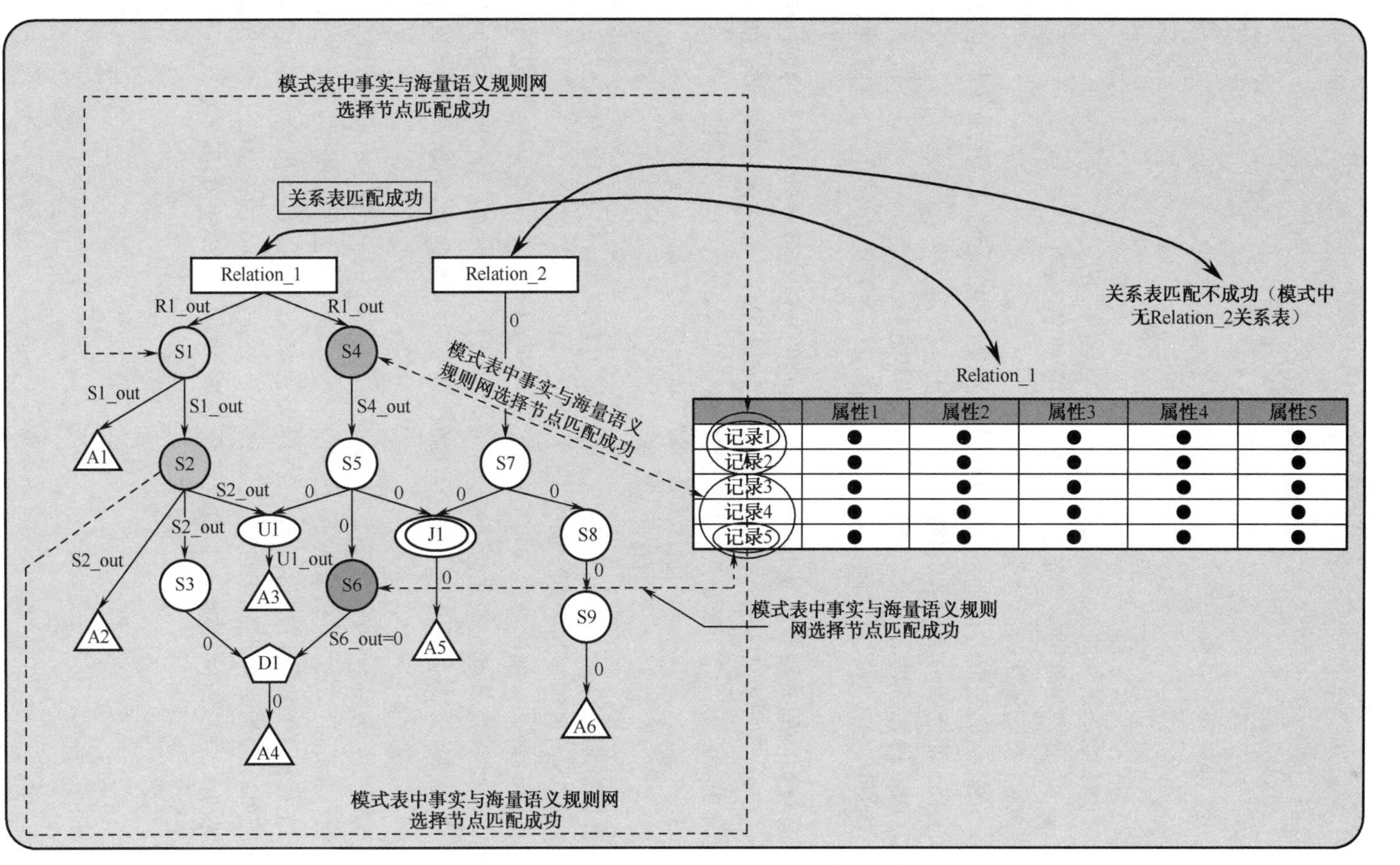

图13-5　海量语意规则模式匹配算法步骤二

这里的出度流量就是通过选择筛选后关系事实表里的满足条件的数据记录的实际条数。即：

$$\begin{cases} S1\_out = 2 \\ S2\_out = 1 \\ S3\_out = 0 \\ S4\_out = 3 \\ S5\_out = 0 \\ S6\_out = 1 \end{cases}$$

匹配之后，

- 满足节点 S1 筛选条件的记录条数为 2 条，分别是图中的记录 1 与记录 2。
- 满足节点 S2 筛选条件的记录条数为 1 条，是图中的记录 1。
- 满足节点 S3 筛选条件的记录条数为 0 条。
- 满足节点 S4 筛选条件的记录条数为 3 条，分别是图中的记录 3、记录 4 与记录 5。
- 满足节点 S5 筛选条件的记录条数为 0 条。
- 满足节点 S6 筛选条件的记录条数为 1 条，是图中的记录 5。

步骤三：计算所有其他节点（除关系节点与选择节点之外的所有节点）的出度流量，如图 13-6 所示。

在海量语意规则网的关系节点 Relation_1 下的所有的节点选择节点已经全部处理完毕，只剩下一个联合（Union）节点 U1 与一个否定（Denial）节点 D1。分别调用联合节点的出度流量计算算法（见第 2 章）与否定节点出度流量计算方法（见第 2 章）。可以得出：

$$\begin{cases} U1\_out = S2\_out = 1 \\ D1\_out = 0 \end{cases}$$

步骤四：最后得到的所有动作节点的入度流量大于 0 的规则（规则中所有条件均已经满足）均放到规则执行集中，进行规则触发，如图 13-7 所示。

经过上述几个步骤后，动作节点 A1、A2、A3 三个节点的入度流量均大于 0，也就是说关系表里的事实有满足规则节点的条件的记录。于是，将 A1、A2、A3 三个动作节点所对应的规则 1、规则 2、规则 3 分别放入规则执行集中，触发它们，并将触发之后执行的动作结果发送给相应的用户。

步骤五：凡是动作节点的入度流量等于 0 的所有规则（规则中部分条件不满足或者全部条件均不满足）仍然处于非激活状况，等待发生事实条件的改变，即所有的规则仍然处于不被激活状况。

同理，经过上述几个步骤后，动作节点 A4、A5、A6 三个节点的入度流量均为 0，也就是说关系表里的事实没有满足规则节点的条件的记录。于是，将 A4、A5、A6 三个动作节点所对应的规则 4、规则 5、规则 6 仍然置于非激活状况，继续等待关系表里的事实数据的发生。

步骤六：算法完毕。

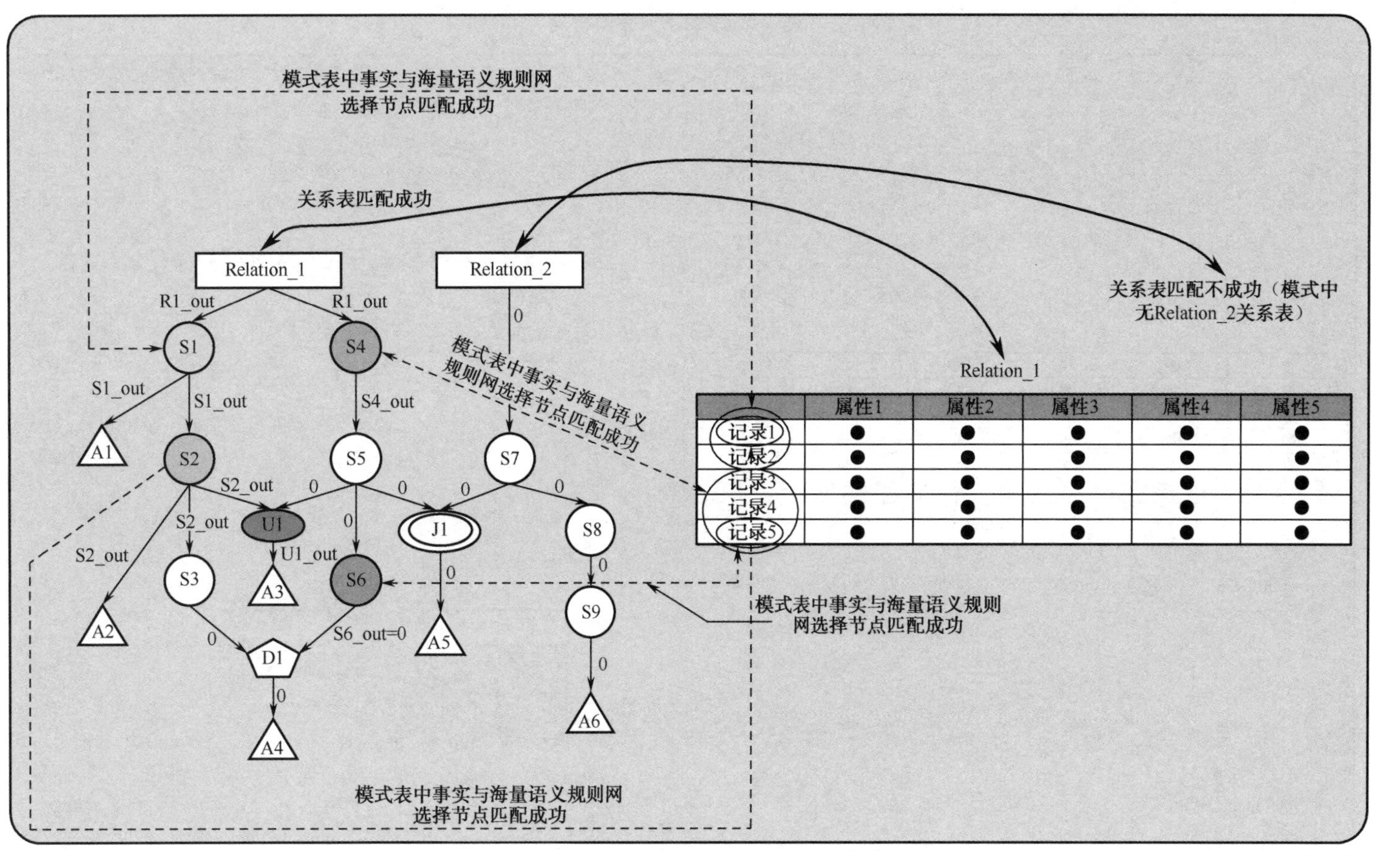

图13-6 海量语意规则模式匹配算法步骤三

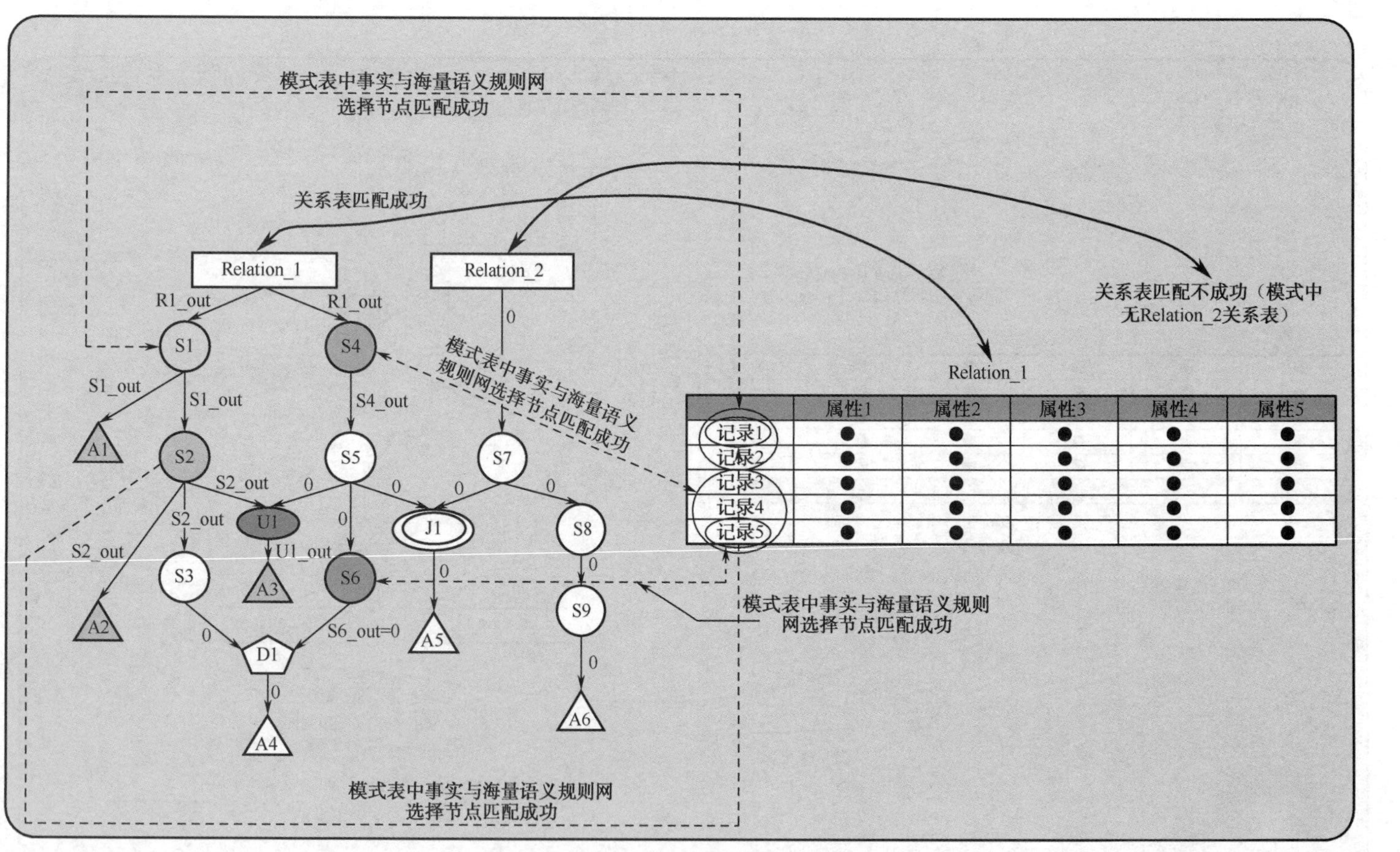

图13-7 海量语意规则模式匹配算法步骤四

13.3　海量语意规则模式匹配算法特点

1．海量语意规则模式匹配算法与传统的规则模式匹配算法的相同点

（1）都有一个模式网络。所谓模式网络就是关系表的所有事实构成的一个网络。

（2）只要模式网络中的事实与规则的条件中所要求的事实一旦相符合，就会触发相应的规则，并做出预先设计好的执行动作。

2．海量语意规则模式匹配算法与传统规则模式匹配算法的最大区别

（1）传统的规则模式匹配算法基本上都是建立在RETE算法的基础上，在本质上没有很大的改变。而海量语意规则模式匹配算法除了保留了与传统规则网络相同的模式网外，整个处理算法发生了很大改变，它不需要事实表与一条条规则的条件进行比较，而只需要与海量语意规则建立的海量语意规则网中的规则节点进行比较。

（2）传统规则模式匹配算法需要用到模式网与连接网组成。而海量语意规则模式匹配算法中涉及模式网与海量语意规则网。

（3）传统规则模式匹配算法只能处理选择与双输入节点（包括连接节点与否定节点两种节点），而海量语意规则模式匹配算法可以处理多种节点。它不仅能够处理传统规则模式匹配算法的模式节点（关系节点）和连接节点（Join），也能够处理更为复杂的规则节点，如规则联合节点（Union）、规则交集节点（Intersection）、规则否定计算节点（Denial）、规则笛卡儿积节点（Cartesian Product），等等。

（4）海量语意规则模式匹配算法中的规则节点的共享范围比传统算法更加丰富。传统规则模式匹配算法只有模式节点与连接节点（Join）可以共享，而VLSSRP除了可以让上述节点共享外，还可以让更为丰富的规则节点，如联合节点（Union）、交集节点（Intersection）、否定计算节点（Denial）、笛卡儿积节点（Cartesian Product）等都实现共享。这样将大大降低规则模式匹配算法的数据冗余度，提高处理效率。

（5）传统规则处理算法通过将所有规则中条件部分与现有事实进行匹配，若事实成立，规则成立。而海量语意规则模式匹配算法将现有事实与海量语意规则网中各种事实节点（不需要与其他节点进行比较）进行匹配，若节点匹配成功，则触发相应的规则（规则集）。

13.4　海量语意规则网运行处理机制

前面分析了海量语意规则模式匹配模型，通过该模型，可以很快将那些已经满足各项条件的规则都找出来，并放到规则执行库中。接下来的重要问题是如何执行规则执行库中庞大的海量语意规则。本节主要研究海量语意规则网运行时的处理机制，让待执行的大规模的海量语意规则能够以一种高效、合理、高效率的方法进行规则执行。

【算法13-2】　无外部通信情况规则网运行时的处理算法

在无外部通信的情况下，对于海量语意规则网任务的处理有两种情况：一种情况是处理机刚好处理一个分配好的规则子网，如图 13-8（a）所示。另外一种情况，由于有些规则子网的计算代价比较小，可能一台处理机需要处理两个或者两个以上的规则子网，如图 13-8 所示（b）所示。

【算法 13-2】也可以简单地描述为逐层规则节点计算方法，它的基本设计理念是，不管处理机要处理的规则网是一个单独的规则子网还是由两个或者两个以上单独的规则子网组成，均将它们的所有规则节点按层次进行排列。排列方法：预处理任务中的所有规则关系节点为第一层次，第一层次规则节点所指向的所有规则节点为第二层次，以此类推。直至将任务中的所有规则节点均按照层次排列方式处理完。这样任务中的所有规则节点可以组成如表 13-3 所示的一个表格。

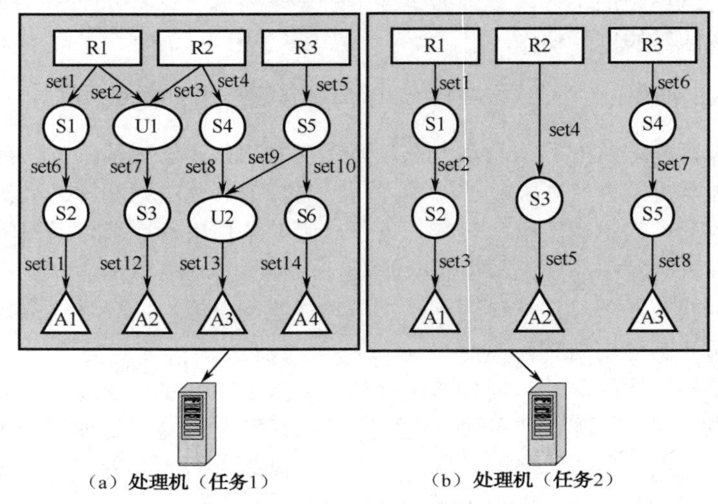

图 13-8　无等待依赖任务处理

表 13-3　层次代价计算规则处理表

所属层次		节点名	节点名	节点名	节点名		节点名	节点名	节点名
第一层	处理机 1	R1	R2	R3		处理机 2	R1	R2	R3
第二层		S1	U1	S4	S5		S1	S3	S4
第三层		S2	S3	U2	S6		S2	S5	
第四层		A1	A2	A3	A4		A1	A2	A3

算法步骤可以简要描述如下。

前提：所有动作处理节点都作为最后一层。

步骤一：生成规则节点处理层次优先表。

步骤二：计算所有关系节点流量 R1,R2,R3,…,R*n*。

步骤三：遍历所有关系节点的出度指向的所有节点并进行计算。首先计算关系节点 R1 的出度指向的所有节点，然后计算 R2 的出度指向的所有节点，以此类推，直到将步骤一中所有的关系节点的出度指向的所有节点全部计算完成。

步骤四：遍历步骤二中的所有规则节点的出度指向的所有规则节点，然后对它们进行计算。与步骤三类似，从遍历中的第一个规则节点开始，计算它的所有出度指向的节点，直到将所有节点均计算完成。

步骤五：按照步骤三的方式进行迭代，直到将规则网中的所有节点全部计算完成。

步骤六：完毕。

为什么要采取层次代价计算方法，而不采取其他的代价计算方法呢？原因主要在于层次代价计算方法可以最大限度地减少内部通信代价。如图 13-8 所示，采用层次代价计算方法，当处理到最后的时候，例如，处理完满足 A1 的所有规则后，马上计算满足 A2 的所有规则，然后处理满足 A3 的所有规则。以此类推，将所有的最终节点的规则全部处理完。如果采用其他方法，比如按照先处理规则 1 的所有节点，再处理规则 2 的所有节点，以此类推，直到将所有规则节点全部处理完。这样会有一个非常大的问题就是，排在后面的规则的处理需要等待很长的时间，等待代价会非常大，很明显，这不是一个好的处理算法。

【算法 13-3】 有外部通信情况规则网运行时的处理算法

图 13-9 属于有等待依赖的任务处理情况，处理机 1 处理任务 1，处理机 2 需要处理任务 2 与任务 3 之和。对于这种存在外部通信的情况，本书的基本设计思想：尽量先处理有通信需求可能会产生等待的节点与其所有相关联的上位节点，然后再按照与无外部通信情况一样的算法处理其他节点的计算。其主要目的是最大限度地减少一台处理机由于等待另外一台处理机的中间运算结果而耗费大量的等待时间的等待代价。

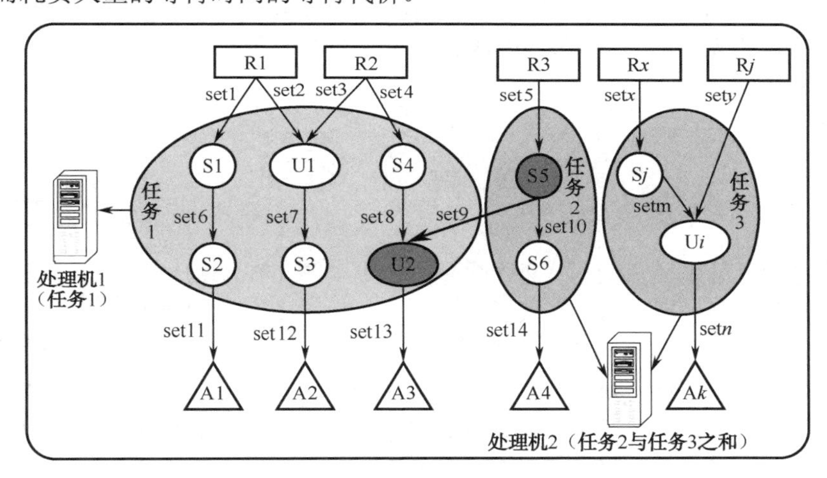

图 13-9 有等待依赖任务处理

如图 13-9 中，存在一个外部通信情况就是规则选择节点 S5 与规则联合节点 U2 之间的通信。若处理机 1 在处理节点 U2 时候，迟迟等不到节点 S5 过来的数据，则处理机只好处于等待状况，而耗费大量的外部通信代价，这是一个好的处理算法所不愿意见到的。为此，本书在处理时候将其节点处理优先进行一个调整，见表 13-4 与表 13-5。

表 13-4 调整前规则处理层次表

所属层次		节点名	节点名	节点名		节点名	节点名	节点名
第一层	处理机 1	R1	R2		处理机 2	R3	Rx	Ry
第二层		S1	U1	S4		S5	Sj	
第三层		S2	S3	U2		S6	Ui	
第四层		A1	A2	A3		A4	Ak	

表 13-5 调整后规则处理层次表

所属层次		节点名	节点名	节点名		节点名	节点名	节点名
第一层	处理机 1	R2	R1		处理机 2	R3	R*x*	R*y*
第二层		S4	S1	U1		S5	S*j*	
第三层		U2	S2	S3		S6	U*i*	
第四层		A1	A2	A3		A4	A*k*	

算法步骤简要描述如下。

前提：所有动作处理节点都作为最后一层。

步骤一：生成规则节点处理层次初始优先表（方法与无外部通信情况下的规则处理算法一样。

步骤二：找出需要进行外部通信的节点。

步骤三：找出需要进行外部通信节点的所有相互关联的上位节点。

步骤四：将层次表里的所有步骤二与步骤三找到的规则节点依次排列到表的最前列。

步骤五：再按照无外部通信情况下的规则处理算法的步骤继续进行下去。

步骤六：算法完毕。

本章小结

本章首先介绍了传统的规则模式匹配算法 RETE、TREAT、LEAPS 及其他各种目前大多数规则引擎所使用的规则处理算法。尤其以卡内基梅隆大学 Forgy 博士在他的博士论文中所阐述的 RETE 算法最为经典。后面的所有传统算法都是它的一个变种。在分析了传统算法之后，发现传统规则模式匹配算法所处理的规则的语义性不强，只能处理选择节点及连接节点两种主要节点，这样很难满足用户设定规则的语义性的需求。为了更够弥补传统规则处理算法的各种缺陷，本书提出了一种海量语意规则模式匹配算法和一种运行时处理算法。该算法主要通过判别海量语意规则网中的基础事实与模式表里的事实是否相符和来触发相应的规则（规则集）。该算法能够处理各种粒度的节点，并且能够处理各种类型的节点（在传统规则模式匹配算法的基础之上增加了规则联合节点、规则交集节点、规则连接节点、规则与否定节点及规则笛卡儿积节点，等等）。

第 14 章　海量语意规则并行处理

海量语意规则并行处理是利用各种并行处理技术和工具，处理海量的由用户设置的规则，以提高处理速度。近年来，随着科学技术的发展，各个领域可用的数据量迅速增长，商业系统将处理千万级甚至上亿条用户设置的各种规则。未来的国家安全预警系统、国家主动式电子政务系统及交通预警系统等，每天要处理用户设置的海量级的规则。随着这些海量语意规则的出现，靠单一机器来处理如此庞大的海量语意规则网已经显得越来越力不从心。通过并行计算技术采用多台处理机来并行地处理这些海量的规则，是进行大规模的计算的有效方法，如通过多台处理机实现并行计算，等等。但是这种理论仍然没有一套完整的理论框架，因此研究海量语意规则的并行处理机制显得尤为重要。本章将重点分析并研究海量语意规则并行处理的一般机制及方法。

14.1　海量语意规则并行处理面临的问题

若使用并行处理技术对海量语意规则进行处理，其效率将明显优于传统的单机处理。但是，如何设计一个用于处理海量语意规则的并行处理方法，达到一个令人满意的效果，仍然需要攻克许多关键问题，综合起来主要包括以下两方面。

1．海量语意规则计算节点分配

对海量语意规则网进行处理其实就是对海量语意规则网的所有计算节点进行处理。一个海量语意规则网包含成千上万个不同类型的规则节点。规则节点之间盘根错节、互相关联，如何将这些规则计算节点分配给不同的处理机，使得整个处理计算过程能够达到一个较好的效率是一个非常困难的问题。一个优秀的并行算法应该能有效地分配规则计算节点数据，尽可能减少处理机之间的数据依赖关系，使得各个处理机之间能够独立地进行处理。如果海量语意规则网的规则计算节点划分不均衡，若简单地将其划分，有可能造成有些处理机的计算工作量大，非常忙碌，而其他的处理机则计算量小，处于空闲等待状况；同样，如果规则网的规则计算节点划分时，各个任务之间的通信太大，也会大大降低处理效率。为了达到这种负载平衡，目前有不少这方面的研究，如通过网格计算实现一种负载平衡的科学计算，我们也可以对那些特别大的规则网做进一步的分割，必要时采取并行分割等各种有效手段。

2．记录数据库中物理访问的代价问题

海量语意规则并行处理算法必须注意减少对数据库的记录进行频繁的物理访问操作。过于频繁的数据库查询操作，会大大降低算法的执行效率，如何设计出一个比较优良的并行算法使得在进行规则计算时，尽量减少频繁的数据库访问操作是当前所面临的一个关键问题。

14.2 海量语意规则并行处理机制

PCAM 设计方法是目前最经典的一种非常有效的并行处理设计方法，陈国良院士在他的教材《并行算法的设计与分析》中对本方法做了详细设计。本书中的海量语意规则并行处理将把 PCAM 并行处理设计方法应用到海量语意规则的并行处理中。结合海量语意规则网自身的特点与实践，在传统的 PCAM 基础上设计一套适用于海量语意规则并行处理的机制，称为 GAPCM 海量语意规则并行处理机制。

14.2.1 海量语意规则并行处理机制 GAPCM 概述

海量语意规则并行处理机制 GAPCM 主要由五部分组成：生成（Generating）、预分配（Assignment）、划分（Partitioning）、通信（Communication）、映射分配（Mapping）。其基本的输入是前面得到的一个经过优化的海量语意规则网，它可能由很多互相之间没有任何连接的规则子网组成。首先我们将其通过规则子网自动生成算法，生成互不相连的规则子网；由于处理机的数量有限，为了保证各个处理机的计算代价基本相当，并且尽量减少通信代价，需要进行一个预分配的过程，即对于一些比较大的规则子网做一个比较合适的划分；经过划分后，由于划分后的计算部分之间有计算依赖，因此这些计算部分之间会有通信需求，即一个处理机在计算任务时，需要用到另外一个处理机的中间处理结果；经过上述步骤后，适当组合各子任务形成新的任务，待组合好后，将新的任务映射到每一台处理机上；最后，将映射到每一台处理机的具体任务分配给与其对应的处理机去进行处理。其基本处理流程如图 14-1 所示。

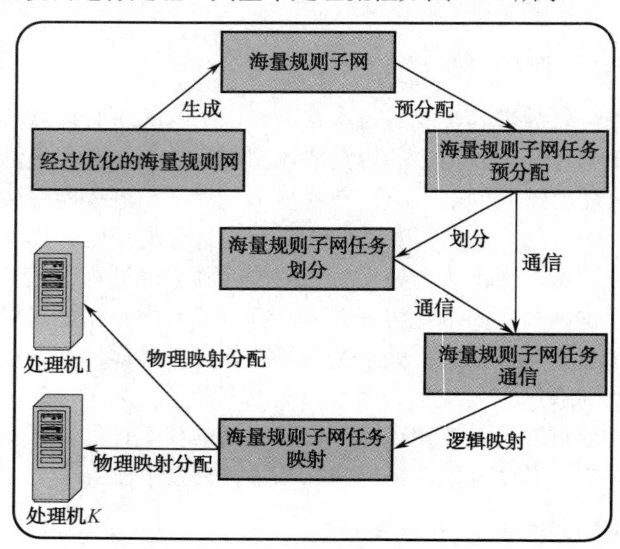

图 14-1 海量语意规则并行处理机制结构图

为了清楚地反映海量语意规则并行处理的整个过程，本书将分别从规则子网生成、预分配、划分、通信和映射分配五方面来对其进行详细分析和讨论。

14.2.2　海量语意规则子网生成

生成（Generating）是指海量语意规则网通过算法自动生成互相之间没有任何联通关系的独立的海量语意规则子网。若在一个海量语意规则网中，存在一些块与另外一些块之间没有任何有向边进行连接，那么这些块与块之间不存在通信的需要，称为互相独立的规则子网。或者说，这些规则子网之间不存在数据依赖关系，独立的规则子网在执行计算的过程中，不需要调用其他的规则子网的原始数据或者初始计算结果。

本书中的独立海量语意规则子网生成的前提条件是，已经具备了一个相对经过优化的海量语意规则网。当然，如果海量语意规则网没有经过优化也是可以通过我们的方法分解成独立的海量语意规则子网，本书为了提高海量语意规则网的处理效率，首先已经按照第 12 章所述的优化方法将其进行了优化。

独立海量语意规则子网的生成并不难，我们可以将该问题转化成为图的遍历问题[42]。一个网其实就是一个图，本书中的海量语意规则网其实就是一个有向图。我们将海量语意规则网看成一个图，由于本部分只需要对网络进行单独的子网的辨别，我们无须考虑它是有向还是无向的。在此，我们可以将问题转化为无向图的遍历问题。无向图遍历后所有的节点都会遍历到，并且形成 N 个联通分量，每一个联通分量是一个规则子网，总共有 N 个规则子网。

海量语意规则网（将其转换成无向图的遍历）进行遍历时，对于联通规则网，仅需从网络中的任意一个节点出发，进行深度搜索或者广度搜索，便可以得到海量语意规则网中所有顶点。对于非联通海量语意规则网，则需从多个节点出发进行搜索，而每一次从一个新的起始点出发进行搜索过程中得到的节点访问序列，恰为各个规则子网的节点集。

假设有如图 14-2 所示的经过优化后的规则网络，通过海量语意规则网的遍历算法可以将一个经过优化的海量语意规则网自动分成 N 个非联通的联通分量，对应着每一个海量语意规则子网，分别为规则子网 1，规则子网 2，……，规则子网 N。

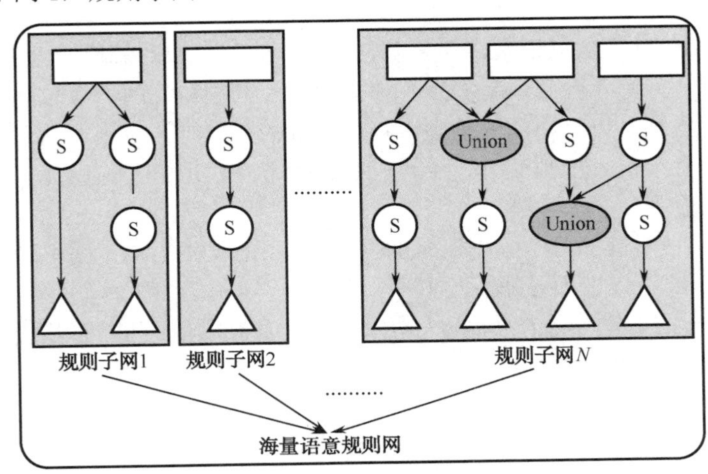

图 14-2　经过优化的海量语意规则子网生成

【**算法 14-1**】 将整个大的海量语意规则网分成 N 个单独的规则子网。

算法描述：将那些没有任何通信的部分隔开，单独形成一个子网。上述总的规则网可以形成：规则子网 1，规则子网 2，……，规则子网 N，总共 N 个子网。

算法基本思想：算法的基本思想是将图的遍历算法，通过一定程度的改造，应用到海量语意规则网的遍历。通过遍历可以达到：如果一个大海量语意规则网里面的一部分子集与另一部分子集互不联通，则不相联通的部分均属于不同的规则子网。与图的遍历一样，海量语意规则网的遍历也有深度优先遍历与广度优先遍历两种。

14.2.3 海量语意规则网计算代价预分配

海量语意规则并行处理的效率好坏，直接取决于每台处理机所处理的代价大小是否平衡。目前已经有些论文分析了通过数据的分类来实现预划分的方法，并希望经过这种划分得到实现大规模并行机制的预期目标。但是，这些划分方法的可操作性不强，依然难以应用于实际的工作中。本章根据海量语意规则网的特点，为了取得一个较好的并行处理效率，设计了一套对海量语意规则网的计算代价进行预分配的方法，该方法让每台处理机的负载能够大致相当。另外在对海量语意规则网进行计算代价预分配时，找出需要进行划分的那些规则子网，以及这些需要进行划分的规则子网要划分大约多少计算代价出来，为本书的第 14.2.4 节规则子网的划分提供一个划分依据。

具体来说，海量语意规则网的计算代价预分配可以分为 4 个步骤。步骤一，海量语意规则网有向边流量计算；步骤二，海量语意规则子网代价计算；步骤三，找出需要进行划分的规则子网；步骤四，规则子网划分。下面分别对上述四个步骤进行详细的分析。

1．计算海量语意规则子网有向边流量

每个海量语意规则子网都是由很多规则节点与带流量的有向边组成的。本书中对于有向边的流量计算，直接采用如下方法即可。

（1）以关系节点作为出发点的边的流量计算。关系节点作为出发点的边的流量计算非常容易，它的流量等于关系节点所对应的关系表（或者关系模式）中包含的所有记录的条数。若一个关系表里有 1 000 000 条数据记录，那么以它为起点的所有边的流量即为 1 000 000。

（2）其他所有边的流量计算。关系节点作为出发点的边以外的所有边的流量计算方法，本书在前面章节做了详细分析。不同的规则节点，流量的计算方法均不相同。直接可以通过规则选择节点、规则联合节点、规则交集节点、规则连接节点、规则否定节点、规则笛卡儿积节点等各自的计算方法得到。

图 14-3 展示了该步骤的一个数据流量的变化过程。图 14-3（a）是不带流量的海量语意规则子网，图（b）是带流量的海量语意规则子网。

很明显，set1=set2。因为 set1 与 set2 均为从关系表 R1 出来两条有项边的流量，它们都等于关系表 R1 中所有记录的条数，若关系表 R1 总共拥有一百万条记录，那么 set1 与 set2 的流量均为一百万；同理，set3=set4。因为 set3 与 set4 均为从关系表 R2 出来的两条有项边的流量，它们都等于关系表 R2 中所有记录的条数，若关系表 R2 总共拥有一千万条记录，那么 set3 与 set4 的流量均为一千万。

而图 14-3 中还存在 6 个规则选择节点 S1、S2、S3、S4、S5、S6；两个联合节点 U1 与 U2；四个动作节点 A1、A2、A3 及 A4。根据第三章中定义的各种规则节点的流量计算方法（注意，动作节点在本书无须计算其出度流量，本书只考虑各种规则的条件部分），可以分别得出每条边

的流量，见图 14-3 的右边部分。

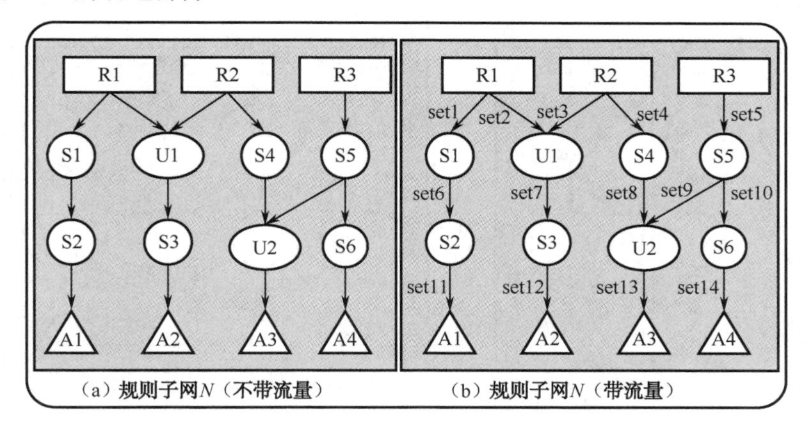

图 14-3　海量语意规则子网有向边流量计算

海量语意规则子网所有有向边流量计算算法基本步骤如下。

【算法 14-2】 海量语意规则子网所有有向边流量计算算法

步骤一：找出规则子网中的所有规则关系节点 V0,V1,…,V*m*（假设规则子网中有 *m* 个关系节点）。

步骤二：计算每个规则关系节点的记录数，并将其分别赋值给对应的规则关系节点作为起点的边的出度流量。

步骤三：根据海量语意规则遍历算法的深度优先遍历算法【算法 14-1】，或者海量语意规则遍历算法的广度优先遍历算法【算法 14-2】，遍历海量语意规则子网中的每一个语义节点。

步骤四：计算从步骤三中遍历到的每个规则节点的出度流量。（规则节点的入度流量是它的上一个节点的出度流量，故这里只需计算其出度流量即可。

步骤五：重复步骤三与步骤四，直到所有可计算节点的出度边的相应流量都被计算出来，并被赋予了相应的值。

值得一提的是，本算法的最重要的是要首先将所有的语义关系规则节点的记录条数全部算出来。因为，所有关系规则节点的记录条数是所有其他的可计算节点的入度，只有其他的可计算节点都有了入度，才能分别计算它们所对应的出度。从而，最开始就是要将关系规则节点记录条数算出来，作为基础数据使用。

2. 计算海量语意规则子网代价

从上文中，我们得出了所有规则子网（规则子网 1，规则子网 2，……，规则子网 *N*）中所有的边的流量，如图 14-4 所示。

海量语意规则网的整个计算代价等于所有规则子网的相应计算代价之和。图 14-4 所示的海量语意规则网的总计算代价=规则子网 1 总计算代价+规则子网 2 总计算代价+…+规则子网 *N* 总计算代价。

每个规则子网的总计算代价=该规则子网中所有可计算节点的计算代价之和=该规则子网中所有规则选择节点的计算代价之和+该规则子网中规则联合节点的计算代价之和+该规则子网中规则交集节点的计算代价之和+该规则子网中规则连接节点的计算代价之和+该规则子网中规则否定节点的计算代价之和+该规则子网中规则笛卡儿积节点的计算代价之和。

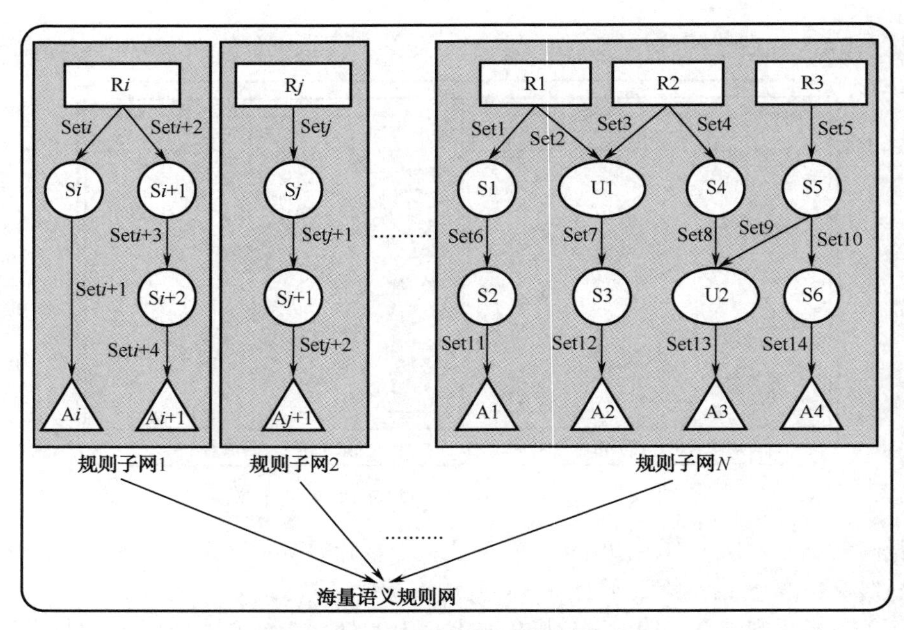

图 14-4　带流量的海量语意规则网图

其中所有可计算规则节点（规则选择节点、规则联合节点、规则交集节点、规则连接节点、规则否定节点及规则笛卡儿积节点）的代价计算方法在第 2 章中有了详细介绍。

经过上述计算后假设规则子网 1、规则子网 2、……规则子网 *N* 的计算代价分别为 Cost(rulenetwork_1)，Cost(rulenetwork_2)，…，Cost(rulenetwork_N)。其具体算法为【算法 14-3】。

【算法 14-3】 海量语意规则子网代价计算算法

海量语意规则子网代价计算算法基本步骤如下。

步骤一：将规则子网计算代价初始值 Rule_Sub_Network(p)=0。

步骤二：根据海量语意规则遍历算法的深度优先遍历算法【算法 5-1】或者海量语意规则遍历算法的广度优先遍历算法【算法 5-2】遍历海量语意规则子网中的每一个语义节点。

步骤三：根据海量语意规则子网所有有向边流量计算算法【算法 5-3】，计算每一个语义可计算节点的计算代价 Cost[Pi]，并将其数值赋给 Rule_Sub_Network(p)求值，即 Rule_Sub_Network(i)=Cost[Pi]。

步骤四：重复步骤二与步骤三，直到规则子网中的每一个规则节点代价都计算出来，最后得出该规则子网总代价。

步骤五：算法结束。

经过上述算法处理后可以得出相应的规则子网的代价。

$$\mathrm{Cost(Rule\_Sub\_Network(1))} = \mathrm{Cost}(\mathrm{S}i) + \mathrm{Cost}(\mathrm{S}i+1) + \mathrm{Cost}(\mathrm{S}i+2)$$

$$\mathrm{Cost(Rule\_Sub\_Network(2))} = \mathrm{Cost}(\mathrm{S}j) + \mathrm{Cost}(\mathrm{S}j+1)$$

……………………………………………………………………

$$\mathrm{Cost(Rule\_Sub\_Network(N))} = \mathrm{Cost(S1)} + \mathrm{Cost(S2)} + \mathrm{Cost(S3)} + \mathrm{Cost(S4)} + \mathrm{Cost(S5)} + \mathrm{Cost(S6)} + \mathrm{Cost(U1)} + \mathrm{Cost(U2)}$$

3．规则网初步预分配

在计算出各个规则子网的计算代价之后，一个重要的任务就是对该规则网进行一个预分配，下面详细描述该预分配的具体过程。

（1）预分配前提假设。

- 假设总共有 M 台处理机来进行运算。
- 整个海量语意规则网由 N 个完全独立的子网（子网之间没有任何通信）组成。其代价分别为 $\text{Cost(Rule\_Sub\_Network(1))}$，$\text{Cost(Rule\_Sub\_Network(1))}$ 及 $\text{Cost(Rule\_Sub\_Network}(N))$，等等。
- 整个海量语意规则网络总代价为

$$\begin{aligned}\text{Cost(Rule\_Sub\_Network)} = &\text{Cost(Rule\_Sub\_Network(1))} + \\ &\text{Cost(Rule\_Sub\_Network(1))} + \cdots + \\ &\text{Cost(Rule\_Sub\_Network}(N))\end{aligned}$$

- 每台处理机的平均计算代价：

$$\begin{aligned}\text{Cost(Rule\_Network\_Average)} = &(\text{Cost(Rule\_Sub\_Network(1))} + \cdots + \\ &\text{Cost(Rule\_Sub\_Network}(N)))/M\end{aligned}$$

（2）预分配的步骤。

- 预备分配一：将处理机之间不会存在通信需求的进行优先分配，其分配算法见【算法 14-4】所示。

【算法 14-4】 无处理机外部通信的预分配算法

步骤一：从 N 个规则子网中，找出满足如下条件的所有海量语意规则子网。

如果按照处理机代价最优情况来说，每台处理机的平均处理代价刚好相等时为最优情况。但是，事实上要想完全达到这种理想状况是不可能的。本书将其设定在一个范围，即超过平均计算代价 10%以上的规则子网才需要进行重新划分：

$\text{Cost(Rule\_Sub\_Network}[i]) \in$

$[90\% * \text{Cost(Rule\_Network\_Average)}, 110\% * \text{Cost(Rule\_Network\_Average)}]$，其中 $i \in [1, N]$。

假设经过步骤一的筛选后，有 L 个规则子网属于上述范围，那么可以直接将上述的 L 个规则子网预分配给 L 个单独的处理机来进行处理。于是海量语意规则子网还剩余 $N-L$ 个，而处理机尚有 $M-L$ 台。

步骤二：将剩余的 $N-L$ 个规则子网进行重新从 1 开始的编号，并进行第二次预分配。将满足下属条件的规则子网筛选出来：

$$\text{Cost(Rule\_Sub\_Network}[i]) + \text{Cost(Rule\_Sub\_Network}[j] + \text{Cost(Rule\_Sub\_Network}[l]\cdots),$$
$$\in [90\% * \text{Cost(Rule\_Network\_Average)}, 110\% * \text{Cost(Rule\_Network\_Average)}]$$

其中，$i, j, \cdots, l \in [1, N-L]$。

假设经过步骤二的筛选后，有 $R(R \geqslant 2)$ 个规则子网属于上述范围，那么可以直接将上述的 R 个规则子网预分配给 1 个单独的处理机来进行处理。于是海量语意规则子网还剩余 $N-L-R$ 个，而处理机尚有 $M-L-1$ 台。

步骤三：重复步骤二（使用迭代算法），直到所有的规则子网都被找出来。

步骤四：假设经过步骤三之后的规则子网剩余 D 个，处理机台数剩余 H 台。

● 预备分配二：将处理机之间存在通信需求的进行优先分配

经过上述步骤后，我们得到了剩余尚没有进行预分配的规则子网还有 D 个，需要将这 D 个规则子网交由剩余的 H 台处理机进行处理。当然，在这剩余的 D 个规则中有计算代价大于平均规则网计算代价的规则子网，也有可能有计算代价小于平均规则网计算代价的规则子网。本书中对规则子网划分时的一个最基本原则就是，对于规则子网计算代价小于平均规则网计算代价的均不划分数据（也就是说这些规则子网只接收计算数据）。

不管现在剩余的规则子网属于大于平均规则网计算代价的规则子网或小于平均规则网计算代价的规则子网，它们都有一个共同的特点，就是需要在处理机之间进行数据的外部通信。小的规则子网需要从外界获取数据（来自其他处理机），大的规则子网需要分割数据给其他的处理机去处理，它们均需要处理机与处理机之间进行通信配合处理。

为了解决从剩余的 D 个规则子网中如何预分配给剩余的 E 台处理机，本书设计了一套算法【算法 14-5】，专门用于处理有处理机外部通信时的情况。

【算法 14-5】 有处理机外部通信的预分配算法

步骤一：给剩余的 D 个规则子网重新进行编号，假设：

$$\text{Cost(Rule\_Sub\_Network[1]),...,Cost(Rule\_Sub\_Network[}D\text{])}$$

步骤二：计算这 H 台处理机平均每台的最优处理代价

$$\text{Cost(Rule\_Network\_Average1)=}\frac{\text{Cost(Rule\_Sub\_Network[1])}+\cdots+\text{Cost(Rule\_Sub\_Network[}D\text{])}}{H}$$

步骤三：从上述 D 个规则子网中查找任意满足如下条件的任意两个规则子网，使得它们满足如下条件：

$$\text{Cost}[i]+\text{Cost}[j]\in$$
$$k*[90\%*\text{Cost(Rule\_Network\_Average1]},110\%*\text{Cost(Rule\_Network\_Average1])}$$
$$(1\leqslant i\leqslant D;1\leqslant j\leqslant D;i\neq j;1\leqslant k\leqslant H)$$

若找到满足上述条件的两个规则子网，则执行如下操作：将已经找到的两个规则子网从队列 Cost(Rule_Sub_Network[1],…，Cost(Rule_Sub_Network[D])中删除去，即 D=D−2；将处理机 H 重新赋值为 H=H−k。

步骤四：重复步骤三，直到将队列 Cost(Rule_Sub_Network[1],⋯,Cost(Rule_Sub_Network[D])中所有两个规则之和满足条件范围的规则网络全部找出来。

步骤五：假设经过步骤四后，尚有 F 个规则子网没有划分，尚有 Q 台处理机没有分配任务。则从上述剩余的各规则子网中查找任意满足如下条件的任意三个或者三个以上的规则子网，使得它们满足如下条件：

$$\text{Cost}[x]+\text{Cost}[y]+\cdots+\text{Cost}[l]\in$$
$$k1*[90\%*\text{Cost(Rule\_Network\_Average1]},110\%*\text{Cost(Rule\_Network\_Average1])}$$
$$(1\leqslant x\leqslant D;1\leqslant y\leqslant D;1\leqslant l\leqslant D;x\neq y\neq l;1\leqslant k1\leqslant H)$$

若找到满足上述条件的三个或者三个以上规则子网，则执行如下操作：将已经找到的规则子网从队列 Cost(Rule_Sub_Network[1]，…，Cost(Rule_Sub_Network[F])中删除，即 F=F−T；将处理机 Q 重新赋值为 Q=Q−k1。

步骤六：重复步骤五，直到将队列 Cost(Rule_Sub_Network[1]，⋯，Cost(Rule_Sub_Network[F])中的所有三个或三个以上规则之和满足条件范围的规则网络全部找出来。

步骤七：将最后全部剩余的尚未分配完的规则子网，全部分配给最后剩下的处理机进行处理。

在本算法的设计中，本书用到了一个基本的处理技巧就是找出规则子网中任意两个规则子网之和满足给定的范围内的条件，再找出满足三个及三个以上的规则子网之和，满足给定范围内的条件。当然，这种设计理念其实还可以扩展为：首先找出规则子网中任意两个规则子网之和，满足给定的范围内的条件，其次找出满足三个规则子网之和满足给定范围内的条件；再找出满足四个规则子网之和满足给定范围内的条件……

为了简化起见，本书没有将其进行进一步迭代。这是一个算法设计的优化问题，今后的算法可以进一步进行改进，以达到一个更优的解。

那么为什么要先找出规则子网中任意两个规则子网之和满足给定的范围内的条件，再找出满足三个及三个以上的规则子网之和满足给定范围内的条件呢？这样做的根本目的在于尽量让处理机之间的通信代价最小。下面为了说明问题起见，通过一个简单的案例来进行分析。

【例 14-2】 假设有三个规则子网，它们可以实现将规则网 i 与规则子网 j 的预分配；或者实现规则子网 i、规则子网 j 与规则子网 k 的三者之间的预分配，分别如图 14-5 与图 14-6 所示。

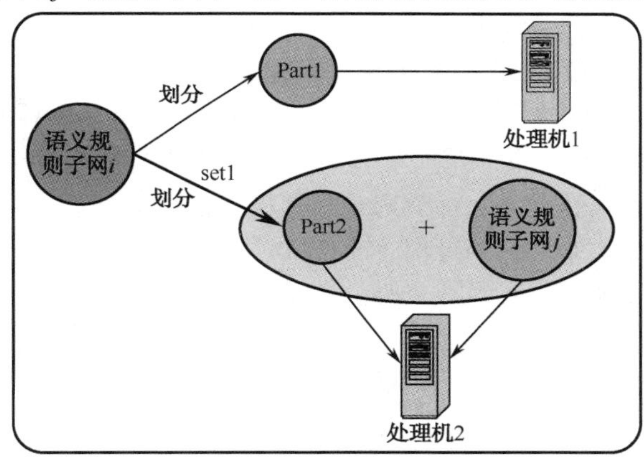

图 14-5　两个规则子网预分配

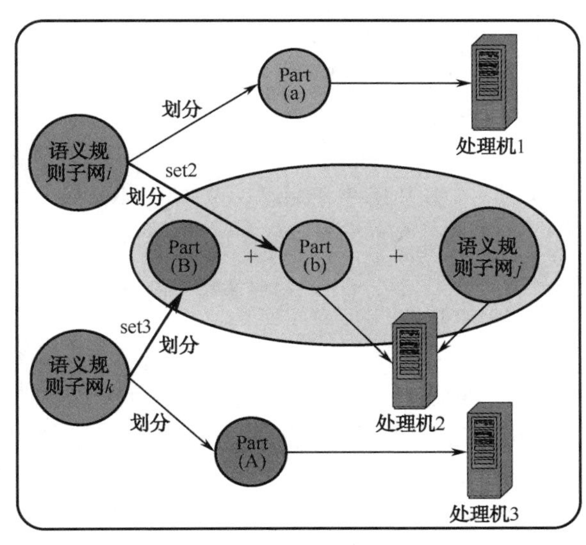

图 14-6　三个规则子网预分配

对于图 14-5 所示的，规则子网 i 与规则子网 j 两者的计算代价之和刚好可以分配给 2 台处理机之间进行并行处理。其中规则子网 i 的计算代价比较大，而规则子网 j 的计算代价比较小。故需要将规则子网 i 进行划分成 Part1 与 Part2 两部分。其中 Part1 部分交由处理机 1 去处理，Part2 部分与规则子网 j 一起交由处理机 2 去处理。这样在处理机 1 与处理机 2 之间有一个通信需求，即图 14-5 中的粗线部分，处理机之间的通信流量为 set1。

对于图 14-6 所示的，规则子网 i、规则子网 j 与规则子网 k 三者的计算代价之和刚好可以分配给 3 台处理机进行并行处理。其中规则子网 i 与规则子网 j 的计算代价比较大，而规则子网 j 的计算代价比较小。故需要将规则子网 i 划分成 Part(a)与 Part(b)两部分，需要将规则子网 k 划分成 Part(A)与 Part(B)两部分。其中 Part(a)部分交由处理机 1 去处理；Part(b)部分、Part(B)部分与规则子网 j 一起交由处理机 2 去处理；Part(A)部分交由处理机 3 去处理。这样在处理机 1 与处理机 2 之间有一个通信需求，在处理机 2 与处理机 3 之间也有一个通信需求，即图 14-6 中的两根粗线部分，处理机之间的通信流量为 set2 与 set3。

值得注意的是，由于规则网的划分是由机器根据一定的条件进行随机划分，故两个规则子网预分配的划分与三个或者三个以上规则子网预分配的划分可能会不一样。也就是说图 14-5 与图 14-6 中的 set1 不一定等于 set2；Part1 不一定等于 Part(a)；Part2 不一定等于 Part(b)；当然 Part2 部分与规则子网 j 的计算代价之和 $\text{Cost(Part2)} + \text{Cost(Rule\_Sub\_Network}[j])$，也不一定等于 Part(b) 部分、Part(A) 及与规则子网 j 的计算代价之和 $\text{Cost(Part(b))} + \text{Cost(Part(B))} + \text{Cost(Rule\_Sub\_Network}[j])$，但是它们都在预先设定的范围内。

相比较前面的两种预分配方法，尤其对于处理机 2 来说，在第一种方法里只需要和处理机 1 之间有一个流量为 set1 大小的通信过程。而在第二种方法里，处理机 2 不仅要与处理机 1 进行一个流量为 set2 大小的通信，而且还要与处理机 3 之间进行一个流量 set3 大小的通信。很明显，在两个规则网之间能够预分配给一定台数的处理机进行处理的情况下，最好就先做两两规则之间的处理，很明显要优于三个或三个以上的预分配。

4．找出需要进行划分的规则子网

需要进行划分的规则子网其实就是那些计算量大于平均规则处理代价，即经过上一节所讨论的那些使得处理机之间存在通信需求的规则子网，它的算法见【算法 14-6】。

【算法 14-6】 找出需要进行划分的规则子网算法

找出需要进行划分的规则子网算法基本步骤如下：

步骤一：根据【算法 14-3】获取剩余的 D 个规则子网中的每个规则子网的各自代价。

步骤二：将步骤一得到的各个规则子网的计算代价 $\text{Cost(Rule\_Sub\_Network}(i))$ 与海量语意规则网的平均计算代价 $\text{Cost(Rule\_Network\_Average)}$ 进行比较；

若 $\dfrac{\text{Cost(Rule\_Sub\_Network}(i))}{\text{Cost(Rule\_Network\_Average)}} \leqslant 110\%$，则该规则子网不需要划分；

若 $\dfrac{\text{Cost(Rule\_Sub\_Network}(i))}{\text{Cost(Rule\_Network\_Average)}} > 110\%$，则该规则子网需要进一步的划分；

步骤三：重复步骤二，直到找出所有需要进一步划分的规则子网。

步骤四：算法结束。

通过【算法 14-6】，我们可以从海量的规则网中的规则子网中自动通过算法找出那些需要进一步划分（分割）的规则子网的多台处理机进行并行处理。

5．海量语意规则子网划分

假设经过上一节的处理之后，找出了那些需要进行划分的规则子网及所需要划出的计算代价范围。由于这些规则子网的计算量比较大，需要将它们分解成两部分甚至更多的部分。划分的好坏不仅关系到各个处理机的处理负载大小，而且关系到这些划分后各个子部分的通信质量及通信效率。目前，不少研究者提出了多种关于数据的划分方法，如并行增量图划分、自动划分、哈希划分、并行模式划分、并行实时划分，等等。这些算法大多数基于自动实现，具有较好的划分效果，但又都只是对简单的数据进行划分或者对数据进行简单的划分，并没有针对规则节点，更没有考虑规则的流量及计算代价问题。因此，本书的规则子网划分算法目前尚无相关文献可供参考。

所以，规则子网划分问题对于我们而言是新鲜的，在此，本书尝试从考虑计算代价均衡的角度、在规则数量巨大和拥有巨大的计算代价的海量语意规则网中摸索出一些好的划分方法。本书根据海量语意规则并行处理机制的特点，设计了如下一套比较完整的划分方法。本书将重点阐述三种划分算法，由于没有其他已有的类似的规则网的划分算法。最后，通过实验比较自己设计的三种算法作为结论。

（1）划分标准。海量语意规则网的划分总标准：尽量让划分后的计算代价符合预订设计要求，并让划分后的各个部分之间的依赖代价及通信代价尽量最小，可以综合为以下三个标准：假设图 14-7 所示的规则网是我们需要分割的规则网。

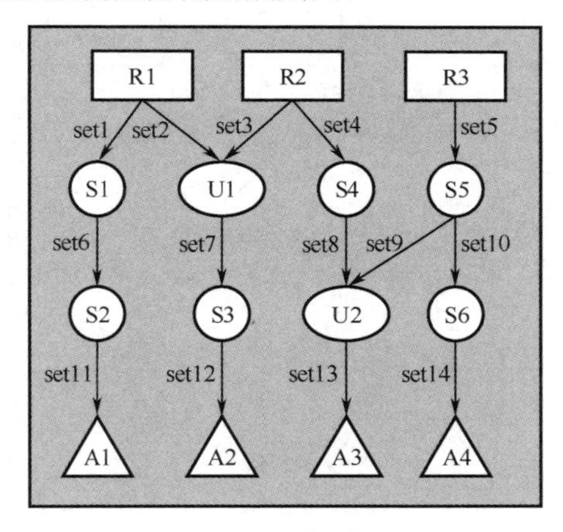

图 14-7　待分割的规则网

① 处理机处理负载尽量平衡。

② 处理机等待（依赖）消耗尽量小。处理机等待依赖代价是指，处理机 1 在很繁忙地处理任务，而处理机 2 由于需要刚才处理机 1 的中间结果而不得不一直等待下去，直到处理机 1 计算出中间结果为止的这种代价。如图 14-9 所示，由于处理机 2 需要 S1、U1、S4、S5 这些中间结果，如果处理机 1 尚未完成这些中间结果的计算，则处理机 2 会一直等待下去，浪费大量的时间。

③ 处理机通信代价尽量小。处理机通信代价有两种，内部通信代价与外部通信代价。在进行规则网划分时，主要需要考虑外部通信代价。

处理机外部通信是指：一台处理机将自己的运算结果搬迁到另外一台处理机去处理所需要耗费的时间代价。如图 14-9 所示，处理机需要将节点 S1 的数据 set6，U1 的数据 set7，S4 的数据 set8，S5 的数据 set9 与 set10 从处理机 1 传送到处理机 2。当然图 14-9 的这种划分方法，使得整个数据的传输量非常大，通信代价很高。

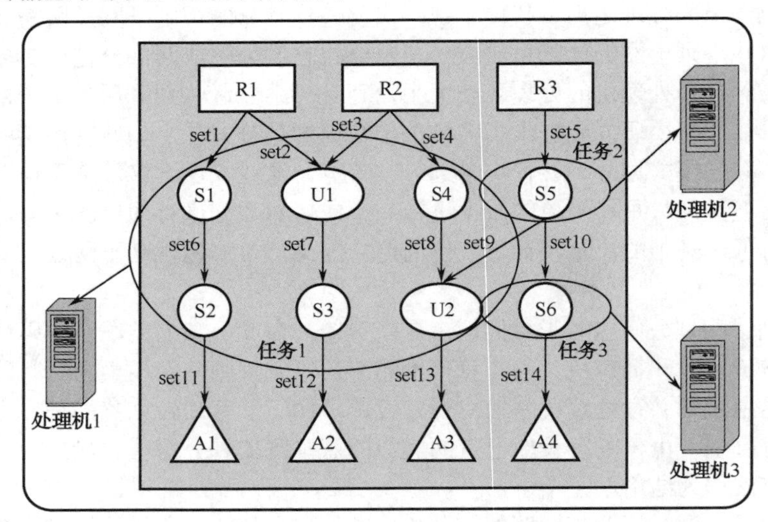

图 14-8　负载不平衡划分

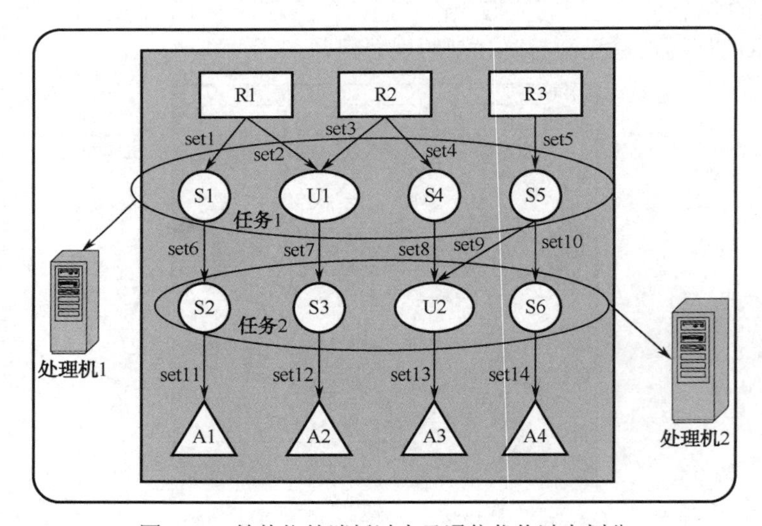

图 14-9　等待依赖消耗过大及通信代价过大划分

而图 14-10 是一种既考虑了负载平衡，又考虑了等待依赖与通信代价的一种较合理的划分方法。

（2）规则子网划分算法。根据前面所描述的划分标准，本书设计了三种相应的不同划分算法，这三种算法分别为规则子网平衡分割算法、规则子网平衡最小依赖分割算法及规则子网平衡最小依赖与通信代价较小分割算法。这三种算法分别从不同的角度考虑了处理机的处理效率问题，下面详细分析这三种不同的算法的实现过程。

① 规则子网平衡分割算法。

❖ 规则子网平衡分割：该算法主要考虑“平衡”，其主要目的是以处理机的处理代价是否平衡作为评价标准，不考虑其他因素。

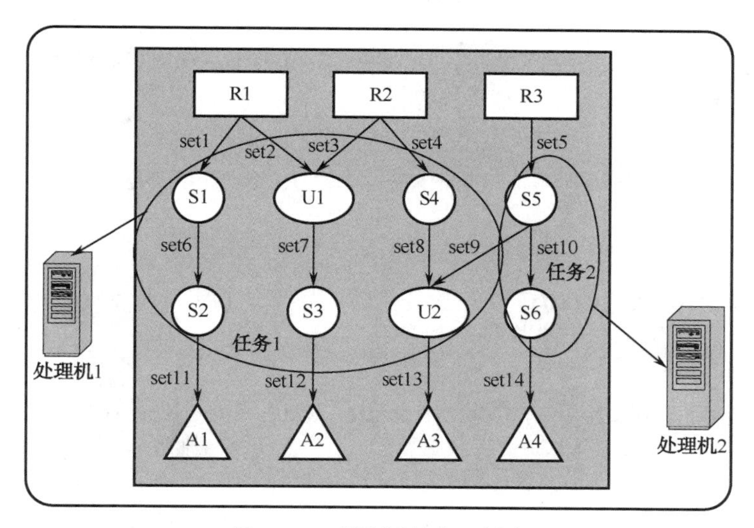

图 14-10 规则网较合理划分

例如，若某个规则子网的所有的规则节点计算代价之和为 20 亿单位计算代价，若将该规则子网交给 5 台（假设这 5 台计算机仅仅并行计算此一个规则子网，没有任何其他计算任务）处理机处理。若采用该算法，则尽量让这 5 台处理机达到平均分配。最佳分配为让每台处理机处理 20 亿/5=4 亿计算代价任务。

当然，要让每台处理机达到完全最优的计算任务“平衡”，是不可能的，算法在设计的过程中，考虑到使用了一个阈值范围[90%，110%]。每台处理机的处理任务中，凡是在最优分配计算任务范围内，均是有效的分配方法。

❖ 算法分析：

该算法的的核心思想可以总结为以下三点：

- 考虑处理机处理代价平衡分布；
- 不考虑处理机等待（依赖）消耗；
- 不考虑处理机通信消耗。

其具体的算法实现可以简要描述为【算法 14-7】。

【算法 14-7】 规则子网平衡分割算法

假设某规则子网需要进行平衡最小分割。

（1）需要分割成 p 份（该规则子网由 p 台处理机来处理）。

（2）每台处理机分配最佳比例为 $(x_1 : x_2 : \cdots x_{p-1} : x_p)$ 。

（3） $x_1 = x_2 = \cdots x_{p-1}, x_p$ 有可能等于 x_1 ，也有可能不等于 x_1 。

（4）理想状况是刚好能达到 $1:1:\cdots(x_{p-1} / x_p)$ 这种理想状况，但是这种理想状况是不可能的，我们给它设定一个限制范围在 90%～110%之间浮动。

步骤一：计算规则子网的每个可计算节点的计算代价：

$$\mathrm{Cost}(\mathrm{C}_1), \mathrm{Cost}(\mathrm{C}_2), \ldots \mathrm{Cost}(\mathrm{C}_n)$$

步骤二：计算规则子网的总计算代价：

$$\mathrm{Cost}(\mathrm{Semantic\_Rule\_Sub\_Network}) = \mathrm{Cost}(\mathrm{C}_1) + \ldots + \mathrm{Cost}(\mathrm{C}_n)$$

步骤三：计算出每个处理机最理想的处理代价：

$$\mathrm{Cost}(x_1)=\cdots=\mathrm{Cost}(x_{p-1})=\frac{x_1}{\sum_{t=1}^{t=p}x_t}*\mathrm{Cost}(\mathrm{Semantic\_Rule\_Sub\_Network})$$

$$\mathrm{Cost}(x_p)=\frac{x_p}{\sum_{t=1}^{t=p}x_t}*\mathrm{Cost}(\mathrm{Semantic\_Rule\_Sub\_Network})$$

从 $\mathrm{Cost}(\mathrm{C}_1),\mathrm{Cost}(\mathrm{C}_2),\ldots\mathrm{Cost}(\mathrm{C}_n)$ 中找出计算代价最接近 $[90\%*\frac{x_1}{\sum_{t=1}^{t=p}x_t}*\mathrm{Cost}(\mathrm{Semantic\_Rule\_Sub\_Network}),110\%*\frac{x_1}{\sum_{t=1}^{t=p}x_t}*\mathrm{Cost}(\mathrm{Semantic\_Rule\_Sub\_Network})]$ 或者

$[90\%*\frac{x_p}{\sum_{t=1}^{t=p}x_t}*\mathrm{Cost}(\mathrm{Semantic\_Rule\_Sub\_Network}),110\%*\frac{x_p}{\sum_{t=1}^{t=p}x_t}*\mathrm{Cost}(\mathrm{Semantic\_Rule\_Sub\_Network})]$

范围的单个规则计算节点。

❖ 若满足条件

$[90\%*\frac{x_1}{\sum_{t=1}^{t=p}x_t}*\mathrm{Cost}(\mathrm{Semantic\_Rule\_Sub\_Network}),110\%*\frac{x_1}{\sum_{t=1}^{t=p}x_t}*\mathrm{Cost}(\mathrm{Semantic\_Rule\_Sub\_Network})]$

的规则节点有 K 个，则将这 K 个计算节点分配给 K 台处理机去处理。

❖ 若满足条件

$[90\%*\frac{x_p}{\sum_{t=1}^{t=p}x_t}*\mathrm{Cost}(\mathrm{Semantic\_Rule\_Sub\_Network}),110\%*\frac{x_p}{\sum_{t=1}^{t=p}x_t}*\mathrm{Cost}(\mathrm{Semantic\_Rule\_Sub\_Network})]$

有 V 个，则从这 V 个规则节点中找出最接近 $\frac{x_p}{\sum_{t=1}^{t=p}x_t}*\mathrm{Cost}(\mathrm{Semantic\_Rule\_Sub\_Network})$ 的那个规则节点，并将其分配给第 p 台处理机器。

步骤四：经过步骤三之后，规则节点尚剩余($n-K-\min\{V,1\}$)个。处理机尚有 $p-K-\min\{V,1\}$ 台没有分配任务。

步骤五：按照步骤三的方法计算两个节点之和最满足上述条件范围的规则节点；同时按照步骤四的方法计算剩余规则节点及处理机尚未分配任务台数。

步骤六：继续迭代下去，计算三个节点情况。

步骤七：继续迭代，计算 L 个节点情况。($3<L<N$)

步骤八：直到将所有节点都处理完与并将处理机都进行了任务分配。

步骤九：算法结束。

② 规则子网平衡最小依赖分割算法。该算法不仅要考虑“平衡”，还要考虑处理机由于等待某个其他处理机的处理任务的计算结果而浪费的等待时间。该算法综合考虑了处理机的处理代价是否平衡以及处理机之间的任务的交互等待而消耗的等待依赖代价最小。

例如，若某个规则子网的所有的规则节点计算代价之和为20亿单位计算代价，若将该规则子网交给5台（假设这5台计算机仅仅并行计算此一个规则子网，没有任何其他计算任务）处理机去进行处理。平衡代价的最佳分配为让每台处理机处理20亿/5=4亿计算代价任务。假设这5台计算机在计算各自的4亿的计算代价所花费真正计算时间均为1h。但是若处理机1由于等待其他处理机的任务计算结果，中间有50min的等待停顿；处理机2由于等待其他处理机的任务计算结果，中间有80min的等待停顿；处理机3由于等待其他处理机的任务计算结果，中间有30min的等待停顿；处理机4由于等待其他处理机的任务计算结果，中间有90min的等待停顿；处理机5由于等待其他处理机的任务计算结果，中间有70min的等待停顿。如此一来，实际上处理机1的总花费时间代价为110min；处理机2的总花费时间代价为140min；处理机3的总花费时间代价为90min；处理机4的总花费时间代价为150min；处理机5的总花费时间代价为130min。

让每台处理机的计算代价仍然在一个阈值范围为[90%，110%]。每台处理机的处理任务凡是在最优分配计算任务这个范围内，均认为是一种有效的分配方法。

通过分析可知，处理机的等待依赖是我们设计算法时必须考虑的一个非常重要的问题。基于此，本书在【算法14-7】的基础上设计了规则子网平衡最小依赖分割算法。

算法原则：

- 考虑处理机处理代价平衡分布
- 考虑处理机等待（依赖）消耗
- 不考虑处理机通信消耗

其具体的算法实现可以简要描述为【算法14-8】。

【算法14-8】 规则子网平衡最小依赖分割算法

首先我们假设有如图14-11所示的某个规则子网是我们要进行分割的对象。该算法的目的是需要将中间所涉及的每个计算节点C1,…,C20按照每台处理机处理代价平衡，以及等待依赖最小的方法来进行分割。

为了保证图14-11中的计算节点在分配时，使得整体等待依赖代价最好的方法就是按照层次处理的思想来实现。因为等待依赖出现主要源于前面规则节点没有处理完毕，而导致后续的处理节点不得不等待。例如，C9节点是C1节点的后续，若节点C1没有处理完毕，则C9只能处于等待状况。在这种情况下，如果C1是一台处理机1来处理，而C9是另外一台处理机2处理。此时处理机2因为等待处理机1的中间计算结果C1而不得不等待浪费时间。故本算法的总思想是将所有规则节点分层，先让所有处理机处理完第一层的计算节点，再处理第二层计算节点，以此类推，直到将所有的规则计算节点全部处理完毕。这样就会大大消除下一层规则计算节点因为它们的前继规则节点没有处理完而消耗的大量等待时间。

该算法的具体设计步骤可以简要描述如下。

步骤一：使用层次遍历法，将欲划分的规则子网生成一个二维数组，

图14-11中的节点C1,C2,…,C8属于第一层节点；C9,…,C14属于第二层节点；C15,…,C18属于第三层节点；C19、C20属于第四层节点。

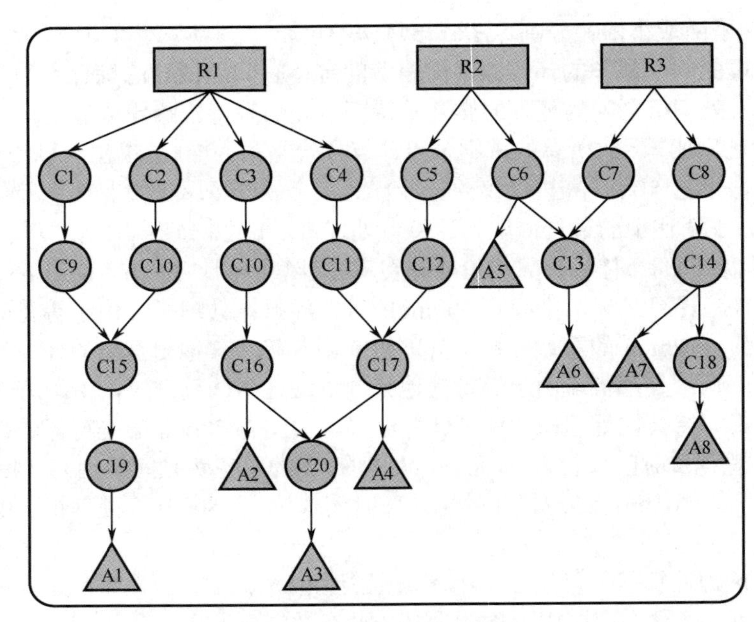

图 14-11　待划分的规则网

步骤二：计算规则子网中所有可计算节点的计算代价。

步骤二：计算规则子网总代价。

步骤三：规则子网中每个层次的代价。

步骤四：按照规则子网平衡分割算法【算法 14-7】对每个处理机按照平均计算代价进行分配。分配完后，可能会有 K 个处理机已经达到负载饱和，不再参与下一个层次节点的任务分配。

步骤五：重复迭代步骤四，直到所有层次上的所有节点均已经分配完成。

步骤六：算法结束。

③ 规则子网平衡、依赖代价较小与通信代价较小分割算法：该算法不仅考虑“平衡”，也考虑处理机之间由于互相等待中间计算结果而耗费的等待代价尽量最小，以及处理机之间由于涉及计算任务的“搬迁”的通信代价尽量较小。

a．若某个规则子网的所有的规则节点计算代价之和为 20 亿单位计算代价，若将该规则子网交给 5 台（假设这 5 台计算机仅仅并行计算此一个规则子网，没有任何其他计算任务）处理机去处理。平衡代价的最佳分配为让每台处理机处理 20 亿/5=4 亿计算代价任务。假设这 5 台计算机在计算各自的 4 亿的计算代价所花费真正计算时间均为 1h。让每台处理机的计算代价仍然在一个阈值范围为[90%，110%]。每台处理机的处理任务凡是在最优分配计算任务这个范围内，均认为是一种有效的分配方法。

b．处理机 1 由于等待其他处理机的任务计算结果，中间有 50min 的等待停顿；处理机 2 由于等待其他处理机的任务计算结果，中间有 80min 的等待停顿；处理机 3 由于等待其他处理机的任务计算结果，中间有 30min 的等待停顿；处理机 4 由于等待其他处理机的任务计算结果，中间有 90min 的等待停顿；处理机 5 由于等待其他处理机的任务计算结果，中间有 70min 的等待停顿。

c．由于规则节点分别被分配在不同的处理机之间进行处理。处理机 1 中需要搬运流量为 500 万单位的数据条数到其他处理机，搬运这些数据需要耗时 20min；同理，处理机 2 搬运它所对应的数据需要耗时 50min；处理机 3 搬运它所对应的数据需要耗时 30min；处理机 4 搬运它所对应的数据需要耗时 25min；处理机 2 搬运它所对应的数据需要耗时 75min。

d．如此一来，实际上处理机 1 的总花费时间代价为 130min；处理机 2 的总花费时间代价为 190min；处理机 3 的总花费时间代价为 120min；处理机 4 的总花费时间代价为 175min；处理机 5 的总花费时间代价为 145min。

通过分析可知，由处理机的计算任务的“搬运”而引起的通信代价也是非常巨大的，故在设计算法时，处理机之间的通信代价也是必须考虑的一个非常重要的问题。基于此，本书在【算法 14-8】的基础上设计了规则子网平衡最小依赖分割算法。

算法原则：

- 考虑处理机处理代价平衡分布；
- 考虑处理机等待（依赖）消耗；
- 在考虑处理机等待消耗基础上考虑处理机通信消耗。

其具体的算法实现可以简要描述为【算法 14-9】。

【算法 14-9】 规则子网平衡、依赖代价较小与通信代价较小分割算法

首先我们假设有如图 14-11 所示的某个规则子网是我们要进行分割的对象。该算法的目的就是需要将它中间所涉及的每个计算节点 C1,…,C20 按照每台处理机处理代价平衡，及等待依赖最小的方法来进行分割。

若 C1 规则计算节点被分配给处理机 1 进行处理，而 C2 规则计算节点被分配给处理机 2 进行处理。此时规则节点 C1 处理完后，由于处理机 2 所需要计算的规则节点 C9 需要用到 C1 的计算结果。此时，必须将存储在处理机 1 中经过 C1 计算后的记录条数全部搬运到处理机 2 中去，让处理机 2 去进行下一步的处理。同理，若 C15 由处理机 3 处理，此时还需将处理机 2 经过 C9 处理后所得到的记录条数搬迁到处理机 3 去处理。而搬运这些数据记录必然引起通信代价。由于通信代价最小和等待依赖代价最小两者很难达到都为最优情况。故本算法在对规则节点第一层次（该层次的计算量往往最大）按照算法【14-8】进行分割，而后面的层次则尽量将层次一中各个规则节点的后继节点尽量分配给同一台处理机去处理，从而达到减少处理机之间搬运数据而引起的巨大通信代价问题。

该算法步骤可以简要描述如下。

步骤一：使用层次遍历法，将欲划分的规则子网生成一个二维数组。

步骤二：计算规则子网中所有可计算节点的计算代价。

步骤三：计算规则子网总代价。

步骤四：计算规则子网中每个层次的代价。

步骤五：在规则子网的第一层，按照规则子网平衡最小依赖分割算法进行第一层分配。若有处理机的任务达到要求负载，则该处理机退出第二层次分配，否则继续步骤六（所有的规则子网中，第一层的所有规则节点的计算代价都是最大的）。

步骤六：从每个处理机分别在第一层分配所得的规则节点集合中，分别找它们的下一个节点并求和，若这些规则节点与它们的下一层次继承子节点全集之和代价在如下范围：

若：

- 属于范围 $\left[0, \frac{x_t}{\sum_{t=1}^{t=p} x_t} * 90\% * \text{Cost}(\text{Semantic\_Rule\_Sub\_Network})\right]$，则将这些规则节点下所有的全集子节点都分配给该台处理机，并继续参与下一层次的分配。
- 属于范围 $\left[\begin{array}{l}\frac{x_t}{\sum_{t=1}^{t=p} x_t} * 90\% * \text{Cost}(\text{Semantic\_Rule\_Sub\_Network}), \\ \frac{x_t}{\sum_{t=1}^{t=p} x_t} * 110\% * \text{Cost}(\text{Semantic\_Rule\_Sub\_Network})\end{array}\right]$，则该处理机任务分配完成，不再参与下一层次规则节点分配。
- 属于范围 $\left[\frac{x_t}{\sum_{t=1}^{t=p} x_t} * 110\% * \text{Cost}(\text{Semantic\_Rule\_Sub\_Network}, \infty)\right)$，则从子节点中按照规则子网平衡分割算法找到相应节点，使得这些节点与它们的父节点之和属于范围 $\left[\begin{array}{l}\frac{x_t}{\sum_{t=1}^{t=p} x_t} * 90\% * \text{Cost}(\text{Semantic\_Rule\_Sub\_Network}), \\ \frac{x_t}{\sum_{t=1}^{t=p} x_t} * 110\% * \text{Cost}(\text{Semantic\_Rule\_Sub\_Network})\end{array}\right]$，并将这些选中的节点分配给该台处理机。其他剩余的节点按照规则子网平衡最小依赖分割算法分配给其他处理机。

步骤七：重复步骤六，并进行不断迭代，直到所有规则节点均被分配完成。

步骤八：算法结束。

（3）三种不同划分方法实验结果比较分析。

① 实验主程序结构。本程序的主程序结构如下，规则节点的数量可以有用户定义到几亿、几十亿甚至上百亿等等海量级别。

```
package balancCut;
import java.sql.Date;
public class Main {
    /**
     * @param args
     */
    public static void show(NodeGroup[] ng){
        double[] weights;
        for(int i=0;i<ng.length;i++){
            weights=ng[i].targetWeights();
```

```
                System.out.println("Weight of the "+(i+1)+"th group:"+ng[i].allWeight());
                System.out.println("weight    limit:"+(int)weights[0]+"["+(int)weights[1]+","+(int)weights
[2]+"]");
                ng[i].show();
                System.out.println("");
            }
        }
        public static void main(String[] args) {
            // TODO Auto-generated method stub
            double allWeight;
            long time1,time2;
            NodePool np=new NodePool();
            for(int i=1;i<=1;i++){                              //此处每增加一个单位就增加 20 万个节点
                np.addPool(NodePool.generate(i));               //产生固定权值的计算节点
                // np.addPool(NodePool.randomGenerate(i));          //产生随机权值的计算节点
            }
            allWeight=np.allWeight();
            CutAlgorithm1 a=new CutAlgorithm1(np,2);            //算法 1，第二个参数表明了分组数
            //CutAlgorithm2 a=new CutAlgorithm2(np,2);          //算法 2，第二个参数表明了分组数
            //CutAlgorithm3 a=new CutAlgorithm3(np,2);          //算法 3，第二个参数表明了分组数
            NodeGroup[] nodeGroups;
            time1=System.currentTimeMillis();
            //time1=System.nanoTime();
            nodeGroups=a.run();
            time2=System.currentTimeMillis();
            //time2=System.nanoTime();
            System.out.println("all weight:"+allWeight+"\n");
            show(nodeGroups);
            System.out.println("time:"+(time2-time1));
        }
    }
```

② 实验结果比较分析。

a．为何只对自己设计的三个算法比较，而不与别人的算法进行比较？

目前尚无规则子网的分割方面的研究，也没有与该问题类似的算法出现。它是一个新出现的新问题，没有前例可以参考，没法与别人的算法做类比。本书尝试研究这种需要考虑到计算代价的均衡问题、规则数量巨大及拥有巨大的计算代价的海量语意规则网中希望摸索出一些好的划分方法。故本书只能通过分析将自己设计出的三种不同算法进行实验并做比较分析。

根据前面所设计的三种不同的划分算法，经过两组不同的实验得出的实验结果分别如图 14-12 至图 14-14 所示。

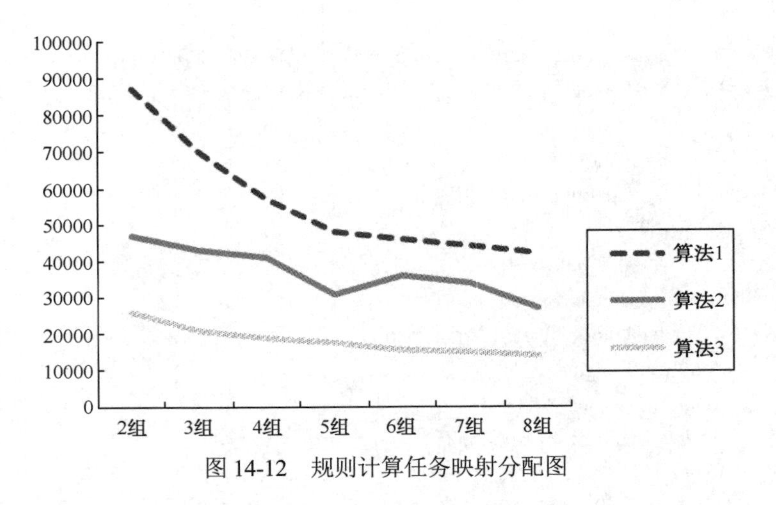

图 14-12　规则计算任务映射分配图

	算法 1	算法 2	算法 3
实验结论	执行效率最低	执行效率比算法 1 要优而弱于算法 3 的执行效率	执行效率最优
结论比较	● 不管分组多少，算法 3 的效率最高，算法 2 的效率次之，算法 1 的效率最差； ● 计算代价确定的情况下，分组越少算法 3 的效率越明显，分组越多算法 3 的优势相对减弱 ● 分组越多，算法 1 的耗时下降加速度最快		

图 14-13　算法比较

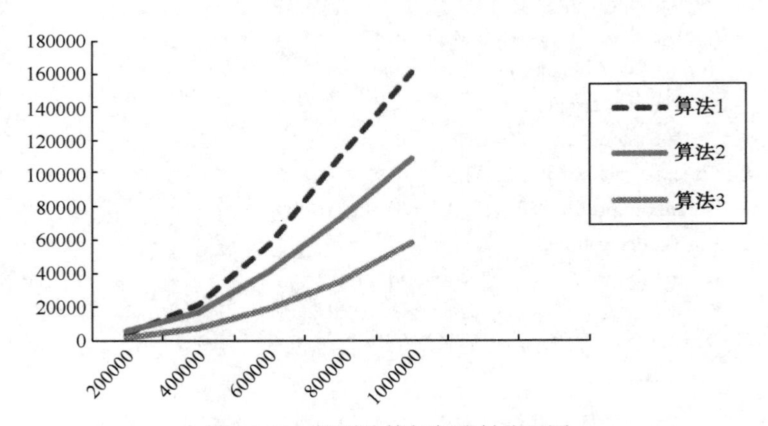

图 14-14　规则计算任务映射分配图

b．有 60 万个计算节点的情况下，分组数增加时的时间变化图，纵坐标是耗费时间代价，单位是秒。

实验结论分析：

- 该实验假设有 60 万个规则计算节点需要进行任务计算，将这 60 万个规则节点按照它们的计算代价分别分配给 2 组处理机处理、3 组处理机处理、4 组处理机处理、5 组处理机处理、6 组处理机处理、7 组处理机处理、8 组处理机处理，分别计算它们各自所耗费的时间代价。
- 最上面的一条曲线图为算法 1 的计算时间耗费图.。
- 中间曲线为算法 2 的计算时间耗费图。
- 最下面的曲线为算法 3 的计算时间耗费图。

- 横坐标代表分组情况，纵坐标代表计算时间代价消耗（单位：s）

c．在分 4 组的情况下，节点数上升时的时间变化图，横坐标是节点数量，单位是个，纵坐标是耗费时间，单位是 s。

实验结论分析：

- 该实验将由 4 组处理机来进行处理；
- 最上面的一条曲线图为算法 1 的计算时间耗费图；
- 中间曲线为算法 2 的计算时间耗费图；
- 最下面的曲线为算法 3 的计算时间耗费图；
- 横坐标代表规则节点增加情况，规则节点从 20 万个增加到 40 万个、60 万个、80 万个，最后增加到 100 万个规则计算节点。纵坐标代表计算时间代价消耗（单位：s）。

	算法 1	算法 2	算法 3
实验结论	执行效率最低	执行效率比算法 1 要优而弱于算法 3 的执行效率	执行效率最优
结论比较	● 不管规则节点怎么增加，算法 3 的效率始终最高，算法 2 的效率次之，算法 1 的效率最差； ● 规则计算节点越多，算法 3 的效率越明显，算法 1 的劣势更为突出，从曲线图可以看出，规则节点越多，计算代价越大，算法 1 的时间耗费成指数级别增长。 ● 算法 2 的耗时耗时增速慢于算法 1 但是仍然高于算法 3 不少。 ● 算法 3 在计算代价几何增长时候的优势体现很明显		

图 14-15　算法比较

14.2.4　海量语意规则网通信

海量语意规则网通信是指，确定诸任务执行中所需交换的数据和协调诸任务的执行，由此可检测上述划分的合理性。一般应该做到海量语意规则子网在分解后的通信量越低越好。由划分所产生的诸并行执行的任务，一般而言都不能完全独立执行，一个任务中的计算可能需要用到另一个任务中的数据，从而产生通信要求。所谓通信，就是为了进行并行计算，诸任务之间所需的数据传输。

本书中的通信分为两种类型的通信方式：处理机内部计算通信与处理机外部计算通信。

1．处理机内部计算通信

处理机内部计算通信：处理机不需要和其他处理机进行通信，所涉及的通信仅仅是处理机内部的各种语义计算节点之间的通信过程。

如图 14-10 中的规则节点 R1、R2、S1、S2、S3、S4 及 U1、U2，它们都交由处理机 1 进行处理；规则节点 S5 与规则节点 S6 则交由处理机 2 进行处理。在处理机 1 内部，S2 的执行，需要有 S1 作为前提，此时规则节点 S2 与规则节点 S1 之间有了一个通信，它们之间的通信流量就是 set6。同样 S3 与 U1 之间有通信需求，U2 与 S4 之间有通信需求。同理，在处理机 1 内部，S6 与 S5 之间也有通信需求。不过这些对应节点之间的通信需求都发生在同一个处理机内部，不需要从其他处理机运输数据。

2. 处理机外部计算通信

处理机外部计算通信：处理机需要和其他处理机进行通信，所涉及的通信是指处理机中的语义计算节点与来自其他处理机的规则节点之间的通信过程。

如图 14-10 中的规则节点 S5 与 U2 之间也有通信需求。与内部通信不同的是，规则节点 S5 属于处理机 2 的处理任务，它们发生在属于不同的处理机之间需要进行的一个通信，属于处理机外部计算通信。

3. 减少通信代价的方法

根据通信代价的定义我们可以看出，内部通信代价没法减少。最重要的是需要减少外部通信代价，即数据在执行时，尽可能地减少将数据从一台服务器搬运到另外一台服务器去，从而降低数据运输时间（通信代价）。减少通信代价的最好方法：

（1）尽量让规则子网在分配时，将那些能够分配在一台处理机上的就分配在一台处理机去处理，不要将其划分给不同处理机，以达到减小通信代价的目的。

（2）对于那些实在需要划分分配给不同处理机进行分别处理的规则子网，在划分时尽量将那些有前后继关系的规则节点分配给相同的处理机进行处理，大大减少通信代价。

14.2.5 映射分配

映射分配是最后一个阶段。它将每个任务分配到相应的处理机，每个处理机形成具体的任务集合，其目的是最小化全局执行时间和通信成本及最大化处理器的利用率。总之，就是将经过前面四个大的步骤处理后，尤其是预分配与划分后，将各自处理机对应找到自己应该处理的任务，如图 14-16 所示展示了一个物理分配映射的过程。

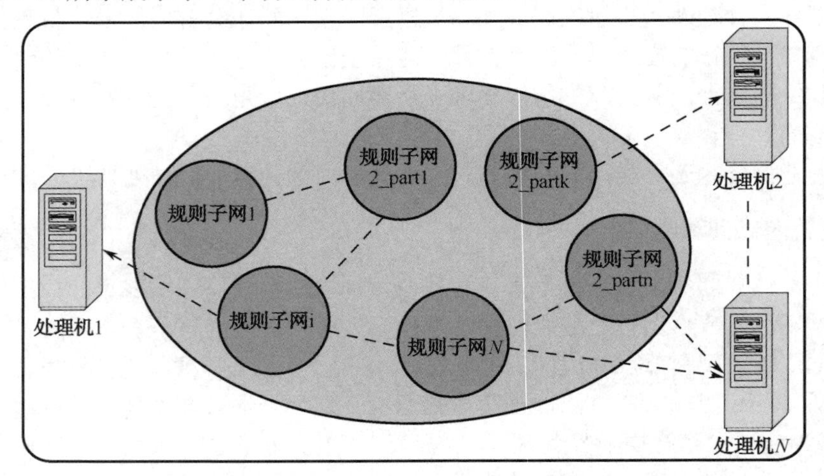

图 14-16 规则计算任务映射分配图

本章小结

本章首先简要分析了经典的并行处理GAPCM算法，然后结合海量语意规则网的具体特点与应用实践，并在传统并行处理GAPCM的基础上总结出了自己的一套海量语意规则并行处理机制，即GAPCM方法。最后分析了该机制的基本原理与思想，并完整分析了整个GAPCM的具体实现理论。实践表明，该方法是可行的，并且取得了较好的效果。

第三部分　大数据应用

本书的前两部分分别讨论了大数据的基础理论及大数据流在规则处理方面的应用理论。有了前述有关大数据的基础理论和流数据处理应用理论，在第三部分我们可以具体将前述的各种理论应用到各种有关大数据的应用中。

本部分介绍了 10 种大数据典型应用及未来的基于大数据的语意计算应用：文化大数据、医疗健康大数据、金融大数据、教育大数据、电子商务大数据、互联网大数据、能源大数据、交通大数据、宏观经济大数据、食品安全监管大数据、基于大数据的语意计算与典型应用（含：语意搜索引擎、语意金融、语意旅游规划、基于海量语意规则的语意电子商务）及大数据未来研究方向。

第 15 章 文化大数据

大数据已经成为人类社会各行各业的一个巨大宝库，文化产业同样深受其益。能否利用好大数据，挖掘文化大数据的巨大价值，已经成为文化产业，尤其是创意产业能够全面转型和复兴的关键所在。以 2013 年开始火遍全球的美剧《纸牌屋》为例，该剧出品方 Netflix 公司（美国最具影响力的影视网站）通过对其用户的行为和 Facebook、Twitter 等社交网络的评论、留言等进行大数据分析，由公众选择了导演团队和主演团队，后期的剧情发展也均由大数据计算出来，成为了美国版的“甄嬛传”，获取了影视剧的巨大成功。同样，国内的“小时代”电影通过对新浪微博及各种论坛上亿条信息的大数据进行分析，得出对该片正面评价集中在 90 后的 70% 的女性中，因此制片方专门针对该类人群进行定点营销，从而使得该片获得丰厚的票房回报，这不得不说是大数据应用的一个巨大成功。

15.1 文化大数据的意义

文化大数据是由文化行业领域形成的各种与文化本身相关的数据及外围所形成的数据综合汇聚而形成的。它不仅包括传统的文化馆、艺术馆、博物馆、图书馆、体育展览、新闻出版、戏曲舞蹈、影视游戏等文化产业本身的数据，也包括社会公众通过各种社交网络（新浪微博、天涯论坛、百度贴吧等）在参与上述各文化领域搜索或者发布的各种社交言论数据，以及前述的文化大数据所构成的语意文化大数据图谱数据。

文化大数据建设的意义主要体现在以下几个层面。

1．政府层面

通过整合全国省、市、县等区域的文化数据，对其进行分析、决策，各级政府可以及时了解民众对文化的关注点和兴趣点，掌握文化产业的动态发展曲线图等；同时，依据各政府、部门的需求，进行文化大数据的二次开发和利用。因此，对于政府来说，文化大数据的建设一方面能够改变政府的文化管理方式，更好地为民众提供文化服务，另一方面也为政府进行文化相关决策提供了合理的数据支撑。

2．企业层面

各类文化相关企业或者机构可以从文化大数据中掌握各自文化产业的痛点和挖掘点，并及时调整企业自身的运营策略甚至发展方向，以适应各自产业的整体环境。

（1）电影电视行业，应用大数据技术可以为影视行业的作品制作与营销提供可靠的指导和决策。例如，分析公众爱好，对不同喜好的群体进行个性化推荐，比如喜欢战争剧就推荐战争题材作品，而对于喜欢韩剧的就推销韩剧题材作品。另外，还可以通过对观众的搜索行为、播放动作、打分和观众在微博、微信及论坛上的评价讨论，分析出特定类型观众喜欢的演员和剧情，由观众决定影视剧情的演员的选择及其剧情的发展，打造中国真正的周播剧，而非仅仅是“一周一播”（现有周播剧均为先完成所有拍摄再按一定周期播出），让影视产业在保证其创造性的同时更加符合观众审美和市场规律，以形成更具规模的影视王国。

（2）新闻出版行业，从传统的图书、报刊等纸介质到数字出版、网络出版、手机出版等非纸介质，甚至动漫、游戏等新兴出版产业，新闻出版行业已经发生巨大变化。新闻出版本身就是一种信息服务，尤其在当前数据爆炸增长的时代，其整个生产流程都被大数据包围，因此，必须充分利用出版行业大数据的优势和指导、决策作用。例如，在图书策划环节，通过大数据分析，可以深入挖掘读者感兴趣点，明确主题，打造适应民众需求的图书；又如，在新闻报道选题环节，大数据可以告诉作者哪些内容受到广泛关注、哪些主题比较敏感，这会提高新闻的社会性和传播能力。总体来说，大数据能够为新闻出版行业注入活力，释放新闻出版行业的经济和社会效益。

（3）公共文化行业，通过大数据分析，了解公众对公共文化的关注点，针对公众需求在不同地区开展适宜的公共文化示范活动。例如，按照不同的地域、年龄段、性别、学历层次等因素，通过对公共文化用户行为的大数据分析，就文化爱好和兴趣对民众进行类型划分，掌握不同类型人群的文化兴趣点所在，然后可以进行比较有针对性的公共文化推荐服务等。另外，可以通过对用户的各种行为（主要针对文化大数据服务平台用户在搜索、浏览内容、浏览时间、打分、点评、加入收藏夹、取出收藏夹、加入资源访问期待列表，及其在共享服务平台上的相关行为，如参与讨论、平台 BBS 上的交流、用户的互动等）进行大数据分析，从而得出哪些资源属于文化大数据的资源使用热点，在用户和资源之间建立起一个相互关联的映射关系。从而能够实现个性化推荐。

3. 社会公众层面

文化大数据共享服务平台对普通公众开放，用户可以随时参与文化相关活动、项目的互动与体验，并发表自己的看法，提出宝贵的意见，为政府机构和企业的决策提供数据支撑，同时也让老百姓真正“当家作主”，更好地推进各项文化建设。

15.2 文化大数据关键技术平台架构

如图 15-1 所示展示了文化大数据关键技术研究架构，其主要包括如下几部分。

（1）文化大数据数据中心基础设施，主要包括建设数据中心的各种基础设施：服务器、网络设备（交换机、路由器等）、存储设备（硬盘、SAN 存储，NAS 存储及 SSD 等）及安全网关设备等。

（2）文化大数据资源层，主要包括所有的文化大数据的数据资源库，有四大部分：文化大数据元数据库、其他结构化数据、半结构化数据及非结构化数据。

（3）文化大数据综合平台层。本层主要是文化大数据的资源共享平台层，主要包括：文化大数据资源共享、文化大数据资源调度及文化大数据资源集成三大主要模块。

（4）基于文化大数据的应用，包括基于文化大数据的各种基础应用及其他客户化应用，主要有：文化大数据资源分析、文化大数据用户行为分析及文化大数据个性化推荐等。

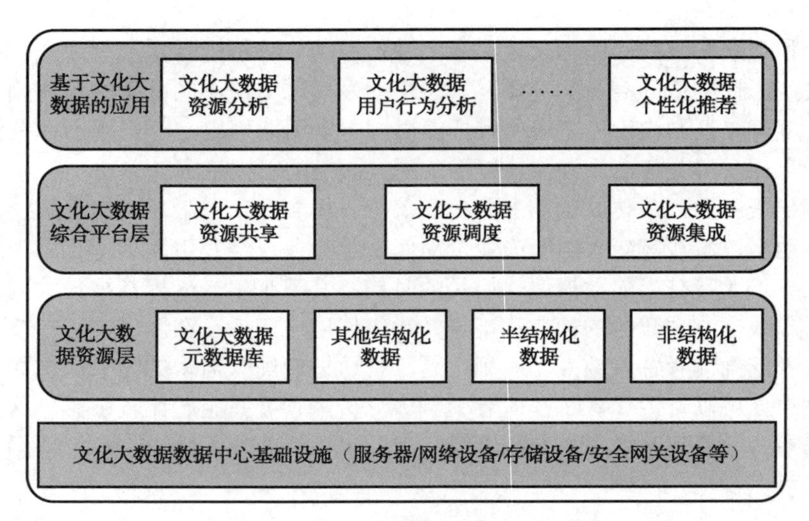

图 15-1　文化大数据关键技术平台架构

15.3　文化大数据资源层

1．文化大数据元数据库

文化大数据类型众多，使用的用户数量也十分巨大。为了管理好所有的这些文化大数据（包括视频、音频、文本、图片、Word 文件、PDF 文件、用户社交网络留言数据、用户 Profile 数据、其他关系数据库系统内数据及其他各种格式的数据），必须对这些数据进行数据规范化和标准化，并统一为它们建立元数据模型，并将所有的元数据都存入元数据库。一般来说，元数据均为结构化数据，其对应的存储数据库为关系数据库。

为了更好地梳理文化大数据的各种元数据，需要对文化大数据源建立相应的各种规范体系。文化大数据资源来源种类繁杂，如何厘清文化大数据资源，并为其建立一套规范与标准的管理体系是文化大数据资源能否真正有效实现管理的核心所在。为了达到此目标，需要在国际、国内特别是 OAIS 标准规范及数字图书馆已有的标准规范基础上，梳理、研究文化大数据资源本身和在技术集成过程中所需要的各种标准规范，主要包括：《文化大数据资源知识组织分类标准规范》、《文化大数据资源元数据标准规范》、《文化大数据资源加工格式标准规范》及《文化大数据资源唯一标识符（DOI）标准规范》等。所有的这些标准规范下的数据均为元数据的一部分，均将存入文化大数据元数据库中。

2．文化大数据其他结构化数据

文化大数据的其他结构化数据主要为文化系统的各种信息管理系统中存放在数据库，尤其是关系数据库系统中的数据。这类数据也均为结构化数据。

3．文化大数据半结构化数据

文化大数据半结构化数据主要来自各社交网络，如微博博文、论坛帖等，还包括文化系统搜索引擎所需要的各种索引数据。这些数据一般都是半结构化数据。这些半结构化数据存储在云数据库中，如 Hbase、MongDB 等。

4．文化大数据非结构化数据

文化大数据非结构化数据主要包括海量的音频视频文件、图片、文本及其他各种类型的文件。这些海量的数据占据文化大数据的主要部分，直接存储在云文件系统中，如 Hadoop HDFS 等。

15.4　文化大数据综合平台层

文化大数据综合平台层主要需要解决文化大数据在整个汇聚过程中的一系列管理问题，主要包含三大部分的内容：文化大数据资源共享、文化大数据资源调度及文化大数据资源集成。

1．文化大数据资源共享

文化大数据资源共享是整个文化大数据的核心部分。共享的数据越多，管理越好，直接反映在文化大数据共享的应用效果中。使用 Hadoop 是实现云环境下大数据共享的较好的解决方案。

2．文化大数据资源调度

文化大数据在云平台实现共享后，需要支撑每秒上千万的访问。如何能够有效地支持更大量级的数据访问，并在有限的带宽下有效降低访问的反应时间将非常重要。因此需要通过对历史数据的计算得出资源的使用热度，然后按照不同热度的资源进行分类存储，并进行适当的资源调度。尽量实现“就近访问、热点资源存储在更快更高效存储介质”的指导目标。如图 15-2 所示展示了基本的文化大数据资源调度的总体原则。

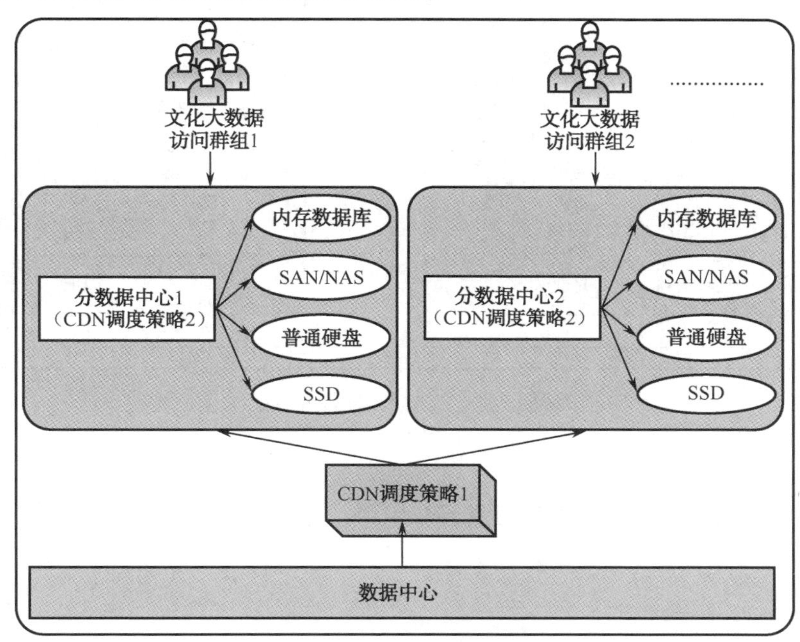

图 15-2　文化大数据资源调度架构

3. 文化大数据资源集成

存储在共享库中的文化大数据分别存储在不同的数据中心，众多的上层应用需要使用来自不同数据中心的数据，因此，如何切实对来自不同数据中心的数据进行文化大数据的资源集成显得十分关键。如图 15-3 所示展示了文化大数据资源集成的一个初步方案。

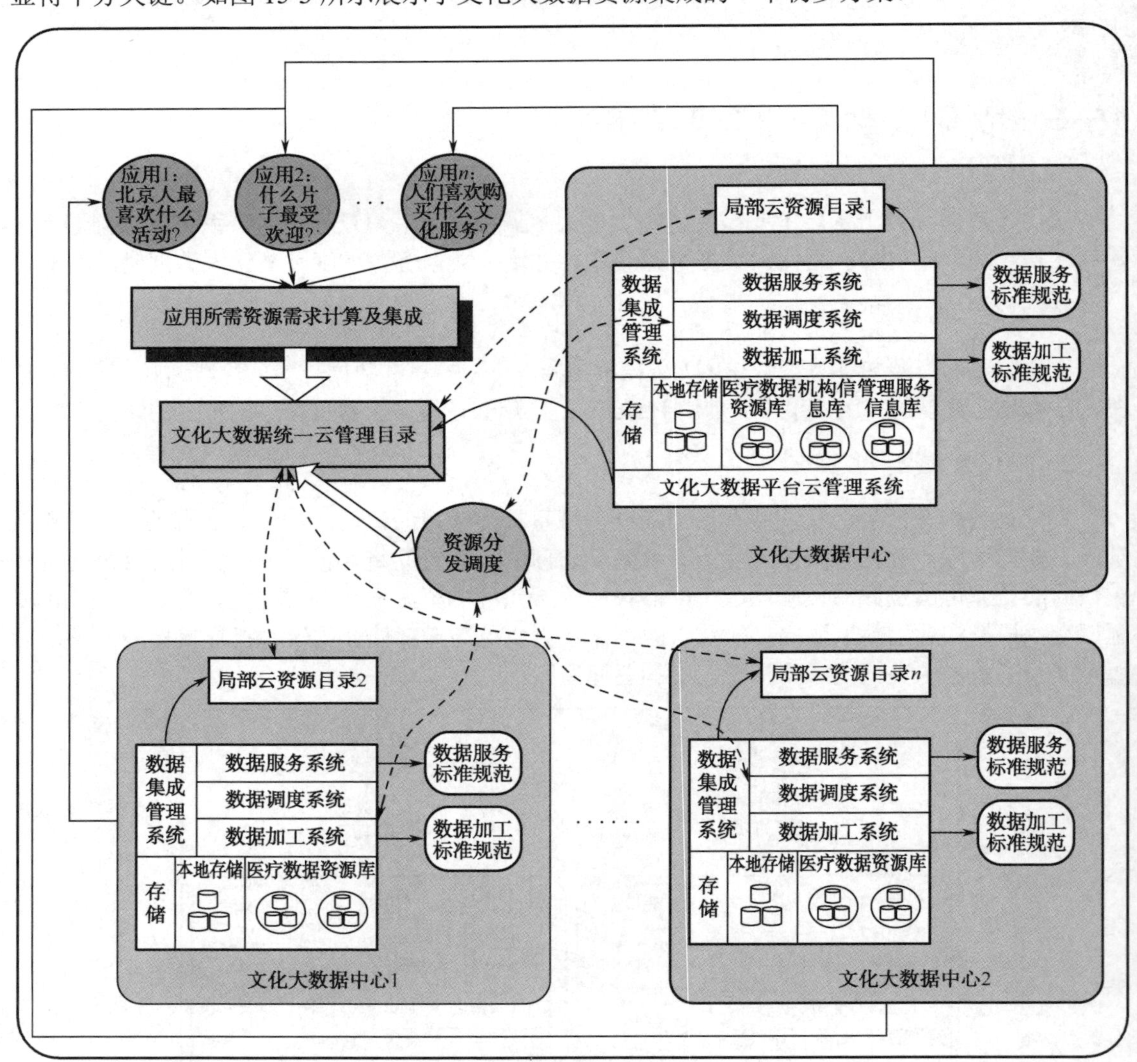

图 15-3　文化大数据集成方案

15.5　基于文化大数据的应用

1. 文化大数据资源分析

（1）文化大数据资源类型。需要厘清文化大数据由哪些类型的数据资源构成。

（2）文化大数据资源热点分析。在所有的文化资源中哪些是热点，是民众关心和探讨的方向。

（3）不同地域人员对文化大数据资源的需求分析。虽然当前城市趋于同质化，但地域不同，受历史、地理等的影响，文化差异仍然较大，因此，有必要以地域为划分，分析各自的文化需求。

（4）不同年龄段人员对文化大数据资源的需求分析。处于不同年龄段的人们对文化的理解不同，因此需求也必然不同。

（5）不同学历层次人员对文化大数据资源的需求分析。学习经历决定了一个人对文化的不同认知，学习计算机的人与学习政治的人对文化的需求必然不同。

（6）文化大数据资源使用情况分析。文化大数据并非封存在那里，而是为了应用，因此，如果不了解其资源的使用情况就无法从整体把控文化大数据的发展方向。

2．文化大数据用户行为分析

文化大数据用户行为分析主要分析文化大数据共享服务平台的用户在搜索、浏览内容、浏览时间、打分、点评、加入收藏夹、取出收藏夹、加入资源访问期待列表，以及其他在共享服务平台上的相关行为，例如，参与讨论、平台 BBS 上的交流、用户的互动等所有行为数据进行建模与分析。

通过对文化大数据用户行为的分析，逐步掌握什么类型的文化数据资源最受欢迎，达到根据用户的历史行为记录分析用户的爱好和兴趣等的目的，为此后的个性化推荐提供理论依据。

3．文化大数据个性化推荐

文化大数据个性化推荐主要通过对海量的文化大数据和用户的行为对比分析来实现。对用户的行为和兴趣点进行准确的描述，将包括访问特征、用户特征及用户社交信息在内的用户行为数据引入到推荐系统，以提升个性化推荐的效果，构建一套个性化的推荐系统，在传统推荐的基础上对用户行为的包括时序特性在内的所有行为数据进行跟踪。设计和优化推荐算法，为公共数字文化共享服务用户推荐合适的符合用户爱好的资源。满足被推荐者希望得到快速准确的资源需求而带来的对推荐算法性能的要求。如图 15-4 所示，展示了一个最基本的文化大数据个性化推荐机制。

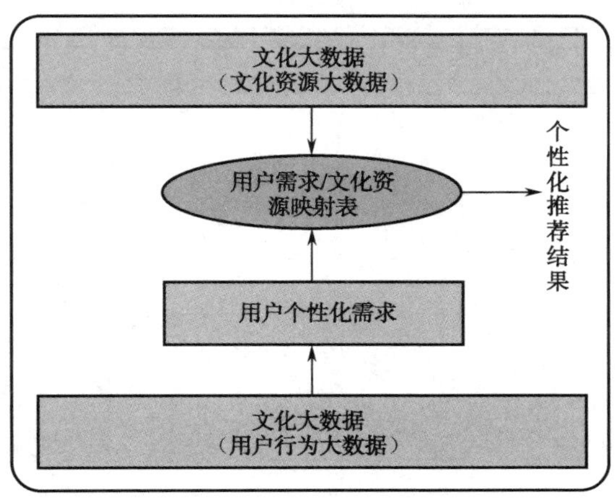

图 15-4　文化大数据个性化推荐基本架构

4．基于文化大数据的“周播剧”

本章开头提到，Netflix 公司利用掌握的海量用户信息进行大数据分析，不再仅限于谁，喜欢看什么节目，而是精确到用户行为，例如，哪些人喜欢在星期天晚上用平板电脑看恐怖片；谁会打开视频就直接跳过片头片尾；看到哪个演员出场会快进；看到哪段剧情会重放等。利用云端计算，从电影名称、演员、剧本、档期、宣传片、宣传点、主题曲、互联网版权等各个方面进行精准分析，造就出《纸牌屋》的商业奇迹。

周播剧采取“边播边拍摄”的模式进行，这种模式深受欢迎，因为在播放完第一集后，会收集大量的观众反映，然后据此在保证剧情主线的情况下，按照符合最大多数观众的“意愿”去拍摄第二集。以此类推，完成整个剧集，一般周播剧剧情紧凑，再加上满足了观众的“个人意愿”，令观众有参与感，因此观众会迫不及待地一集一集追下去。

国内的周播剧不是真正意义上的周播剧，是一种假周播剧。因为电视剧已经拍摄完了，只不过按照一周播放一天或者二天而已。这种“周播剧”与传统的电视剧没有本质区别，只是在播放时间上有所区别。

如图 15-5 所示，展示了一个周播剧大数据分析模型。有了各种各样的观众及影评人的参与，会形成各种各样的文化大数据：演员/演员粉丝/参与讨论观众数据库、各种社交媒体大数据（如天涯论坛、百度贴吧、微信讨论、新浪/腾讯微博等）及各种历史文化大数据。

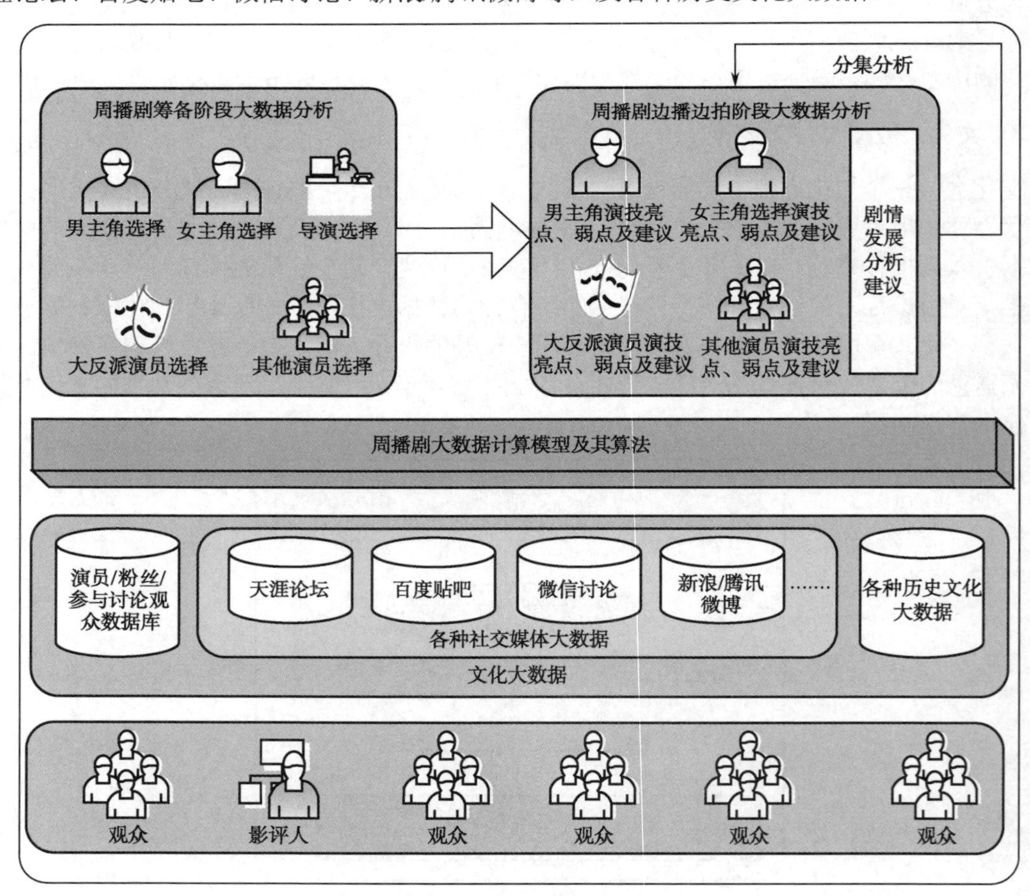

图 15-5　周播剧大数据分析模型

通过周播剧大数据计算模型及算法对各种所需的大数据进行计算，分析后得到如下结论：

（1）周播剧筹备阶段大数据分析：

- 男主角选择；
- 女主角选择；
- 导演选择；
- 大反派演员选择；
- 其他演员选择。

（2）周播剧边播边拍阶段大数据分析：

- 男主角演技亮点、弱点及建议；
- 女主角演技亮点、弱点及建议；
- 大反派演员演技亮点、弱点及建议；
- 其他演员演技亮点、弱点及建议；
- 剧情发展分析建议。

5. 文化大数据云平台设计方案

文化大发展、大繁荣离不开文化大数据云平台的建设。如图 15-6 所示是我们设计的一个文化大数据云平台方案。该平台涵盖了文化大数据的整个数据流。

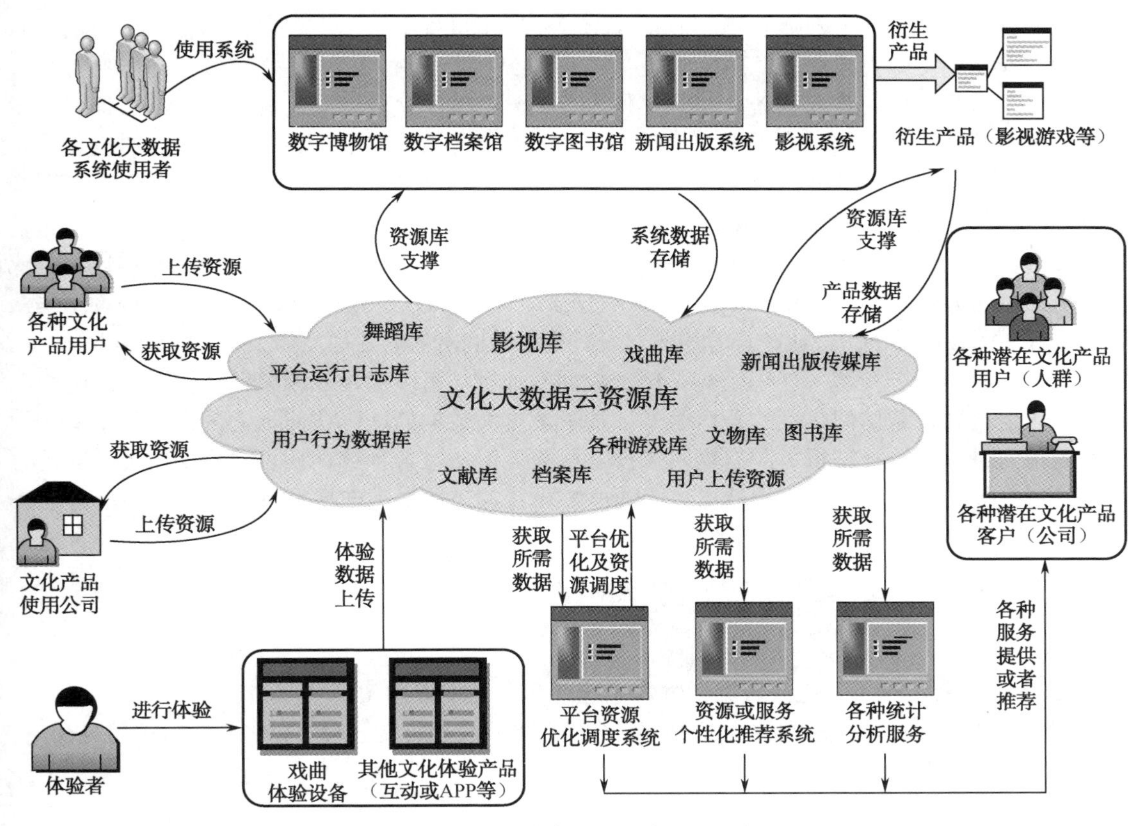

图 15-6　文化大数据云平台设计方案

（1）各文化大数据系统使用者可以使用文化大数据的各种系统，例如，数字博物馆、数字档案馆、数字图书馆、新闻出版系统、各种影视系统、数字科技馆等，或者使用由这些系统所衍生出来的各种文化衍生产品，如影视游戏等。当然，这些文化系统及衍生产品的应用均需要文化大数据云资源库的大数据资源库的支撑，同时，这些系统或者衍生产品在具体的使用过程中也将产生数据，这些数据也会存储到文化大数据云资源库中。

（2）各文化产品用户可以上传自己的文化资源（视频、音频、图片等）到文化大数据云资源库，也可以从文化大数据云资源库中下载自己所需的各种文化大数据资源。文化大数据的上传和下载可以通过该平台的电子商务交易功能来实现，可能部分资源通过免费方式获取或提供，部分资源通过付费方式获取或提供，另外还有可能通过资源互换的方式来实现。

（3）与各种文化产品用户类似，各种文化产品使用公司也可以上传自己公司的文化资源（视频、音频、图片等）到文化大数据云资源库，也可以从文化大数据云资源库中下载自己公司所需的各种文化大数据资源。同样，文化大数据的上传和下载可以通过该平台的电子商务交易功能来实现，可能部分资源通过免费方式获取或提供，部分资源通过付费方式获取或提供，另外还有可能通过资源互换的方式来实现。

（4）与（1）介绍的不一样，（1）中介绍的各种文化大数据系统或者其衍生产品的使用者在使用系统或者衍生产品时，不仅可以产生数据并需要存储到文化大数据云资源库中，同时也需要文化大数据云资源库提供资源和数据的支持，而这里的体验者主要是通过使用文化体验设备（例如，戏曲体验设备，其他文化体验设备如互动产品或 APP 等）的方式，它不需要从文化大数据云资源库获取资源或数据支撑，但是体验者在使用过程中会产生很多行为数据、其他数据等同样会存储到文化大数据云资源库中。

（5）平台资源优化调度系统。基于文化大数据分析的平台资源优化调度系统可以分析存储在云平台中的文化大数据，分析出平台对文化大数据资源的使用情况和运行情况。通过分析，可以判断出外界对资源的使用和调度情况，从而为优化平台的资源配置、平台的文化大数据智能放置、文化大数据的 CDN 调度提供依据。

（6）资源或服务个性化推荐系统。该系统通过分析文化大数据，尤其是文化大数据使用者或者使用公司的历史行为，得出这些使用者或者使用公司的兴趣爱好和需求，从而更好地为这些使用者或者使用公司提供个性化的推荐服务，及时推荐他们所需的各种文化大数据资源和服务。

（7）各种统计分析服务。基于对文化大数据的分析，可以提供各种统计分析服务，例如，基于文化大数据资源访问热度的分析服务；基于文化大数据的地区访问行为分析；基于文化大数据的访问时段的统计分析。所有这些统计分析服务可以以各种统计报表的形式或者计算机可视化的形式提供给各潜在文化产品用户（人群）或者各潜在文化产品客户（公司）等。

15.6 文化大数据云管理系统

如图 15-7 所示是了文化大数据云管理系统的一个基本架构图。

文化大数据云管理系统大致由三部分组成：文化大数据资源管理、文化大数据访问与利用、文化大数据云管理系统功能。

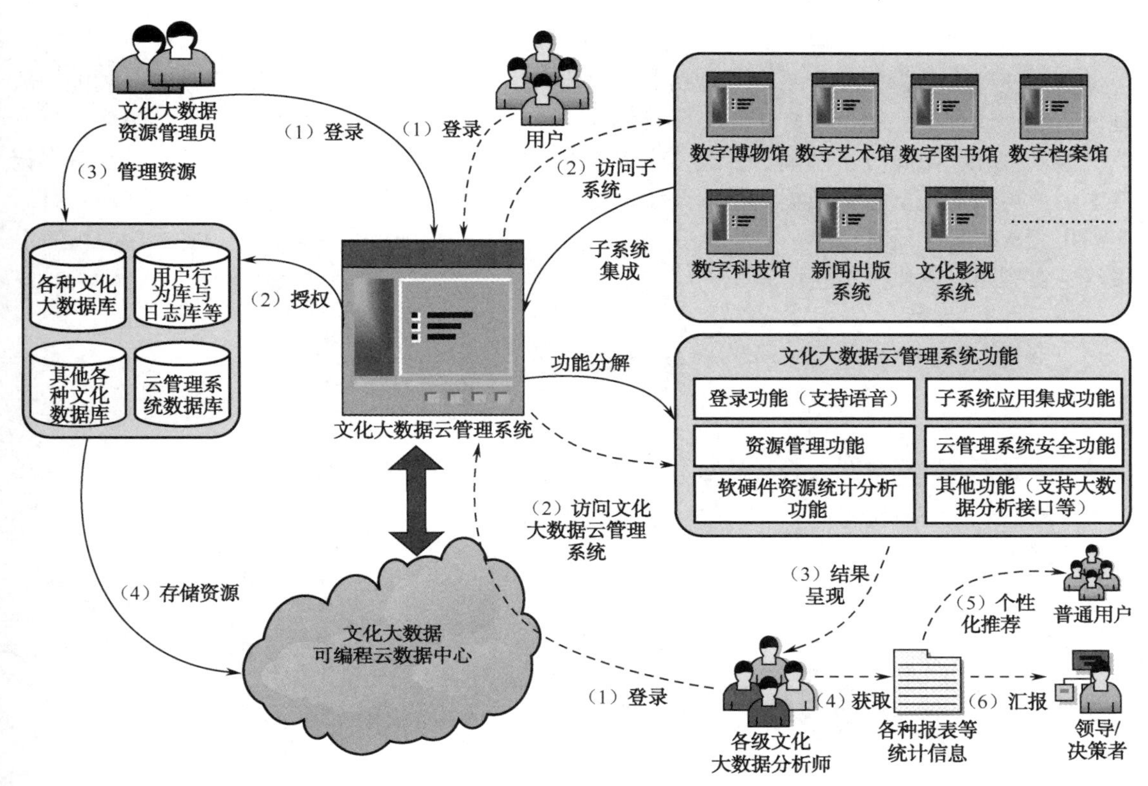

图 15-7 文化大数据云管理系统架构图

1. 文化大数据资源管理

首先，文化大数据资源管理员登录文化大数据云管理系统，在获得授权之后，可以在其权限内管理各种文化大数据资源，例如，数字图书资源、数字文物资源、数字档案资源、数字影视资源等各种数字文化资源、用户行为库与日志库等、云管理系统数据库及其他各种文化数据库资源。同时，这些文化大数据资源管理员可以将这些文化大数据资源存储到文化大数据可编程云数据中心，进行统一存储和管理。

2. 文化大数据访问与利用

各类用户（包括普通用户及各种组织机构用户）登录文化大数据云管理系统，在获得授权之后，可以在其权限内访问各种文化大数据系统，包括：数字博物馆、数字艺术馆、数字图书馆、数字档案馆、数字曲艺馆、数字科技馆、新闻出版系统、文化影视系统，以及由它们所衍生出的各类产品和文化体验产品等。

3. 文化大数据云管理系统功能

文化大数据云管理系统必须具备一些基础功能。

（1）用户登录功能。如果是普通用户则不需要登录，但是不能获取更多服务。如果是特殊用户则需要一个登录功能，该功能可以规定用户的权限，不同等级的用户具有不同的服务权限。

（2）文化大数据子系统集成功能。它要求将数字博物馆、数字艺术馆、数字图书馆、数字档案馆、数字曲艺馆、数字科技馆、新闻出版系统、文化影视系统以及它们所衍生出的各类产品和文化体验产品均能实现有效集成，对外统一提供服务。

（3）文化大数据云平台系统基础功能。主要有：资源管理功能、云管理系统安全功能、软硬件资源统计分析功能、支持文化大数据分析接口功能及其他各种所需功能。

（4）文化大数据分析功能。各级文化大数据分析师登录文化大数据云管理系统，在获得授权之后，可以访问文化大数据云管理系统，得到系统提供的各种可视化分析结果，获取各种所需的报表等可视化统计信息，并将这些文化大数据统计分析结果个性化推荐给各类用户或者汇报给各级领导，以供决策使用。

本章小结

本章主要介绍了文化大数据的基本概念、基本架构及对应的技术解决方案和部分基于文化大数据的应用。

第 16 章　医疗健康大数据

医学研究已进入大数据时代，医疗健康大数据产业自 2014 年开始发展迅速，美国食品药品监督管理局已向社会逐步开放相关数据，国内也紧随其后。但在医疗健康大数据发展过程中，还需克服很多技术障碍，并消除国家、机构、民众等对数据公开的恐惧和害怕心理。显然，如何高效、便捷地采集医疗健康数据才是首要问题，这与传感器、物联网和移动设备的发展息息相关，因此，本章更多的是关注医疗健康大数据的存储、管理和应用，以及十分敏感的数据安全和隐私保护问题。

以下几个问题的解决将大大提高我国医疗健康管理水平：①建立适用于大数据环境的医疗健康电子病历标准和系统，实现对具有数据量大、类型繁多、产生速度快等特点的医疗健康电子病历的高效处理、存储、分析与整合；②研发合适的医疗健康数据安全和隐私保护标准，为基于大数据的敏感健康服务平台提供数据安全和隐私级的支撑；③建立云计算架构的医疗健康大数据支撑平台，实现安全、低成本、高利用率的大数据存储和计算；④解决医疗数据的多源采集、清洗、分布存储、集中管理、关联挖掘、自动分析、可视展示、结构化组织、模糊组织和自训练组织等关键技术，为基于大数据平台的临床诊疗服务提供技术支持；⑤基于医疗健康大数据建立准确的医疗健康诊断模型和医疗健康服务方式；⑥基于医疗健康大数据平台，建立基于案例和医学影像推理的指挥医疗诊断系统。

16.1　医疗健康大数据

医疗健康大数据是指各种与医疗、健康相关的大数据信息的集合，主要有：电子病历数据、医学影像数据、临床试验数据、来自医疗健康领域的管理信息系统的数据、医疗元数据、医疗健康领域使用传感器或者可穿戴设备采集的物联网数据，以及各种医疗健康领域网站的互动数据（如来自健康网、好大夫网、微博、微信、BBS 等）。

“十二五”规划中确定了我国卫生信息化发展路线图，其中电子病历和健康档案库的建设受到重点关注。这一方面表明相关建设尚不能够满足数字化医疗的需求，另一方面也说明在众多医疗健康大数据中，电子病历和健康档案数据是最为基础和重要的两类数据。

16.2　医疗健康大数据平台架构

医疗健康大数据平台架构可以简单表述如图 16-1 所示，主要包括五层及两个基本策略：医疗健康大数据来源层、医疗健康大数据标准化层、医疗健康大数据共享层、医疗健康大数据管理层、基于医疗健康大数据的各种应用，医疗健康大数据安全策略及医疗健康大数据隐私保护策略。

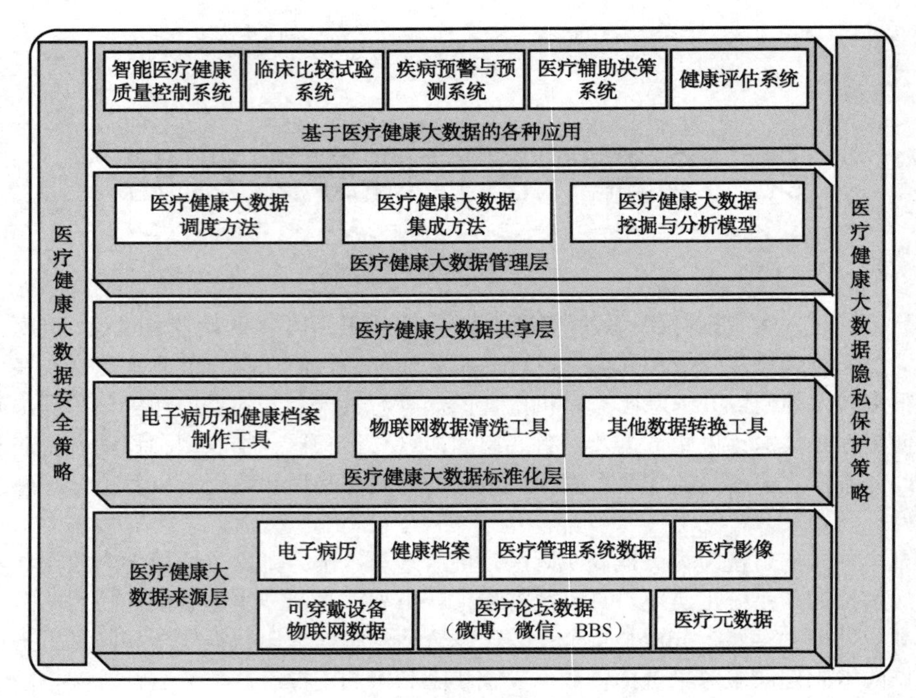

图 16-1　医疗健康大数据平台架构

（1）医疗健康大数据来源层。主要包括：电子病历数据、健康档案数据、医疗影像数据、来自医疗管理信息系统的数据（主要是关系数据库的结构化数据）、医疗元数据（如医疗搜索引擎的索引数据、各种医疗的元信息数据等）、来自可穿戴设备物联网数据（如血压测量仪监测数据、心率监测数据等）、各种医疗论坛医疗健康数据（尤其是社交网络的医疗健康数据，来自微信、微博及专业的医疗健康论坛的数据），以及其他相关的医疗健康数据。

（2）医疗健康大数据标准化层。由于医疗健康数据类型多样、来源各异，若不进行一定的数据标准化工作，其数据的可用性将大大降低。因此，本层的工作主要包括：电子病历和健康档案制作工具、物联网数据清洗工具及其他数据转换工具。通过这些工具制作出符合标准、格式规范的电子病历和健康档案（符合国际或者国内相关标准），使得来自可穿戴设备的数据经过收集之后进行清洗，得到符合标准规范的格式等。

（3）医疗健康大数据共享层。本层主要是对存储在数据中心（可以是集中式存储、也可能是分散式存储）的各种医疗健康大数据进行共享。

（4）医疗健康大数据管理层。本层主要包括医疗健康大数据调度方法、医疗健康大数据集成方法及医疗健康大数据挖掘与分析模型。调度方法就是根据数据访问的热点，通过 CDN 等技术预先将数据迁移到对应的数据存储节点，从整体上为后来的数据访问、查询等提高执行效率。医疗健康大数据集成方法针对存储在不同数据中心的医疗健康数据通过统一的方式对数据进行集成，对外实现无缝的访问。医疗健康大数据挖掘与分析模型对数据进行处理、分析，提取有用信息，为应用层服务。

（5）基于医疗健康大数据的各种应用。该层包括所有基于医疗大数据的应用，例如，智能医疗健康质量控制系统、临床比较试验系统、疾病预警与预测系统、医疗辅助决策系统及健康评估系统等。

（6）医疗健康大数据安全策略。医疗健康大数据不同于其他日常数据，每条数据都可能性命攸关，如何确保医疗健康大数据的安全显得尤其重要，特别是确保电子病历、健康档案等在长期的存储共享保存中不能出现安全问题（主要包括：数据不被篡改、文件数量不减少等）。因此需要专门的针对云环境下的安全策略。

（7）医疗健康大数据隐私保护策略。医疗健康数据的隐私保护是医疗健康大数据能否实现的关键。以电子病历为例，该数据全面记录了病患生理、疾病及与疾病相关的其他信息，这些信息如果没有得到有效保护，会对病患的人格尊严造成伤害，同时对于提供该数据的机构也极为不利。只有做好隐私保护，才能打破民众的心理壁垒，推动医疗健康数据的进一步开放和发展。

16.3　医疗健康大数据共享平台

医疗健康大数据共享平台主要有两种模式：一种是将所有的医疗健康大数据存储在一个数据中心，进行集中统一共享管理；另外一种是根据不同的单位，将各自的医疗健康大数据分别存储在自己单位的数据中心，进行分散式的共享管理。集中式共享管理便于数据的统一管理与数据的融合等，但是会带来巨大的数据安全和隐私隐患（医疗健康大数据提供者难以放心将自己的数据，尤其是隐私数据存放在不可控的数据中心中）。分散式医疗健康大数据管理平台，由于其所有的数据均存放在自己的数据中心，因此数据的安全和隐私保护问题可以得到较好地把控，但是也给数据的集成带来了巨大的技术挑战。下面分别对集中式医疗健康大数据共享平台和分散式医疗健康大数据共享平台进行介绍。

16.3.1　集中式医疗健康大数据共享平台

如图16-2所示是集中式医疗健康大数据共享平台的基本架构。

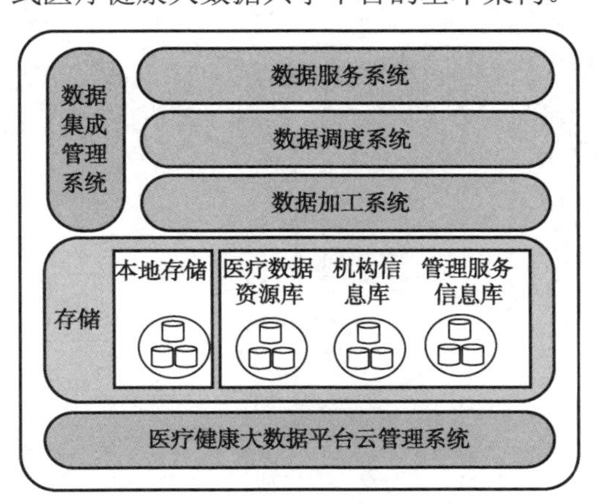

图16-2　医疗健康大数据集中式共享平台

共享平台主要包括以下几部分。

（1）医疗健康大数据平台云管理系统。该系统对整个医疗健康大数据进行统一的云管理。

（2）存储。存储主要包括：本地存储、医疗资源数据库、医疗机构信息库、管理服务信息库等。

（3）数据加工系统。按照医疗大数据的标准规范对数据进行符合要求和条件的加工服务。

（4）数据调度系统。实现医疗健康大数据在数据中心内部的机架与机架之间、存储节点与存储节点之间的各种数据调度作用。

（5）数据服务系统。为数据的挖掘、应用等提供基于医疗数据的服务。

（6）数据集成管理系统。实现对本地数据的统一集成管理。

16.3.2 分散式医疗健康大数据共享平台

相对集中式医疗健康大数据共享平台，分散式医疗健康大数据共享平台要复杂得多。如图 16-3 所示为分散式医疗健康大数据共享平台的基本架构。

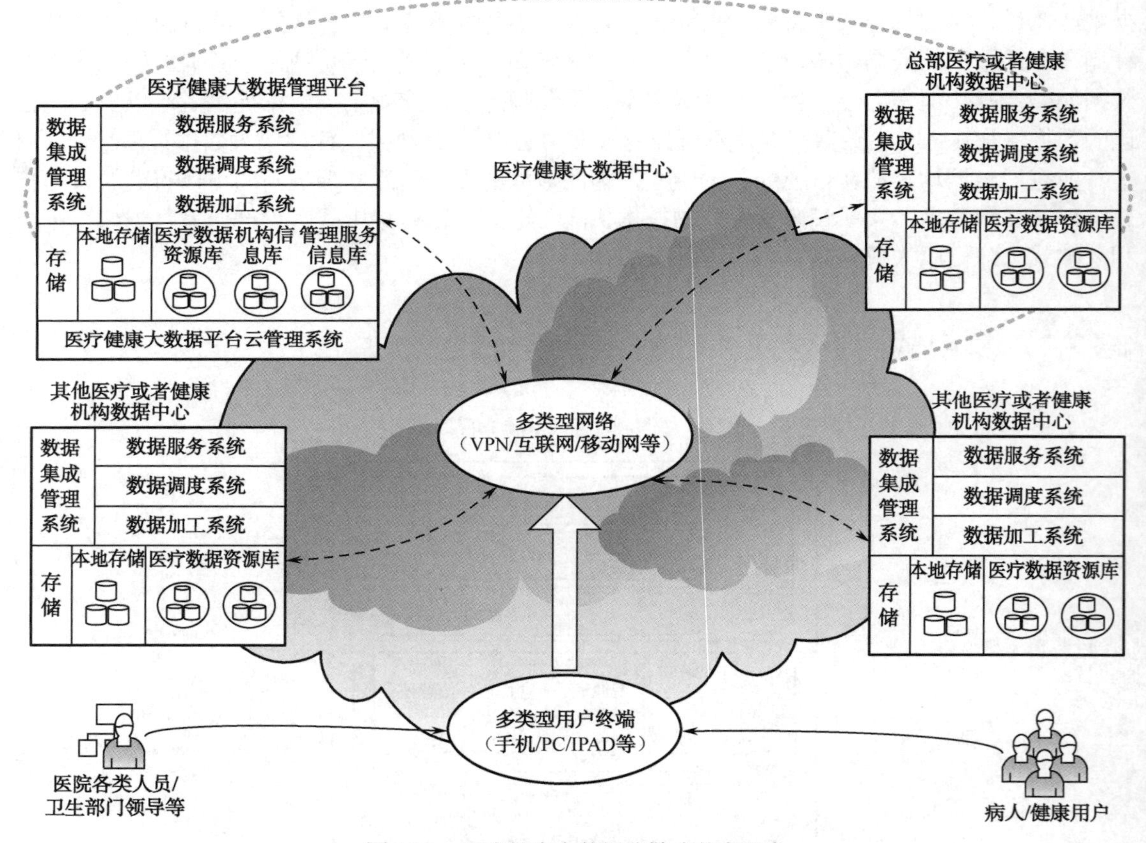

图 16-3　医疗健康大数据分散式共享平台

与集中式医疗健康大数据共享平台不同的是，分散式医疗健康大数据共享平台拥有多个数据中心，数据分别存储在不同的数据中心里。

基本组成架构如下：

（1）医疗健康大数据中心。医疗健康大数据中心包含医疗健康大数据管理平台和总部医疗或者健康机构数据中心两大部分。其中医疗健康大数据管理平台主要起到一个数据管理中心的作用，而总部医疗或者健康机构数据中心是与其他各分数据中心同等的大数据共享分数据中心之一。其中医疗健康大数据管理平台主要包括以下几方面。

① 医疗健康大数据平台云管理系统。该系统对整个医疗健康大数据进行统一的云管理。

② 存储。存储主要包括：本地存储、医疗资源数据库、医疗机构信息库、管理服务信息库等。

③ 数据加工系统。按照医疗大数据的标准规范对数据进行符合要求和条件的加工服务。

④ 数据调度系统。实现医疗健康大数据在数据中心内部的机架与机架之间、存储节点与存储节点之间的各种数据调度。

⑤ 数据服务系统。为数据的挖掘、应用等提供基于医疗数据的服务。

⑥ 数据集成管理系统。实现对本地数据的统一集成管理。

（2）其他医疗或健康机构数据中心。与集中式医疗健康大数据中心类似，其管理的是分数据中心的所有数据。

① 存储。存储主要包括：本地存储、医疗资源数据库、医疗机构信息库、管理服务信息库等。

② 数据加工系统。按照医疗大数据的标准规范对数据进行符合要求和条件的加工服务。

③ 数据调度系统。实现医疗健康大数据在数据中心内部的机架与机架之间、存储节点与存储节点之间的各种数据调度作用。

④ 数据服务系统。为数据的挖掘、应用等提供基于医疗数据的服务。

⑤ 数据集成管理系统。实现对本地数据的统一集成管理。

（3）多类型网络（VPN/互联网/移动网等）。网络是连接各数据中心的纽带，这里涉及的网络有 VPN、互联网及移动网络等。数据中心与网络的建设构成统一的医疗健康大数据共享平台。

16.4　医疗健康大数据分散式架构资源集成方法

集中式的医疗健康大数据共享模式，由于所有数据都存储在一个数据中心，因此，其数据集成相对比较简单，只需要在数据中心内部，如机架与机架之间或者存储节点和存储节点之间进行简单的操作即可。

而医疗健康大数据分散式架构的资源集成方法相对复杂，如图 16-4 所示展示了其基本原理。

（1）用户提出基本的医疗健康需求。例如，（应用 1）基于案例的治疗怎么实现？（应用 2）糖尿病怎么治疗？（应用 n）心理疾病康复方案是什么？从图中可以看出，应用 1 只需要用到一个数据中心的数据，即医院数据中心的数据；应用 2 需要用到两个数据中心的数据，即康复中心数据中心的数据和医疗健康大数据管理中心的数据；应用 n 需要用到一个数据中心的数据，即医疗健康大数据管理中心的数据。对于应用 2 涉及了跨数据中心的数据集成问题。

（2）需求计算及集成模块。该模块主要针对用户提出的医疗健康需求，进行应用所需资源需求计算及集成服务。

（3）医疗健康大数据统一云管理目录。这是数据集成的关键所在。医疗健康大数据统一云管理目录管理着全部数据中心的所有文件，通过它可以索引到用户想找的任何存放在多个数据中心的文件。

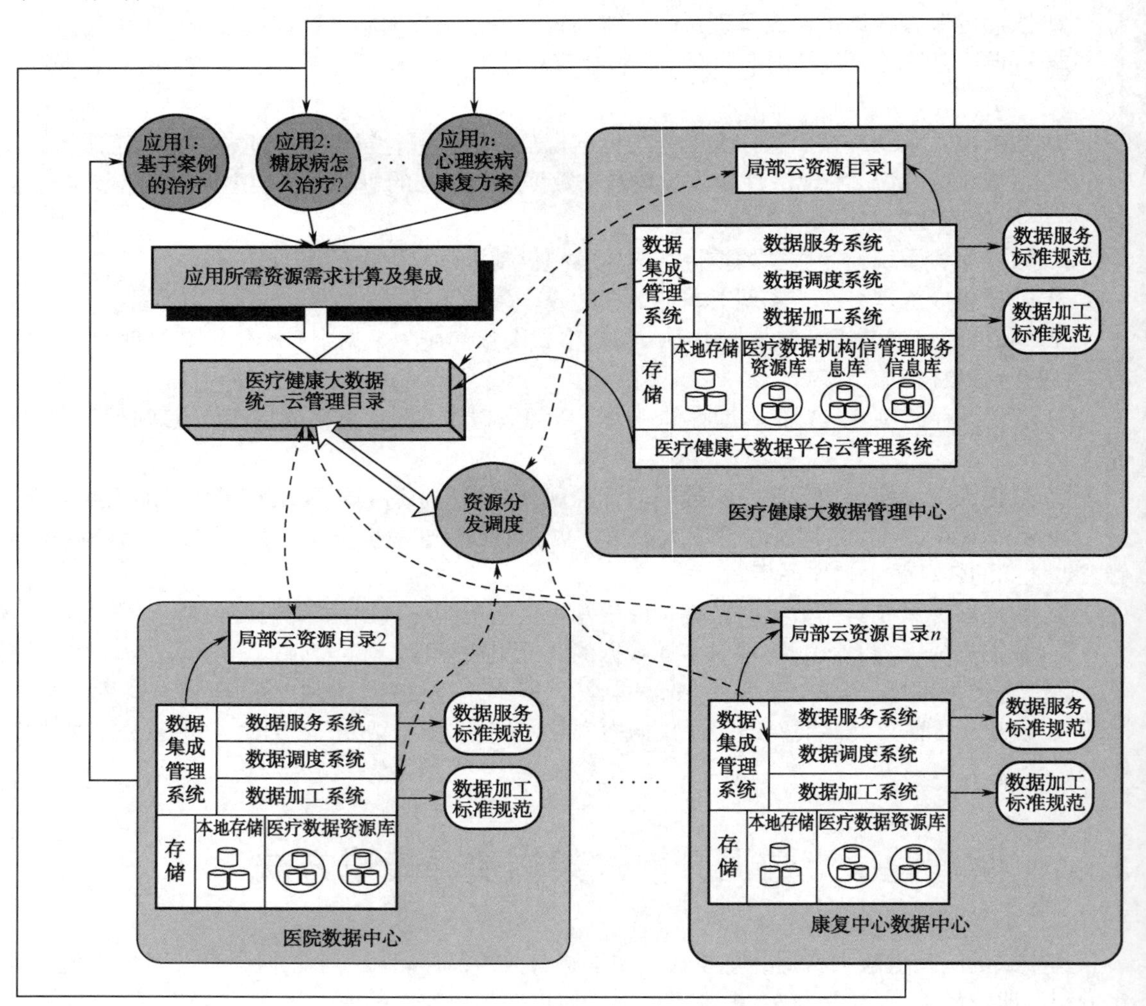

图 16-4　医疗健康大数据分散式架构资源集成方法

（4）局部云资源目录。这是管理局部数据中心的云资源目录。通过它可以索引到存放在本数据中心的所有医疗健康大数据资源。

（5）资源分发调度。用户所需的医疗健康数据资源一旦通过索引进行定位后，就需要进行资源的迁移。由于用户数量庞大，牵涉的数据资源迁移也会很多，因此通过资源分发调度可以提高数据迁移过程中的效率。

（6）数据服务标准规范：一种统一的数据服务标准规范，能够较好地实现服务的集成。

（7）数据加工标准规范：一种统一的数据加工标准规范，从而使得医疗健康大数据包括数据格式在内实施统一的规范，并对外服务。

16.5 医疗健康大数据数据安全保护机制

如图 16-5 所示为医疗健康大数据数据安全保护机制。

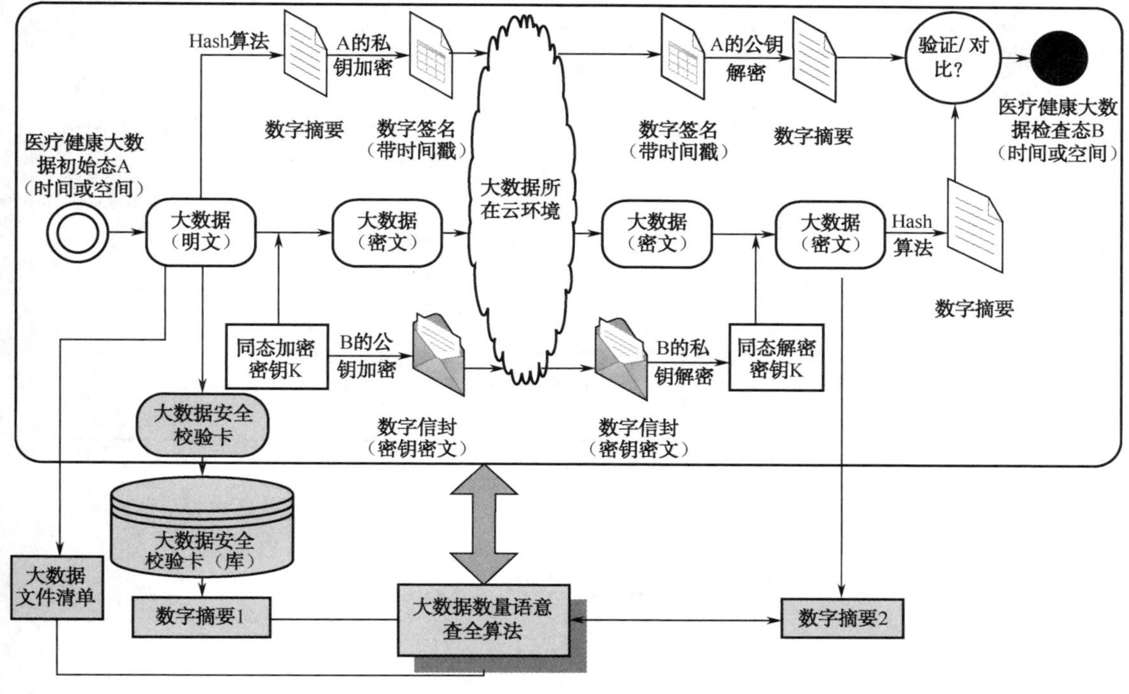

图 16-5 医疗健康大数据数据安全保护机制

该机制的基本原理，本书在第 8 章已经做了详细的阐述，在此不再分析。该安全保护机制主要在传统的 PKI 安全模型的基础上进行了适度的扩充，确保其在云环境下和长期保存过程中，均能有效保证医疗健康大数据完整性、医疗健康大数据（电子病历等）数量完整性、医疗健康大数据不可否认性、医疗健康大数据保密性，等等。

16.6 医疗健康大数据隐私保护机制

如图 16-6 所示为医疗健康大数据隐私保护机制。

同样，该机制的基本原理，本书在第 8 章已经做了详细的阐述，在此不再分析。该安全保护机制的基本思想是通过将医疗健康大数据进行隐私抽取，再对隐私数据进行加密存放在本地的数据库中，而非将隐私信息存放在公共云中共享。在隐私数据和非隐私数据之间建立一个映射表，用来定位隐私信息和非隐私信息之间的关联关系，以备后续数据还原使用。

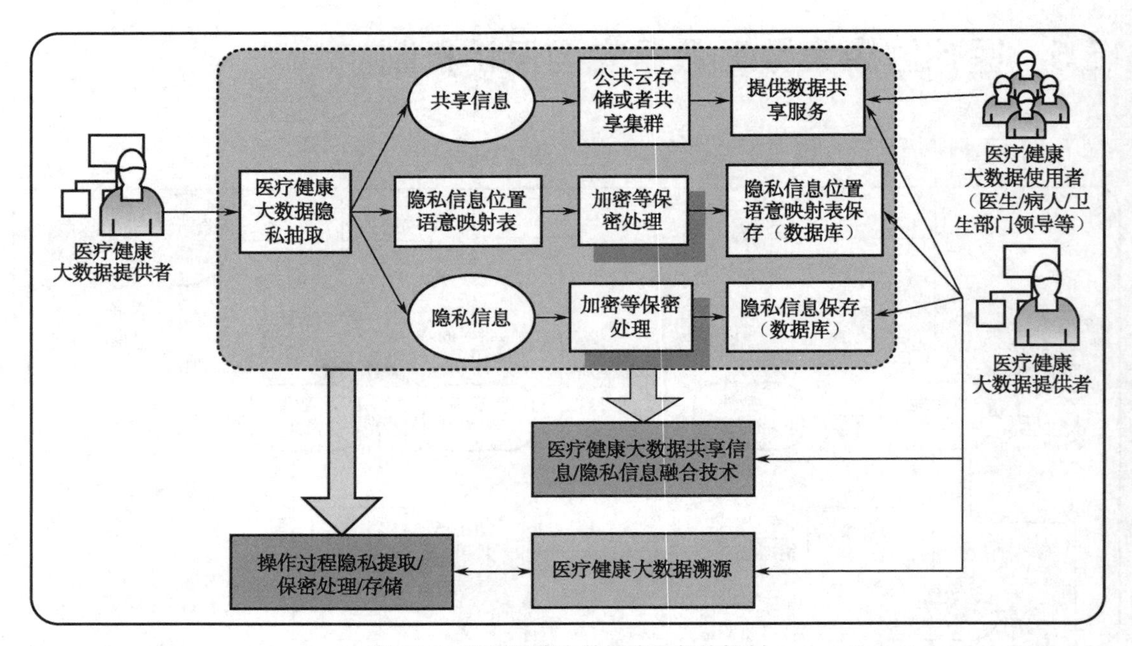

图 16-6　医疗健康大数据隐私保护机制

16.7　医疗健康大数据挖掘与分析

医疗健康大数据挖掘与分析主要包括以下几部分。

（1）数据预处理。与第 6 章介绍的一样，主要包括：数据并行转换、可视化的数据转换、数据压缩、数据串行转换、二维差分预测、数据归一化处理、数据抽样处理、数据统计（可以由 R 语言编程实现）等。

（2）数据挖掘算法。在第 6 章也已做了介绍，主要包括：聚类算法、分类算法、回归算法、关联算法、异常发现及决策树等。

（3）医疗健康大数据知识表达。需要借助医疗健康领域专家、本体等描述方式，对医疗健康类数据进行知识表达。

（4）各种医疗智能数据。主要包括：日志库、评价库、Item 库、用户 Profile 库、知识库、规则库等。在这一层上需要对用户的评价及用户的历史行为记录进行反馈收集，以便于后期的计算分析。

（5）医疗健康大数据挖掘引擎。主要包括：政策管理器、决策管理器、学习管理器及日志服务等。

（6）医疗健康大数据挖掘应用接口。主要包括对话管理器、状态管理器及应用服务等。通过该接口主要实现将医疗健康大数据的挖掘结果进行展示的目的。

（7）基于可穿戴设备的居家医疗养老大数据分析系统。这一内容将会在下一节中展开分析。

16.8　基于可穿戴设备的居家医疗养老大数据分析系统

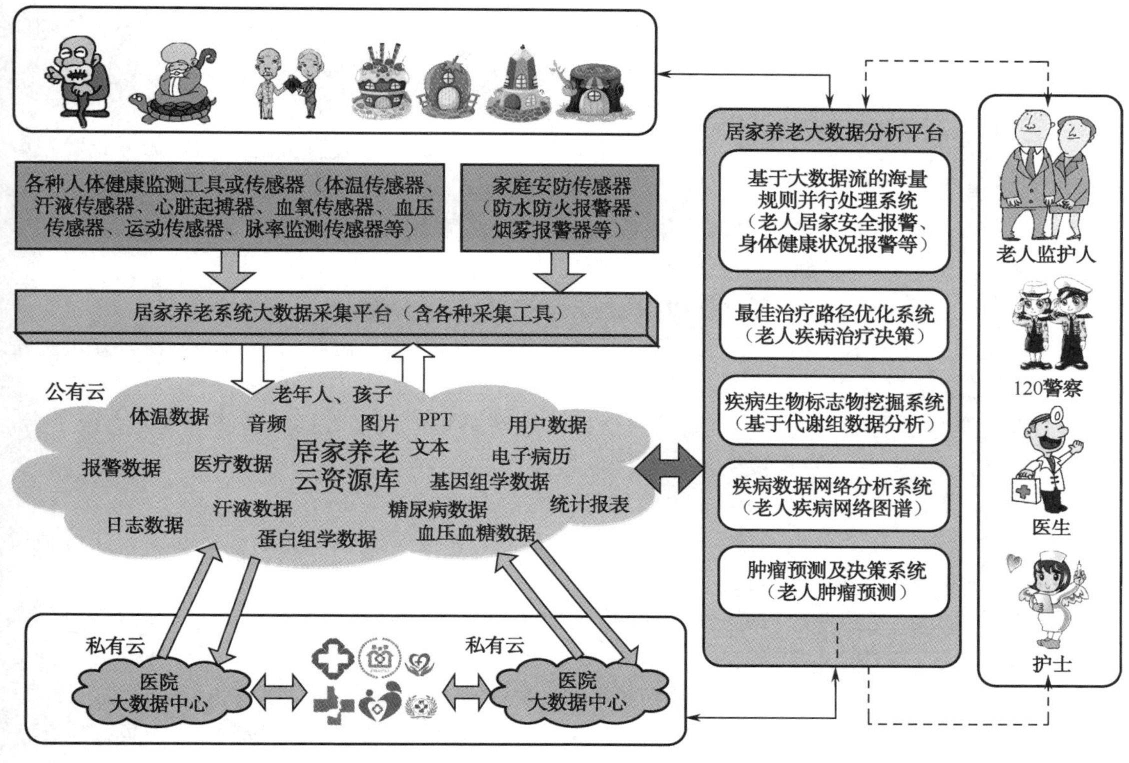

图 16-7　基于可穿戴设备的居家医疗养老大数据分析系统

基于可穿戴设备的居家医疗养老大数据分析系统将建立一个巨大的公有云，存储来自传感器、体感器、医院等来自各类数据源的数据，并实现各种健康数据的交易共享。

（1）居家医疗养老公有云接收亿万家庭的各种传感器数据：包括来自家庭安防传感器、老年人身体健康监测传感器等的数据。

（2）居家养老公有云接收来自健康机构与医院的各种数据：包括电子病历、体检表等各种数据。

（3）居家养老公有云接收来自各种医疗论坛等新媒体数据：包括来自社交网络、微博、论坛等各种医疗方面的公众交流数据。

（4）居家养老公有云接收来自组学研究中心的组学数据：

① 基因组学数据。基因组数据库（GDB）为人类基因组计划（HGP）保存和处理基因组图谱数据。GDB 的目标是构建关于人类基因组的百科全书，除了构建基因组图谱之外，还开发了描述序列水平的基因组内容的方法，包括序列变异和其他对功能和表型的描述。

② 代谢组学数据。代谢组学研究的是生物体的代谢产物，如尿液、血浆之类的。最常见的是尿液，处于不同健康状况的人的尿液中所蕴含的代谢物是不一样的，通过分析其中代谢物的变化可以对疾病进行研究。

③ 蛋白组学数据。蛋白质组学虽然问世时间很短，但已经在研究细胞的增殖、分化、异常

转化、肿瘤形成等方面进行了有力的探索，涉及白血病、乳腺癌、结肠癌、膀胱癌、前列腺癌、肺癌、肾癌和神经母细胞瘤等，鉴定了一批肿瘤相关蛋白，为肿瘤的早期诊断、药靶的发现、疗效判断和预后提供了重要依据。

④ 转录组学数据。转录组学是从 RNA 水平研究基因表达的情况。转录组即一个活细胞所能转录出来的所有 RNA 的总和，是研究细胞表型和功能的一个重要手段。

（5）居家养老公有云实现与医院私有云的数据共享与交易：

① 医院私有云平台通过资源共享接口，进行在线搜索、浏览公有云的资源，并可免费获取所需资源或通过版权交易购买所需的资源。

② 医院私有云平台可通过资源采集接口免费共享或通过版权交易共享到公有云平台，在公有云平台经过审核、格式转换，并进行分类管理。

（6）居家养老公有云实现与保健机构私有云的数据共享与交易：

① 保健机构私有云平台通过资源共享接口，进行在线搜索、浏览公有云的资源，并可免费获取所需资源或通过版权交易购买所需的资源。

② 保健机构私有云平台可通过资源采集接口免费共享或通过版权交易共享到公有云平台，在公有云平台经过审核、格式转换，并进行分类管理。

（7）居家养老公有云实现与组学机构私有云的数据共享与交易：

① 组学机构私有云平台通过资源共享接口，进行在线搜索、浏览公有云的资源，并可免费获取所需资源或通过版权交易购买所需的资源。

② 组学机构私有云平台可通过资源采集接口免费共享或通过版权交易共享到公有云平台，在公有云平台经过审核、格式转换，并进行分类管理。

（8）建立一个海量规则并行处理系统。

① 该规则处理系统的规则具有更好的语意。与以前的规则系统由系统管理员设置规则不一样，本规则处理系统的各种规则可以由用户自行设定。例如，老年人自己设置各种医疗规则、监护人设置各种医疗规则等。

② 该规则处理系统能够处理大数据流。通过算法，该规则能够同时处理上亿万条的海量规则。

③ 该规则处理系统实现并行处理。通过并行处理机制，实现上亿万条的海量规则的实施处理。

16.9 医疗健康大数据其他典型应用

医疗健康大数据应用非常多，其他典型应用列举如下。

1. 基于大数据的智能医疗健康质量监控系统

该系统主要为各级医疗健康机构的领导机构所用，例如，疾病防治机构、各级防卫机构、卫生部、卫生厅、卫生局等。通过基于大数据的智能医疗健康质量监控系统可以监控各个地区的各种流行病、传染病等的整体疫情或者进行人均寿命估算，等等。

2. 临床比较试验系统

其主要原理就是对存储在医疗健康大数据云资源库中的历史病人的特征和疗效进行配对，

针对特定病人选择效果最佳、成本最低的治疗方案，但是由于当前电子病历、健康档案还没有形成体系，体制限制等问题的存在，该系统尚未得到充分开发和应用。

3．疾病预警与预测系统

该系统主要根据各种疾病预警和预测模型判断在某段时期某个地区有无爆发疾病（尤其是传染病）的可能，并进行预警和预测。医疗健康大数据平台将具备对现有人群关于疾病尤其是传染病的危险程度按照人群、地区、工作性质等进行聚类，并根据各类人群、不同地区及不同工作性质的人患病的可能性进行相应的预警和预测。如果上报数据不能反映真实情况，就需要从其他方面（如舆论、论坛等）获取确切信息弥补这一不足，这是一项极具挑战的任务。

4．医疗健康辅助决策系统

当前，医生在进行医疗决策时，多是通过自身的从医经验和相关历史病历进行人为判断，而个体的能力毕竟有限，如果能够通过辅助决策系统提醒医生潜在的错误或给出诊疗建议，对降低医疗事故率大有裨益。例如，系统可以对医生的药方进行判断，防止药物不良反应；也可以就医疗影像数据进行图像处理和分析，告知医生为哪种疾病等。另外，当医疗事故大大减少，病患和社会对于医生的信任度将会增加，从而从根源上杜绝医生被打、医院遭索赔等现象的发生。

5．健康评估系统

该系统主要通过获取可穿戴设备的传感器数据、电子病历、健康档案等，结合其他历史数据及存储在医疗健康大数据中心的数据库中的相关数据，判断人的健康状况。甚至就潜在不健康因素给出建议，例如，如果发现一个人有可能在未来某段时间内遭受慢性疾病，则提前警告，并随着生病风险的增加，给出对应等级的警告。

本章小结

本章主要对医疗健康大数据从其数据源、平台架构、共享架构、数据集成方法、数据挖掘方法、数据安全策略、数据隐私保护策略及典型应用入手做了简要分析。

第 17 章　互联网金融大数据

互联网金融是一个非常热门的词汇，近几年互联网孵化出如支付宝、宜人贷、京东商城等大量具有电子支付、信贷、众筹及销售功能的新兴金融产品或企业。与历史上所有新事物产生和发展的规律一样，在这些产品或企业萌芽之初，人们对于其发展前景抱怀疑态度，甚至一度对其打压。然而，互联网金融发展至今虽还不很完善，但已在整个金融业稳稳立足。一些传统金融业也在受到一定冲击后开始逐步扩展版图，涉猎互联网金融。这里我们并不去分析互联网金融得以生存的政策和市场因素，而仅就其“土壤”——数据展开讨论。从技术层面来说，互联网金融在一定程度上就是大数据金融，本章接下来将会逐步说明这一论断的正确性。

17.1　互联网金融

17.1.1　互联网金融的概念

互联网金融是传统金融行业与互联网精神相结合的新兴领域。简单地说，是以互联网这种特殊的互通互联方式为载体开展的各种金融活动。在其发展的初期，互联网金融可以简单地描述为传统的金融机构将其部分业务通过互联网进行经营的方式，如互联网支付等；后来，随着互联网技术和金融创新的进一步发展，互联网金融逐步演变为一种可以独立于传统金融的新的金融业务，如网络信贷，因此现在的互联网金融可以概述为：投资者（不再局限于传统金融机构，可以是公司、合伙人或者金融机构等）通过互联网方式进行的各种金融活动。而通过互联网进行各种金融活动，其核心内容必然涉及对海量的大数据进行计算、分析和应用，因此在一定程度上互联网金融最终的体现方式也就是大数据金融。

17.1.2　互联网金融的产生

互联网金融在中国的萌芽始于 2012 年，2013 年得到正式的定义和发展，2014 年面临巨大的监管问题，在 2015—2016 许多互联网公司已经倒闭。因此在业界一般将 2012 年定位为互联网金融的萌芽年，2013 年定位为互联网金融元年，2014 年为互联网金融的监管元年，2015—2016 为互联网金融成熟年。

现代互联网金融思想的产生最早在美国，早在 20 世纪 90 年代美国就产生了互联网银行、互联网保险、互联网基金、电子券商等传统的互联网金融企业。随后在美国 2006 年与 2007 年分别产生了 Prosper 与 Lending Club 为代表的现代意义上的互联网金融公司。尤其是 Lending

Club 已经发展成为当今世界最为著名的 P2P 信贷的互联网金融企业。

虽然现代意义上的互联网金融最早产生于美国，但是互联网金融的真正蓬勃发展形成于中国，近两年国内在短短的两年时间里，已经有几千家的互联网金融类型的企业。

为什么互联网金融最早产生于美国，而其真正的蓬勃发展却在中国？其根本原因主要有以下两点。

（1）美国的传统金融机构数量众多，而国内的金融机构数量很少，从而导致供需关系严重不对称。由于美国的金融机构数量众多，通过传统的金融机构就能够满足大部分大中小型公司/企业的融资信贷等需求，因此现代意义上的互联网金融产生的动力不足。而国内，包括个体工商户在内的企业数量达到上亿家，而传统的金融企业才几千家，远远满足不了几千万甚至上亿家企业的融资或信贷等需求。因此，在国内产生了数量巨大的地下金融机构，如金融钱庄、地下高利贷等。随着互联网的快速发展，其便捷、高效的特性获得了这些地下金融机构的注意，他们纷纷开始将原来的业务放到网络上进行，同时一些新的互联网金融模式（如 P2P 信贷、众筹）也悄悄产生，这满足了很多从银行等机构借不到钱的中小型企业甚至是个人的融资需求。

（2）美国的金融服务机制完善，而国内的金融服务机制不完善，导致长尾现象突出。美国的金融服务非常全面也很完善，不管是几千万到上亿元的大型融资，还是小到几万或几十万元的小型融资，均有成熟的金融产品与服务机制。而国内，诸多的金融机构由于考虑到成本和坏账的原因，主要面向上百万元的金融产品提供服务，对于大量的几十、几万元的融资甚至几千元人民币的融资金融服务基本不考虑。因此留下了一个巨大的市场空白（即长尾），这为互联网金融提供了生存的土壤。传统金融和互联网金融生存区如图 17-1 所示。传统金融主要针对大于 5 万元的信贷，只能满足 5%的企业融资需求；而处于长尾区的 95%的企业融资需求均小于 5 万元，这是传统金融机构基本不考虑的金融业务，这部分成为互联网金融的生存区。从服务模式上来说，依赖于网络的互联网金融由于金融服务的需求方和供给方互不见面等原因，其风险本应该要远远超过传统金融，但小额度的需求（低于 5 万元）已大大降低了这种风险。正因为如此，处于长尾的小额金融服务最适合互联网金融。

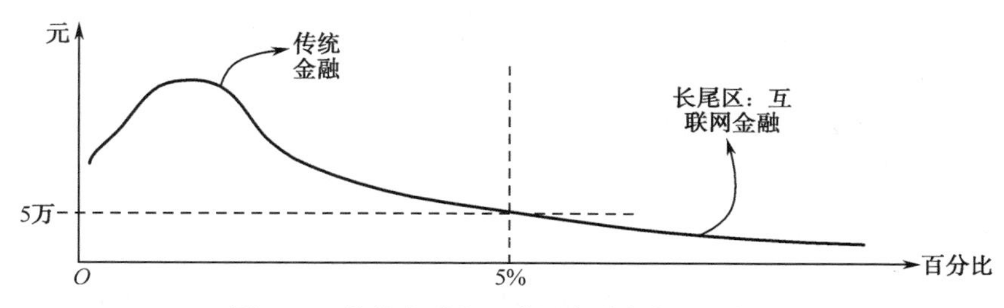

图 17-1　传统金融和互联网金融生存区示意图

17.1.3　互联网金融分类

我们简单地将互联网金融大致分为以下 7 种类型。

1．互联网理财类业务

互联网理财类似于传统的金融理财，是指互联网用户利用一些互联网理财工具让自己的资金实现保值、增值的目的。主要的互联网理财工具有余额宝、定期宝、活期宝、现金宝、收益宝，等等。

2. 互联网信贷类业务

互联网信贷类似于传统的金融信贷业务，它是指个人或者小微型公司通过互联网向个人或者公司提供信贷服务，其主要表现形式有 P2P、P2B、P2C 及金融搜索引擎（如信贷搜索引擎“融360”）等。

3. 第三方支付类业务

所谓第三方支付，就是一些和产品所在国家及国外各大银行签约、并具备一定实力和信誉保障的第三方独立机构提供的交易支持平台。目前第三方支付工具最常用的有国外的 PayPal，国内的支付宝、财付通、快钱及银联在线，等等。

4. 互联网金融工具类业务

互联网金融工具是指互联网环境下的各种金融服务所需要的工具，典型的有记账工具及基于大数据应用的各种金融服务工具，如基于大数据的消费者信用额度计算工具、基于大数据的消费者贷款融资风险模型、基于大数据的保险诈骗分析工具、基于大数据的信用卡诈骗分析工具、基于大数据的消费者个性化金融理财推荐工具，等等。

5. 众筹

众筹是 2014 年十分火热的一种互联网金融形态。它翻译自国外 Crowdfunding 一词，即大众筹资或群众筹资。众筹是用团购加预购的形式，向网友募集项目资金的模式，即利用互联网和社交传播的特性，让小企业或个人对公众展示他们的创意，争取大家的关注和支持，进而获得所需要的资金援助。典型的众筹平台有众筹网、中国梦网、京东凑份子、创业易及天使众筹平台等。

6. 互联网保险类业务

互联网保险是相对于传统的保险营销方式而言的，实质上就是电子商务保险或者网络保险，即将电子商务交易过程中的各种商品或者服务进行网络投保的一种机制。京东、百度及淘宝等互联网企业均推出了相应的互联网保险业务。最典型的有京东金融联合珠江人寿推出的“安赢一号”互联网保险业务。

7. 传统金融业务的互联网化

它是互联网金融的最初形态，如各大银行的网上银行、网上证券。这类业务将传统的金融业务搬到互联网上，互联网是纯粹的查询操作、销售平台。传统银行基本都开通了网上银行业务。

17.1.4 互联网金融发展历程

互联网金融从 2012 年到 2014 年在全球，尤其是在中国掀起了一股热潮，本节分别以 2012、2013、2014、2015 年这四年为主线，简要分析互联网金融发展的历程。

1. 2012 年互联网金融大事件

（1）阿里巴巴推出支付宝快捷支付。2012 年 11 月 11 日，淘宝和天猫当天销售额达到 191

亿人民币（其中淘宝 59 亿元，天猫 132 亿元）。当天全国在淘宝和天猫两个网站的消费金额占到所有消费的 30%左右，这其中，快捷支付占 46%、网银占 23%、支付宝余额支付 31%。

（2）京东商城布局供应链金融。2012 年京东商城与中国银行北京分行签署战略合作协议，上线京东供应链金融服务平台。京东的供应商可根据与京东签署的销售合同、货物单据、保单及京东的确认文件，在第三方保险机构投保后，获得中国银行的融资。除了为上游供应商推出 B2B 的金融服务外，京东也计划面向普通用户推出金融频道，包括面向普通消费者的保险、理财、黄金、信用交易等。

（3）阿里巴巴小贷服务范围拓展。阿里金融基于阿里巴巴平台十多年交易数据积累，打造一条小贷流水线。2010 年 6 月以来，阿里巴巴先后在浙江和重庆组建了两家小额贷款公司。2012 年 8 月，阿里巴巴决定扩大 B2B 小额信贷业务范围，将融资服务范围从 B2B 平台用户扩展至普通用户。阿里巴巴循环贷款利率为 0.06%/天，年利率达到了 21.9%，这将给阿里巴巴的“钱”生“钱”带来巨大的利润。由于无抵押，深受中小用户欢迎。

（4）Lending Club 开展小额借贷服务。Lending Club 现已成为美国最大的 P2P（点对点）私人借贷平台。Lending Club 2012 年融资时的估值为 5 亿美元左右，它致力于为借方和贷方提供联系平台，促进双方之间的低成本贷款。2013 年，Lending Club 获得了谷歌的投资。

（5）中国建设银行跨界推出“善融服务”。2012 年 6 月 28 日，建设银行电子商务金融服务平台——“善融商务”正式开业。在电商服务方面，提供 B2B 和 B2C 客户操作模式，涵盖商品批发、商品零售、房屋交易等领域，为客户提供信息发布、交易撮合、社区服务、在线财务管理、在线客服等配套服务。在金融服务方面，为客户提供从支付结算、托管、担保到融资服务的全方位金融服务。

2．2013 年互联网金融大事件

（1）2013 年 6 月 17 日，余额宝正式上线。针对支付宝账户中的闲散资金，天弘基金联手支付宝推出网上理财业务“余额宝”。这是互联网和基金融合创新的第一大理财产品，一经推出便成为互联网金融挑战传统金融业的一大利器。上线 3 个月时，余额宝资金规模达到 556.53 亿元，为用户带去 3.62 亿元收益。截至 11 月 15 日，余额宝的资金规模突破 1000 亿元大关。

（2）2013 年 7 月 6 日，央行发放了新一批第三方公司的支付牌照，包括新浪、百度在内的 27 家公司上榜。支付对互联网公司的移动互联战略尤为关键，是形成 O2O 闭环的必要条件。之后，新浪正式发布“微银行”，借此涉足理财市场。新版微博客户端也推出了针对个人用户的微博钱包、卡包等功能。

（3）2013 年 8 月 1 日，董文标、刘永好、郭广昌、史玉柱、卢志强、张宏伟等七位资本大佬在深圳前海投资成立民生电子商务有限责任公司（简称民生电商），联合投资资本金高达 30 亿元人民币。公司的定位是将民生银行产业链金融电商化，成为国内第一家与商业银行形成对应关系的银商紧密合作型企业。

（4）2013 年 8 月 5 日，微信 5.0 增加“微信支付”功能，用户可以绑定银行卡，实现一键支付，在“个人信息”栏中新增“我的银行卡”，用户可以绑定常用的银行卡或信用卡。借由微信支付，腾讯推出微信电商实物销售的 O2O 模式，形成了整合线上线下营销的模式。

（5）2013 年 10 月 9 日，阿里巴巴 11.8 亿元控股天弘基金。天弘基金主要股东内蒙君正发布公告称，支付宝母公司阿里巴巴电子商务有限公司拟出资 11.8 亿元认购天弘基金的注册资本，交易完成后将以 51%的持股成为其第一大股东。该消息刺激了互联网金融板块整体走强，涨幅

一度超过7%。

（6）2013年10月28日，百度正式进军互联网金融，百度首款理财产品“百发”上线，上线第一天便实现破10亿元的销售额。百度在宣传中称，“百发”的目标年化收益率将高达8%，参与购买用户数也超过12万。“百发”由中国投资担保有限公司担保，最低投资门槛1元，支持快速赎回、即时提现。“百发”有望成为继余额宝后挑战传统金融的又一利器。

（7）2013年11月6日，三马联合成立的首家互联网保险公司——众安在线宣布开业，由阿里巴巴董事局主席马云、中国平安保险董事长马明哲、腾讯CEO马化腾联手打造。传统保险企业往往对每一单投保申请都要进行审核，但在众安核保部门的人数很少，因为保单的风险已经在产品设计、数据挖掘时被消减。由于互联网人群风险特征集中，批量和自动化核保成为可能。

（8）2013年12月5日，央行禁止比特币作为货币流通。中国央行表示，禁止中国的银行和支付系统开展比特币业务，比特币在法律上没有货币的地位，仍然允许私人交易比特币，但风险自负。此前几个月，比特币值一直呈上升趋势，此次声明导致的比特币币值下跌，使比特币全球价值总和减少了50亿美元。

3．2014年互联网金融大事件

2014年成为了互联网金融监管元年。确定的分工为银监会负责监管P2P行业，众筹由证监会监管，央行则负责第三方支付的监管。

另外，2014年的互联网金融处在一个井喷式爆发的时代，各种事件层出不穷，总体可以总结如下：

（1）互联网金融O2O蓬勃发展。O2O的概念是2010年出现的，在2014年O2O实现大面积布局和实践。O2O的典型业态有餐饮、零售、房产、医疗、教育、旅游、家政、婚恋等。除了大众点评、美团、去哪儿、京东等，百度、腾讯、阿里巴巴也加快了建设O2O平台的步伐。

（2）P2P持续火热。据中国电子商务研究中心监测数据显示，目前我国P2P投资平台的数量已经超过了2000家。仅2014年上半年，全国P2P网贷成交额高达964.46亿元，而去年全年成交额为892.53亿元。

（3）金融垂直搜索平台受热捧。作为首家被央视《新闻联播》报道的互联网金融企业91金融超市及被称为金融行业“百度”的融360 2014年均有大额度融资，可见在这个信息和产品过剩的时代，提供透明化、高效化、标准化和免费化的金融中介平台的重要性。

（4）P2P面临洗牌。P2P行业是互联网金融非常重要的组成部分，2014年整年该行业都处于洗牌状态。据统计，至当年11月，P2P平台有1500多家，累积成交额也高达2451亿元。这导致P2P行业竞争愈发突出，问题平台事件频发，同时整个行业利率呈现大幅下降，这些都加剧了行业洗牌。

（5）互联网金融欺诈越来越多。伴随着互联网金融迅猛发展，P2P“跑路”、金融理财欺诈等事件频繁发生。2014年年初，发生了淮安P2P网贷骗局；市民遭受新华分红险理财陷阱；光大、招商银行理财产品亏损巨大等。显然，互联网金融需要更高效的反欺诈手段来支撑其发展。

4．2015年互联网金融大事件

互联网在经过2012年到2014年三年的快速发展后，在2015年到了规范的关键一年，这一年国家及其各个部委出台了众多的规范。

（1）3 月 5 日，国务院总理李克强在政府工作报告中，前后两次提到“互联网金融”，表述为“互联网金融异军突起”，要求“促进互联网金融健康发展”。

（2）6 月 16 日，国务院发布《关于大力推进大众创业万众创新若干政策措施的意见》。意见指出要支持互联网金融发展，引导和鼓励众筹融资平台规范发展，开展公开、小额股权众筹融资试点。

（3）7 月 4 日，国务院发布《国务院关于积极推进“互联网+”行动的指导意见》。其中提到要促进互联网金融健康发展，培育一批具有行业影响力的互联网金融创新型企业。

（4）7 月 18 日，央行联合十部委发布《关于促进互联网金融健康发展的指导意见》。

（5）8 月 12 日，央行发布《非存款类放贷组织条例(征求意见稿)》。

（6）9 月 26 日，国务院印发《关于加快构建大众创业万众创新支撑平台的指导意见》。意见强调，鼓励互联网企业依法合规设立网络借贷平台，为投融资双方提供借贷信息交互、撮合、资信评估等服务。

（7）10 月 12 日，国家知识产权局等五部委印发《关于进一步加强知识产权运用和保护助力创新创业的意见》。意见提出，支持互联网知识产权金融发展，鼓励金融机构为创新创业者提供知识产权资产证券化、专利保险等新型金融产品和服务。

（8）11 月 3 日，《中共中央关于制定国民经济和社会发展第十三个五年规划的建议》正式发布，建议中提到规范发展互联网金融，互联网金融首次纳入中央五年规划。

（9）12 月 28 日，银监会等部门研究起草了《网络借贷信息中介机构业务活动管理暂行办法（征求意见稿)》。

（10）12 月 28 日，央行发布了《非银行支付机构网络支付业务管理办法》。

17.1.5 互联网金融发展阶段

1．互联网金融初级阶段

银行的传统零售业务侧重于消费者金融，如信用卡、个人理财等（这也是互联网企业想抢的地盘)。但这块一般不是银行业务的重心，其重心大多放在非零售业务——吸储与放贷上。在放贷方面，银行偏爱大客户，大客户的借款额高，可有效摊低各项服务和风控成本，因此银行对大客户格外重视，对小微客户格外忽略。这构成了人们痛恨银行的重要原因，也是互联网企业能够揭竿而起的基础——那些银行不愿意服务的小微客户，成为互联网金融的首要目标群体。现在银行业开始认真杀向“小微客户”和“零售业务”，他们与互联网企业殊途同归，共同面对的是金融产品的“长尾市场”问题。

2．互联网金融中级阶段

拥有大量用户基本信息、信用数据及各种交易数据的互联网金融公司不再满足于“长尾”争夺，将全面冲击传统金融业，如大额贷款、互联网保险、网络虚拟财产保险、网络基金等。在持续的拉锯中，拥有大数据的公司将全面夺取金融行业的各个领域，形成抗衡局势。

3．互联网金融后期阶段

互联网金融最后将实现大数据公司也是金融公司、银行就是大数据公司、证券公司就是大数据公司，保险公司就是大数据公司。

4．互联网金融终态——基于大数据的语意金融

语意金融是指在大数据的支撑下，各种用户按照自己的意愿提供或者获取各种金融服务。它融合了金融知识、大数据知识、语义计算知识、人工智能知识等。语意金融=大数据+语意计算+金融。语意计算是一种基于人类"意念"的计算技术，在大数据的支撑下，语意计算能够得以有效实现。

17.1.6 互联网金融发展趋势

互联网金融的核心与基石是基于大数据的各种金融服务分析，其基本发展趋势可简要归纳为以下几点。

1．互联网金融的核心是大数据金融

（1）互联网信贷需要大数据分析。互联网金融起家于传统金融留下的长尾，而处在长尾的95%以上的小公司、小作坊、个体户、个人等与5%的中大型公司相比，在信用评估上具有先天性的短板，它们的信用度比较低，同时偿还能力也比较弱。尤其在互联网环境下，金融服务材料的审核不像传统金融机构那样可以面对面进行，因此其可信度更加值得怀疑。如何对海量的互联网金融的用户进行信用评级，无非只能通过对与用户相关的各种社交数据及其他数据进行大数据分析，进行决策。

（2）互联网个性化服务需要大数据分析。互联网金融的用户量大、需求多样，个性化十分明显。如何针对用户的各种个性化需求进行金融服务或者产品的推荐也至关重要，因此基于大数据的个性化推荐也是未来的发展趋势。

（3）互联网金融诈骗监测需要大数据分析。当今的互联网金融诈骗如信用卡诈骗、保险诈骗等层出不穷，如何判别各种互联网的金融诈骗，对各种互联网金融服务用户进行分类，找出"异常用户"，这些均离不开大数据分析。

（4）互联网金融服务需求预测需要大数据分析。截至2014年1季度，中国互联网用户达到6.71亿人。如何从这6.71亿人中进行聚类，分析他们的社交网络行为、搜索数据及其他的互联网痕迹等，预测他们未来可能购买的互联网金融服务的可能性，将是未来互联网金融的一个发展趋势。而针对未来的互联网金融服务的预测服务，离不开大数据分析的支持。

2．互联网金融在蓬勃发展后将面临洗牌

互联网金融目前由于没有规范的监管机制，因此门槛较低。从2012年到2014年短短三年时间里，国内出现了成千上万家各种类型的互联网金融公司或机构。尤其在2014年，各种P2P平台、众筹平台如雨后春笋般冒出。各种互联网初创公司在短时间内出现，难免良莠不齐，尤其许多公司缺乏基本的风险防控能力。难免有一大部分互联网金融初创公司会面临洗牌，最后被挤出去。

3．互联网金融的未来是移动金融

根据工业和信息化部的统计数据，2014年1月中国移动互联网用户总数达8.38亿，超出了传统互联网 6.71 亿的人数。随着移动智能设备（智能手机、iPad 等）的普及，越来越多的人通过移动互联网进行各种社交活动、商务行为，等等。因为移动互联网具有先天的优势，基本可实现随时、随地、方便地完成各种网络操作。移动金融将不可避免地成为未来互联网金融的发展趋势。目前已经有很多移动互联网金融产品出现，如微信支付功能等。

17.2　大数据金融

互联网金融之所以能够生存并不断发展，离不开大数据的支持。因此，互联网金融的本质就是大数据金融。我们可以将大数据金融做如下定义。

【定义 17-1】 大数据金融。所谓大数据金融是指借助于大数据的各项技术（大数据计算、大数据分析等），使得传统的金融能够通过互联网（包括移动互联网等）进行现有的金融服务及创新形式的金融服务。通过大数据金融，可以比较容易地完成传统的互联网环境下的各种金融服务或交易等。例如，贷款人只需要输入姓名和身份证号，通过大数据计算，就可以实现对贷款人的一个贷款额度、贷款风险的分析等，不需要通过各种传统的复杂的手续。

以下是大数据金融中需要进行大数据计算的部分典型应用。

1. 金融产品（服务）买方信用评估

传统金融对产品或者服务的买方或者说借方进行信用评估，主要通过对其个人财务情况进行评估等来实现。互联网金融无法通过这种信用评估模型来实现，只能通过对买方在互联网上的历史交易信息、社交信息等进行大数据分析才能够对其做相应的信用评估。例如，某人在电子商务网站上连续五年的时间里购买商品的记录。通过对这些历史数据的分析，可以判断对其的贷款额度，信用等级，等等。

2. 金融产品（服务）卖方信用评估

同样，金融产品（服务）卖方或者说贷方只能通过卖方在互联网上的历史交易信息、社交信息等进行大数据分析，才能够对其做相应的信用评估。例如，某家网店在连续五年的销售过程中，所销售出产品的质量投诉问题及发货情况等各种记录。通过对这些历史数据的分析，可以判断卖方的信用程度和等级等，再决定是否能够对其进行融资等风险投资。

3. 金融产品（服务）担保方信用评估

与传统金融一样，互联网金融同样存在金融产品（服务）的担保方。担保方作为买方或者卖方的担保人，同样需要对其信用情况进行评估。同样，也是通过对担保方在互联网交易过程中历史担保数据进行大数据分析才能够对其做出相应的信用评估。例如，某担保人（担保公司）在连续几年的互联网交易担保过程中的交易合同的履约情况、担保情况等的各种记录，通过对这些历史大数据的分析，可以判断出担保方的信用等级等。

4. 互联网金融参与方社交数据评估

互联网金融的参与方在网络中会留下各种社交信息，这些社交信息所构成的大数据也是各种互联网金融应用的必不可少的信息源。通过对这些社交大数据的分析，可以在一定程度上判断哪些人是金融诈骗犯、计算参与方的信用等级、绘制互联网金融图谱等。

5. 行业数据评估

互联网金融指数在一定程度上可以反映一个行业的兴旺程度，通过分析各种互联网金融的信息源所构成的大数据，可以对某一行业现状和前景进行有效的评估。同时，通过对行业数据的评估也可以为互联网金融的投资方向提供指南。如果通过对游戏行业大数据分析得出旅游业正在蓬勃发展，那么对其投资将会有比较好的收益回报率，如果对在线教育大数据分析得出在线教育正在走下坡路，则对在线教育行业进行互联网金融投资则变得不那么现实。

6. 个性化金融需求评估

个性化已经越来越成为各行各业最为重要的一个基本需求，如何满足互联网使用者的个性化金融需求也需要通过大数据技术进行分析和挖掘。通过对互联网金融的买方进行大数据分析，挖掘出他们的金融产品购买需求，如贷款融资需求、保险需求等。同样可以通过对互联网金融的卖方也进行大数据分析，对各类用户进行有针对性的个性化金融产品或者服务的推荐服务。

17.3 金融大数据架构

如图 17-2 所示展示了金融大数据的一个整体架构，主要包含以下七部分。

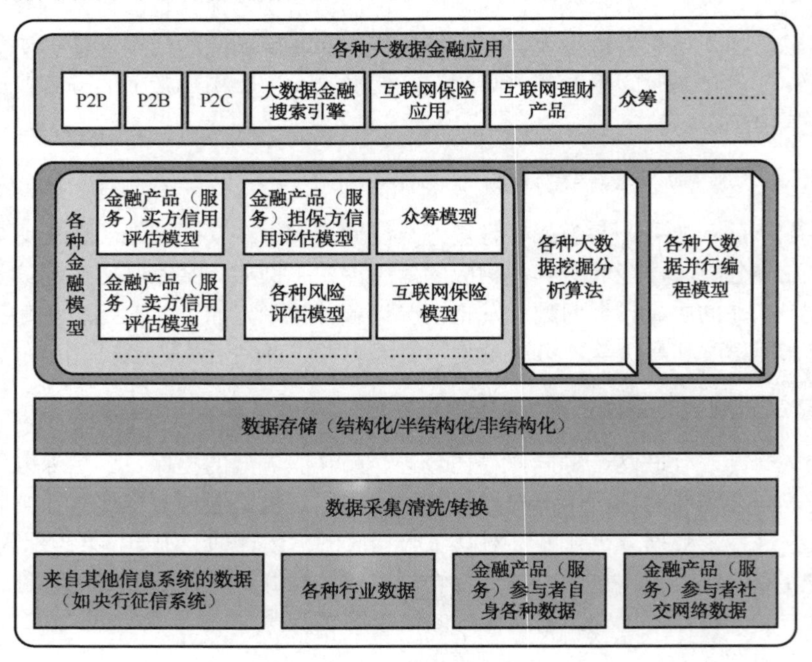

图 17-2 金融大数据架构

17.3.1　金融大数据数据源

金融大数据架构的最底层包括各种数据源，主要包括来自其他信息系统的数据（如央行征信系统）、各种行业数据、金融产品（服务）参与者自身各种数据及金融产品（服务）参与者社交网络数据等。

（1）来自其他信息系统的数据。主要是来自各种现有的管理信息系统已有的数据或者现有的数据仓库中已有的数据（一般存储在关系数据库中）。例如，来自央行的征信系统的数据，来自银行、证券、保险公司等的各种交易型数据和各种历史数据仓库数据。

（2）各种行业数据。互联网金融涉及几乎各行各业，因此行业数据的范围十分广，如教育行业大数据、医疗行业大数据、能源行业大数据、制造业大数据、互联网行业大数据、农业大数据、信息产业大数据、文化产业大数据等。这些各种不同行业的大数据是互联网金融判断融投资方向的一个指南针和方向舵。

（3）金融产品（服务）参与者自身各种数据。主要包括参与者本身的身份信息数据、交易信息数据等。这类数据大部分都属于隐私数据。

（4）金融产品（服务）参与者社交网络数据。这类数据是互联网金融中极为重要的数据源之一。主要包括参与者在各种博客、论坛及其他诸如 QQ 聊天工具中发布的数据及各种跟贴者的数据，同时还包括这些参与者之间所形成的社交网络图谱数据等。

17.3.2　数据采集/清洗/转换

数据采集/清洗/转换：对金融大数据架构底层的各种互联网金融源数据的采集，并对这些数据根据一定的标准进行清洗甚至进行一些格式转换，从而得到高质量的、符合需求的互联网金融大数据。

金融大数据的采集相对简单，基本不涉及来自传感器的数据采集。其数据来源主要是现有的管理信息系统或者数据仓库中存储在数据库中的数据。金融大数据的清洗主要根据各种大数据金融的应用基本需求，将数据按照符合需求的规范进行一定程度的清洗，将部分不需要的数据清洗掉，留下有价值的数据。当然，清洗的标准会随时间而发生变化，以前认为可能无价值的数据可能变得有价值。因此，在设计清洗标准时，需要有一定的前瞻性。金融大数据的转换需要将清洗过后的大数据按照金融数据的标准规范进行一定程度的格式转换。尤其对于来自管理信息系统的数据或者来自现有数据仓库的已有数据，由于它们主要以关系数据库形式存储，为了能够适应大数据计算环境，满足 MapReduce 编程模型的基本要求，这些数据需要进行一定的格式转换，转换成 MapReduce 能够进行计算的格式。

17.3.3　金融大数据存储

金融大数据存储与其他大数据的存储一样，分别按照不同的数据类型，根据各种应用的需要，分别存储在不同的文件系统或者数据库系统里。其基本存储模型描述如图 17-3 所示。

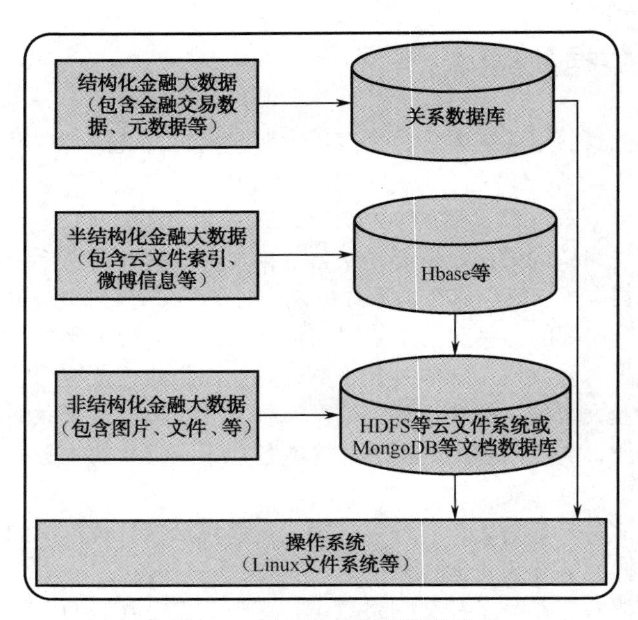

图 17-3　金融大数据存储模型

结构化金融大数据主要包括金融交易数据（如互联网金融的信贷数据等）、元数据等。这些数据一般直接存在关系数据库如 MySQL、Oracle 等中。

半结构化金融大数据主要包括大数据（互联网）金融参与方在各种社交网络如微博、微信、Facebook、Twitter 及 QQ 等发布的社交网络信息，以及这些海量数据（包括非结构化数据如图片与文档）的索引文件（类似 Google 与百度的索引文件，Google 的索引文件存储在 BigTable 中，百度的索引文件存储在 HBase 及百度自己研发的云数据库系统中等）。这些半结构化数据存储在云数据库系统中，如 HBase 等。

非结构化金融大数据主要包括图片（包括微博、微信、博客中的图片）、各种 Word 文件、PPT 文件及 PDF 文件等。这些非结构化数据占据了金融大数据的很大一部分，它们都存储在云文件系统，如 HDFS 或者文档数据库系统，如 MongoDB 等。

17.3.4　各种金融模型

各种金融模型是大数据金融业务的核心所在，大数据金融的核心仍然是金融。因此各种基于大数据的金融模型构成了大数据金融的基石，主要包含以下金融模型。

（1）金融产品（服务）买方信用评估模型；

（2）金融产品（服务）卖方信用评估模型；

（3）金融产品（服务）担保方信用评估模型；

（4）各种风险评估模型；

（5）众筹模型；

（6）互联网保险模型。

17.3.5　各种大数据挖掘分析算法

与其他所有应用一样，大数据金融也涉及各种数据挖掘分析算法，包括在第 6 章介绍的各种算法中。

17.3.6　各种大数据并行编程模型

大数据并行编程模型主要有 Google MapReduce 编程模型，Hadoop MapReduce 编程模型，用于处理迭代计算的 Twister 模型及 Haloop 模型，有一定索引关系的 Hadoop++编程模型及本书提出的语意 MapReduce 模型等。

17.3.7　各种大数据金融应用

大数据金融的应用各种各样，如 P2P 信贷、P2B 信贷、P2C 信贷、大数据金融搜索引擎、互联网保险应用、互联网理财产品、众筹等都属于大数据金融的应用。

17.4　大数据金融案例

1．基于大数据的险种开发

近几年，保险网销使得及时收集和整合客户需求成为可能。可以通过对收集到的数据和其他保险公司历史数据、金融论坛数据等进行大数据挖掘，分析出客户在哪方面有投保需求，以便开发新险种。当然，新险种也许只能满足大部分客户的需求，但在不断的更新迭代过程中必将能够通过大数据开发出精细化程度极高的险种，以满足客户差异化需求。通过分析用户在各种金融论坛、微博对某个财产（甚至虚拟财产 QQ 账号）的担心的大数据分析，保险公司可以抓住商机，开发新险种，如 QQ 账号险。

2．基于大数据的信用卡欺诈

通过对信用卡交易大数据的分析监控达到实现区别欺诈行为的目的。例如，可在信用卡用户基本信息的基础上，通过对信用卡交易数据和日志的大数据分析，知晓哪些信用卡入账频率高，一旦其本人的信用记录与此发生冲突，则可以断定该账户可能存在洗钱或者信用卡欺诈。

3．基于大数据的网络信贷

通过对借款人、贷款人及担保人在互联网上的历史交易记录、交易行为、历史信用状况及行业大数据的分析计算得出是否发放贷款、贷款金额及还款方式和风险控制等一系列的目标。

4．基于金融大数据的投资者行为分析

通过对投资者在搜索、浏览内容、浏览时间、打分、点评、加入收藏夹、取出收藏夹、加入资源访问期待列表，以及在各种网站上的相关行为，如参与讨论、平台 BBS 上的交流、投资

者的互动等所有行为数据进行建模与分析，分析投资者的兴趣爱好等。

本 章 小 结

本章首先介绍了互联网金融大数据的基本概念、发展情况和大数据金融的部分典型应用，然后介绍了金融大数据架构，最后介绍了几个大数据金融案例。

第 18 章　其他典型大数据

我们在 15、16 及 17 章中分别介绍了文化大数据、医疗健康大数据及互联网金融大数据。大数据的应用现在已经遍布各个领域，本章将对教育大数据、电子商务大数据、互联网大数据、能源大数据、交通大数据、宏观经济大数据、食品安全监管大数据进行简要的阐述。

18.1　教育大数据

随着教育全民化的浪潮席卷而来，教育行业面临巨大的变革，尤其是大型开放式在线课程（MOOC，Massive Open Online Courses）正刮起全球的教育风暴。在今天，世界各地的学生都能在网上注册他们想要学习的任何课程，无论是计算机、信号处理和机器学习，还是欧洲历史、心理学与天文学，这一切都是完全免费的。人们对 MOOC 的兴趣正在持续发酵，同时也给技术人员出了一道难题：如何满足这些新的学习系统与模式呢？像 Coursera 这样的 MOOC 平台，一共有超过 300 万学生与 107 位合作伙伴，而 edX 作为麻省理工与哈佛的合作项目，也有逾 170 万学生。这些平台开设的课程，参与的学生动辄成千上万。这些学生用到的，不仅是作为主菜的在线讲座，还有网上论坛、视频通话、用于识别身份的按键记录器，所产生的大量信息也需要强大的服务器来处理。MOOC 与其他新晋的在线课程一样，要求一种新的学习体验：一体化、无处不在而又能设身处地为每个人提供服务。这需要不同的技术作为基础，如嵌入式技术与传感器相关的技术。

国际上最为典型的在线教育主要有 Coursera、edX 与 Udacity，基本形成了一种三足鼎立的局面。Coursera 是一家“综合性大学”，提供来自 33 家大学的 213 个课程，涵盖医学、物理、信息技术、历史、教育、艺术等众多领域。每一门课大约要持续 3 周以上。与 Coursera 相比，edX 的面貌更为“精英化”一些，合作学校包括哈佛、麻省理工、伯克利等共 6 家，涵盖化学、计算机科学、电子、公共医疗等 9 门课程。主管 edX 项目的阿南特 • 阿加瓦尔教授（Anant Agarwal）说：“对 edX 来说，最重要的是质，而不是量。”因而，他们在挑选合作学校和课程时非常挑剔。2016 年春天，他们将会扩充到 23 门课程，增加了人文社科领域的课程。Udacity 则更独特，它并没有和大学合作，而主要由大学的教授、学者等自己设计课程，总共 19 门课程被分成了入门、中段和高级三个阶段，课程涵盖计算机科学、数学、物理、商务等。这些课程更注重实用性，目的是为了帮助学生获得更好的职业发展。

18.1.1　教育大数据平台架构

图 18-1 展示了教育大数据的基本架构，主要有五部分。

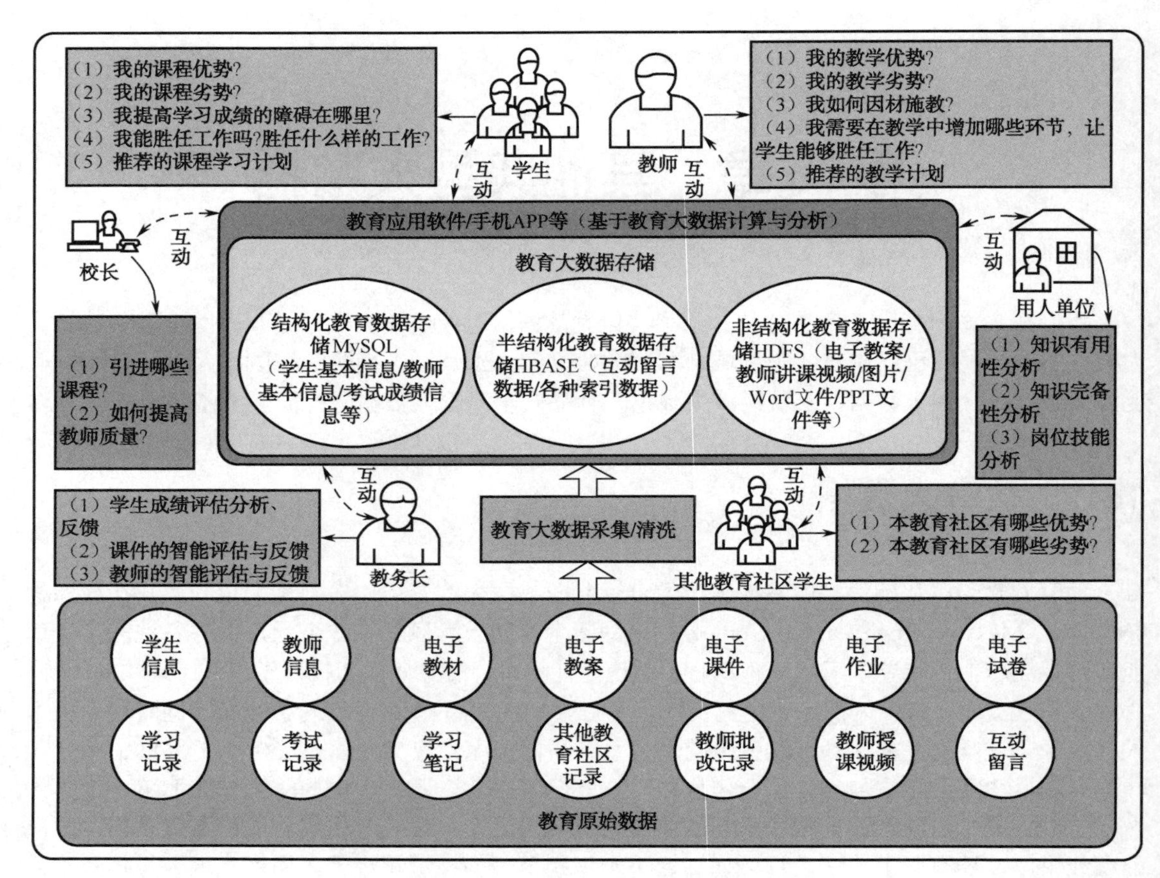

图 18-1　教育大数据的基本架构

1．教育原始数据

教育的原始数据主要包括学生信息、教师信息、电子教材、电子教案、电子课件、电子作业、电子试卷、学习记录、考试记录、学习笔记、其他教育社区记录、教师批改记录、教师授课视频及互动留言等。

2．教育大数据采集/清洗

教育大数据的来源各种各样，数据类型也是包罗万象，因此需要对各种来源的各种原始数据进行采集并清洗，保留有用的数据。

3．教育大数据存储

教育大数据在经过清洗后根据数据的不同类型，采取不同的存储方法。

（1）结构化教育数据。采用 MySQL 关系数据库存储学生基本信息、教师基本信息、考试成绩信息等结构化数据。

（2）半结构化教育数据。采用 HBase 云数据库存储互动留言数据、各种索引数据等。

（3）非结构化教育数据。采用 HDFS 云文件系统存储电子教案、教师讲课视频、图片、Word 文件、PPT 文件等。

4．教育的应用软件/手机 App 等（基于教育大数据计算与分析）

这些应用软件主要是基于教育而开发的各种运行在 PC 上的应用软件或者运行在手机等移动设备的 App 等，包含了针对教育大数据的各种计算和分析算法的使用。

5．教育的各种参与主体

教育的参与主体主要包括以下六大类。

（1）学生。与教育的应用软件/手机 App 等的互动，并通过大数据分析得到以下需求：

- 我的课程优势是什么？
- 我的课程劣势是什么？
- 我提高学习成绩的障碍在哪里？
- 我能胜任工作吗？胜任什么样的工作？
- 推荐的课程学习计划。

（2）教师。与教育的应用软件/手机 App 等的互动，并通过大数据分析得到以下需求：

- 我的教学优势是什么？
- 我的教学劣势是什么？
- 我如何因材施教？
- 我需要在教学中增加哪些环节，让学生能够胜任工作？
- 推荐的教学计划。

（3）校长。与教育的应用软件/手机 App 等的互动，并通过大数据分析得到以下需求：

- 引进哪些课程？
- 如何提高教师质量？

（4）教务长。与教育的应用软件/手机 App 等的互动，并通过大数据分析得到以下需求：

- 学生成绩评估分析、反馈；
- 课件的智能评估与反馈；
- 教师的智能评估与反馈。

（5）其他教育社区学生。与教育的应用软件/手机 App 等的互动，并通过大数据分析得到以下需求：

- 本教育社区有哪些优势？
- 本教育社区有哪些劣势？

（6）用人单位。与教育的应用软件/手机 App 等的互动，并通过大数据分析得到以下需求：

- 知识有用性分析；
- 知识完备性分析；
- 岗位技能分析。

18.1.2 基于大数据的教育社区学生/教师个性化服务

在 MOOC 设计中，十分看重大数据的应用。每个学生在其全部学习过程中，对每一个学习对象的全部学习行为，原则上都可以被 MOOC 系统自动记录下来。将数以百万计的学生在线学习的相关数据汇集起来，便形成了庞大的“学习大数据”。接下来，通过宏观和微观分析，把握和揭示“学习大数据”中蕴藏的学习规律，使教师有针对性地及时调整各个教学要素，在大规模学习人群中实施“因材施教”式的个性化教学服务。

18.1.3 基于大数据的教育社区学生行为建模与分析

将学生在教育社区的一切学习行为记录和相关数据均记录下来，建立模型并进行分析，获取和掌握学生的爱好、兴趣、对知识点的掌握程度等信息。

18.1.4 基于大数据的教育社区教学规律分析

通过对教育社区所有的教育大数据分析，得出各种教学规律指标，如学生的学习难点、学生的学习规律、教师的教学规律、教师的讲课方式，等等。通过不断建模、分析、再建模、再分析，逐步完善教学方式，探索出一条适合各类学习者的教学规律。

18.1.5 基于大数据的教育社区个性化教学

传统的课堂采用一个老师教课、众多学生听课的模式，老师讲授方式千篇一律，很难根据每个学生的特点有针对性地进行教学，这是传统教学的最大缺点。而基于大数据的教育社区正好可以弥补传统教学的这个缺陷，它可以真正针对每个学生的学习情况，实现个性化教学。通过对教育大数据的分析，找出每个学生的学习兴趣点、学习难点、学习行为、喜爱的学习方式、喜欢的课程、潜在的天赋，等等，帮助学生尽快掌握所学知识，达到一个比较理想的学习效果。

18.1.6 基于教育大数据的语意问答系统

现有的包括 MOOC 在内的众多的在线教育网站面临的最大问题就是很难实现对学生学习效果的考核。在传统的教学模式中，对学生的考核既有客观题的考核，也有主观题的考核。尤其对于文科类型的科目，主观题的考核显得更为重要。而在线教育由于学生数量众多，对学生的考核不可能完全由人工来完成，因此主观题的考核成为在线教育面临的一个无法逾越的难题。另外，由于在线教育模式中学生和老师无法实现面对面，一旦学生有问题很难直接向教师请教解惑。如何通过机器来判断学生的主观题答案是否合理正确，如何通过机器来回复学生提出的问题显得十分重要，虽然十分困难，但必须得到解决。因此，有必要开发一个基于教育大数据的问答系统。本节给出了一个基于大数据的计算应用示范原型的架构，如图 18-2 所示。

（1）问题提供者的各种背景数据均需要存放到大数据中去，因为通过分析问题提供者的背景，可以得知什么类型的答案将更符合他（她）的标准。本部分主要尝试对提问者的需求进行分析，帮助机器准确理解用户提出的真正问题。例如，针对计算机专业的学生，如果其提出的疑难问题中出现“语言”二字，则显然应当更多地理解为程序设计语言方面的问题；若针对中文系的学生，如果其提出的疑难问题中出现“语言”二字，则需要倾向于理解为语言文学或者语言学等方面的问题。

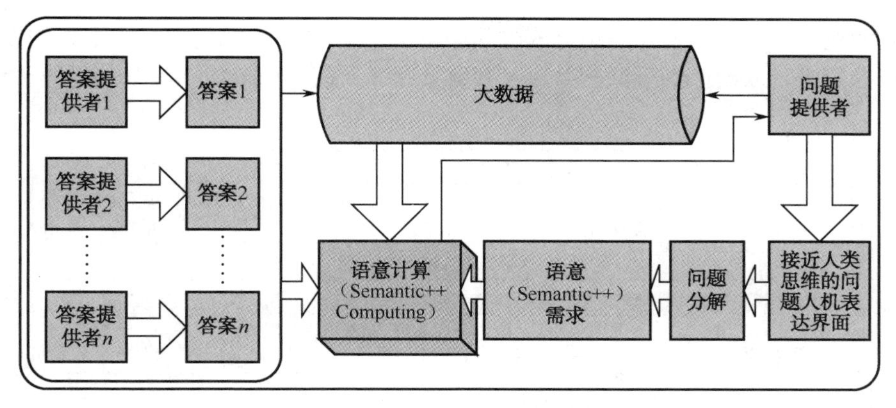

图 18-2 基于大数据的语意问答原型系统

（2）问题提供者需要通过接近人类思维问题的人机表达界面进行编程（SemanPL，语意程序设计语言）。问题经过分解后变成众多的语意（Semantic++）需求，主要实现将学生提出的以自然语言表达出来的问题翻译成机器可以理解的程序设计语言的一个过程。

（3）答案提供者提供各种答案。一旦学生有学习上的问题提出来后，教师不可能回答所有的问题，此时会有很多学生，包括以前学习过的学生主动提供各种答案以供选择，作为备选答案。

（4）通过对各种答案、问题及各种开放域多源知识大数据进行语意计算（Semantic++ Computing）得到最佳的问题答案。主要通过各种复杂的语意计算，计算出符合学生提出问题的最佳答案，可以帮助学生正确理解知识。或者通过计算可以对学生的主观题进行一个比较客观的判断，为主观题的机器阅卷提供可行的基础。

18.2 电子商务大数据

电子商务正在成为一种改变全球商业模式的新的商业模式变革，网上交易成为主流的商务交易方式，各种各样的电子商务网站都在构建一个巨大的商业帝国。目前最著名的电子商务网站有 eBay、阿里巴巴及京东等。这些电子商务网站需要管理各种各样的大数据，包括交易信息等结构化数据、海量电子商务互动数据的半结构化数据及商品的图片、视频、文本介绍等非结构化数据。

18.2.1 电子商务大数据平台架构

如图 18-3 所示为电子商务平台的总架构。

电子商务经过十多年的发展已经十分成熟，众多的电子商务公司已经在技术上积累了十分成熟的经验。基本来说电子商务平台主要包含以下几部分。

（1）电子商务数据中心（基础软硬件）。这是整个电子商务大数据平台的核心部分。一般的电子商务大企业都有至少一个数据中心。数据中心具有管理 20 万台以上的普通机器的能力。与其他平台一样，基础硬件主要包括高性能服务器、存储设备（普通 PC、SAN、NAS 及高速存储设备 SSD 等）、网络设备（路由器、核心交换机、普通交换机等）、机架设备、机房空调、机房。基础软件包括：操作系统（Linux 等）、云文件系统（HDFS 等）、云数据库系统（HBase 等）、关系数据库系统（MySQL 等）、虚拟化软件（VMware 等）。另外如何将成千上万的设备通过合适的方式连接起来，以期达到最好的效果（存储效率、节能、计算效率等），也是一个巨大的难题。

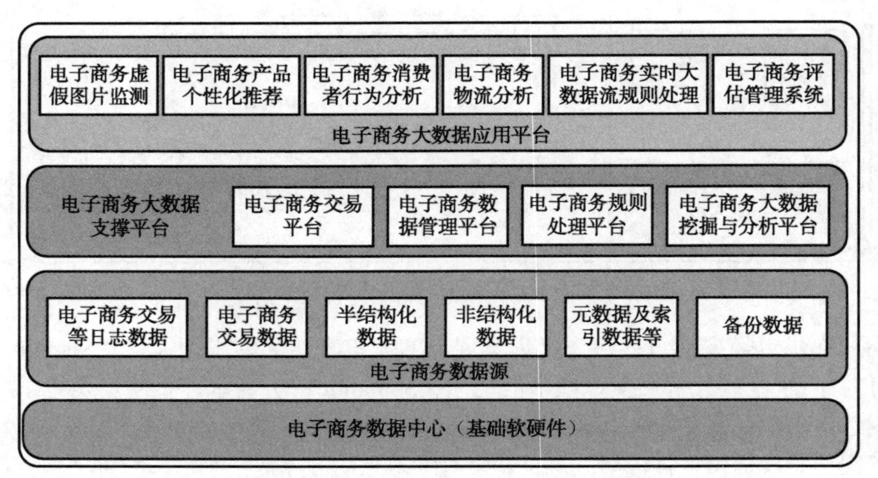

图 18-3　展示了电子商务平台总架构

（2）电子商务数据源。电子商务数据来源众多，简单可以归类为电子商务交易数据、电子商务交易等数据（还包括消费者的电子商务网站的各种行为数据等）、元数据及索引数据、半结构化数据（论坛数据、微博数据、微信数据等）、非结构化数据（大量的电子商务商品图片、文本等）、备份数据。

（3）电子商务大数据支撑平台。电子商务大数据支撑平台属于 SAAS 层内容，它是整个电子商务系统的核心所在。主要负责对来自底层的数据的封装、打包和管理，并提供各种封装的计算模块为上层服务，主要包括电子商务交易平台、电子商务数据管理平台、电子商务规则处理平台及电子商务大数据挖掘与分析平台。

① 电子商务交易平台。主要完成实现电子商务的各种实时交易，并通过电子商务系统来实现。电子商务系统主要包括用户认证、商品交易等管理系统。

② 电子商务数据管理平台。主要负责电子商务交易系统中各种数据的存储、迁移、调度、计算等的管理，并确保数据的高可靠性、高性能等。

③ 电子商务规则处理平台。处理各种基于规则的电子商务应用，如基于用户设置规则的商品推荐系统、基于规则的系统报警应用等。电子商务规则处理平台根据需求不同可以变得十分复杂，其核心技术在本书的第二部分已做了详尽的分析。总的来说，触发电子商务规则的数据可以是来自原始数据的异动而导致的规则触发，也有可能是来自大数据计算后的数据异动所导致的规则触发。

④ 电子商务大数据挖掘与分析平台。该平台主要封装了各种大数据挖掘算法或者模块，为具体的电子商务的大数据应用提供算法支撑。

（4）电子商务大数据应用平台。电子商务大数据应用众多，本节主要给出了六种具体的应用分析：电子商务虚假图片监测、电子商务产品个性化推荐、电子商务消费者行为分析、电子商务物流分析、电子商务实时大数据流规则处理、电子商务评估管理系统。

18.2.2 电子商务虚假图片监测

电子商务交易日益被越来越多的人所接受，但是随之而来的各种欺诈也日益增多。许多的不良商家通过电子商务销售假冒、仿冒及虚假伪劣等产品，严重影响了消费者的利益。大数据分析技术，可以用来判别电子商务上的虚假图片，从而帮助消费者识别真假产品，起到保护消费者权益的作用。

18.2.3 电子商务产品个性化推荐

个性化电子商务服务已经日益成为电子商务发展的主要目标。个性化推荐的核心技术，主要是利用一般的统计分析、时间序列分析来分析该领域的一般统计学指标，然后使用内容推荐算法进行粗略的兴趣检索，划定范围，然后通过用户的固有信息（如个人信息、研究背景）和发表文献的信息作特征提取用户属性，并将这些特征属性与当前科技热点做关联，这样就可以通过算法距离的度量，对其进行相关聚类分析。同时使用社会网络分析、关联规则、pagerank等算法，并结合海量数据为对象的大表连接（Join）处理对数据进行深入的分析。再使用协同过滤算法对这些项进一步过滤和筛选。此外，还可以使用其他的推荐算法。这些算法最终需要在研究中进一步的探索和评估。图18-4是电子商务个性化推荐系统的一个原理。

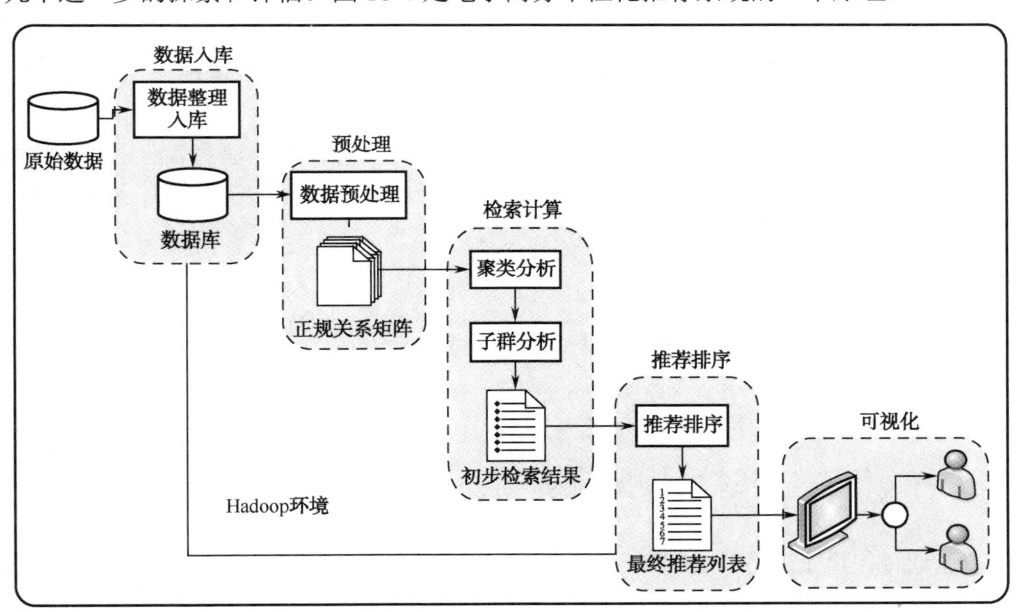

图18-4 电子商务个性化推荐系统基本原理

其主要涉及的基本思路如下。

（1）数据入库：若使用的数据源都是符合不同格式标准的原始数据（endnote 等格式），首先需要通过“数据入库模块”将这些原始数据整理成统一的内部数据格式并写入数据库。

（2）预处理：在进行计算之前，需要将数据库中的数据进行预处理，将其转换成可以直接用于后续分析计算的正规关系矩阵。

（3）检索计算：利用聚类分析和子群分析方法，根据用户输入得到基本的关联的数据结果。

（4）推荐排序：利用合适的推荐排序算法，对检索得到的结果进行干涉排序，输出最终的推荐列表。

（5）可视化：向用户展示推荐列表。

检索计算及推荐排序算法的选择与优化是直接影响系统性能和效率的关键技术。整个电子商务个性化推荐系统是在 Hadoop 等大数据环境下运行的，数据在存取过程中会遇到大表连接的问题，这也是一个世界性的难题。

在电子商务个性化推荐系统中，推荐算法可以划分为四类：基于关联规则的推荐算法、基于内容的推荐算法、协同过滤推荐算法、混合推荐算法。其中，协同过滤推荐算法是目前最广泛使用的方法。

18.2.4 基于电子商务大数据的消费者行为分析

消费者在电子商务网站遗留下的所有行为数据将是电子商务大数据分析的重要数据。通过对该部分数据的分析，可以准确判断消费者的电子商务行为，通过挖掘，可以获得一些新的商机或者为消费者提供更为完美的服务，进一步保持消费者的黏性，留住消费者，并进一步开发消费者的新需求。

18.2.5 基于电子商务大数据的物流

物流是电子商务中极为重要的一个组成部分。物流也往往是影响消费者对电子商务服务评价的最为关键的元素之一。通过对电子商务大数据的分析，可以帮助物流提升服务品质。以下是四个基于电子商务大数据的物流相关应用。

（1）区域销量预测。

（2）基于特定活动的销量预测。

（3）调拨配送网络优化，消费者地址解析，网点揽派范围。

（4）动态库存管理。

18.2.6 电子商务实时大数据流规则处理

消费者通过在电子商务网站对自己感兴趣的商品或者服务等设置主动式语意规则（在本书第二部分已经做了详细阐述），一旦商品价格满足消费者的需求（目前部分电子商务网站已经实现了一些基本的规则处理功能），则立即通知消费者。

对于知名电子商务网站，尤其是巨型电子商务网站，由于用户数量巨大，有些电子商务网站有上千万甚至上亿的用户。假设每个用户一年设置 50 条语意规则，则 1 亿用户在一年之间可以达到 50 亿条规则。如此巨大的规则数量，大数据流时刻在发生变化，随时都可能触发几十万甚至上百万条语意规则。因此，电子商务实时大数据流规则处理系统将是电子商务的一个极为重要的应用。

18.2.7 电子商务评估管理系统

电子商务大数据的分析可以综合反映电子商务行业整体的发展情况，可以实现对众多内容的分析评估，如《全国电子商务交易汇总评估报告》、《地方电子商务发展程度评估报告》、《行业（农产品）电子商务评估报告》，等等。通过这些评估报告可以反映一个国家、地区、行业等的发展趋势等。

18.3 互联网大数据

互联网经过几十年的发展已经积累了巨大的数据量，并成为当今人们不可或缺的基本使用工具，如网上购物、网上搜索、网上看电影、网上听歌、网上股票交易、网上互联网金融，等等。随着大数据技术的逐步发展，互联网积累的巨大数据将发挥更大的作用。最常用的，诸如谷歌通过对搜索数据的分析用来预测流感的发生、分析新闻热点，等等。

互联网数据（包括移动互联网）从广义上来说是所有的通过互联网产生的数据，主要包括互联网公司的各种大数据，如谷歌、百度、FaceBook、新浪微博、微信、朋友圈；各种论坛数据，如天涯论坛等。另外随着移动互联网的飞速发展，移动互联网也产生了大量的互联网数据。

18.3.1 互联网大数据平台架构

互联网大数据平台基本架构主要包含四层：互联网大数据资源层、互联网大数据资源汇聚层、互联网大数据管理层及互联网大数据应用评估层。互联网大数据平台基本架构如图 18-5 所示。

（1）互联网大数据资源层。与其他领域的大数据不一样，互联网大数据不可能由某一个个体单独产生，它必定是由千千万万个公司、机构等的所有数据汇聚而成的。因此，不可能像其他行业的大数据可能只有一个数据中心那样，互联网大数据必定由众多的数据中心所组成。图 18-5 展示了互联网大数据资源层由众多的数据中心所组成，每个数据中心又分别包含了多种类型的数据，如互联网网页数据、互联网论坛数据、社交网络数据（微信、微博等）及其他互联网数据。

（2）互联网大数据资源汇聚层。主要包括互联网大数据清洗、互联网大数据转换、互联网大数据模型。本层主要目标是实现对互联网大数据的标准化工作等，为后面的数据处理打下基础。

（3）互联网大数据管理层：主要包括互联网大数据存储、互联网大数据计算及互联网大数据集成与迁移。本部分属于互联网大数据极其重要的一层，该层的主要目标是实现互联网大数据的优化，包括存储优化、计算优化及集成与迁移优化等。该层的顺利实现将直接关系到互联网大数据的分析与评估的效率、性能问题。

（4）互联网大数据应用评估层。本层主要实现互联网大数据的各种应用及评估。诸如互联网热点信息计算、互联网热点个性化推荐、互联网舆情分析监控、互联网热点趋势分析、基于大数据（计算）流的新闻预警服务等应用。下面将分节介绍。

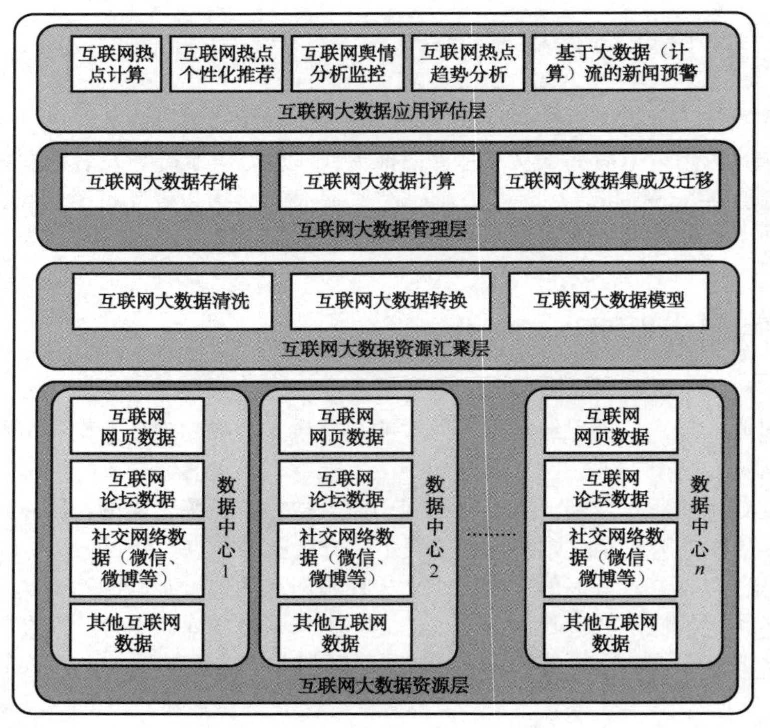

图 18-5　互联网大数据平台架构

18.3.2　互联网热点计算

借助互联网大数据平台，可以实现互联网热点的计算，这些热点包括：

（1）国内热点新闻；

（2）国际热点新闻；

（3）行业热点新闻；

（4）地区热点新闻。

18.3.3　互联网热点个性化推荐

互联网热点个性化推荐包括以下目标：

（1）定向关注点设定；

（2）定向关注信息查看；

（3）定向关注热点新闻；

（4）定向关注信息源查看。

18.3.4　互联网舆情监测

互联网舆情监测包括以下目标：

（1）关键词检索微博；
（2）综合热点微博；
（3）核心用户微博；
（4）时间扩展趋势；
（5）时间推手追踪；
（6）时间信息覆盖面查看。

18.3.5　互联网热点趋势分析预测

互联网热点分析预测包括以下目标：
（1）国内新闻趋势图；
（2）国际新闻趋势图；
（3）行业新闻趋势图；
（4）地区新闻趋势图；
（5）关注时间趋势图。

18.3.6　互联网舆情预警应用

互联网舆情预警应用包括以下目标：
（1）预警条件设定；
（2）预警信息展示；
（3）预警信息报送；
（4）最新热点新闻提醒。

18.3.7　大型网络软件平台的数据采集与分析方案

大型网络软件平台的数据采集与分析方案如图18-6所示。首先，实现对辅助服务数据、大型网络软件平台的平台运行数据及用户数据的采集。将采集所得的数据存储到搭建好的大数据分析平台，由该平台来完成对这些数据的存储、分析与处理等工作。然后，通过该大数据分析平台实现对大型网络软件平台的评估优化（资源组织与优化和资源调度与优化等）与各种应用分析、决策（基于资源访问热度的分析统计、基于地区的资源访问类型分析统计、基于时间段的资源访问分析统计及其他各种分析应用等）工作。最后，研发一个大型网络软件资源个性化推荐系统。通过对用户行为的分析，根据用户的兴趣等来实现个性化推荐。

1．大型网络软件平台的数据采集

图18-7展示了大型网络软件平台的数据采集基本方案。该部分的研究主要实现三大类数据的采集：辅助服务数据的采集、线下体验的用户数据采集及大型网络软件平台的平台运行数据的采集。

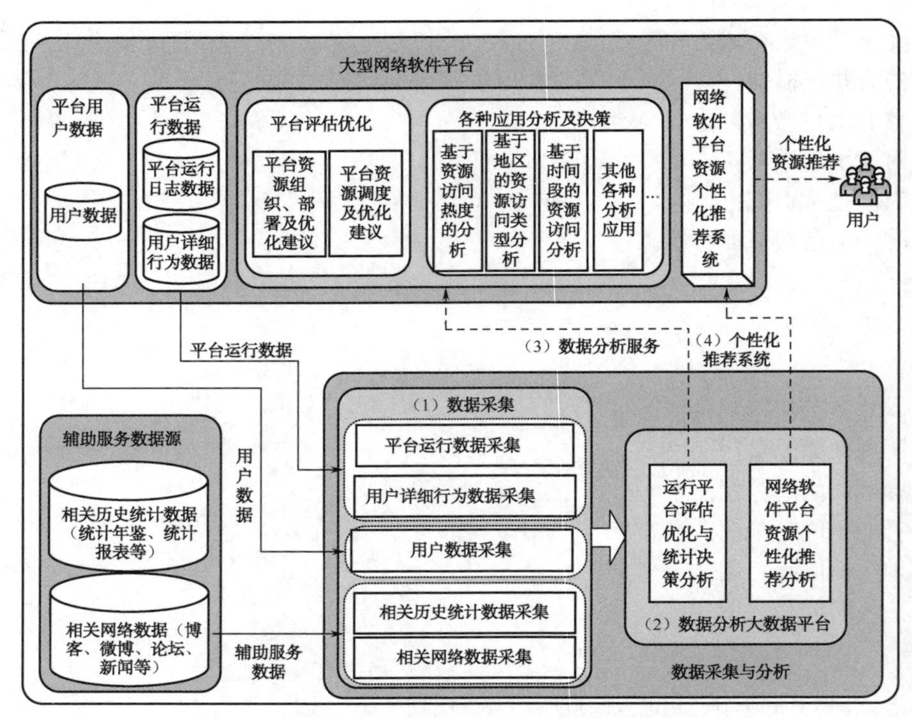

图 18-6　大型网络软件平台的数据采集与分析方案

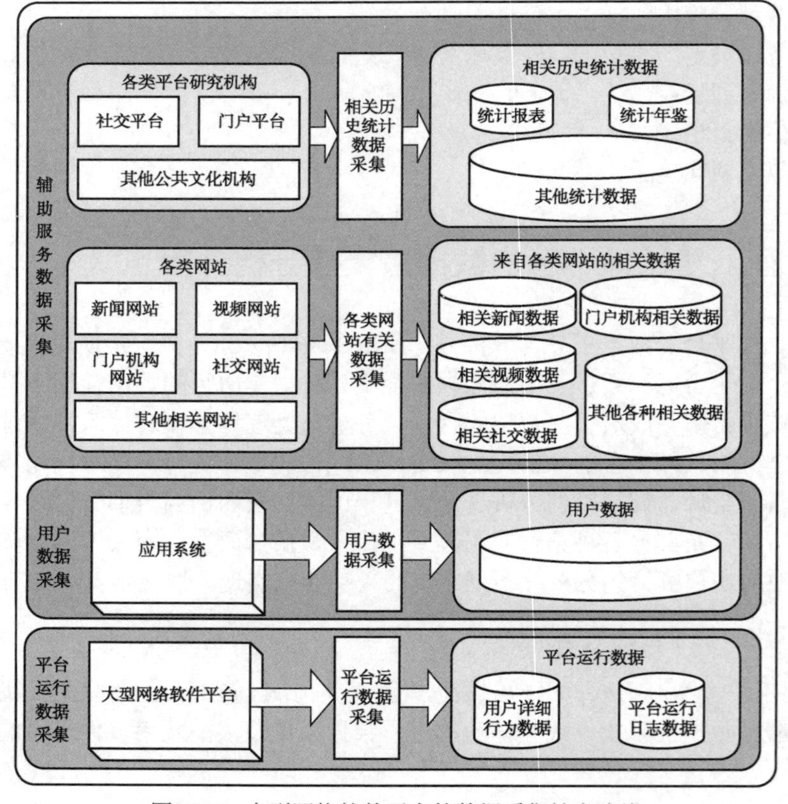

图 18-7　大型网络软件平台的数据采集技术路线

（1）辅助服务数据的采集包括大型网络软件相关历史统计数据的采集和各类网站与大型网络软件有关的数据采集，其中大型网络软件相关历史统计数据的采集主要通过搜集图书馆、博物馆、大型网络软件研究机构、大型网络软件发展中心及其他大型网络软件机构的历史统计数据，形成各种统计报表、统计年鉴及其他的统计数据等，最终实现该部分的数据采集。各类网站与大型网络软件有关数据的采集主要通过对新闻网站、视频网站、大型网络软件机构网站、社交网站及其他与大型网络软件相关网站的数据采集，具体实现方法：通过协商的方式在网站拥有者允许的前提下获取部分数据，或者通过网络抓取软件抓取部分免费公开的数据等。最后形成来自各类网站的与大型网络软件相关的数据，诸如相关新闻数据、相关视频数据、相关社交数据、大型网络软件机构相关数据及其他各种与大型网络软件相关数据等。

（2）用户数据采集。主要从用户应用系统中采集用户的各种数据，尤其是行为数据。将这些用户数据采集后存储到数据库中，供以后分析。

（3）平台运行数据采集。主要采集大型网络软件平台的平台运行数据。主要包括两类数据的采集，分别为平台的运行日志数据及用户的详细行为数据。平台的运行日志数据，直接通过开放接口获取即可。虽然平台的日志会记录用户的行为，但是很多详细的行为仍然难以获取，因此需要开发相应的软件来获取用户的详细行为数据，实现其采集。

2．大型网络软件平台的数据分析及服务实现方法

如图 18-8 所示展示了大型网络软件平台的数据分析及服务实现方法。

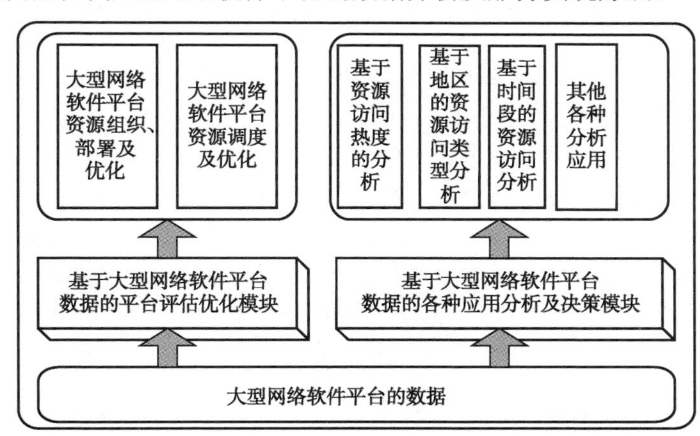

图 18-8 网络软件平台的数据分析及服务实现方法

其基本实施路线：

（1）数据层。从平台数据的大数据分析平台获取各种分析所需的大型网络软件平台的数据。

（2）数据分析层。主要包括基于大型网络软件平台数据的平台评估优化分析，基于大型网络软件平台数据的各种应用分析。它们主要包括需要相应的平台评估优化所对应的方法和策略及各种应用分析和决策的方法、策略。

（3）应用决策层。应用决策层分别与数据分析层对应。平台评估优化分析所对应的应用决策主要有大型网络软件平台的资源组织、部署及优化；大型网络软件平台的资源调度及优化。各种应用分析所对应的应用决策主要有以下几方面。

① 基于资源访问热度的分析；

② 基于地区的资源访问类型分析；

③ 基于时间段的资源访问分析；
④ 其他各种应用分析。

18.4 能源大数据

能源关系到一个国家的经济命脉，因此，如果能够通过分析能源数据，掌控能源运转情况，那么将为国家经济提供服务。本节以能源行业为例对能源大数据进行研究，简单介绍了石油大数据解决方案及智能电网大数据的基本架构，旨在为读者提供一种分析思路。

18.4.1 石油大数据

1. 石油行业现状

石油行业数据量巨大，但是并没有得到较好的应用，目前在石油行业的数据情况可以简要总结如下。

（1）数据量不断激增，数据来源数量大，速度极快，难以管理和利用。目前很多石油数据没有完全保存就被丢弃，对石油数据的分析也没有建立出具体有效的途径。

（2）石油数据结构各异，类型众多。不仅有来自石油行业相关的管理信息系统的、存储在关系数据库中的各种各样的结构化数据，也有来自于各网络平台或者运行系统的半结构化的日志数据，更有众多的石油行业相关视频、音频、图片、文本等各种非结构化数据。

（3）尚未建立有效的石油大数据分析平台。首先，石油行业的数据量不仅有来自石油开采阶段的各种石油大数据，如石油地理环境大数据、石油成分数据、石油开采过程等。其次，在石油的生产阶段也存在各种大数据，如石油的冶炼生产过程大数据、石油成分添加记录大数据。再次，在石油的销售过程也产生了大量的石油大数据，如石油在不同城市，不同物流点的销售和转运等大数据。最后，还有石油消耗大数据，例如，石油在哪些地方、设备（汽车及其他耗油设备等），不同用途的消耗大数据。目前，还没有一个能够综合管理和分析这些数据的平台。

2. 石油大数据总体方案架构

为了更好地利用石油大数据，并利用大数据技术进行分析，以服务于石油行业，那么搭建一个石油大数据平台十分关键。图 18-9 展示了石油大数据的一个总体方案架构。

石油大数据的架构主要由石油大数据基础设施层、石油大数据管理支撑平台层及石油大数据决策管理层组成。

（1）石油大数据基础设施层。该层主要包括高性能计算服务器、高性能存储服务器、网络设备、存储设备（SAN、NAS、SSD 等）、安全设备、虚拟化软件（VMware）等。

（2）石油大数据管理支撑平台层。该层主要包括石油大数据存储平台、石油大数据信息管理平台、石油大数据计算平台及石油大数据集成平台。

（3）石油大数据决策管理层。主要包括以下基于石油大数据计算的决策管理系统：石油大数据可视化展现、全国石油消耗分析、调度预测、油田勘测、全球油价预测、节油解决方案及基于石油的顶层决策。

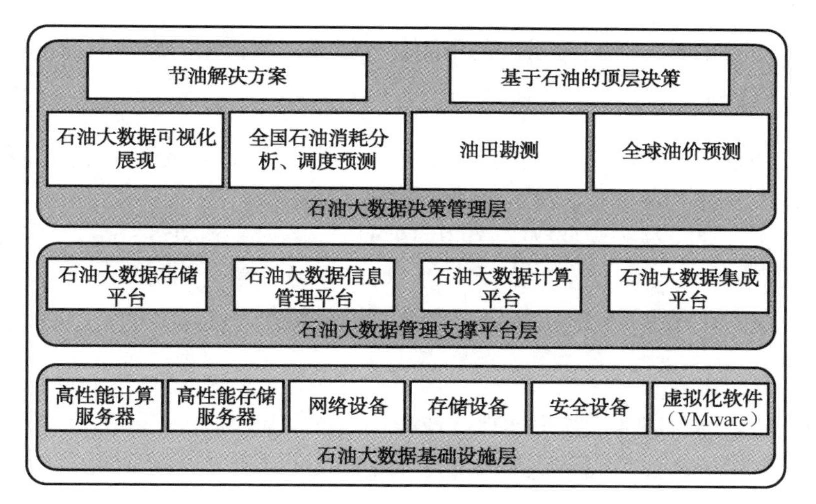

图 18-9　石油大数据架构

3．石油大数据可视化展现

（1）实时呈现全国对石油消耗情况。

① 按地区实时呈现。可以按照全国不同的省份、不同的地市、不同的区县等可视化呈现石油的消耗情况，全面掌握哪些地方消耗石油过多，为今后的石油调度，物流选址，环境污染控制提供依据。

② 按行业实时呈现。可以按照不同行业，例如，冶炼、运输等各种行业可视化呈现这些不同的行业对石油消耗的情况。从而可以较好地掌握哪些行业是石油消耗的主要行业，为今后石油指数的调控提供依据。

③ 按石油消耗类型等实时呈现。石油有多种类型，例如，汽油就有多种不同类型的供加油站使用。通过实时呈现石油消耗类型，可以掌握哪些成品油的使用量比较大，比较受欢迎，为以后的成品油等的冶炼提供依据。

（2）实时呈现石油调度物流运输图。

① 石油跨地区配送。可视化呈现石油跨地区的配送路线图，掌握石油传输与运送的“石油丝绸之路”。

② 优化调配线路。通过分析现有的石油运输路线，分析计算得出更为优化的石油物流运输优化线路。

4．全国石油消耗分析、调度预测

（1）地区/行业需油调度。通过分析地区对石油依赖程度，行业对石油依赖程度，大气污染（雾霾）与石油消耗的因果关系，地区产业化转型预测关系实现满足各种需求的调度功能。

（2）油库建设选址。可以根据油库选址优化与油库调度优化两个指标来进行油库建设的选址工作。尽量满足在石油使用量大，经济效益好的地方进行选址，节省各种石油运输成本等。

5．油田勘测（勘测大数据分析）

（1）油田分布预测。通过分析勘测得到的大数据，分析油田的可能分布情况，实现从李四光找油理论到基于大数据的找油理论的转变。

（2）富油/贫油矿预测。通过分析勘测得到的大数据，分析油田属于富油田还是贫油田。

6．全球油价预测

（1）油价波动预测。预测全球油价在战争、产油能力及原油配送能力这些角度下会产生何种价格的波动，从而可以为应对各种紧急情况做好应急备案。

（2）动态定价。如果有一天全球的石油价格可以与供需关系动态关联，那么就意味着背后需要庞大的数据库支持。这种动态定价目前全球已经在部分地区实现，但只有被普遍采纳后，才能真正有助于控制能源消费，在能源消费过度时价格随之提升。

7．节油解决方案

（1）产业升级。通过石油调配来实现产业升级。针对某些地区，在国家统一调配下，通过缩减对石油的消耗指标，强制实现地方或者行业通过技术改造等逐渐实现技术转型，实现产业升级。

（2）通过行为分析控制能源消费。Opower 和 Tendril 这样的初创公司希望深入消费者本身，了解他们的想法。他们收集大量消费者统计数据，试图分析出影响消费行为的最佳途径。对于石油消费，也可以通过掌握消费者行为，为他们提供个性化的石油消耗服务，以从整体上降低能源消耗，尤其是能源浪费，从而控制能源消费。

8．基于石油的顶层决策

（1）全球油价预测。通过分析欧佩克及全球政治、军事与经济的动荡和发展等情况，实现对全球油价的初步预测，以供顶层决策使用。

（2）国际油田分析。通过对石油大数据的分析，实现对国际油田的准确分析和判断，为参与国际油田的经营等提供决策支持。

（3）输油枢纽分析。通过对石油大数据的分析，实现对输油枢纽的准确分析和判断，为参与输油枢纽的经营等提供决策支持。

（4）石油与产业转型。通过对石油大数据的分析，实现对石油与产业转型的准确分析和判断，为不同地区、不同行业等实现产业转型提供决策支持。

（5）石油与 GDP 增长关联分析。通过对石油大数据的分析，实现石油 GDP 增长的关联关系的准确分析和判断，为以石油经济驱动的经济调控等提供决策支持。

（6）石油与就业率。通过对石油大数据的分析，实现对石油与就业率之间的关系的准确分析和判断，为确保石油消耗与就业率之间的调控等提供决策支持。

（7）石油与社会稳定。石油是整个国民经济的命脉，其在现代工业社会的重要性不言而喻。石油价格的降低将对产油国产生致命的影响，轻则经济停滞，重则社会动荡；同时，石油价格的升高对经济也会产生巨大影响，也将直接推高运输成本，进而导致物价上涨，降低购买力，甚至造成社会动荡。因此，通过对石油大数据的分析，实现对石油综合情况总体的准确分析和判断，为确保社会安定等提供决策支持。

（8）战略石油储备预测。任何国家都必须储备战略石油资源，一旦发生石油短缺，尤其是发生战争，石油将直接影响一个国家的国际民生及军事作战能力。因此，需要通过对石油大数据的分析，实现对战略石油储备预测的准确分析和判断，为国家进行战略石油储备提供决策支持。

18.4.2　智能电网大数据

人们生活的方方面面都离不开电的使用。无论是家庭、工厂还是公司，均需要使用电。然而电属于一种不可存储能源，供应过大就会浪费，供应过小则会出现拉闸等现象。每家每户、每个公司的电表时时刻刻在产生大量的数据。如何通过对电网大数据的挖掘分析，合理设计或优化电网的供应情况显得尤为紧迫。本节将对智能电网大数据做一简要介绍。

1．智能电网大数据管理平台

图 18-10 展示了智能电网大数据管理平台，该平台主要包括三大部分：智能电网基础设施层、智能电网支撑平台层及智能电网大数据管理决策层。

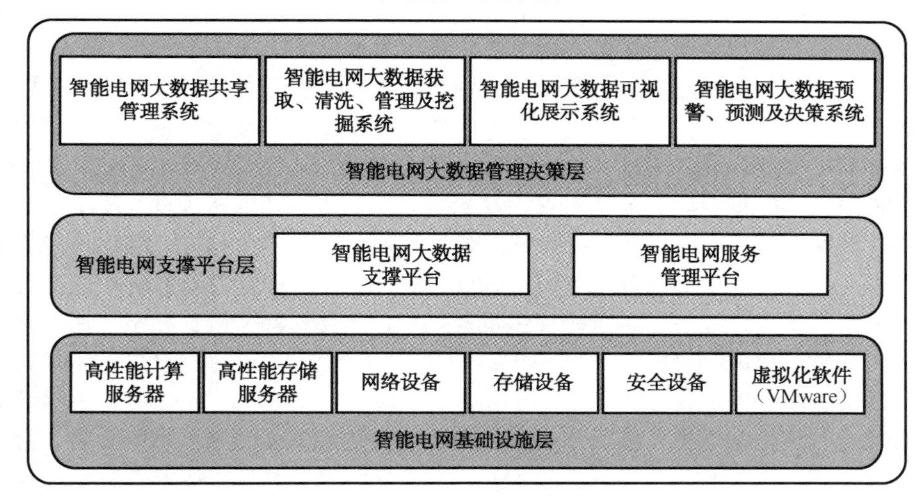

图 18-10　智能电网大数据管理平台

（1）智能电网基础设施层。该层主要包括高性能计算服务器、高性能存储服务器、网络设备、存储设备（SAN、NAS、SSD 等）、安全设备、虚拟化软件（VMware）等。

（2）智能电网支撑平台层。该层主要包括智能电网大数据支撑平台和智能电网服务管理平台。其中智能电网大数据支撑平台需满足以下设计原则：

基于云计算的海量智能数据中心架构设计；

采用智能数据采集、传输和智能数据管理方法；

采用基于列存储的大数据管理、智能分析和挖掘技术研究；

可实现动态、实时、大规模数据表现等。

（3）智能电网大数据管理决策层。该层主要包括智能电网大数据共享管理系统，智能电网大数据获取、清洗、管理及挖掘系统，智能电网大数据可视化展示系统及智能电网大数据预警、预测与决策系统。

2．智能电网基础设施层

智能电网基础设施层需要建立基于云计算的硬件设施，并在此基础上安装云虚拟操作系统，能实现虚拟、海量、多平台、可扩展、可配置的云基础设施；提供虚拟的、可伸缩的、健壮的和高效的集成数据环境和运行展现环境，集成 100 台以上服务器和支持 50TB 以上磁盘空间，扩展支持万台以上的服务器和 PB 级的数据。基础设施层级需要考虑灾备和负载均衡。使用目前主流的云虚拟服务器产品——VMware Vsphere 将若干台服务器、磁盘阵列和路由器虚拟化为若干台不同平台的虚拟机，以支持安装不同操作系统的云支撑环境和应用程序。

3．智能电网支撑平台层

该层需要能够提供多平台的基于浏览器富客户端的云服务端应用的快速部署、动态配置与实时监控。可以将在本地已经开发好的应用程序代码提交到云服务端，并根据要求自动化地部署、运行。该层可以在应用运行时动态配置其所占有的资源，并对其运行时各项指标动态实时监控。

4．智能电网大数据管理决策层

智能电网大数据管理决策层主要实现以下管理决策系统。

（1）智能电网大数据共享系统。数据共享服务技术研究主要包括数据分析、数据处理、数据共享等功能；制定数据服务规范和接口标准；能灵活配置服务接口，根据用户需求提供数据服务；提供多用户支持。

（2）智能电网大数据获取、清洗、管理及挖掘系统。对智能电网各种系统中的运行数据进行数据抽取、转换和加载，并在此基础上进行数据挖掘。支持多数据源，即支持主流的数据库和结构化文本：Oracle、DB2、SQL Server、MySQL、结构化文本、Excel 等。能支持灵活的配置，支持 XML 方式和向导方式。系统提供规范化和标准化的服务模式和服务接口，用户可以使用这些模式和接口简单快速地加载和上传数据。海量数据分析和挖掘能分析亿级的数据规模，提供界面友好的前台分析工具。

（3）智能电网大数据可视化展示系统。智能电网大数据可视化展示系统必须界面友好，使用主流的 RIA 技术，支持报表生成和图形输出；支持数据驱动技术，感知数据的变化；支持多维数据绑定；将智能电网各种实时和历史的运营数据动态、图形化地显示出来，便于决策层实时监控和决策。

（4）智能电网大数据预警、预测及决策系统。智能电网大数据预警、预测及决策系统需要能够实现分析设备可监测特征参数变化与设备状态劣化机理的对应关系。需要开发基于规则和基于模型的故障智能诊断技术，实现对变电一次设备故障模式的实时诊断。采用信息融合技术，综合已投运的变压器油色谱监测分析系统、局部放电在线监测系统、在线测温系统、变电设备绝缘状态在线监测系统的实时状态监测信息，以及环境监测信息和系统运行工况信息，建立输变电设备状态实时动态分析方法，实现对设备状态的变化趋势和风险进行预测等。

18.5　交通大数据

对于未来的城市交通，莱克斯·科斯迈科斯提出了几点看法：①无人驾驶将释放驾驶者的双手；②坐在驾驶仓中的人们将享受与家中相同的娱乐休闲体验，车载应用尽在云端；③未来的城市交通，将是人与车、车与路、路与环境和用户体验的系统工程；④最大的挑战是安全。本节将介绍交通大数据的基本概念、平台架构及一些典型的应用，主要包括基于交通大数据的交通道路设计规划、交通流量预警及LBS定位服务等应用。

1. 交通大数据平台架构

图18-11展示了智能电网大数据管理平台，该平台主要包括四部分：交通大数据资源层、交通大数据资源汇聚层、交通大数据管理层及基于交通大数据的应用。

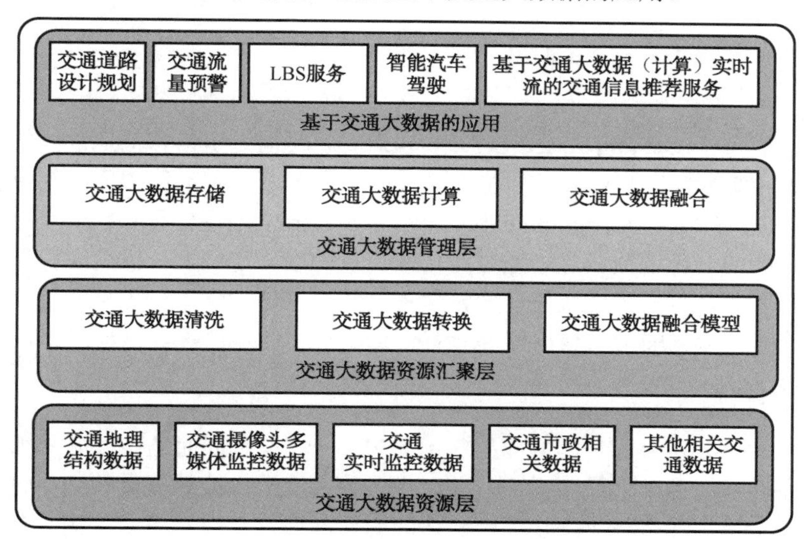

图18-11 交通大数据平台架构

（1）交通大数据资源层。本层主要包括交通地理结构数据、交通摄像头多媒体监控数据、交通实时监控数据、交通市政相关数据及其他相关交通数据。

（2）交通大数据资源汇聚层。本层主要包括交通大数据清洗、交通大数据转换及交通大数据融合模型。

（3）交通大数据管理层。本层主要包括交通大数据存储、交通大数据计算及交通大数据融合。

（4）基于交通大数据的应用。本层主要是基于交通大数据的各种应用系统，主要包括交通道路设计规划、交通流量预警、LBS服务、智能汽车驾驶及基于交通大数据（计算）实时流的交通信息推荐服务。

2. 交通道路设计规划

交通道路规划的基本原则就是设计合理。通过对历史交通数据的分析，可以针对一个城市或地区的交通道路进行合理的规划和设计。从交通数据中我们可以获知哪个地方的人流量大？需要设置几个车道，从哪里到哪里急需一条道路？哪个地方需要建设一座立交桥，哪里需要建设交通地下通道，然而，所有这些问题，在以前均是人为做出一个初步的认定，缺乏科学指导。使用大数据后可以做到更为精准的交通道路设计规划，更加科学化、合理化。

3. 交通流量预警

城市逐步扩展，越来越多的人涌向城市，城市的车流量也越来越大。如果利用遍布在城市的摄像头采集数据，对每条道路、每个路口进行车流的实时监控，并对这些交通大数据进行分析，提前预警某条道路或者某个路口的车流量过大、行驶缓慢，可以为广大车主提供合适的线路规划。又如，在我国节假日时期，高速公路车流量非常惊人，如果能够利用历史数据预测车流量，并提前对此做出预警，不仅可以让市民做好准备或是变更计划，同时也能让交通管理部门及时做出预案，以防交通事故的发生。因此，交通流量预警会大大提高道路交通流畅性，自动进行分流，也将大大减少车主在路上的塞车时间，提高交通服务质量。

4. LBS 定位服务

基于位置的服务（Location Based Service，LBS），是通过电信移动运营商的无线电通信网络（如 GSM 网、CDMA 网）或外部定位方式（如 GPS）获取移动终端用户的位置信息（地理坐标或大地坐标），在 GIS（Geographic Information System，地理信息系统）平台的支持下，为用户提供相应服务的一种增值业务。通过对用户位置的准确定位，分析交通道路大数据，可以为用户提供多种服务，包括生活服务、旅游信息、即时通信、优惠信息推送等。例如，查找最近的快餐店、查找最近的的士、获取好友位置、查找附近优惠，等等。

5. 智能汽车驾驶

智能汽车驾驶主要用来满足四方面的应用需求：一是交通实时监控，获知哪里发生了交通事故、哪里交通拥挤、哪条路最为畅通，并以最快的速度提供给驾驶员和交通管理人员；二是公共车辆管理，实现驾驶员与调度管理中心之间的双向通信，提升商业车辆、公共汽车和出租车的运营效率；三是旅行信息服务，通过多媒介、多终端向外出旅行者及时提供各种交通综合信息；四是车辆辅助控制，利用实时数据辅助驾驶员驾驶汽车，或替代驾驶员自动驾驶汽车。而智能汽车驾驶的实现离不开大数据及大数据技术的背后支撑。

6. 基于交通大数据（计算）实时流的交通信息推荐服务

该项应用主要利用语意规则技术，对来自交通大数据的实时数据进行实时监控（如各种交通物联网采集器实时采集的数据），一旦数据移动范围满足设定的规则，则立即触发规则，进行各种交通信息推荐服务等。有关语意规则及其处理相关技术，在本书第二部分已经做了详尽介绍，在此不再重复。

18.6 宏观经济大数据

建立一个对宏观经济走势具有预测作用的先行指标，将对提升政府宏观经济调控和决策起到有力支撑。通过大数据挖掘发现不同领域间的相关关系，成为人们观察并分析事物的最新视角。市场主体是市场经济的细胞，是社会财富的创造者，与经济发展息息相关，决定了宏观经济发展水平和政府财政收入。企业发展工商指数正是基于对全国市场主体的大数据挖掘分析，并将工商、财政等不同部门的数据放在一起进行比较分析，从而发现其价值，成功预测我国宏观经济走势。本节主要介绍了宏观经济大数据的基本概念、平台架构及一些典型的应用，主要包括基于大数据的 CPI 指数预测、就业指数预测及房价指数预测等。

1．宏观经济大数据平台架构

图 18-12 展示了宏观经济大数据平台架构，它主要包括四层：宏观经济大数据资源层、宏观经济大数据资源汇聚层、宏观经济大数据管理层、基于宏观经济大数据的各种评估系统。

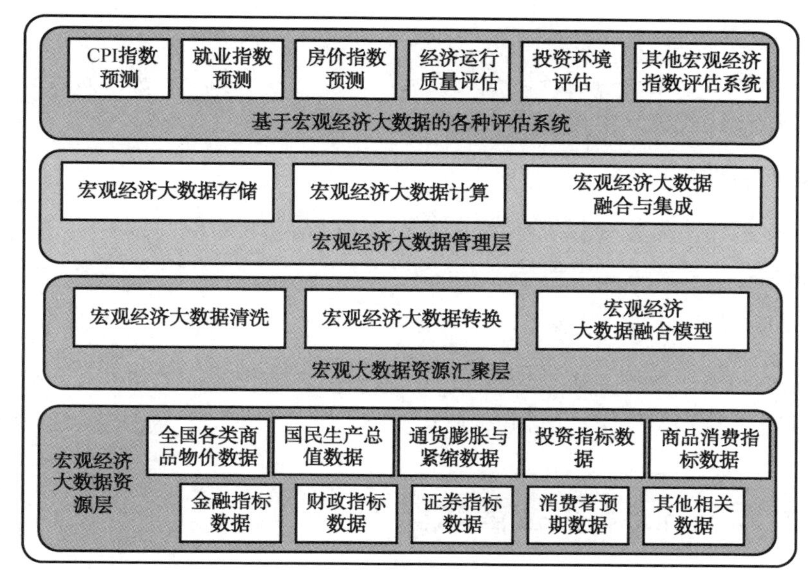

图 18-12 宏观经济大数据平台架构

（1）宏观经济大数据资源层。主要包括宏观经济所涉及的各种数据，如全国各类商品物价数据、国民生产总值数据、通货膨胀与紧缩数据、投资指标数据、商品消费指标数据、金融指标数据、财政指标数据、证券指标数据、消费者预期数据及其他相关数据。

（2）宏观经济大数据资源汇聚层。与其他大数据一样，也主要包括宏观经济大数据清洗、宏观经济大数据转换及宏观经济大数据融合模型。

（3）宏观经济大数据管理层。主要包括宏观经济大数据存储、宏观经济大数据计算、宏观经济大数据集成与融合。

（4）基于宏观经济大数据的各种评估系统。各种应用系统包括 CPI 指数预测、就业指数预测、房价指数预测、经济运行质量评估、投资环境评估、其他宏观经济指数评估系统等。

2．CPI 指数预测

CPI 是居民消费价格指数（Consumer Price Index）的简称。居民消费价格指数是反映居民家庭一般所购买的消费商品和服务价格水平变动情况的宏观经济指标，度量一组代表性消费商品及服务项目的价格水平随时间而变动的相对数，以反映居民家庭购买消费商品及服务的价格水平的变动情况。通过各种宏观经济大数据对 CPI 指数做出预测，以帮助政府部门做出经济决策。

3．就业指数预测

通过各种宏观经济大数据对就业指数做出预测，以帮助政府部门做出经济决策。其相应的就业指数预测模型，由相关领域专家给出。

4．房价指数预测

通过各种宏观经济大数据对房价指数做出预测，以帮助政府部门做出经济决策。其相应的房价指数预测模型，由相关领域专家给出。

5．经济运行质量评估

通过各种宏观经济大数据对经济运行质量进行评估，以帮助政府部门做出经济决策。其相应的经济运行质量评估模型，由相关领域专家给出。

6．投资环境评估

通过各种宏观经济大数据对投资环境进行评估，以帮助政府部门做出经济决策。其相应的投资环境评估模型，由相关领域专家给出。

7．其他宏观经济指数评估系统

通过各种宏观经济大数据对其他宏观经济指数做出评估预测，以帮助政府部门做出经济决策。其相应的经济指数评估模型，由相关领域专家给出。

18.7 进出口食品安全监管大数据

食品安全与社会的每个人息息相关，其重要性不言而喻，而近年来食品安全事件层出不穷，严重危害人们的健康。如何对食品安全进行有效监管已经迫不及待，随着大数据技术的发展，它为食品安全监管提供了一种较为可行的思路。本章以进出口食品安全领域的监管为例，说明大数据如何应用在食品安全监管领域。

在进出口食品安全领域，将针对进出口食品安全和管理的需求，建设进出口食品安全大数据服务平台。汇聚政府各部门的进出口食品安全监管数据、进出口食品检验监测数据、进出口食品生产经营企业索证索票数据、进出口食品安全投诉举报数据，建成进出口食品安全大数据资源库，进行进出口食品安全预警，发现潜在的进出口食品安全问题，促进政府部门间联合监管，为企业、第三方机构、公众提供进出口食品安全大数据服务。

18.7.1 基于大数据的进出口食品安全监管系统总体架构

如图 18-13 所示为基于大数据的进出口食品安全监管架构。

18.7.2 基于大数据的进出口食品安全监测分析

传统的安全监测分析方法主要是对单一类型或单独进出口食品产品进行监测，或根据其历史记录数据进行分析、挖掘等。但是任何食品从其加工到最终的成品，其生命周期不但包括生产、加工、贮藏、运输、销售等诸多环节，还与其他食物网络紧密相关联。

我们可以根据已有的大数据建立起进出口食品网络关系图谱，形成有向加权食品网络，利用最新的复杂网络理论可以大大地提升安全监管的能力。通过分析可以得出：

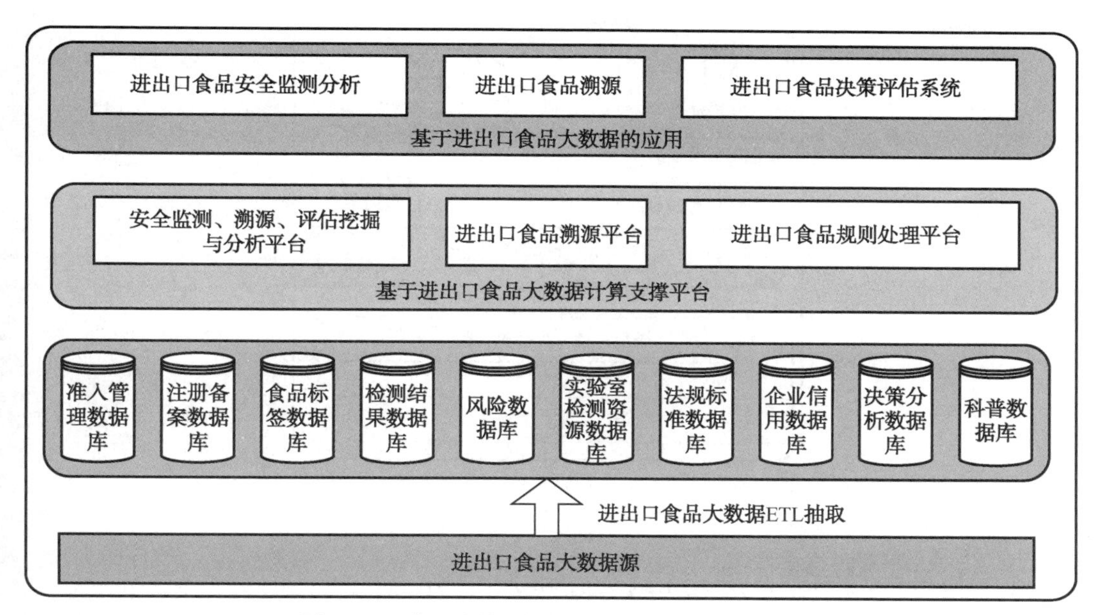

图 18-13　基于大数据的进出口食品安全监管架构

（1）什么不安全食品会造成整个食物链的不安全，同时会造成社会舆论，从而引爆社会关注，对整个食品行业造成巨大的经济损失。

（2）什么产品在整个行业联系最大，影响范围最广。那么这个产品就是重点监测的对象。这样可以解决对个别食品有重点的抽样监测，达到对所有食品进行监测的效果，大大节省人力、物力等。

（3）可以根据某种食品的不安全，预测其他食品的安全概率，这种就可以做到对食品的监测达到积极、主动、事前预防的功能。

18.7.3　基于海量语意规则的进出口食品社会应急分析

国家质检部门要向大众或者相关职能部门发布各种进出口食品社会应急预警信息，赢取时间及时发布信息，可以阻止一些重大的进出口食品危害情况的发生。海量语意规则并行处理系统可以高效、及时处理这些海量语意规则，使得一旦满足规则条件的重大信息发生时，可以第一时间通过通信工具将这些预警信息即时发布给公众，从而避免各种重大进出口食品事故的发生。基于海量语意规则的进出口食品社会应急分析机制如图 18-14 所示。

（1）进出口食品社会应急规则设置员会在海量语意规则系统设置各种有关进出口食品安全的规则。

（2）进出口食品大数据实时接收大数据计算，一旦计算出的结果满足触发某些规则的条件，将触发规则。

（3）一旦规则得到触发，将执行应急预案等，并将这些应急预案自动发送给公众/质检部门负责人或者质检领导等，以便做出社会应急处理等。

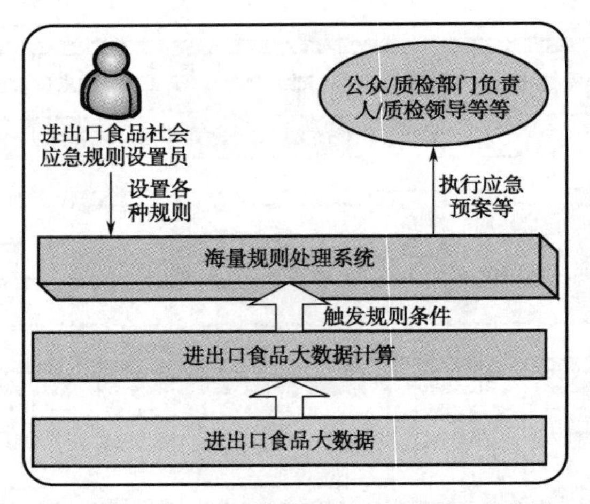

图 18-14　基于海量语意规则的进出口食品社会应急分析架构

18.7.4　基于大数据的进出口食品溯源分析

目前，物联网技术、溯源技术、防伪技术、条码技术、云计算技术等发展迅速，大数据中心也已成型，这为食品全生命周期监测提供了必要的硬件支撑。一旦确定哪些数据需要检测，就可实现食品加工全过程的监控，如果存在食品安全问题，可以回溯整个过程，分析问题存在的时间、地点、原因等。

如图 18-15 所示的食品安全 W7 模型，指出了食品数据起源信息应该包括 who、when、where、how、which、what、why 这七部分。其核心是 what，即记录该数据生命周期内各种事件来描述该数据发生了什么及该数据现在是什么，包括食品本身问题及社会现象对食品的影响等；其他六项都是围绕 what 描述它的信息，描述该食品生产过程，什么时候，在哪儿，怎么发生的，处理过程是怎样进行的，这个过程都有哪些要素、哪些主体参与，导致数据成为现在的状态的原因。其中可以利用 when 的时间坐标为主，以时间戳作为生命周期演变的唯一标识，进行控制和查询展现方式。

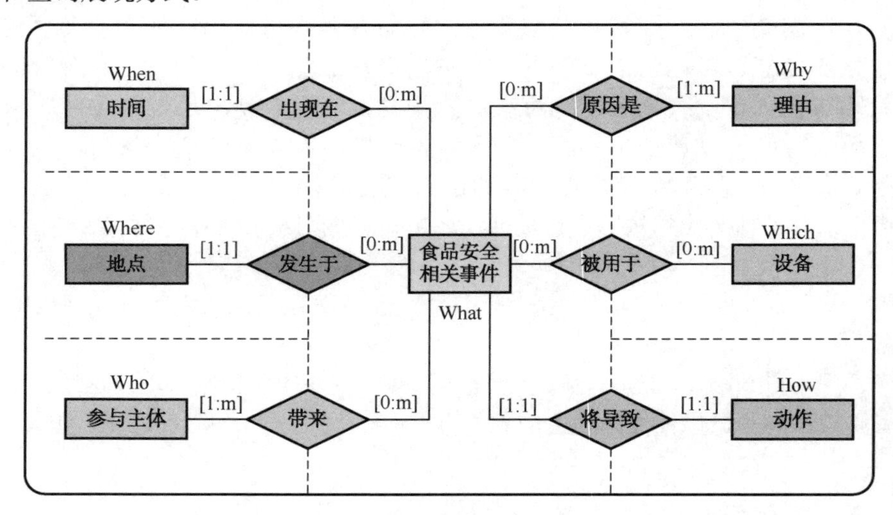

图 18-15　食品安全 W7 模型

18.7.5 基于大数据的进出口食品安全决策

保障食品安全不仅是经济问题，也是涉及社会稳定的政治问题，不仅只是单一部门内部的问题，还涉及与卫生部、农业部、工商总局、粮食局、食品药品监督管理局等12个相关食品安全监管部门相互协同的过程，系统需确保内部及内外的互联互通、业务协同和信息共享。食品安全涉及每一个人的日常生活问题，有危害的食品会引起群集现象，如日本地震引发的抢盐事件，这种从众的社会力量会随着一致性群体活动规模壮大而增强，负面信息对社会经济破坏性极强。应用食品网络，通过各行业大数据支撑，我们可以量化食品网络中涉及的产品，计算出最小损失，即Min（经济+社会政治+文化+其他）。根据食品网络分析出哪些负面食品问题会产生涌现现象，从而采取相应的措施，一是使涌现点不出现；二是延迟涌现时间点，给国家充分的时间进行应对；三是减少涌现群体效应的规模、范围等。

本章小结

本章从教育、电子商务、互联网、能源交通、经济及食品安全共六方面分别介绍大数据的行业应用，提出了相应的大数据平台架构，分析了数据来源，并对大数据的应用效果做了初步设想。

第19章 基于大数据的语意计算及典型应用

大数据技术的出现，使得基于“意念”的语意计算（Semantic++ Computing）的实现成为可能。基于大数据的语意计算应用将越来越成为未来应用的趋势。以下是一个典型的语意计算应用。

某秘书A需要做一个新闻节目，突然脑海里出现一个意念“从YouTube大数据中心找一张男主人公与女主人公手拉手且穿着比较正规的照片”。这是传统搜索做不到的。

19.1 基于大数据的应用领域分析

19.1.1 基于大数据的社交网络领域应用分析

图19-1展示了大数据在社会领域应用的一个总体框架图。来自社会计算领域的各种数据源包括：Google/Google+的网页大数据和社交大数据，Twitter的微博大数据，Facebook的社交大数据，Flickr的图片大数据，天涯论坛的论坛大数据，人人网的各种社交大数据，新浪微博大数据、腾讯微博大数据及其他来自社会计算领域的各类大数据。这些大数据将通过云存储的方式存储到社会网络大数据的存储数据中心中。然后需要通过各种社会计算模型及算法对这些大数据进行各种计算，具体计算包括：广告投放模型和算法、正能量传播模型和算法、谣言终止模型和算法、H1N1、H7N9等流行疾病预测-防范模型和算法、社会事件预测—控制模型和算法、复杂网络大世界模型和算法及其他的各种基于社会计算领域的模型和算法，等等。最后通过这些支撑来自社会计算领域的各种应用服务，主要包括以下几方面。

（1）语意搜索/广告服务。主要通过分析语意社区（Google/Google+社区、Twitter社区、Facebook社区、Flickr社区、天涯论坛社区、人人网社区、新浪微博社区及其腾讯微博社区等）中人和人之间构成的复杂的社会网络及它们之间蕴含的语意关系，尤其是语意社团关系，从而提供更为精确的语意搜索服务、语意广告服务等。

（2）语意疾病监控/预防服务。根据社区的大数据及人物活动关系图，为疾病监控/预防服务提供决策支持。例如，假设某人患有H7N9禽流感，则可以通过他（她）的Facebook所发布的照片或者所发表的言论分析出他去过哪些地方，另外通过其在Facebook的好友群也可以分析出他（她）可能有哪些密切的接触者，从而为H7N9禽流感的监控和防范提供决策服务。

（3）语意谣言监控/管理服务。通过分析谣言在社会网络的传播途径，找出谣言的核心传递社团、结构洞节点等，为监控、制止谣言的继续传播提供可行的技术方案。如果对那些链接一个社团和另外一个的“结构洞”节点注入正能量进行免疫，能够让谣言失去传染性，以阻止谣言的继续传播；或者让其朝积极的方向发展，从而加快谣言的破灭速度。

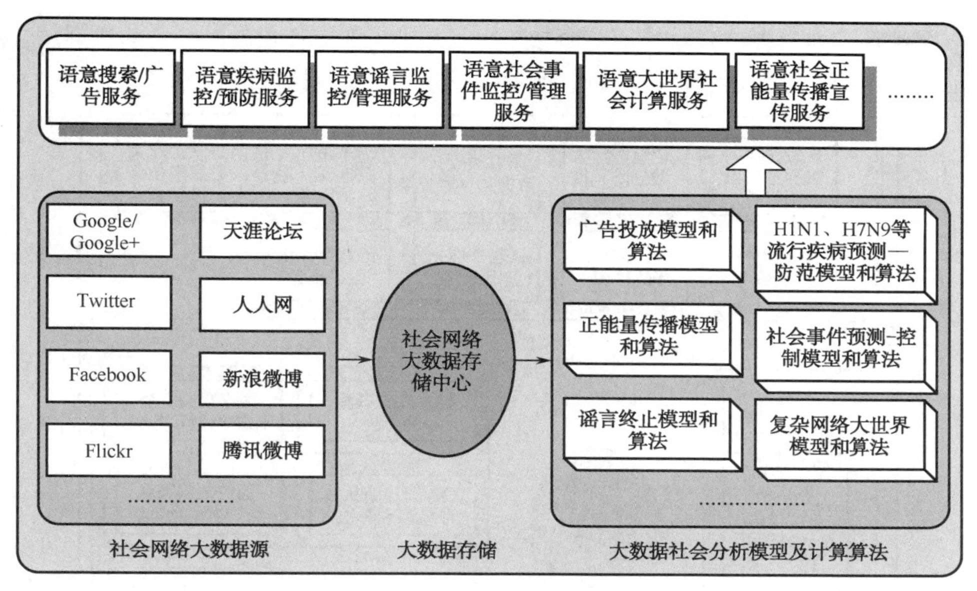

图 19-1 大数据在社会领域应用

（4）语意社会事件监控/管理服务。随着经济的不断发展，人类知识水平的不断提高，民众参与社会活动的人数越来越多，频率也越来越高。一旦人数达到一定数量、频率达到一定量级，难免会出现各种社会矛盾激化甚至失控的事件，通过实施对各种社区的复杂网络的分析，可以为社会事件的监控和管理提供各种行之有效的语意服务，从而不断引导社会活动事件始终往良性的方向发展，避免很多社会冲突事件的发生。

（5）语意大世界社会计算服务。以前的小样本数据的计算主要面向计算的精度和小世界服务。“小世界网络”是社会网络在发展初期的一种初态，诞生了很多基于它的著名理论，如“六度理论”。而随着大数据时代的到来，数据无论从量、从质或是类型上均朝着发散、广度、深度和极大规模的方向发展。从而基于这些大数据的“大世界网络”理论必将应运而生。语意大世界将不同于小样本时代的分析小世界网络的小规律。大世界网络将分析世界万事万物之间的一种关联，并从这种关联中得出各种可能的语意关联，在人与自然、人与环境之间建立起一种囊括世界万事万物的相生相克的各种规律。

（6）语意社会正能量传播宣传服务。以微博、社交网络为主体的新闻传播模式，无论在传播的时效性、传播的范围、传播的深度及传播的广度上已经远远超出传统的新闻传播媒介。通过分析这种复杂社会网络的拓扑机制及蕴含的各种语意关系，如果能够正确利用，将会很好地为社会正能量的传播提供一种极为有效的方式。

19.1.2 基于大数据的医疗领域应用分析

图 19-2 展示了大数据在医疗领域应用的一个总体框架图。来自医疗领域的各种数据源包括医院医疗病历大数据、医疗传感器大数据、个人基因测序大数据、医护中心大数据及其他来自医疗领域的大数据。这些大数据将通过云存储的方式存储到医疗大数据存储中心中。然后需要通过大数据医疗领域分析模型及计算算法对这些大数据进行各种计算，具体计算包括：隐私定义模型和算法、直接/间接隐私抽取模型和算法、医疗数据共享模型和计算算法、医疗数据安全

保护模型和算法、医疗数据隐私保护模型和算法、基于大数据计算的医疗诊断模型和算法，等等。最后通过这些支撑来自医疗领域的各种应用服务，主要包括以下几方面。

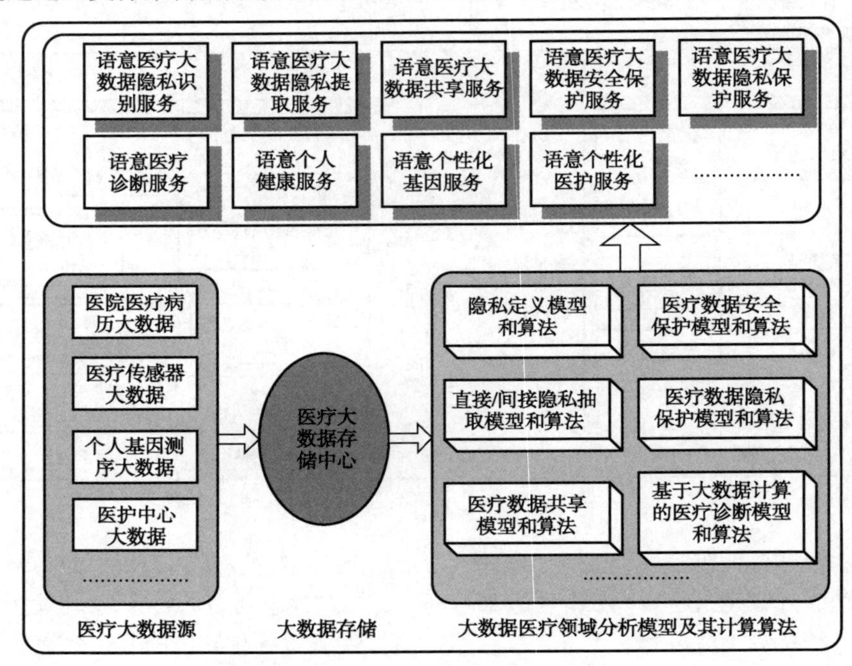

图 19-2　大数据在医疗领域应用

（1）语意医疗大数据隐私识别服务。在医疗领域，数据的隐私性显得特别重要。因此，如何识别医疗大数据的隐私信息成为一个十分关键的问题。隐私信息分为直接隐私和间接隐私。直接隐私是那种不需要对原始大数据做任何计算便可以进行识别的信息。而间接隐私是那些需要通过隐私识别算法针对原始大数据进行一次甚至多次计算后得出的、潜在的可能泄露用户隐私信息的信息。这种间接隐私的识别将是一项十分复杂而艰巨的工作，需要开发设计许多间接隐私识别算法来完成该项工作。

（2）语意医疗大数据隐私提取服务。当隐私信息（包括直接隐私和间接隐私）被识别后，需要对这些隐私信息进行相应的提取。因此如何提取隐私信息也是一个十分关键的部分。一般来说，我们可以给隐私信息赋予一定的语意标记，通过语意标记，再采用一定的语意信息提取算法，可以将这些隐私信息安全提取出来。

（3）语意医疗大数据共享服务。医疗大数据共享具有十分重要的意义，共享的医疗数据尤其是共享的医疗病历可以帮助来自世界各地的医生从共享的数据中获取有用信息，提高医疗业务水平，并从整体上提高临床诊断精确率、手续成功率及医疗技术水平等。因此如何将医疗大数据在云环境下进行安全共享将成为一个十分关键的问题，有许多共享技术均需要去实现，甚至许多共享语意服务、语意服务的合成显得尤为重要。

（4）语意医疗大数据安全保护服务。医疗大数据是一种重要的战略资源，而该资源的原始性也是人命关天的大事。故必须保证医疗资源在共享过程中的安全。如果医疗数据被修改或是缺失，极有可能导致误诊，轻则可能给病人带来轻度医疗事故，重则带来生命危险。因此，需要建立一种语意医疗大数据的安全保护服务，确保医疗数据在整个时空转换的过程中始终处于一种安全可控的状态。

（5）语意医疗大数据隐私保护服务。医疗数据的隐私保护显得尤其重要，因为医疗信息记录着病人的各种隐私信息，一旦信息出现泄露将对病人造成无法弥补的伤害。如果某人得了乙肝，且他的这一隐私信息被恶意泄露，那么，极有可能让他丢掉工作也很难重新找到工作，他将在生活中遭受各种常人难以想象的歧视，于是对于他而言，没有获得有效保护的隐私（乙肝）带给他的不仅仅是身体上的伤害更是精神上的折磨。（注：根据国内外法律规定，那些危害社会安全的传染病不属于隐私保护范围，如某人得了 H7N9 禽流感或者 SARS 这类传染病，不属于隐私信息，必须对全社会公开，防止传染给更多的人。）

（6）语意医疗诊断服务。共享的医疗大数据服务，可以将医生手边的临床病例和历史相关病例进行比较，尤其是和著名医生的历史临床病例及经典的临床病例进行比较，可以更为准确地对现有的临床病例进行诊断，提高医治的准确性，实现对症下药，降低误诊率，进而提高语意医疗诊断服务的能力。

（7）语意个人健康服务。随着物联网的发展，可穿戴医疗设备井喷式出现，这些设备时刻监控着人的身体器官的生理状态，并持续向医疗中心发送监控数据，医疗中心根据各种医疗大数据的计算模型和算法，为人类提供个性化的语意个人健康服务。

（8）语意个性化基因服务。随着基因测序水平的不断提高，人类对自己的基因认知在不断破解。许多疾病尤其是遗传病与基因本身密切相关。通过语意个性化基因服务，为自身预防遗传病发作，以及在日常生活中应采取的生活方式提供基因医学上的支撑（如有心脏病的人不适宜长时间参加剧烈球类运动等）。

（9）语意个性化医护服务。随着人类生活水平的提高，对医护服务的需求也将不断提高。语意个性化医护服务将针对不同人的经济水平、爱好及生活习惯等提供个性化的医护服务，增加享受医护服务人员的满意度和舒适度。

19.1.3 基于大数据的政府领域应用分析

图 19-3 展示了大数据在政府领域应用的一个总体框架图。来自政府领域的各种数据源包括电子政务大数据、交通大数据、农业大数据、环保监控大数据、博物馆/档案馆大数据、自然灾害应急大数据、政府公共管理大数据、政府宏观经济运行大数据等。首先，这些大数据将通过云存储的方式存储到政府大数据的存储中心；然后，需要通过大数据政府领域分析模型及计算算法对这些大数据进行各种计算，具体包括：语意电子政务模型和算法、环境监测（PM2.5 等）模型和算法、交通导航模型和算法、电子档案安全长期保存安全模型和算法、政府公共管理模型和安全应急算法、政府自然灾害预警模型和算法，等等；最后，通过这些支撑来自政府领域的各种应用服务，主要包括以下几方面。

（1）语意电子政务服务。现有的电子政务系统由于没有大数据及相关关键技术的支撑，很难提供具有语意的电子政务服务。大部分的政府网站仅仅提供一个网页，网页上的大部分信息是静态的甚至是过期的。相反，语意电子政务信息允许所有公众根据自己的需求，设定一定的规则，一旦政务信息发送后，可以在第一时刻获取信息等。如图 19-4 所示是基于大数据的语意电子政务体系架构。

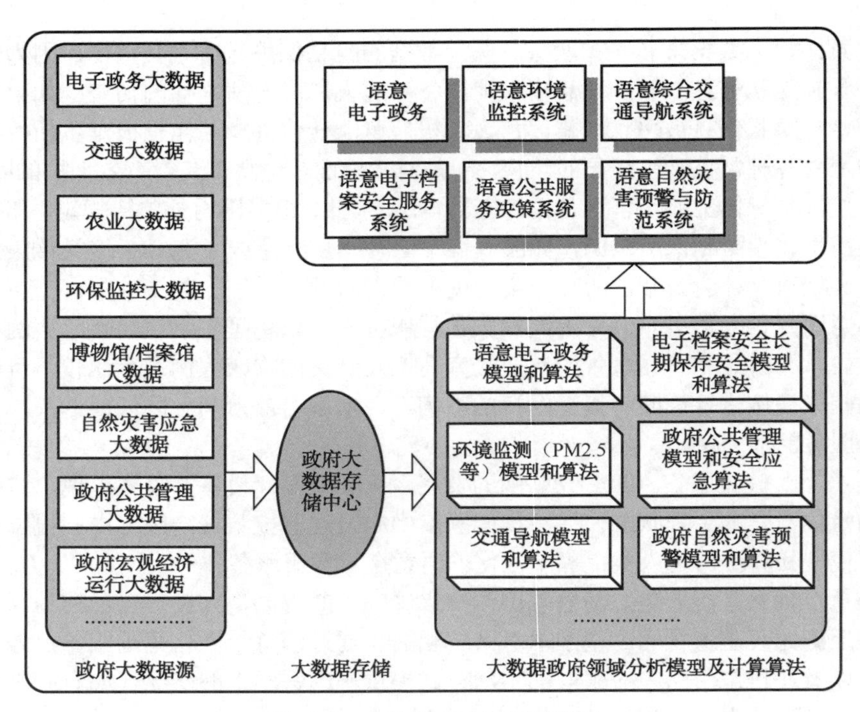

图 19-3　大数据在政府领域应用

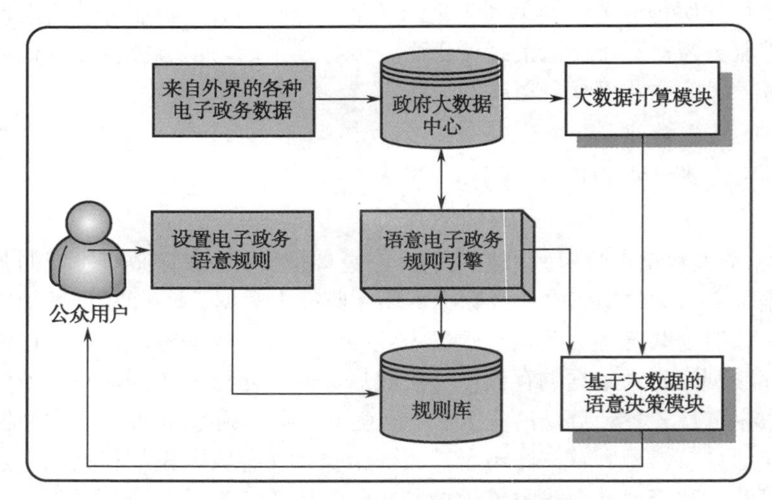

图 19-4　基于大数据的语意电子政务体系架构

公众用户可以设置任意的电子政务语意规则，这些规则被存放到规则库中。政府大数据中心将随时接收来自外界的各种电子政务数据。语意电子政务规则引擎时刻监控政府大数据中心的数据变化情况，一旦数据变化触发了某条/些规则，则立即执行大数据计算，同时实施基于大数据的语意决策，第一时间告知公众用户，按照其设定的语意电子政务规则获得的结果。例如，某人参加了公务员考试，如果该人设定了规则 “一旦成绩出来，立即发信息到我手机”。此时，一旦政府大数据中心收到公务员考试成绩，则将立即触发规则，可以第一时刻将其公务员考试成绩发送到他手机上，及时让他了解政务信息。

（2）语意环境监控系统。随着经济的不断发展，虽然各项经济指标都上去了，但是空气污染、水污染、食品污染等越来越严重。如何应对环境污染带来的巨大危害，并采取必要的技术措施监控环境，已迫在眉睫。语意环境监控系统可以随时监控空气中 PM2.5 的值，水中的重金属含量，食品中的有毒物质的含量，等等。系统随时搜集来自各种物联网的数据（如空气中 PM2.5 监测传感器等），一旦达到污染程度立即做出相应反馈给相关部门并采取应对措施。

（3）语意综合交通导航系统。城市交通已经成为反映一个城市管理水平高低的最为显著的指标之一。城市交通中布置的成千上万的摄像头时刻监控各个路段的车流量和拥堵情况。并能够随时将这些监控数据源源不断地发向交通大数据中心，大数据中心通过各种计算模型和算法对来自各个摄像头、监测点的数据随时进行实时计算，时刻报告各个路段的交通状况，引导人们避免行走交通拥堵地段，打造出一个具有语意的综合交通导航系统。

（4）语意电子档案安全服务系统。政府公共服务中一项重要的服务就是电子档案服务。电子档案记载着与人们息息相关的各种数据，在法理上具有证据的作用。人们可以通过查找电子档案来为自己服务。例如，如果产生房产纠纷，自己的房产证又弄丢失了，则可以到电子档案服务中心查找电子档案来证明自己拥有合法非房产权利。因此，电子档案这种政府资源是一种对安全性要求极高的数据，语意电子档案安全服务将必不可少。

（5）语意公共服务决策系统。政府需要随时根据民意对人民群众最关心的事情做出合法合理的决策。因此对各种公共资源数据进行大数据的计算和分析，然后做出正确的决策，为民众排忧解难显得十分必要，语意公共服务决策系统就是这种基于大数据计算的系统。例如，通过分析网上民意或者来自其他途径的政府公共数据，决定是否有必要在某个校区设立公交站点，等等。

（6）语意自然灾害预警与防范系统。我国是一个自然灾害多发的国家，洪水、地震、冰灾、泥石流等时刻威胁着人们的生命财产安全。语意自然灾害预警与防范系统就是要通过对自然界的各种大数据进行搜集，然后在一定的模型下进行大数据的计算，预测出可能发生的自然灾害，提前预警并告知民众，从而在最大程度上降低自然灾害的危害程度。

19.1.4　基于大数据的金融领域应用分析

图 19-5 展示了大数据在金融领域应用的一个总体框架图。来自金融领域的各种数据源包括国内银行大数据、国内证券交易大数据、国内期货交易大数据、国际证券交易大数据、国际期货交易大数据、国际银行大数据、国内贸易大数据、国际贸易大数据及其他金融领域的大数据。这些大数据将通过云存储的方式存储到金融大数据的存储数据中心中。然后需要通过大数据金融领域分析模型及计算算法对这些大数据进行各种计算，包括：银行业风险防范模型和算法、证券业风险防范模型和算法、期货业风险防范模型和算法、贸易风险防范模型和算法、金融危机防范模型和算法、金融决策模型和算法，等等。最后通过这些支撑来自金融领域的各种应用服务，主要包括：①语意银行风险监控/防范系统；②语意证券风险监控/防范系统；③语意期货风险监控/防范系统；④语意贸易风险监控/防范系统；⑤语意金融危机风险监控/防范系统；⑥语意金融决策系统。

各种语意金融风险监控/防范系统和语意金融决策系统均为针对历史上各种金融产品大数据进行分析和计算，根据计算结果来实施各种语意金融风险监控/防范系统及语意金融决策服务。

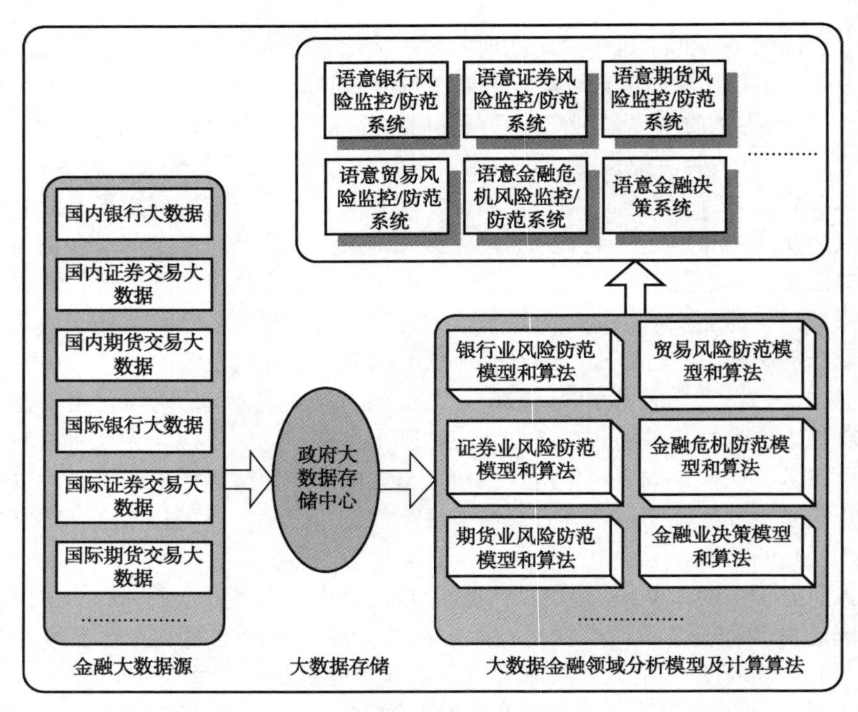

图 19-5　大数据在金融领域应用

19.1.5　基于大数据的企业计算应用分析

图 19-6 展示了大数据在企业应用的一个总体框架图。来自企业的各种数据源包括企业生产大数据、企业销售大数据、企业市场大数据、企业产品大数据、企业财务大数据、企业员工管理大数据、企业客户信息大数据、企业其他信息大数据及其他的所有来自企业的大数据。这些大数据将通过云存储的方式存储到企业大数据的存储数据中心中。然后需要通过大数据企业领域分析模型及计算算法对这些大数据进行各种计算，具体计算包括：多源异构数据清洗模型和算法、多源异构数据融合模型和算法、企业结构化数据语意分析模型和算法、企业非结构化数据语意分析模型和算法、企业不确定性数据语意分析和算法、分布式大数据挖掘模型和算法，等等。最后通过这些支撑来自企业的各种应用服务，主要包括以下几方面。

（1）企业潜在客户语意挖掘。通过对企业数据仓库中存储的大数据分析，分析客户的产品或者服务需求，判断客户可能购买的本企业的产品或服务，从而实现精准营销，挖掘企业的潜在客户，提高服务质量。

（2）企业目标市场语意定位。通过研究历史销售大数据，经过语意分析，得出企业的产品受众人群，从而做出企业目标市场的语意定位，实施有针对性的产品或者客户开发，提高企业的产品竞争力及营销竞争力等。

（3）企业商业情报语意分析。通过搜集各种与企业有关的数据（如，销售数据、产品数据、微博数据、客户针对企业产品的博客与论坛数据、客户反馈数据等），然后建立模型，对这些大数据实施计算和分析后得到对企业有价值的商业情报，以挖掘企业在生产、管理、销售和研发等过程中所面临问题的根本原因，及时做出调整和改进，最终转化为生产力，提高企业的盈利能力。

（4）语意企业决策服务。企业的决策不能依靠个人（如董事长、总经理）喜好来决定，它应该是基于对大量数据的分析之后做出的最有价值的决策。语意企业决策服务就是要通过对企业的各种大数据进行分析，达到帮助企业决策者做出有效且有价值的决策的目的。

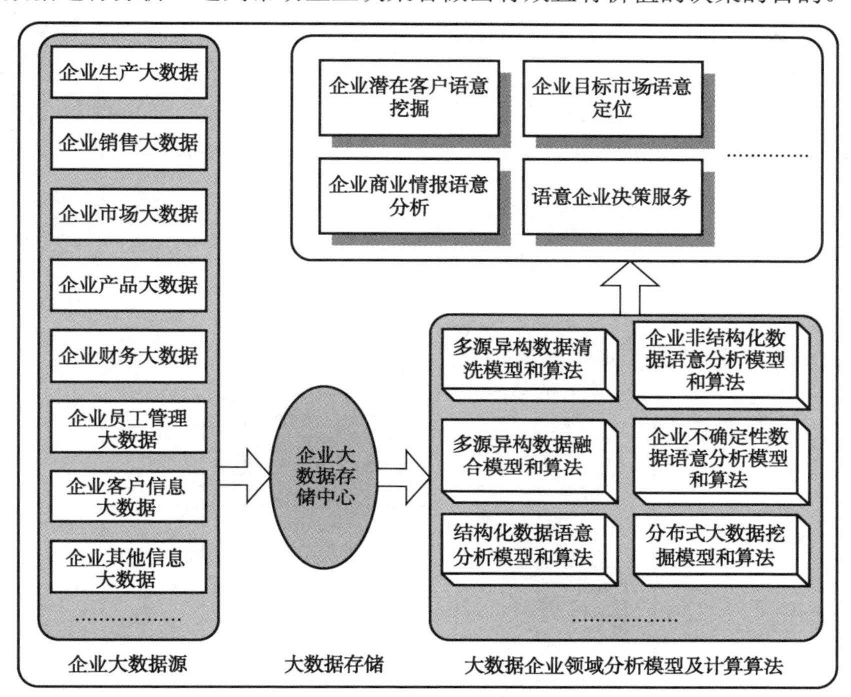

图 19-6　大数据在企业应用

19.2　语意搜索引擎

搜索引擎的发展历史大致经历了如下五个阶段。

（1）第一代搜索引擎。这一代搜索引擎的典型特征就是通过目录分级来实现的，最典型的代表就是 Yahoo!最早期的搜索引擎。

（2）第二代搜索引擎。这一代搜索引擎的典型特征就是基于关键词的搜索，现在商业搜索引擎大部分属于此类搜索引擎，最典型的代表有谷歌搜索引擎。

（3）第三代搜索引擎。这一代搜索引擎典型的特征就是使用本体库、标签库、知识库等语义计算技术，通过资源的概念级的匹配来实现，目前众多的科研机构或者科研团队开发了此类搜索引擎，称为语义搜索引擎（Semantic Search Engine）。在商业搜索引擎中，也有部分功能应用了语义技术，但是尚未大规模应用于商业搜索引擎。

（4）第四代搜索引擎。第四代搜索引擎是在第三类搜索引擎的基础上所做的进一步改进，也是一种基于人类意念的搜索引擎，能够更多地将人类的简单意念内容搜索出来，我们称之为语意搜索引擎（Semantic+ Search Engine）。例如，在电子病历库中，将包含“清华大学图标”的所有电子病历搜索出来。

（5）第五代搜索引擎。第五代搜索引擎是一种真正的基于“意念”的搜索。由于大数据技术的出现，很多以前无法实现的“复杂意念”，现在具有实现的可能。例如，某个新闻工作者在做某个新闻报道时，闪过意念“需要一张奥巴马与夫人手牵手且穿着比较正规的照片”。这种复杂的意念的搜索离不开大数据的支撑，包括从大数据中心里，经过大量的基于大数据的计算和分析后才能够得到所需要的结果。这种搜索引擎我们将其定义为语意搜索引擎（Semantic++ Search Engine）。

下面我们分别简要介绍传统搜索引擎、语义搜索引擎（Semantic Search Engine）、语意搜索引擎（Semantic+ Search Engine）和语意搜索引擎（Semantic++ Search Engine），并对典型案例进行分析。

19.2.1　传统搜索引擎

图 19-7 展示了传统搜索引擎的总体架构，主要包含以下八部分。

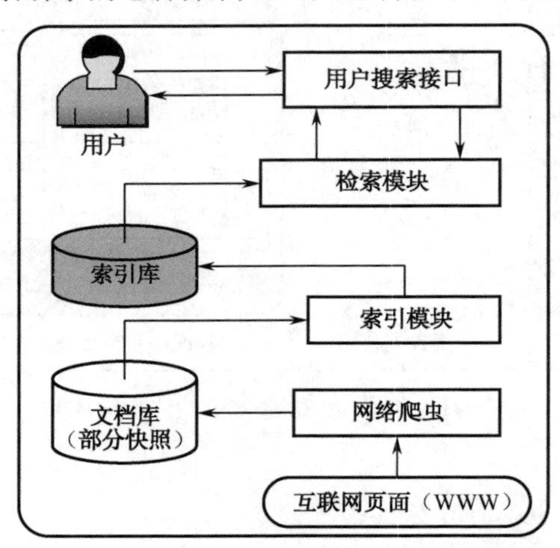

图 19-7　传统搜索引擎架构

（1）用户：各种搜索用户。

（2）用户搜索接口：搜索引擎入口。

（3）检索模块：主要实现从索引库中查找出符合搜索条件的结果，然后反馈给该用户。

（4）索引库：针对互联网上的各种网页或者文件所形成的供用户进行检索的索引库。索引库是一个很大的文件，现在主要使用云数据库来进行存储。例如，谷歌公司使用 BigTable 云数据库来存储索引文件。

（5）建立索引模块：对从网络上搜索得到的网页或者文件建立索引的过程。

（6）文档库（部分快照）：一般来说搜索引擎不会存储网页上的文件和网页，但是会有选择性地存储网页的部分材料，形成一个缓存。一旦原始的网页或者文件不能访问，则可以访问该快照，得到部分缓存的内容。

（7）网络爬虫：实现从互联网上不断爬取网页。网络爬虫是一个自动提取网页的程序，利用搜索引擎从万维网上下载网页，是搜索引擎的重要组成。传统爬虫从一个或若干初始网页的 URL 开始，获得初始网页上的 URL，在抓取网页的过程中，不断从当前页面上抽取新的 URL

放入队列，直到满足系统的一定停止条件。

（8）互联网页面（WWW）：各种万维网页面。

19.2.2 语义搜索引擎（Semantic Search Engine）

图 19-8 展示了一种语义搜索引擎的总体架构，主要包含如下八部分。

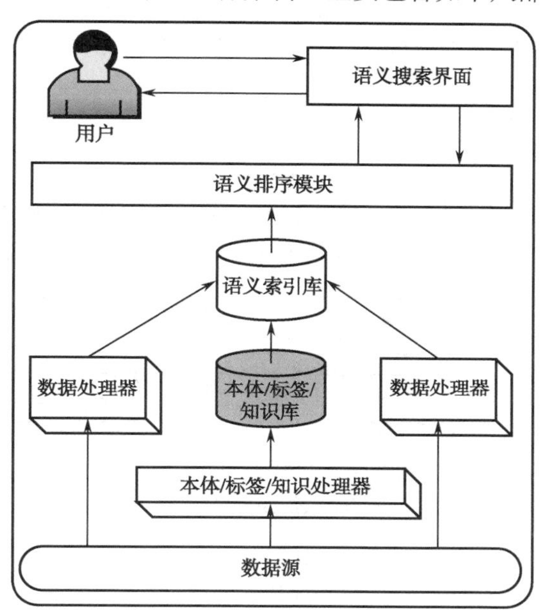

图 19-8 一个语义搜索引擎架构

（1）用户：各种语义搜索引擎用户。

（2）语义搜索界面：语义搜索引擎入口，不同的开发者采用的界面不尽相同。

（3）语义排序模块：采用本体技术、标签技术及知识库等语义技术对搜索结果等进行语义排序，从而提高查询效率，同时得到更加具有丰富语义的内容等，受语义索引库支持。

（4）语义索引库：搜索引擎的核心部分，是基于各种语义技术（本体技术、标签技术及知识库等技术）所建立起来的索引库。

（5）本体/标签/知识库：通过本体技术、标签技术及知识处理技术所形成的相应的本体/标签/知识库。

（6）本体/标签/知识库处理器：针对各种互联网数据通过本体技术、标签技术及知识处理技术进行相应的处理并形成所需的知识。

（7）数据处理器：针对互联网的各种数据源进行数据处理，为索引库提供语义技术支持。

（8）数据源：互联网各种网页、多媒体文件、文本文件、数据库文件等。

19.2.3 语意搜索引擎（Semantic+ Search Engine）

如图 19-9 所示展示了一种由加州大学欧文分校 Phillip C-Y Sheu 提出的语意（Semantic+）

搜索引擎的总体架构，主要包含九部分。

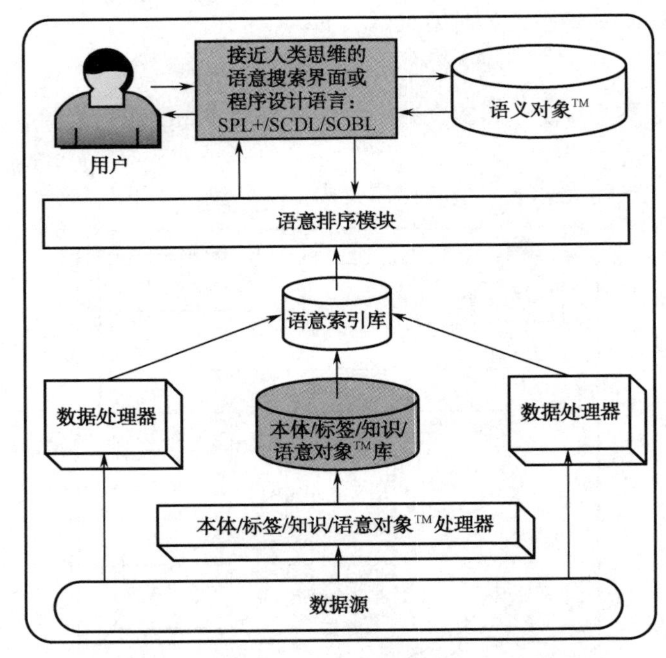

图 19-9　一个语意（Semantic+）搜索引擎架构

（Phillip C-Y Sheu, IEEE Fellow, UCI）

（1）用户：语意（Semantic+）搜索引擎用户。

（2）接近人类思维的语意搜索界面或程序设计语言 SPL+/SCDL/SOBL。为了让机器能够更好地理解人类的“意念”，因此需要设计一种接近人类思维的语意搜索界面。另外，为了在人和机器之间能够有效传递“意念”，除了可以使用一种接近人类思维的界面之外，还可以使用一种接近人类思维的程序设计语言。SPL+、SCDL 及 SOBL 分别是三种接近人类思维的说明式程序设计语言。SPL+程序设计语言即 Semantic+ Programming Language，它是一种说明式程序设计语言。SCDL 程序设计语言即 Semantic Capability Description Language ，它是一种语意（义）能力描述语言。SOBL 语意（义）对象行为语言（SemanticObjects™ Behavior Language）是一种说明式的陈述语言，用于开发数据库驱动的应用，支持复杂的用户交互，主要由一个 SemanticObjects™ 的对象关系开发框架所支持。该语言扩展结构化自然语言，携带语义信息，能够面向非程序员使用，降低软件的开发难度。总之，这三种程序设计语言均为接近人类思维的说明式程序设计语言，有利于在人和机器之间传递“意念”。

（3）语意对象 ™。语义对象开发框架 SO™（SemanticObjects™）由加州大学尔湾分校和日本 NEC 公司共同开发，是一个关系对象开发框架。SemanticObjects™ 是一个关系对象开发框架，由于今天关系数据库已经占据了绝大部分市场份额，已经开发出大量的关系数据库应用系统，因此，如果放弃从用户需求中获得的关系模型，再根据原来的用户需求重新设计对象模式将耗费巨大的升级成本。于是 SemanticObjects™ 采用对象关系模型，在关系数据顶层增加了一个对象关系层（Object Relational Layer），这样就将数据库不同层次的数据以统一的对象形式实现无缝集成。可以在这些对象中定义一系列的属性和操作（方法），通过这样一些属性和方法来操作或检索数据，并且这些方法的功能将大大超过一般的形式化查询语言如 SQL，因为对于一些抽象的属性和依赖于领域的方法，现有的数据库查询语言是无法实现的。

（4）语意排序模块。采用本体技术、标签技术及知识库等语义技术对搜索结果等进行语义排序，从而提高查询效率，同时得到更加具有丰富语义的内容等，受语义索引库支持。

（5）语意索引库。它是搜索引擎的核心部分，是基于各种语义技术（本体技术、标签技术及知识库等技术）所建立起来的索引库。

（6）本体/标签/知识/语意对象™库。针对各种互联网数据通过本体技术、标签技术、知识处理技术及语意对象™技术进行相应的处理并形成所需的知识库。

（7）本体/标签/知识库/语意对象™处理器。针对各种互联网数据通过本体技术、标签技术及知识处理技术进行相应的处理并形成所需的知识。

（8）数据处理器。针对互联网的各种数据源进行数据处理，为索引库提供语意（Semantic+）技术支持。

（9）数据源：互联网各种网页、多媒体文件、文本文件、数据库文件，等等。

19.2.4　语意搜索引擎（Semantic++ Search Engine）

如图19-10所示展示了一个语意（Semantic++）搜索引擎架构，主要包含七部分。

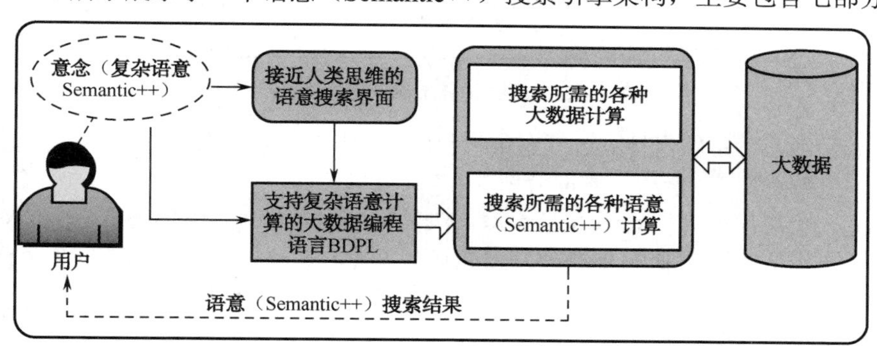

图19-10　一个语意（Semantic++）搜索引擎架构

（1）用户：各种语意（Semantic++）搜索引擎用户。

（2）用户意念：包括复杂语意在内的用户的各种搜索意念，如：“大家最喜欢在淘宝上买什么商品？”

（3）接近人类思维的语意搜索界面。语意（Semantic++）搜索引擎为了更好地在人和物（机器、移动设备等）之间进行“意念”交流，因此需要一个接近人类思维的语意（Semantic++）搜索界面。

（4）支持复杂语意计算的大数据编程语言BDPL。BDPL（Big Data Programming Language）我们已经在前面章节做了详细介绍，它是一种接近人类思维的程序设计语言。

（5）搜索所需的各种语意计算。

（6）搜索所需的各种大数据计算：各种大数据计算，如MapReduce计算、大数据并行计算算法、大数据实时处理计算算法等。

（7）大数据：各种大数据资源。

19.3 语意金融

图 19-11 展示了一个典型的语意计算（Semantic++ Computing）的案例（语意金融）。投资者打算对自己的 10 万元进行投资，然而他（她）并不知道应该如何投资，因此他（她）可以将该问题交给语意金融问答系统来完成。该语意计算系统会提供给用户一个接近人类思维的人机界面，引导用户输入他（她）的投资需求，结合投资所需的金融模型并通过基于大数据的语意计算得到他（她）所需要的最佳投资组合，给出投资建议。

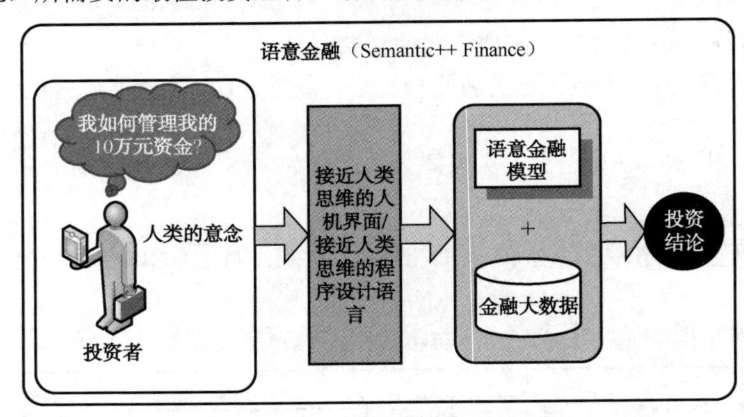

图 19-11　语意计算案例（语意金融）

（1）语意金融意念：任何打算进行金融投资的人的投资想法。如："如何管理资金，让每年的收益最大？""采取何种合适的还贷最划算？"。

（2）接近人类思维的人机界面/接近人类思维的程序设计语言。因为语意金融的对象均为普通的群众，大部分人没有任何编程基础，因此需要设计一个接近人类思维的人机界面，或者提供一种让普通人都能够编程的程序设计语言，让普通人均能够编写程序将自己的"金融意念"能够被表达出来并被计算机所理解。

（3）语意金融模型：各种语意金融模型，能够实现与用户的语意金融需求进行匹配，从而为用户的语意需求进行大数据计算提供模型基础。

（4）金融大数据：各类金融大数据，如银行大数据、证券大数据、电子商务交易大数据、电子商务网站所有注册用户信息等。

（5）投资结论：基于各种语意金融模型和金融大数据，按照用户的各种语意需求进行相应的各种计算后得出的结论。

19.4 语意旅游

个性化旅游已逐渐成为越来越多人和家庭的首要选择。这就是所谓的定制，即通过某种方式让我们能够按照自己的旅游需求（"意念"），为自己的旅游安排一个符合自己"意念"的旅游行程。本小节简要介绍语意旅游。

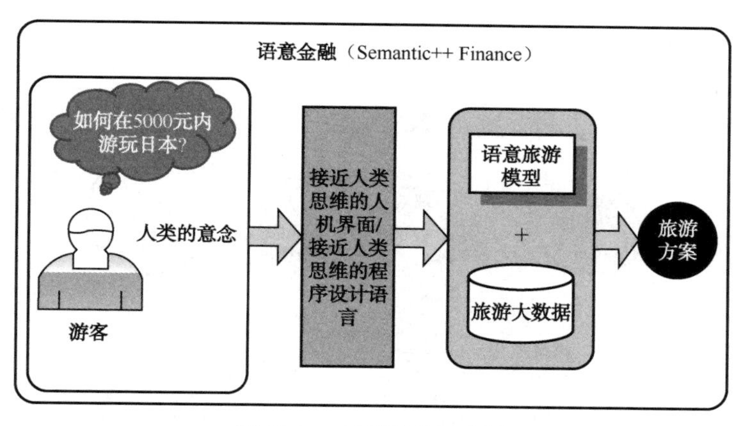

图 19-12　语意旅游示意图

（1）语意旅游意念：游客的旅游想法，如“花费 2000 美元实现五个最值得旅游城市的旅游计划”、“找一个离圆明园最近且出行方便的价格合理实惠的宾馆”。

（2）接近人类思维的人机界面：与语意金融一样，语意旅游的对象也均为普通群众，大部分人没有任何编程基础，因此需要设计一个接近人类思维的人机界面，或者提供一种让普通人都能够编程的程序设计语言，让普通人均能够编写程序将自己的“旅游计划意念”能够被表达出来并被计算机所理解。

（3）语意旅游需求模型建立：建立各种语意旅游模型，能够实现与游客的语意旅游需求进行匹配，从而为旅游计划的语意需求进行大数据计算提供模型基础。

（4）旅游大数据：各类旅游大数据，如旅游交通大数据、宾馆大数据、旅游景点大数据、气象大数据及历史旅游记录大数据等。

（5）旅游线路规划：基于各种语意旅游模型和旅游大数据，按照游客的各种语意需求进行相应的各种计算后得出的具体旅游线路规划结论。

规则系统在各行各业都得到了极好的应用。例如，机器人规则处理应用系统、医疗规则并行处理系统，等等。为了更清楚地展示海量语意规则并行处理方法，下一节将通过一个案例完整地描述处理中的主要过程，包括规则描述、海量语意规则网的生成与优化、海量语意规则网的划分及任务分配等。

19.5　语意电子商务

19.5.1　案例概述

本章以校园社区网络作为案例来分析海量语意规则并行处理。在学校中，学生或者老师可以在校园新闻子系统、校园票务子系统、教务子系统、科研子系统、校园租赁子系统及校园超市子系统六大系统中设置属于自己的大粒度或者小粒度等各种粒度的规则。用户设定规则后，一旦规则的条件被满足，则规则将立即触发并执行相应的动作。

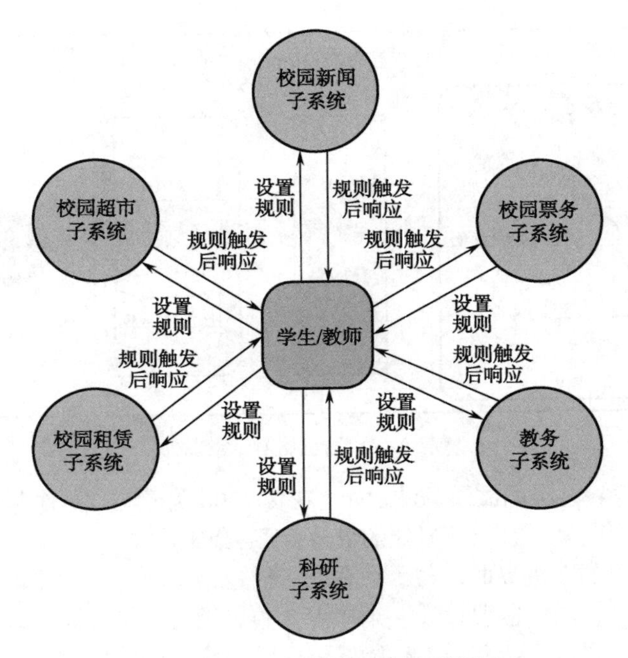

图 19-13　校园海量语意规则社区网

假设在一个校园社区网中，学生与教师的数量之和为 5 万人。若平均每人在上述六大系统中分别设置 200 条规则，则整个校园社区网络涉及 5 万×200=1000 万条的海量语意规则。

19.5.2　校园社区网规则举例

1. 关系表设计

假设本校园社区网中包含的部分关系数据表（每个子系统选取一个有代表性的表）如下：

（1）校园新闻子系统——新闻表（新闻编号、新闻标题、新闻发布日期）。

（2）校园票务子系统——航班表（航班号、出发城市、出发日期、目的城市、返回日期、返回时间、仓位等级、航空公司、票价、折扣率）。

（3）教务子系统——成绩表（学号、姓名、课程名称、成绩）。

（4）科研子系统——项目表（项目编号、项目年度、项目类型、项目负责人、项目经费、经费余额、项目开始日期、项目结束日期）。

（5）校园租赁子系统——出租房信息表（出租房编号、出租房区域、出租房类型、出租房户型、出租房价格）。

（6）校园超市子系统——商品表（商品编号、商品类型、商品名称、商品价格、商品折扣、商品生产日期、商品颜色）。

2. 校园社区网规则举例

（1）大粒度/中粒度规则举例。

【案例 19-1】 如果学校 BBS 系统中的新闻标题出现包含“黄色”两个字，那么将包含“黄色”两字的所有新闻内容发送到规则设定人网络信息监管员的邮箱，以便进行内容合法性的审核，如图 19-14 所示。

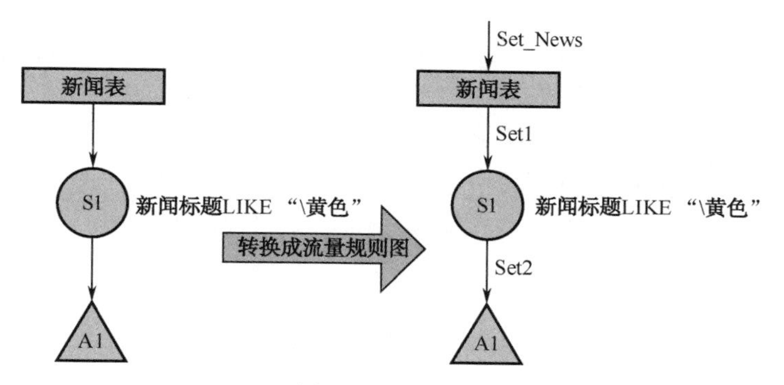

图 19-14　规则 1

【案例 19-2】 如果出发城市为纽约，目的城市为北京并且航班价格降低到 600 元以下，那么将所有航班信息发送给规则设定人——准备近期出去旅游的教师谢凯，如图 19-15 所示。

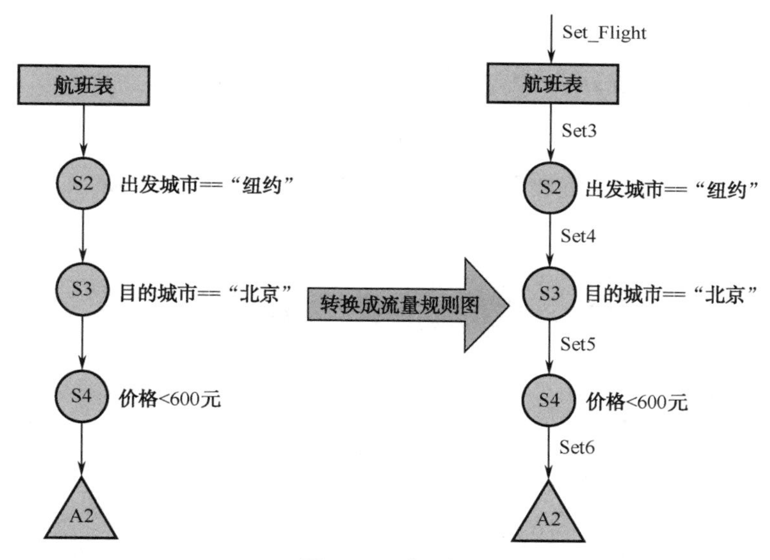

图 19-15　规则 2

【案例 19-3】 如果出租房户型为一室一厅且价格低于 1200 元/月时，那么将所有这些满足条件的出租房信息发送给规则设定人——准备租住房子的学生刘加，如图 19-16 所示。

【案例 19-4】 如果饮料类商品价格小于 5 元/瓶，那么将相应信息发送给规则设定人——想购买饮料的学生胡兵，如图 19-17 所示。

【案例 19-5】 如果饮料类商品价格小于 5 元/瓶，或者奶制品类商品价格小于 10 元/瓶，那么将信息发送给规则设定人——想购买饮料或者奶制品的教师徐丽，如图 19-18 所示。

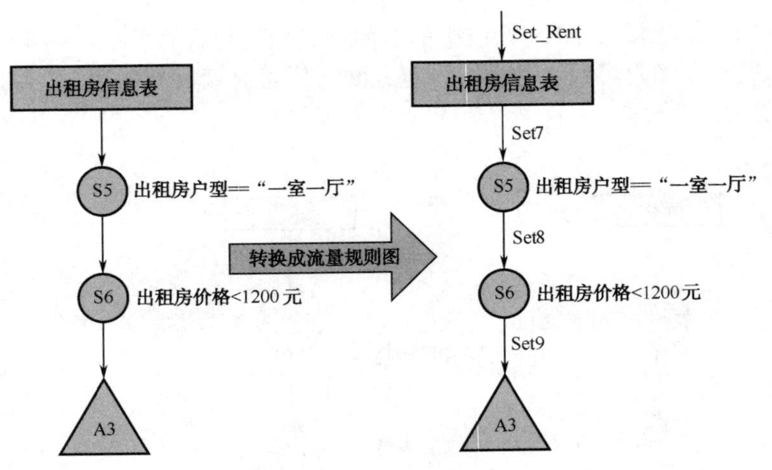

图 19-16 规则 3

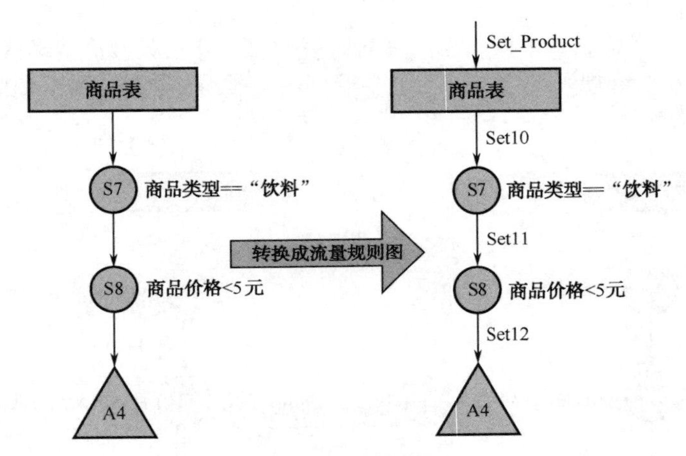

图 19-17 规则 4

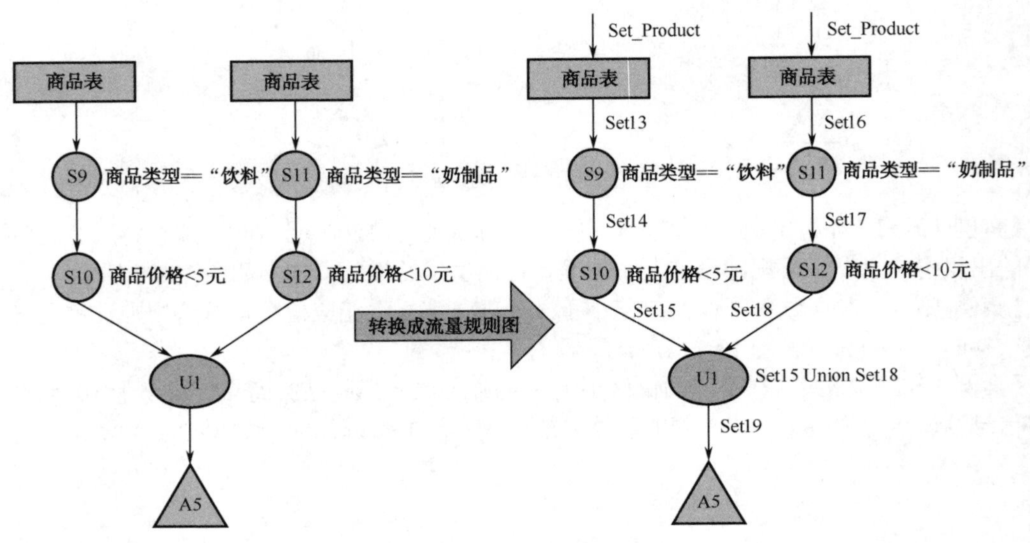

图 19-18 规则 5

（2）小粒度规则举例。

【案例 19-6】 如果可口可乐价格小于 2.8 元/瓶；并且生产日期 2016 年 3 月 15 日后，那么将相应信息发送给规则设定人——学生李美玲，如图 19-19 所示。

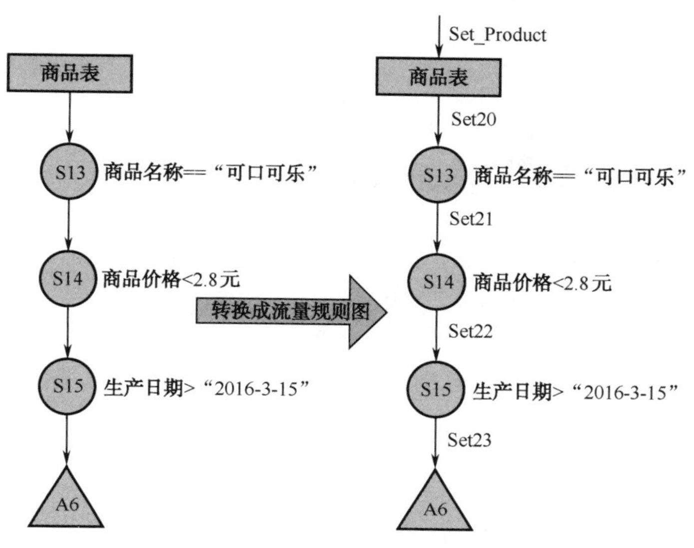

图 19-19 规则 6

【案例 19-7】 如果学号为 20080001 的学生龚元的数据库成绩考试成绩被公布（条件：成绩>0，假设老师在没有输入成绩时候默认成绩为 0 分），那么将数据库成绩发送给规则设定人龚元，如图 19-20 所示。

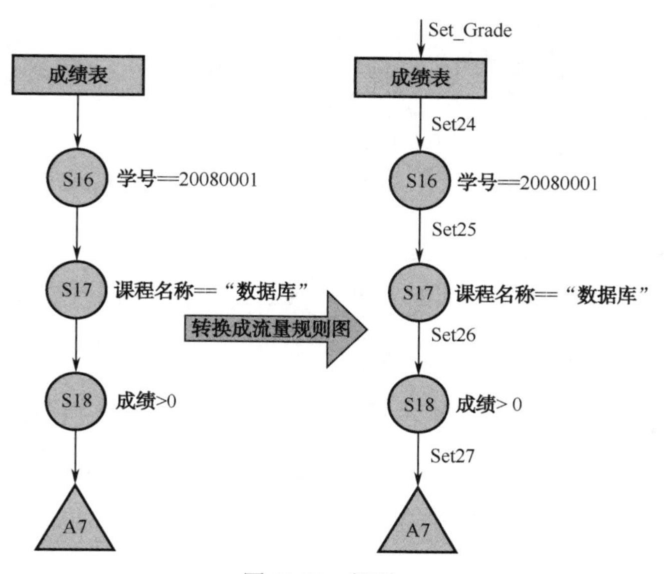

图 19-20 规则 7

【案例 19-8】 如果教师钱敏的编号为 Research001 的国家自然科学基金项目的经费余额低于 2000 元，那么通知规则设定人钱敏老师要注意控制经费花销，如图 19-21 所示。

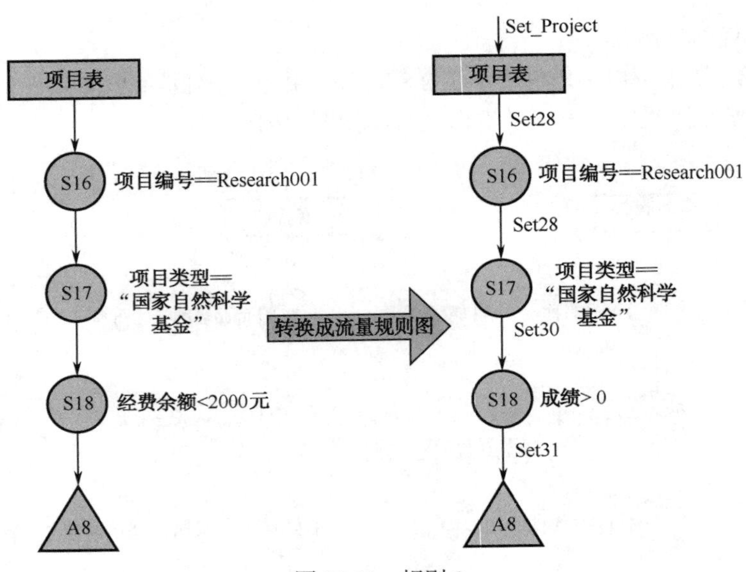

图 19-21　规则 8

19.5.3　优化的带流量的规则网

将前面例 19-2 至例 19-9 的 8 个规则集成为一个没有经过任何优化的规则网络，如图 19-22 所示。

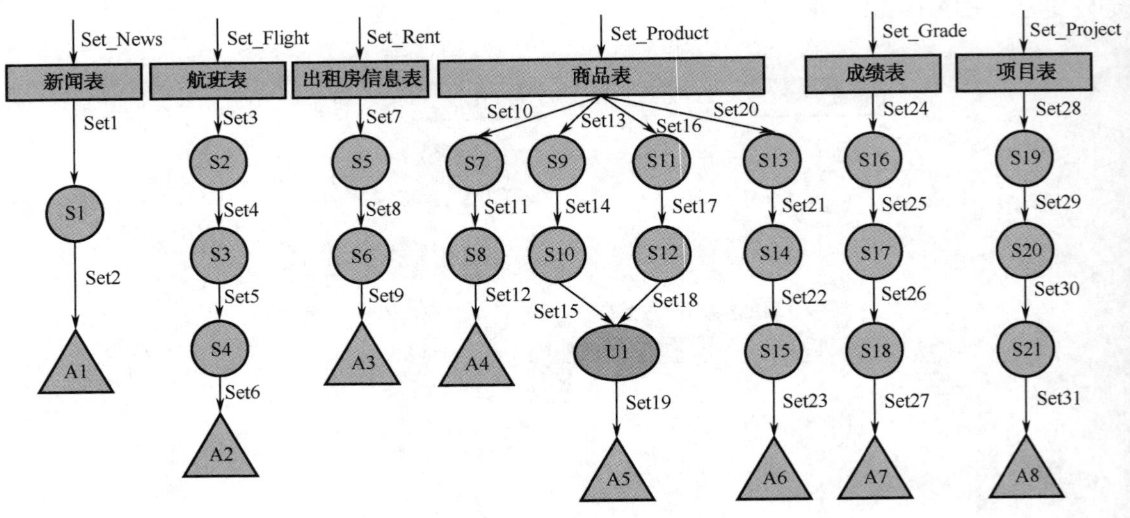

图 19-22　海量语意规则网（无优化）

19.5.4　未经优化的带流量的规则网优化

步骤一：将条件部分完全相同的规则进行合并。

本案例中没有完全相同的两个规则。

步骤二：将条件部分部分相同的规则进行合并。

本案例中的【案例 19-4】的规则与【案例 19-5】的规则有相同条件的部分，可以将所有条件相同的部分进行规则合并。将完全相同的 S7 与 S9 进行合并，同时将完全相同的 S8 和 S10 进行合并，规则合并前和合并后的示意图分别如图 19-23、图 19-24 所示。

（1）规则合并前（见图 19-23）。

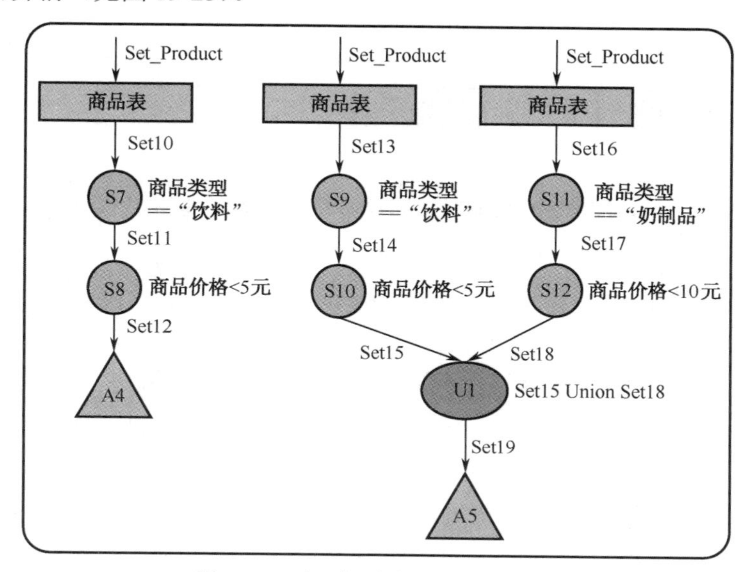

图 19-23　规则 1 与规则 2 合并前图

（2）规则合并后（见图 19-24）。

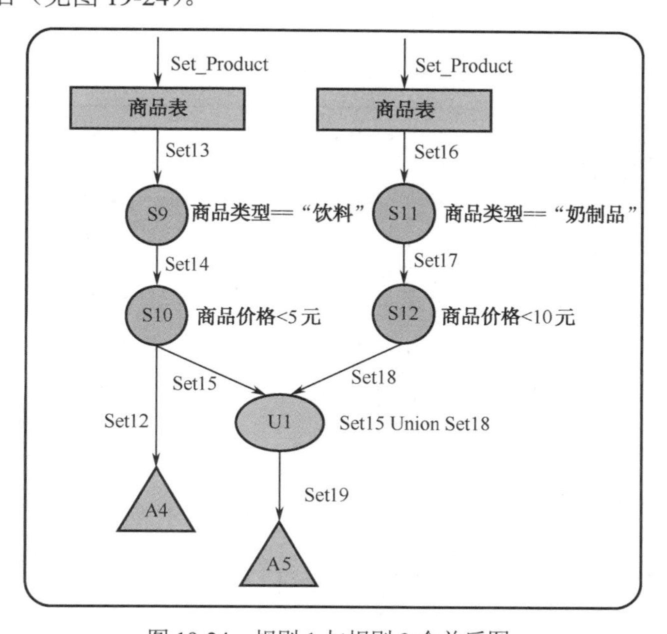

图 19-24　规则 1 与规则 2 合并后图

步骤三：若条件部分中一个规则的选择节点的流量集合是另外一个选择节点的流量集合的子集，则将选择节点流量小的规则进行修改。

例如，【案例 19-4】与【案例 19-5】合并后的规则与【案例 19-6】的规则满足如下条件。【案例 19-6】的规则中，选择节点 S13：商品名称=“可口可乐”处理后的流量 Set21 属于【案例 19-4】与【案例 19-5】合并后的规则网中的选择节点 S9：商品类型=“饮料”处理后的子集 Set14 的子集。根据优化原则可以将规则进行合并。

（1）规则合并前（见图 19-25）。

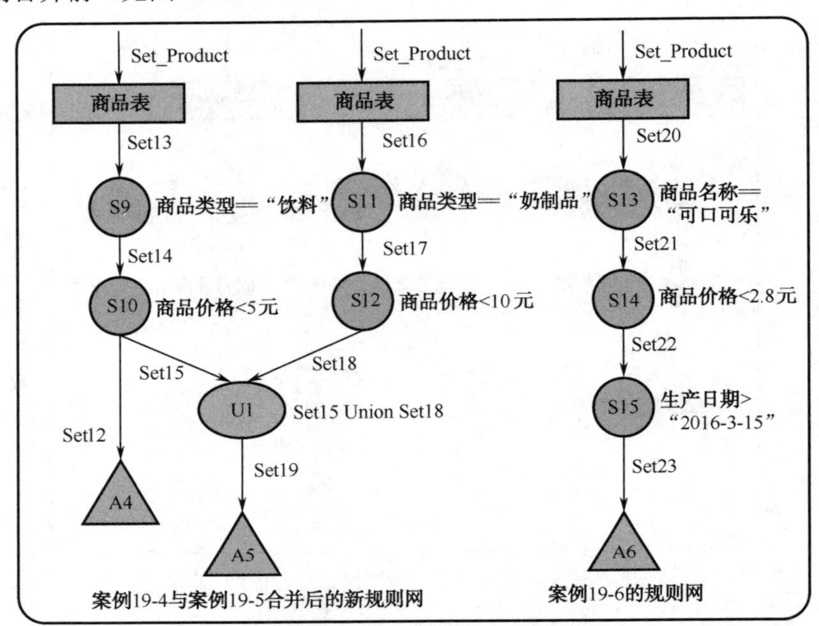

图 19-25 规则 6 与规则 4 与规则 5 合并前图

（2）规则合并过程（见图 19-26）。

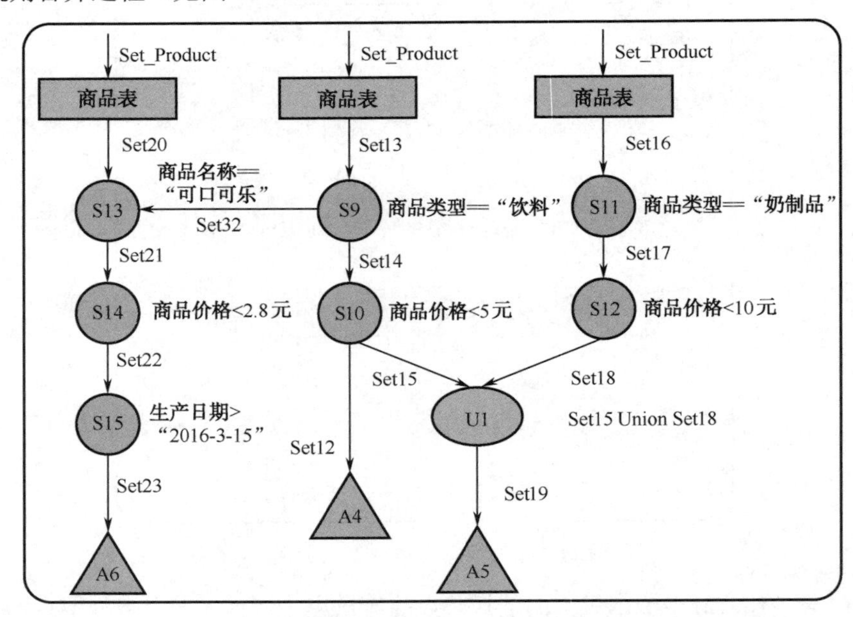

图 19-26 规则 6、规则 4、规则 5 合并过程图

（3）规则合并后（见图 19-27）。

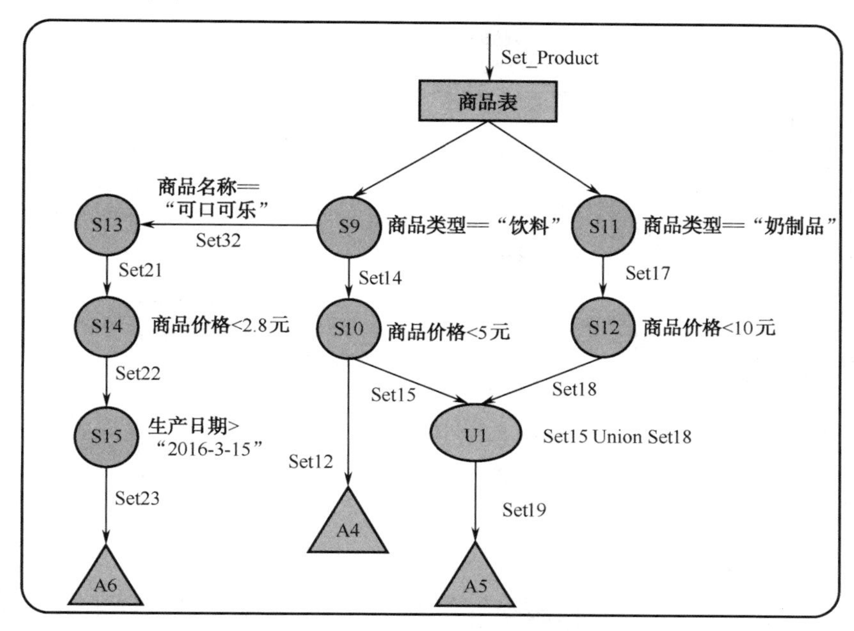

图 19-27　规则 6 与规则 4 与规则 5 合并后图

步骤四：反复循环执行步骤一到步骤三的计算，直至上述三种情况的合并全部完成，最后得出一个经过规则合并后的规则网络图。如图 19-28 所示。

19.5.5　规则网络代价计算

1．规则子网划分

由图 19-28 可以看出，最后的规则网由 6 个子网（子网的划分原则：子网之间是完全独立的，没有任何通信）组成。假设其分别为

RuleNetwork1：规则子网 1，仅包含【案例 19-1】的规则；
RuleNetwork2：规则子网 2，仅包含【案例 19-2】的规则；
RuleNetwork3：规则子网 3，仅包含【案例 19-3】的规则；
RuleNetwork4：规则子网 4，仅包含【案例 19-4】、【案例 19-5】与【案例 19-6】的规则；
RuleNetwork5：规则子网 5，仅包含【案例 19-7】的规则；
RuleNetwork6：规则子网 6，仅包含【案例 19-8】的规则。

2．计算规则子网代价

规则子网的代价计算方法，本书在前面几章中已经做了详细的阐述，并给出了相应的计算公式。根据公式，可知规则子网的计算总代价等于规则子网中所有可计算节点的计算代价之和。

- Cost(RuleNetwork1)= Cost(S2)
- Cost(RuleNetwork2) = Cost(S2) + Cost(S3) + Cost(S4)
- Cost(RuleNetwork3) = Cost(S5) + Cost(S6)

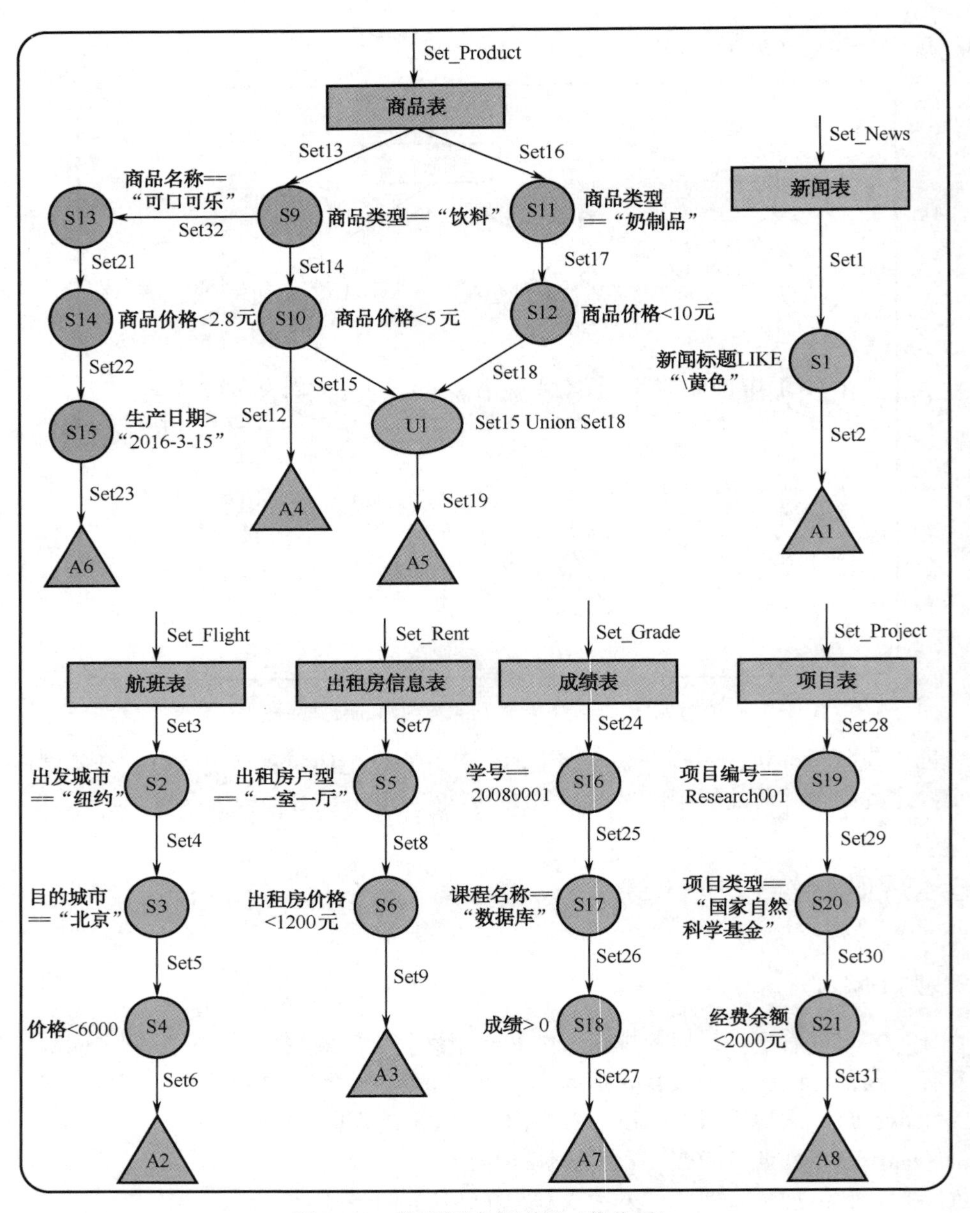

图 19-28　海量语意规则网（优化后）

- Cost(RuleNetwork4) = Cost(S9) + Cost(S10) + Cost(S11) + Cost(S12) + Cost(S13) + Cost(S14) + Cost(S15) + Cost(U1)
- Cost(RuleNetwork5) = Cost(S16) + Cost(S17) + Cost(S18)
- Cost(RuleNetwork6) = Cost(S19) + Cost(S20) + Cost(S21)

19.5.6　规则网络任务划分

假设如图 19-29 与图 19-30 所示的规则网络经过前面步骤的计算后代价如下。

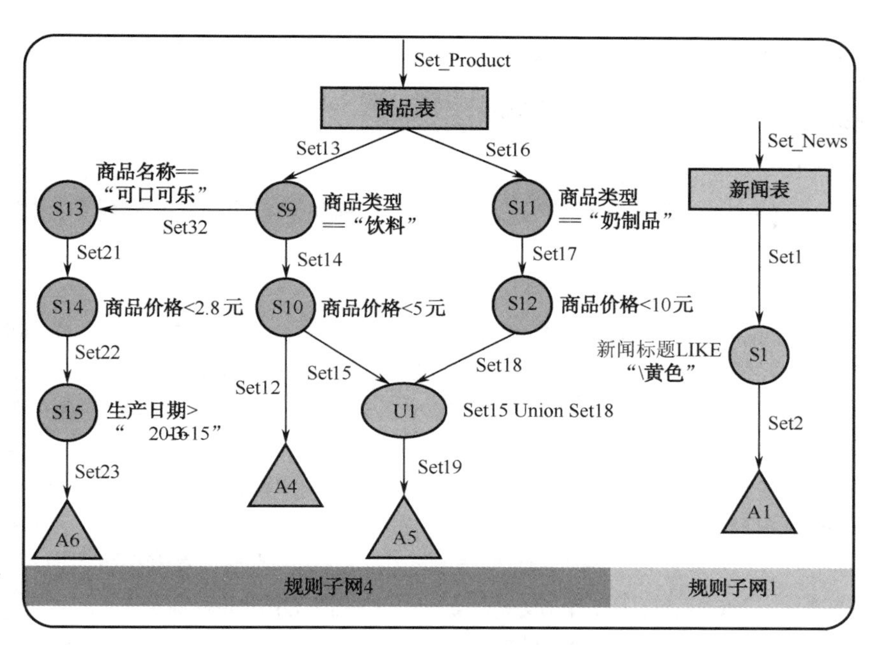

图 19-29　带流量的语意社区规则网（一）

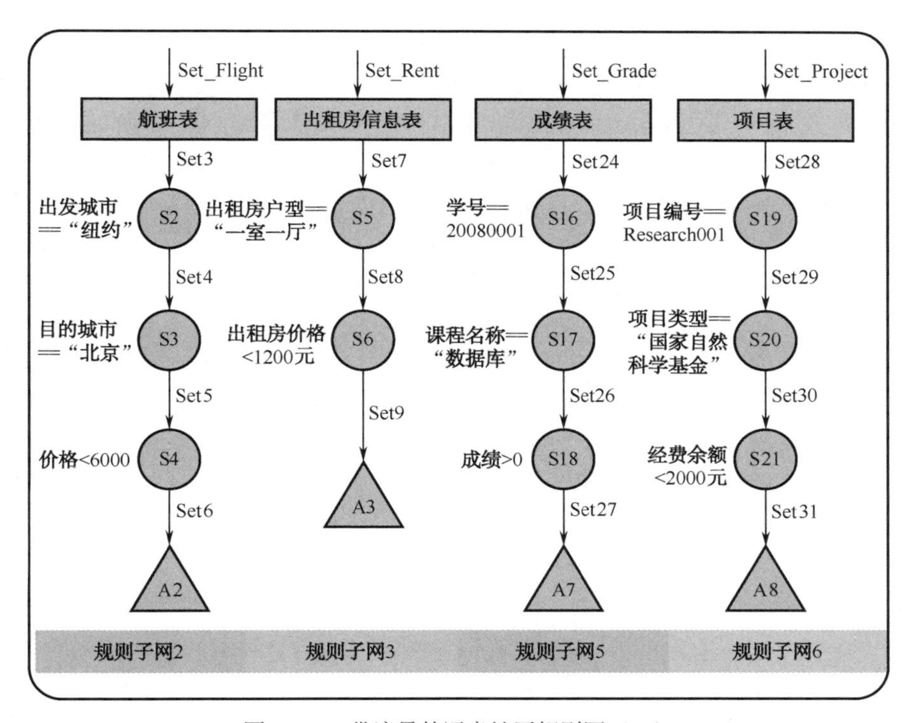

图 19-30　带流量的语意社区规则网（二）

（1）各个规则子网代价分别如下（本书假设如下是每个规则子网的计算代价）：

规则子网 1 的代价：Cost(RuleNetwork1)=400 万单位代价

规则子网 2 的代价：Cost(RuleNetwork2)=800 万单位代价

规则子网 3 的代价：Cost(RuleNetwork3)= 800 万单位代价

规则子网 4 的代价：Cost(RuleNetwork4)=3200 万单位代价

规则子网 5 的代价：Cost(RuleNetwork5)=1000 万单位代价

规则子网 6 的代价：Cost(RuleNetwork6)=1000 万单位代价

（2）假设总共有处理机台数为 M=3 台。

则根据第 5 章的理论可以进行如下处理（本划分理论最优原则是尽量减少处理机之间的通信）

① 首先计算整个规则网总代价：

规则网总代价 = Cost(RuleNetwork1)+ Cost(RuleNetwork2) +Cost(RuleNetwork3)+ Cost(RuleNetwork4)+ Cost(RuleNetwork5)+ Cost(RuleNetwork6)= 400 万单位代价+800 万单位代价+800 万单位代价+3200 万单位代价+1000 万单位代价+1000 万单位代价=7200 万单位代价

② 计算平均每台处理机最优处理代价：

每台处理机的最优处理代价就是整个规则网络的平均处理代价。

平均每台处理机最优处理代价=规则网总代价/处理机台数

=7200 万单位代价/3=2400 万单位代价

③ 初步分配：将在可控范围内的最优代价分配给相应的机器。

假设可控范围为（90%×平均每台处理机最优处理代价，110%×平均每台处理机最优处理代价）

通过算法计算可以得出：

Cost(RuleNetwork1) + Cost(RuleNetwork5) + Cost(RuleNetwork6)=400 万单位代价+1000 万单位代价+1000 万单位代价=2400 万单位代价

正好为平均每台处理机的最优处理代价。于是，可将规则子网 1 的代价 Cost(RuleNetwork1)、规则子网 5 的代价 Cost(RuleNetwork5)以及规则子网 6 的代价 Cost(RuleNetwork6)划分给处理机 1 进行处理。

规则子网 1、规则子网 5 及规则子网 6 划分后，还剩下规则子网 2 的代价 Cost(RuleNetwork2)、规则子网 3 的代价 Cost(RuleNetwork3)及规则子网 4 的代价 Cost(RuleNetwork4)三个规则子网没有划分分配任务。

由于规则子网 2 的代价 Cost(RuleNetwork2)与规则子网 3 的代价 Cost(RuleNetwork3)之和为 800 万单位代价+800 万单位代价=1600 万单位代价，而 1600 万单位代价<平均每台处理机的最优处理代价。故将规则子网 2 与规则子网 3 都分配给处理机 2 进行处理。

由于规则子网 4 的处理代价为 3200 万单位代价已经超出了范围：（90%×平均每台处理机最优处理代价，110%×平均每台处理机最优处理代价），需要将一部分工作任务分配给其他机器。而处理机 2 的计算总代价刚好小于 90%×平均每台处理机最优处理代价；于是，可以将规则子网 4 的部分任务分配给处理机 2 进行处理。规则子网 4 的余下部分任务则交由处理机 3 进行处理。

19.5.7 规则子网划分

本小节根据前面章节所阐述的基本理论，简要通过案例分析一下在语意校园社区中的大的规则子网如何划分的问题。如图 19-31 所示语意校园社区规则子网 4，是一个计算量大、需要进行划分的规则子网。

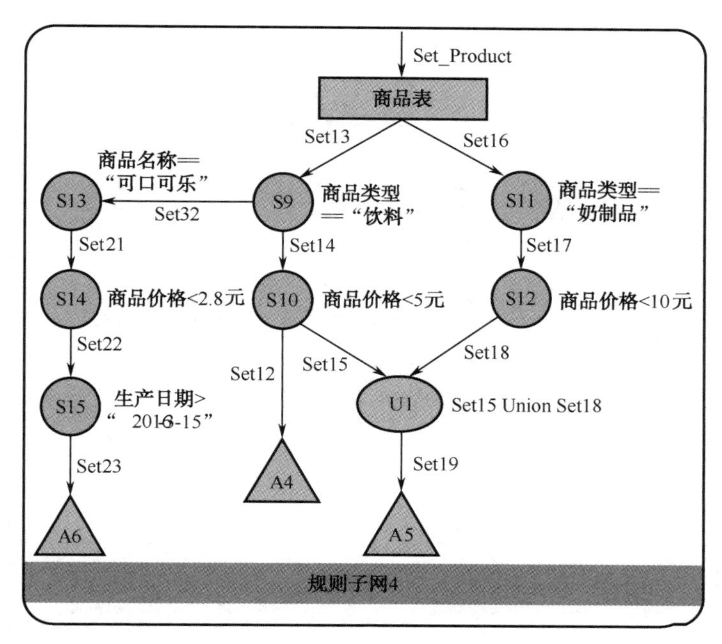

图 19-31 语意校园社区规则子网 4

规则网中任务划分在前面理论章节中将设计出一套划分算法。划分基本原则如下：子网之间的通信尽量最小。

例如，下面的两种划分方法（虚线部分为划分切割点）中图 19-32 的划分方法就比图 19-33 的划分方法要好。因为图 19-32 的划分方法中的子网内部的通信代价为 Set32，要远远小于图 19-33 的划分方法中的通信代价。

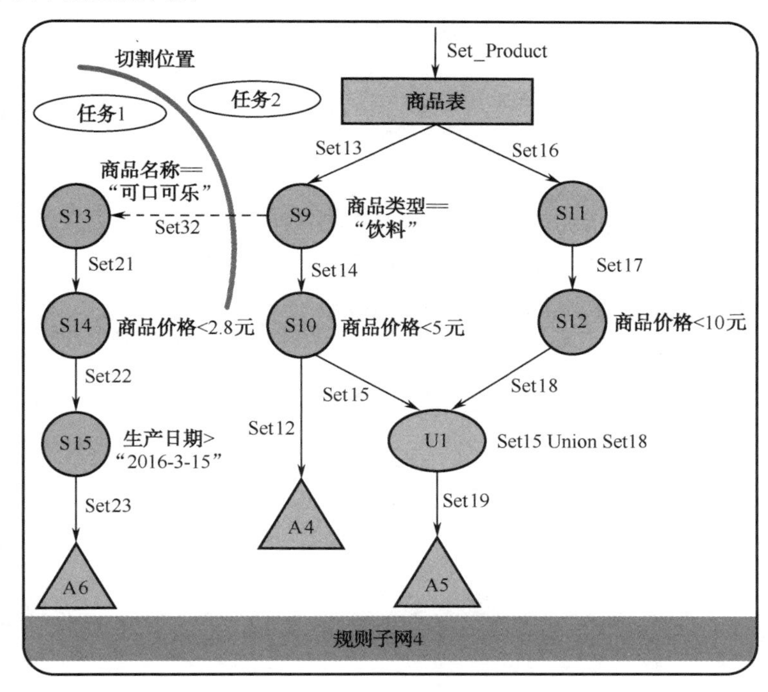

图 19-32 语意校园社区子网 4 划分方法 1

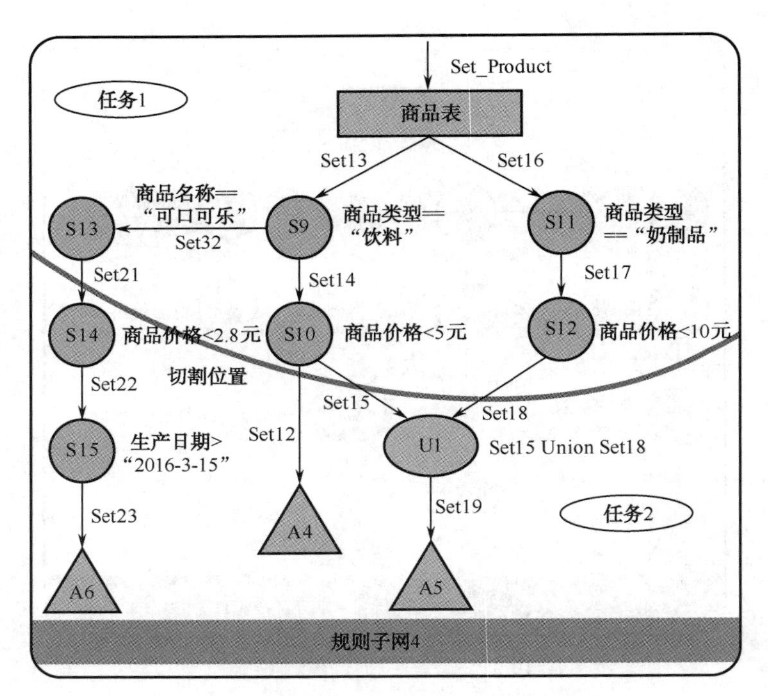

图 19-33　语意校园社区子网 4 划分方法 2

划分出去的计算代价尽量在预先设定的范围内。也就是说尽量让处理机 2 与处理机 3 的计算工作量相当。因为处理机 2 已经被分配了 1600 万单位代价的计算工作量，所以，最优情况则是处理机 3 分出 800 万单位代价给处理机 2 来处理。这样，处理机 2 与处理机 3 的计算工作量都为 2400 万单位代价。

假设按照图 19-32 所示的划分方法中各个人物代价分别如下：

任务 1 代价为 820 万单位代价。

任务 2 代价为 3200−820=2380 万单位代价。

假设按照图 19-33 的划分方法中各个人物代价分别如下：

任务 1 代价为 1500 万单位代价。

任务 2 代价为 2400 万单位代价−1500 万单位代价=1700 万单位代价。

很明显按照图 19-32 的划分方法，要明显优于按照图 19-33 的划分方法。

可以通过算法来完成上面所有的规则子网的划分。

本 章 小 结

本章简要介绍了语意搜索引擎、语意金融、语意旅游，基于大数据流的语意社区系统。希望通过几个典型应用案例的介绍，让读者理解基于大数据的语意计算的应用。

第 20 章　大数据未来研究方向

本书主要介绍了大数据背后的核心技术，包括：大数据基本概念、可编程数据中心模型、大数据存储机制、大数据编程与分析模型、大数据安全与隐私保护、基于大数据的语意软件工程方法、基于大数据流的海量语意规则处理技术、典型大数据及语意大数据应用案例分析等，并分别从上述几方面对大数据研究中存在的关键问题进行了分析，给出了一些初步的技术处理机制。然而，大数据作为一个新兴的研究领域，对于它的研究面临着巨大挑战，本书也尚未达到深入研究其核心技术问题的程度，因此，未来还有很多研究工作需要开展，主要集中在以下几方面。

1．大数据科学理论体系研究

大数据若要成为一门新兴的学科，必须完成其整体理论体系的研究。大数据研究与传统的数据库技术或其他计算机科学方向的研究，甚至其他学科的研究相比差别较大。其他学科或者研究方向均是在一定的逻辑理论基础上进行技术实现等操作。例如，软件工程学科是按照几个既定的软件开发模型（瀑布模型、原型化开发方法等）进行软件设计与实现等。而大数据学科将没有任何既定的、固有的模型和方法，需要从大数据本身的特性出发，通过对数据本身的分析和挖掘来反向得出一些有用的结果。因此，如何探索大数据本身的特性，以形成一个科学理论体系，将是未来大数据研究最为核心的问题。

2．大数据的语意有用性分析研究

未来，运用和管理大数据的能力将是衡量一个国家，一个企业，甚至个人的核心竞争力的最关键的因素。然而大数据中有很大部分（可能高达 90%以上）的价值很低，甚至没有任何价值和意义。这就需要从浩瀚的大数据中找出有用部分，而这是十分困难的，也是大数据研究的关键问题之一。为此，需要对大数据的语意有用性进行分析，解决大数据在不同应用、不同语意环境下的有用性问题。

3．大数据的语意标记及提取技术研究

大数据不仅数量巨大，而且类型多样、结构复杂，数据流源源不断。因此，即便是已经在大数据的基础上找出了它的语意性，如何在大数据中进行语意标记并进行语意提取也会成为大数据应用的一大难题。而未来的研究需要着重解决如何从复杂的大数据中进行语意标记及语意提取。

4．大数据并行加密、解密技术研究

与传统的环境不同，大数据赖以生存的环境和云计算密不可分。由于大数据通过云技术进行存储后，所有的数据都将被切分成一个个的数据块（如 GFS 和 HDFS 都将大数据切割成 64MB 的数据块），这些数据块一旦使用传统的对称加密或者非对称加密算法进行加

密后，将不可逆，也就是说无法通过解密密钥进行解密还原。虽然现在有一些研究通过使用同态加密的方法来解决云环境下的大数据加密和解密，但是同态加密无论从安全性还是实用性上来讲仍远远无法达到未来应用的要求。同态加密只能通过简单的加减乘除进行非常的加密，其安全性会大打折扣，因此，未来对于大数据的并行加密和解密的研究是一个十分重要的课题。

5. 大数据的复杂数据流并行处理技术研究

现有的以 MapReduce、Twister、Haloop 等为代表的大数据处理编程模型仍然只能满足处理简单的可以使用 map 函数和 reduce 函数进行计算的应用需求。对于一些十分复杂的数据流的计算和分析，这些模型无法实现。未来需要在 SemanMR 的基础上，继续深化研究能够处理各种复杂大数据流的应用计算模型。

6. 可信大数据编程环境关键技术研究

大数据与云计算关系密切，而云环境是一个十分开放的环境，在这种开放的环境中，对象之间是否可信、资源之间是否可信已经变得越来越重要。未来需要研究大数据编程的可信环境，通过建立一种可信的大数据编程环境来提高大数据本身的可靠性及各种资源（存储资源和计算资源及信任资源）的可靠性。

7. 大数据安全协议研究

大数据在迁移、计算和存储过程中若要实现可靠的安全保障，除了需要设计合适的加密解密算法之外，有必要设计一种专门针对大数据的安全协议。在这方面未来的研究将集中于设计出一种确保大数据在各种复杂环境下进行迁移、计算和存储的安全协议，保障大数据在整个生命周期的安全可靠。

8. 大数据隐私保护核心技术研究

隐私保护是未来信息发展的一个重要需求，更是能否成功应用大数据的关键。当前很多企业之所以不敢分享自己的大数据，其中一个非常重要的原因就是担心数据中的隐私信息被泄露。不同于小数据的隐私保护，大数据的隐私保护显得更为复杂和困难。大数据量大，可以通过一定算法对一些看起来关联不大的数据进行挖掘和分析后建立关联关系，并或多或少推导出一些隐私信息，这是以前对于小数据分析所不能做到的。因此，未来需要研究一种更为完备的隐私保护技术，更好地实现大数据的隐私保护。

9. 大数据实时处理和分析关键问题研究

“1 秒定律”已逐渐成为各类应用开发的一个最为基本的要求，对基于大数据的应用也同样适用，即实现大数据的实时处理和分析。例如，军事上要求发现即打击，就是在发现目标的同时立即实施打击，因为打击目标稍瞬即逝，如果不能实现实时处理，会贻误战机。而实时处理的难度极大，一直是大数据技术中面临的巨大挑战，因此，未来如何实现大数据的实时处理和分析仍然是极为关键的研究问题之一。

10. 大数据可视化技术研究

大数据由于其数据量巨大，超出了人类本身的认知极限。因此有必要将大数据或者大数据计算得来的结果，通过一种人类比较容易理解的方式展示出来，即需要研究大数据的各种可视化展示技术，让大数据蕴含的知识能够以图像、图表等方式清晰地展示在人们面前。一个典型的可视化流程是首先将数据通过各种软件转化成可以视觉分析和观察的图像，通过人类天生对图像的分析和处理能力，对大数据映射而成的图像进行认知，提高人类分析大数据的能力，从而理解大数据的内涵和含义。可视化可以有效地帮助人类从大数据中发现新的问题和新的模型，因此大数据可视化技术必然会成为未来的大数据技术的研究重点之一。

11. 大数据采集与数据融合技术研究

移动设备和物联网的应用已十分普遍，数据的采集方法与传统的采集方法相比也发生了巨大的变化，采集的方式更多，效率更高。与此同时也采集了大量的类型各异，结构复杂的数据，那么，如何处理这些采集到的数据并进行融合呢？这也是一件非常具有挑战性的事情。因此，总体来说，未来的主要研究包括：高质量原始数据采集关键技术、多源数据的实体识别和解析方法、数据清洗和修复关键技术、数据融合方法、基于数据采集的大数据溯源关键技术研究。

12. 基于海量语意规则的大数据流处理深度研究

本书虽然对海量语意规则并行处理关键技术的研究提供了一些可行的方法和策略，但与实践中遇到的各种复杂和挑战性的问题相比，许多相关技术还有待进一步的探索与研究。

（1）研究针对关系数据库系统之外的各种类型数据库的海量语意规则并行处理系统。本书的规则处理语言以关系数据库为基础，希望通过今后的研究，将规则语言扩展到其他类型数据库，尤其是语义对象关系数据库（SemanticObjects™），以进一步提高其语义性。若将规则的宿主系统延伸到语义对象数据库，则将大大增强规则系统的语义性。同时，语义对象数据库能够将不同种类的数据库整合统一并进行处理，以屏蔽规则系统处理不同数据库所带来的格式不同的问题，大大简化规则处理系统的集成复杂度。

（2）研究海量语意规则并行处理中的动作部分的处理。本书主要集中在规则的条件部分（IF Conditions）的研究，而对规则的动作部分（Then Actions）没有做详细研究。随着人们对规则系统的要求越来越高，用户对规则触发后所要求做出的动作也会不断丰富和增加。如何有效执行动作，以及怎样执行动作是一个值得进一步探讨的问题。

（3）研究海量语意规则并行处理中的空间代价问题。本书只考虑了海量语义并行处理时的计算时间代价问题，并没有考虑空间代价问题。但是随着规则的数量不断增加，共享节点的存储将会占用处理机很大的存储空间，空间代价越来越成为一个不可忽视的问题，值得我们进一步研究。

（4）研究一种主动式规则程序设计语言。本书中只研究了海量语意规则的并行处理方法，所有的规则都需要用户自己去相应的网络社区设置，而非由用户自己编写一段简单的程序就能够实现。因此，如果设计一种主动式规则程序设计语言，让用户按照特定的方式去编写相应的主动式规则程序，程序运行后，就能够完成所有规则的设置，将会提高规则设置效率，进而提高大数据应用整体的处理速度。

（5）研究一种平衡条件更好的规则子网分割方法。本书在研究规则子网分割时使用了三种不同的分割算法，这三种算法分别为规则子网平衡分割算法、规则子网平衡最小依赖分割算法及规则子网平衡最小依赖与通信代价较小分割算法。为了让处理效率更高，研究一种依赖、通信代价平衡最小的分割算法将是未来的工作。

13. 大数据应用模型研究

有关大数据的讨论现在国内外都非常火热，但是目前大数据真正有效的应用仍然不是很多。如何切实将大数据技术应用到文化、金融、教育、科技、互联网、电子商务、航空、政府等各个领域，仍然还有许多问题要探讨，其中最重要的是提出切实可行的各个行业的领域应用模型。因此设计一些大数据应用的模型，并根据这些模型为具体的基于大数据的应用提供优质的解决方案也将是未来的研究重点，下面简要介绍未来还需要重点研究的几个大数据应用模型。

（1）通信大数据。移动、联通及电信三大运行商每天都在产生大量的通信数据，包括短消息数据、电话通信数据及通信日志数据等大数据。如何对这些通信大数据建立各种有用的应用模型并提供各种服务，是未来大数据技术重点应用方向之一。

（2）网络安全与大数据。网络安全关系到社会方方面面的安全，大到整个国家的安全，小到个人隐私的安全，一旦出现不安全因素，将给国家或人民带来无法弥补的损失。随着大数据技术的出现，保证网络的安全也从解决传统的原始数据泄漏或者基于小数据挖掘带来的安全问题，深化为如何避免对大数据的分析带来的间接隐私泄露或者因情报信息分析给国家或者公司带来的一系列安全问题，对大数据研究者而言，这必然是一大挑战。

（3）生物信息、医疗与大数据。生物信息测序、医疗行业均有对大数据进行计算或分析的需求。然而，与其他行业的数据不同，生物、医疗行业的数据呈现分散、透明度低等特点，因此，能否通过有效手段分析这些携带大量信息的数据来指导生物、医疗行业的发展，如果能，如何实现等问题还有待回答。

（4）社会舆情大数据。随着互联网的飞速发展，尤其是移动互联网技术的快速发展，人们在互联网上发表自己的看法或者发泄自己的情绪的情况越来越频繁，也越来越不受时空的约束。特别是 Facebook 这种社交网络、Twitter 这样的微博及天涯论坛这种长文本论坛已成为人们发表意见或者发泄情绪的网络阵地中心，但同时也可能是谣言产生、传播、扩散的地方。因此如何对这类特殊的大数据进行检测和分析，建立相应的应用模型将是未来大数据应用的研究方向之一，具有重要的社会价值。

（5）科学大数据。服务于科学研究的大数据是直接体现大数据研究价值的。核弹模拟、雾霾成因研究及量子物理研究等均涉及科学大数据的应用。通过大数据对核弹进行模拟，可以模拟核弹的威力及带来的冲击力影响。通过对大数据的分析，可以研究雾霾等的成因。

（6）军事作战大数据。未来战争的特点主要是以信息化为基础的信息战争。现代的武器装备也逐渐向电子化与信息化方向发展，无人机等作战机、电子运输狗及其他电子化武器装备将在未来的战场占据主导作用。如何针对这些军事装备及作战环境等各种途径产生的大数据进行大数据分析将是军事作战大数据的研究方向。

参 考 文 献

[1] 张桂刚. 大数据关键技术研究.清华大学博士后出站报告. 2013.

[2] www.idc.com.

[3] http://www.ibm.com/big-data/us/en/.

[4] www.salesforce.com.

[5] www.amazon.com.

[6] Sanjay Ghemawat, Howard Gobioff, Shun-Tak Leung. The Google File System. SOSP2003.

[7] D Borthakur. HDFS Architecture.
http://hadoop.apache.org/common/docs/r0.20.0/hdfs_design.html, April 2009.

[8] Doug Beaver, Sanjeev Kumar, Harry C. Li, Jason Sobel, Peter Vajgel.Finding a needle in Haystack: Facebook's photo storage. www.facebook.com/haystack.

[9] http://www.taobaodba.com/html/tag/fs.

[10] http://www.emc.com/domains/isilon/index.htm.

[11] Chang F, Dean J, Ghemawat S, et al. Bigtable: A Distributed Storage System for Structured Data (Awarded Best Paper!).[J]. Proceedings of Usenix Symposium on Operating Systems Design & Implementation, 2006, 26(2):205-218.

[12] Sun J, Jin Q. Scalable RDF store based on HBase and MapReduce[C]// Advanced Computer Theory and Engineering (ICACTE), 2010 3rd International Conference onIEEE, 2010:V1-633 - V1-636.

[13] LAKSHMAN Avinash, MALIK Prashant. Cassandra - A Decentralized Structured Storage System[J]. Operating Systems Review, 2010.

[14] aws.amazon.com/simpledb/.

[15] Alibaba Inc. OceanBase: A Scalable Distributed RDBMS.
http://oceanbase.taobao.org/.

[16] MongoDB. http://www.mongodb.org/.

[17] Map Dean J, Ghemawat S. MapReduce: Simplified data processing on large clusters. In: Brewer E, Chen P, eds. Proc. of the OSDI2004. California: USENIX Association, 2004. PP: 137-150.

[18] Ghoting A, Pednault E. Hadoop-ML: An infrastructure for the rapid implementation of parallel reusable analytics. In: Culotta A, ed. Proc. of the Large-Scale Machine Learning: Parallelism and Massive Datasets Workshop (NIPS 2009). Vancouver: MIT Press, 2009. 6. PP: 38-48.

[19] Jens Dittrich, Jorge-arnulfo Quiané-ruiz, Alekh Jindal, Yagiz Kargin, Vinay Setty, Jörg Schad. Hadoop++: Making a Yellow Elephant Run Like a Cheetah (Without It Even Noticing) [C] //Proceedings of Very Large DataBase (PVLDB), 2010:131-142.

[20] Abouzied A, Bajda-Pawlikowski K, Huang JW, Abadi DJ, Silberschatz A. HadoopDB in action:

Building real world applications. In: Elmagarmid AK, Agrawal D, eds. Proc. of the SIGMOD2010. Indiana: ACM Press, 2010. PP: 1114-1125.
[21] Windows Azure.www.windowsazure.com/zh-cn/
[22] Jaliya Ekanayake, Hui Li, Bingjing Zhang, Thilina Gunarathne, SeungHee Bae, Judy Qiu, Geoffrey Fox, Twister: A Runtime for Iterative MapReduce," The First International Workshop on MapReduce and its Applications (MAPREDUCE'10).PP:110-119.
[23] Bu YY, Howe B, Balazinska M, Ernst MD. HaLoop: Efficient iterative data processing on large clusters. PVLDB2010, 2010, 3(1-2): 285−296.
[24] Lustre.www.lustre.org/
[25] Dennis Fetterly, Maya Haridasan, Michael Isard, and Swaminathan Sundararaman.TidyFS: A Simple and Small Distributed File System.in Proceedings of the USENIX Annual Technical Conference (USENIX'11), USENIX, 15 June 2011.
[26] MogileFS. http://code.google.com/p/mogilefs/
[27] LoongStore. www.loongstore.com
[28] GFS2. http://www.theregister.co.uk/2009/09/14/gfs2_and_hadoop/
[29] OpenStack Open Source Cloud Computing Software.www.openstack.org
[30] Apache CouchDB. http://couchdb.apache.org
[31] Cloudeep. http://blog.csdn.net/cloudeep
[32] Terrastore - Scalable, elastic, consistent document store. htttps://code.google.com/p/terrastore.
[33] Redis. http://redis.io/
[34] LevelDB is a fast key-value storage library written at Google that provides an ordered mapping from string keys to string values. http://code.google.com/p/leveldb/.
[35] The Cabinet Store. http://www.thecabinetstore.com.
[36] Oracle BerkeleyDB.http://oss.oracle.com/berkeley-db.html.
[37] Memcached-A Distributed Memory Object Caching System. http://www.memcached.org.
[38] Neo4j - The World's Leading Graph Database. http://www.neo4j.org.
[39] InfoGrid Web Graph Database. http://www.infogrid.org.
[40] HypergraphDB - A Graph Database. http://www.hypergraphdb.org
[41] Matei Zaharia, Mosharaf Chowdhury, Michael J. Franklin, Scott Shenker, Ion Stoica, Spark: Cluster Computing withWorking Sets.Technology report of UC Berkeley.2011.PP1-13.
[42] Isard M, Budiu M, Yu Y, Birrell A, Fetterly D. Dryad: Distributed data-parallel programs from sequential building blocks. ACM SIGOPS Operating Systems Review, 2007, 41(3), PP: 59-72.
[43] Thusoo A, Sarma JS, Jain N, Shao Z, Chakka P, Anthony S, Liu H, Wyckoff P, Murthy R. Hive a warehousing solution over a MapReduce framework. PVLDB2010, 2009, 2(2).PP:938-941.
[44] Chen ST. Cheetah: A high performance, custom data warehouse on top of MapReduce. PVLDB2010, 2010, 3(1-2):1459−1468.
[45] Zhou MQ, Zhang R, Zeng DD, Qian WN, Zhou AY. Join optimization in the MapReduce

environment for column-wise data store. In: Fang YF, Huang ZX, eds. Proc. of the SKG2010. Ningbo: EEE Computer Society, 2010. PP:97−104.

[46] Afrati FN, Ullman JD. Optimizing joins in a Map-Reduce environment. In: Manolescu I, Spaccapietra S, Teubner J, Kitsuregawa M, Léger A, Naumann F, Ailamaki A, Ozcan F, eds. Proc. of the EDBT2010. Lausanne: ACM Press, 2010. PP: 99−110.

[47] Sandholm T, Lai K. MapReduce optimization using regulated dynamic prioritization. In: Douceur JR, Greenberg AG, Bonald T, Nieh J, eds. Proc. of the SIGMETRICS2009. Seattle: ACM Press, 2009. PP: 299-310.

[48] Polo, Carrera, Becerra, Torres, , E., Steinder, Whalley (2010) Performance-driven task co-scheduling for MapReduce environments Network Operations and Management Symposium (NOMS2011), 2010 IEEE NOMS2010.PP: 373-380.

[49] Shuai, Ting-lei, Guo-ning (2010) An improved schedule of MapReduce programming environment in cloud computing Intelligent Computing and Integrated Systems (ICISS2010), 2010 International Conference on ICISS2010.PP: 665-668.

[50] Tian, Zhou, He, Zha (2009) A Dynamic MapReduce Scheduler for Heterogeneous Workloads Grid and Cooperative Computing, 2009. GCC '09. Eighth International Conference on GCC2009. PP:218-224.

[51] Chang, Kodialam, Kompella, Lakshman, Lee, Mukherjee (2011) Scheduling in mapreduce-like systems for fast completion time INFOCOM2011, 2011 Proceedings IEEE INFOCOM2011 3074-3082.

[52] Verma, Zea, Cho, Gupta, Campbell (2010) Breaking the MapReduce Stage Barrier Cluster Computing (CLUSTER2010), 2010 IEEE International Conference on CLUSTER2010, PP: 235-244.

[53] Kambatla, Rapolu, Jagannathan, Grama (2010) Asynchronous Algorithms in MapReduce Cluster Computing (CLUSTER2010), 2010 IEEE International Conference on CLUSTER2010, PP: 245-254.

[54] Rete II.http://www.pst.com/rete2.htm.

[55] 张桂刚. 海量规则并行处理研究[D]. 武汉大学,2009.

[56] Forgy, C.L. Rete: A Fast Algorithm for the Many Pattern/Many Object Pattern Match Problem. Artificial Intelligence.19 (1982).PP: 17-37.

[57] N. Alex Rupp. The logic of the bottom line: An Introduction to the Drools Project.May 2004.

[58] D. P. Miranker. TREAT: A better match algorithm for AI production systems. In proceedings of AAAI 87 conference on Artificial Intelligence, August 1987. PP: 42-47.

[59] Hanson, E. Rule condition testing and action execution in ariel. Proceedings of ACM SIGMOD Conference, 1992. PP:171.

[60] Miranker, D. P. Treat: A better match algorithm for AI production systems. In Proceedings of the Sixth National Conference on Artificial Intelligence, 1987.PP:42-47.

[61] Nayak, P., Gupta, A., Rosenbloom, P. Comparison of the Rete and Treat production matchers for Soar (A summary). In Proceedings of the Seventh National Conference on Artificial Intelligence, 1988. PP: 693-698.

[62] EN Hanson, S Bodagala, M Hasan, G Kulkarni, J Rangarajan. Optimized Rule Condition Testing in Ariel using Gator Networks. Technical report, CISE Department, University of Florida, October 1995.

[63] Astrahan M M, et al. System R: Relational Approach to Database Management, ACM Transactions on Database Systems, Vol.1, No. 2, June 1976. pp: 97-137.

[64] Morgenstern M. Active Databases as a Paradigm for Enhanced Computing Environments, Proc. 9th VLDB conf., Florence, Nov.1983.

[65] Chakravarthy S, et al. HiPAC: A Research Project in Active Time-Constrained DatabaseManagement, Xerox Advanced Information Technology, Cambridge, Mass., July 1989.

[66] Dayal U, McCarthy D. The architecture of an Active Database Management System.ACM SIGMOD conf., 1989.PP: 215-224

[67] Stonebraker M, Row L. The Design of POSTGRES, ACM SIGMOD conf. Washington, D.C., May 1986.PP:340-355.

[68] Lohman G. M, Lindsay B, Pirahesh H, Schiefer K. B. Extensions to Starburst: Objects, Types, Functions and Rules. Communications of the ACM, oct. 1991, vol. 34, no. 10. PP: 94-109.

[69] Widom J., Finkelstein S.J. Set-oriented production rules in relational database system.ACM SIGMOD conf, Atlantic City, New Jersey 1990.PP: 259-270.

[70] Buchman A P, Branding H, Kudrass T, Zimmermann J. REACH: a REal-time, ACtive and Heterogeneous mediator system. IEEE Data Engineering bulletin, Vol. 15, No. 1-4, Dec. 1992. PP: 44-47.

[71] Gatziu S, Dittrich K R. SAMOS: an Active Object-Oriented Database System.IEEE Data Engineering bulletin, Vol. 15, No. 1-4, Dec. 1992.PP: 23-26.

[72] Hanson E N. Rule Condition Testing and Action Execution in Ariel.ACM SIGMOD conf, 1992.PP:49-58.

[73] Gehani N, Jagadish H V. Ode as an Active Database: Constraints and Triggers, Proc.95.

[74] Fahl G, Risch T, Sköld M. AMOS - An Architecture for Active Mediators, Intl. Workshop on Next Generation Information Technologies and Systems (NGITS '93) Haifa, Israel, June 1993. PP:47-53.

[75] Wiederhold G. Mediators in the Architecture of Future Information Systems. IEEE Computer, March 1992.

[76] Ceri S, Fraternali P, Paraboschi S, Letizia T. Constraint enforcement through production rules: putting active databases at work. IEEE Data Engineering bulletin, Vol. 15, No. 1-4, Dec. 1992.PP:10-14.

[77] Fishman D et al. Overview of the Iris DBMS, Object-Oriented Concepts, Databases, and Applications. ACM press, Addison-Wesley Publ. Comp, 1989.

[78] Litwin W, Risch T. Main Memory Oriented Optimization of OO Queries using Typed Datalog with Foreign Predicates.IEEE Transactions on Knowledge and Data Engineering Vol. 4, No. 6, December 1992.

[79] Beech D. Collections of Objects in SQL3.VLDB conf, Dublin 1993. PP: 244-255.

[80] http://www.lsiinc.com/univercd/cc/td/doc/product/rtrmgmt/ana/3_5_1/admin/admin/ruleseng.htm.

[81] http://rools.rubyforge.org.

[82] C Guestrin, R Thibaux, P Bodik, M A Paskin, and S Madden. Distributed regression: An efficient framework for modeling sensor network data. In Proc. 3rd International Symposium on Information Processing in Sensor Networks (IPSN), 2004.

[83] J M Hellerstein, R Avnur, A Chou, C Hidber, C Olston, V Raman, T Roth, and P J Haas. Interactive data analysis with CONTROL. IEEE Computer, 32(8), August 1999.

[84] J Considine, F Li, G. Kollios, J Byers. Approximate aggregation techniques for sensor databases. In Proc. International Conference onData Engineering (ICDE), Mar. 2004.

[85] Y-H Lee, A M K Cheng. "Run-time Dynamic Optimization of Real-Time Rule-Based Systems," submitted to Proc. IEEE-CS Real-Time Technology and Applications Symposium, Vancouver, Canada, June 1999.

[86] S Fujii, A M K Cheng. "Bounded-Response-Time Self-Stabilizing Real-Time Rule Systems," submitted for publication, 1999.

[87] P-Y Lee, A M K Cheng. "HAL: A New Match Algorithm with Low Match-Time Variance," submitted to IEEE Transactions on Knowledge and Data Engineering, Sept. 1998.

[88] B Zupan,A M K Cheng. "Optimization of Rule-Based Systems Using State Space Graphs," IEEE Transactions on Knowledge and Data Engineering, April 1998.

[89] M K Cheng, J-C Wang. "Applying a Modified EQL Optimization Method to MRL Rule-Based Programs," Proc. IEEE Workshop on Application-Specific Software Engineering and Technology, Richardson, TX, Mar. 1998.

[90] M K Cheng. "Optimization of Real-Time MRL Rule-Based Systems with the EQL Optimizer," Proc. WIP Session, 18th IEEE-CS Real-Time Systems Symposium, San Francisco, CA, Dec. 1997.

[91] P-Y Lee, A M K Cheng. "Reducing Match Time Variance in Production Systems with HAL," Proc. 6th Intl. ACM Conf. on Information and Knowledge Management, Las Vegas, Nevada, Nov. 1997.

[92] S. Avery, A M K Cheng. "Optimizing OPS5 Rule-Based Programs by Rule-Splitting," Proc. Intl. Conf. on Software Engineering, San Francisco, CA, Nov. 1997.

[93] Date C J. An Introduction to Database Systems. Vol.1, Fourth Edition. Addison Wesley Publishing Computer, Inc, 1986.

[94] Date.C J, An Introduction to Database Systems. Vol.1. Addison Wesley Publishing Computer, Inc.,1983.

[95] O P Buchmann, A Deutsch.The REACH Active OODBMS. In Proc. Of the ACM SIFMOD intl. Conf. on Mangagemeng of Data, May 1995.

[96] 严蔚敏, 吴伟民. 数据结构（2 版）[M]. 1998.

[97] Abraham Silberschatz, Henry F.Korth, S.Sudarshan. Database System Conceps (Fifth Edition), 2006.9.PP: 378-383.

[98] An efficient load balancing scheme for grid-based high performance scientific computing.Kejariwal, Arun; Nicolau, Alexandru Source: ISPDC 2005: 4th International Symposium on Parallel and Distributed Computing, v 2005, 217-225.

[99] Adaptive data parallel computing on workstation clusters.Mahanti, Anirban; Eager, Derek L. Source: Journal of Parallel and Distributed Computing, v 64, n 11, p 1241-1255, November 2004.

[100] Ou C W, Ranka S. Parallel Incremental Graph Partitioning[J]. IEEE Transactions on Parallel &

Distributed Systems, 1997, 8(8):884-896.

[101] Liu L, Zhang D, Li H, et al. Automatic Implementation of Multi-partitioning Using Global Tiling.[J]. Parallel & Distributed Systems .icpads.ieee International Conference on, 2008:673-680.

[102] Paul, Sujni, Saravanan V. Hash Partitioned apriori in Parallel and Distributed Data Mining Environment with Dynamic Data Allocation Approach[C]// Computer Science and Information Technology, 2008. ICCSIT '08. International Conference onIEEE, 2008:481-485.

[103] Dehne F, Eavis T, Hambrusch S, et al. Parallelizing The Data Cube[J]. Distributed & Parallel Databases, 2002, 11(2):181-201.

[104] Hui K C, Kan Y M. Data partitioning for parallel solid modelling[J]. Visual Computer, 1995, 11(10):526-541.

[105] Kulkarni M, Pingali K, Ramanarayanan G, et al. Optimistic parallelism benefits from data partitioning.[J]. Acm Sigplan Notices, 2008, 36(1):233-243.

[106] Jie W, Cai W, Turner S J. Dynamic Load-Balancing in a Data Parallel Object-Oriented System.[C]// Proceedings of the Eighth International Conference on Parallel and Distributed SystemsIEEE Computer Society, 2001:279-288.

[107] Yan B, Rhodes P J. Toward automatic parallelization of spatial computation for computing clusters.[C]// IEEE International Symposium on High Performance Distributed Computing2008:45-54.

[108] O'Nils M, Lilljefjäll P R, Thörnberg B. Data partitioning for parallel implementation of real-time video processing systems[C]//Circuit Theory and Design, 2005. Proceedings of the 2005 European Conference on. IEEE, 2005, 1: I/213-I/216 vol. 1.

[109] Gutiérrez Eladio, Plata Oscar, Zapata Emilio L. Data partitioning - based parallel irregular reductions[J]. Concurrency & Computation Practice & Experience, 2004, 16(2-3):155-172.

[110] 杨小虎, 王新宇, 毛明. 基于数据划分的分布式模型及其负载均衡算法[J]. 浙江大学学报：工学版, 2008, 42(4):602-607.

[111] 王永杰, 孟令奎, 赵春宇. 基于 Hilbert 空间排列码的海量空间数据划分算法研究[J]. 武汉大学学报：信息科学版, 2007, 07 期(7):650-653.

[112] Meng L, Huang C, Zhao C, et al. An Improved Hilbert Curve for Parallel Spatial Data Partitioning[J]. 地球空间信息科学学报(英文版), 2007, 10(4):282-286.

[113] Gonzales E, Shimada K, Mabu S, et al. Genetic network programming with parallel processing for association rule mining in large and dense databases.[C]// Proceedings of the 9th annual conference on Genetic and evolutionary computationACM, 2007.

[114] Wu S. Decomposition Abstraction in Parallel Rule Languages[J]. Parallel & Distributed Systems IEEE Transactions on, 1995, 7(11):1164-1184.

[115] Yu K M, Zhou J L. A weighted load-balancing parallel Apriori algorithm for association rule mining[J]. Granular Computing .grc .ieee International Conference on, 2008:756 - 761.

[116] Pasik A J. A source-to-source transformation for increasing rule-based system parallelism[J]. Knowledge and Data Engineering, IEEE Transactions on, 1992, 4(4): 336-343.

[117] Butler P L, Allen J D, Bouldin D W. Parallel architecture for OPS5[C]// Computer Architecture, 1988. Conference Proceedings. 15th Annual International Symposium onIEEE, 1988:452-457.

[118] Eshera M A, Barash X C. Parallel rule-based fuzzy inference on mesh-connected systolic

arrays[J]. IEEE Intelligent Systems, 1989 (4): 27-35.

[119] Derks E, Beckers M L M, Melssen W J, et al. Parallel processing of chemical information in a local area network—II. A parallel cross-validation procedure for artificial neural networks[J]. Computers & chemistry, 1996, 20(4): 439-448.

[120] Kamel N N. Using SIMD parallelism to support rule-based systems[C]//Databases, Parallel Architectures and Their Applications,. PARBASE-90, International Conference on. IEEE, 1990: 544.

[121] Jendrsczok J, Ediger P, Hoffmann R. A scalable configurable architecture for the massively parallel GCA model[J]. International Journal of Parallel, Emergent and Distributed Systems, 2009, 24(4): 275-291.

[122] Wolfson O, Ozeri A. Parallel and distributed processing of rules by data-reduction[J]. Knowledge and Data Engineering, IEEE Transactions on, 1993, 5(3): 523-530.

[123] Gupta A, Forgy C, Newell A. High-speed implementations of rule-based systems[J]. ACM Transactions on Computer Systems (TOCS), 1989, 7(2): 119-146.

[124] Miller M, Roysam B, Smith K R, et al. Representing and computing regular languages on massively parallel networks[J]. Neural Networks, IEEE Transactions on, 1991, 2(1): 56-72.

[125] Heenes W, Hoffmann R, Kanthak S. FPGA implementations of the massively parallel GCA model[C]//Parallel and Distributed Processing Symposium, 2005. Proceedings. 19th IEEE International. IEEE, 2005: 6 pp.

[126] Campbell D M, Martinez T R. A Self-Organizing Binary Decision Tree for Incrementally Defined Rule-Based Systems[J]. 1991.

[127] Jin D, Ziavras S G. A super-programming approach for mining association rules in parallel on PC clusters[J]. Parallel and Distributed Systems, IEEE Transactions on, 2004, 15(9): 783-794.

[128] Zheng K, Liang Z, Ge Y. Parallel packet classification via policy table pre-partitioning[C]// Global Telecommunications Conference, 2005. GLOBECOM '05. IEEE, 2005.

[129] Zhang W, Wang K, Chau S C. Data Partition and Parallel Evaluation of Datalog Programs[J]. IEEE Transactions on Knowledge & Data Engineering, 1995, 7(1):163-176.

[130] Matsuzawa K. A parallel execution method of production systems with multiple worlds[C]//Tools for Artificial Intelligence, 1989. Architectures, Languages and Algorithms, IEEE International Workshop on. IEEE, 1989: 339-344.

[131] Zhou J, Yu K M. Tidset-based parallel FP-tree algorithm for the frequent pattern mining problem on PC clusters[M]//Advances in Grid and Pervasive Computing. Springer Berlin Heidelberg, 2008: 18-28.

[132] Stolfo S J, Wolfson O, Chan P K, et al. PARULEL: Parallel rule processing using meta-rules for redaction[J]. Journal of Parallel and Distributed Computing, 1991, 13(4): 366-382.

[133] Walzer K, Breddin T, Groch M. Relative temporal constraints in the Rete algorithm for complex event detection[C]//Proceedings of the second international conference on Distributed event-based systems. ACM, 2008: 147-155.

[134] Aref M M, Tayyib M A. Lana-Match algorithm: a parallel version of the Rete-Match algorithm[J]. Parallel Computing, 1998, 24(98):763–775.

[135] Martín-Mateos F J, Palomo M, Alonso J A. Rete Algorithm Applied to Robotic Soccer.[M]// Computer Aided Systems Theory – EUROCAST 2005Springer Berlin Heidelberg, 2005.

[136] Gordin D N, Pasik A J. Set-Oriented Constructs: From Rete Rule Bases to Database Systems[J]. Proceedings of the Acm Sigmod International Conference on Management of Data, 1991:60--67.

[137] Sohn A, Gaudiot J L. Data-Driven Parallel Production Systems[J]. Software Engineering IEEE Transactions on, 1990, 16(3):281-293.

[138] Chen K, Yu F, Xu C, et al. Intrusion Detection for High-Speed Networks Based on Producing System[C]// wkddIEEE Computer Society, 2008:532-537.

[139] Chen J R, Cheng A M K. Response Time Analysis Of Ops5 Production Systems[J]. Knowledge & Data Engineering IEEE Transactions on, 2000, 12(3):391-409.

[140] Sellis T, Lin C C. Performance of DBMS implementations of production systems[C]//Tools for Artificial Intelligence, 1990., Proceedings of the 2nd International IEEE Conference on. IEEE, 1990: 393-399.

[141] Fagui L, Wei H. Rule match-an important issue in rfid middleware[C]//Anti-counterfeiting, Security, Identification, 2007 IEEE International Workshop on. IEEE, 2007: 394-397.

[142] Kang J, Cheng A M K. Reducing matching time for OPS5 production systems[C]//Computer Software and Applications Conference, 2001. COMPSAC 2001. 25th Annual International. IEEE, 2001: 429-434.

[143] Perraju T S, Prasad B E. Interference analysis in multiple rule firing systems[J]. Knowledge-Based Systems, 2000, 13(4): 171-176.

[144] Hanson E N. The design and implementation of the Ariel active database rule system[J]. Knowledge and Data Engineering, IEEE Transactions on, 1996, 8(1): 157-172.

[145] Kang J A, Cheng A M K. Shortening Matching Time in OPS5 Production Systems[J]. IEEE Transactions on Software Engineering, 2004, 30(7):448-457.

[146] Cheng A M K, Fujii S. Self-Stabilizing Real-Time OPS5 Production Systems[J]. IEEE Transactions on Knowledge & Data Engineering, 2004, 16(12):1543-1554.

[147] Rychtyckyj N, Reynolds R G. Using cultural algorithms to re-engineer large-scale semantic networks[J]. International Journal of Software Engineering and Knowledge Engineering, 2005, 15(04): 665-693.

[148] P. C.-Y. Sheu, H. Yu, C.V. Ramamoorthy, A. Joshi, L.A. Zadeh (eds.) Semantic Computing, IEEE Press/Wiley, 2008.

[149] P. C-Y. Sheu, "Semantic Web Service Synthesis," in Semantic Computing, P. C.-Y. Sheu, H. Yu, C.V. Ramamoorthy, A. Joshi, L.A. Zadeh (eds.) IEEE Press/Wiley, 2008.

[150] P. C-Y Sheu, "Semantic Languages," in Semantic Computing, P. C.-Y. Sheu, H. Yu, C.V. Ramamoorthy, A. Joshi, L.A. Zadeh (eds.) IEEE Press/Wiley, 2008.

[151] P. C-Y. Sheu, Editorial Preface, International Journal of Semantic Computing, Vol 1.1, 2007, pp. 1-9.

[152] H. Gong, S. Wang, Q. Wang, P. C-Y. Sheu, "Synthesis of Relational Web Services based on SCDL," Proceedings, International Conference on Tools with Artificial Intelligence, November, 2008, Dayton, Ohio, USA.

[153] Q. Wang and P. C-Y. Sheu, "An Approach to Relational Web Service Composition," Proceedings, International Conference on Tools with Artificial Intelligence, November, 2008, Dayton, Ohio, USA

[154] Tieyun Qian, Phillip C-Y Sheu, Shijun Li, Lina Wang, “A Scientific Theme Emergence Detection Approach based on Citation Graph Analysis,” Proceedings, International Conference on Tools with Artificial Intelligence, November, 2008, Dayton, Ohio, USA

[155] Zhang Guigang, Shu Wang,, Xu ChengZhi, Zhiyuan Gong, Phillip C-Y Sheu, “A Semantic Programming Language SPL+ - A Preliminary Report,” Proceedings, International Conference on Tools with Artificial Intelligence, November, 2008, Dayton, Ohio, USA

[156] Donghua Deng, Guigang Zhang, Phillip C-y Sheu, “Semantic Programming of Web-Enabled Database Applications,” Proceedings IEEE International Workshop on Semantic Computing and Applications, June, 2008, Inchon, Korea.

[157] H. Yu, P.C-Y. Sheu, S. Ying, S. Wang, G. Zhang, “A Method of Establishing Semantic Information Space Model Based On WSDL4S Documents,” Proceedings IEEE International Workshop on Semantic Computing and Systems, June, 2008, Huangshan, China

[158] B.Huang, G. Zhang, P. C-Y Sheu, “A Natural Language Database Interface based on a Probabilistic Context Free Grammar,”. Proceedings IEEE International Workshop on Semantic Computing and Systems, June, 2008, Huangshan, China

[159] Ying W, Li Y, Sheu P C Y. A GA-BASED APPROACH TO OPTIMIZING COMBINATIONAL QUERIES IN SCDL[J]. International Journal of Semantic Computing, 2008, 2(02): 273-289.

[160] Wang S, Hu R M, Hsiao H C W, et al. Using SCDL for integrating tools and data for complex biomedical applications[J]. International Journal of Semantic Computing, 2008, 2(02): 291-308.

[161] Sheu P C Y, Kitazawa A. From SemanticObjects to semantic software engineering[J]. International Journal of Semantic Computing, 2007, 1(01): 11-28.

[162] Deng, D. and P. C-y Sheu, “DPSSEE : A Distributed Proactive Semantic Software Engineering Environment,” in Advances in Machine Learning Applications in Software Engineering, Du Zhang, Jeffery J -P Tsai (eds.), 2006, pp. 409-438.

[163] Chen E, Li T, Sheu C Y. A General Effective Framework for Monotony and Tough Constraint Based Sequential Pattern Mining[J]. Lecture Notes in Computer Science, 2005:458-467.

[164] Chubb C, Inagaki Y P, Cummings B, et al. BioVision: an application for the automated image analysis of histological sections.[J]. Neurobiology of Aging, 2006, 27(10):1462-1476.

[165] Chen E, Wang S, Sheu P C Y. A novel approach of table detection and analysis for semantic annotation[J]. International Journal on Artificial Intelligence Tools, 2006, 15(03): 465-480.

[166] F. Xie, P. C-Y Sheu, A. Lander, and V. Cristini. Semantic Synthesis and Analysis of Complex Biological Systems. International Journal on Software Engineering & Knowledge Engineering*, 2005, 15(3): 547-569.

[167] C. Chubb, Y. Inagaki, C. Cotman, P. Sheu, B. Cummings. Semantic Biological Image Management and Analysis. International Journal on Tools for Artificial Intelligence, 2004, 13(4): 881-896.

读者调查及征稿

1．您觉得这本书怎么样？有什么不足？还能有什么改进？

2．您在什么行业？从事什么工作？需要哪些方面的图书？

3．您有无写作意向？愿意编写哪方面的图书？

4．其他：

说明：

针对以上调查项目，可通过电子邮件直接联系：bjcwk@163.com　　联系人：陈编辑

欢迎您的反馈和投稿！

电子工业出版社

反侵权盗版声明